高等学校教材·航空、航天与航海科学技术

# 地磁场导航理论基础与应用

葛致磊　吕梅柏　王　佩　编著

U0381960

西北工業大學出版社
西　安

【内容简介】 本书从基础理论和应用相结合的角度出发，主要阐述了地磁学基本知识及其在导航制导方面的应用。本书共8章。本书的主要研究内容包括绪论、地磁学基础、地球主磁场空间结构及长期变化、地壳磁场与地磁异常、地球变化磁场及其等效电流体系、地磁辅助组合导航方法研究、地磁场的测量以及地磁场测量误差及修正等。本书涵盖的知识内容较为广泛，在选用本书作为教材时，可以根据专业需求、教学课时、教学对象等确定教学的侧重点。

本书可以作为普通高等学校航空航天专业和军事院校地磁导航及其相关专业本科生的教材，又可以作为相关专业教师、研究生以及本科生的参考书籍。

**图书在版编目(CIP)数据**

地磁场导航理论基础与应用 / 葛致磊，吕梅柏，王佩编著. --西安：西北工业大学出版社，2024.8.

(高等学校教材). -- ISBN 978-7-5612-9415-4

Ⅰ. TN96

中国国家版本馆CIP数据核字第2024EM3696号

DICICHANG DAOHANG LILUN JICHU YU YINGYONG

**地磁场导航理论基础与应用**

葛致磊 吕梅柏 王佩 编著

**责任编辑**：朱辰浩 **策划编辑**：何格夫

**责任校对**：朱晓娟 **装帧设计**：高永斌 李 飞

**出版发行**：西北工业大学出版社

**通信地址**：西安市友谊西路127号 邮编：710072

**电 话**：(029)88493844，88491757

**网 址**：www.nwpup.com

**印 刷 者**：陕西奇彩印务有限责任公司

**开 本**：787 mm×1 092 mm 1/16

**印 张**：17

**字 数**：424千字

**版 次**：2024年8月第1版 2024年8月第1次印刷

**书 号**：ISBN 978-7-5612-9415-4

**定 价**：65.00元

# 前　言

地磁场作为地球系统中基础的物理场，为导弹、飞行器和船舶的定位、定向及姿态控制提供了优良的自然坐标系。利用地磁进行导航，在技术上具有无源、无辐射、全天时、全气候、全地域和强抗干扰的特点，因此一直是不可缺少的导航定位手段。地球内部的磁场是由地球的熔融金属外核产生的，这个过程涉及以热对流、电导率和磁流体力学为代表的复杂物理现象。地球磁场的存在和变化形成了地球磁场的拓扑结构，通过精确测量地球磁场的变化，可以实现导航的精确定位。可以说，地磁学在地球物理学、空间科学、地球科学等领域具有重要的应用价值，尤其在导航和定位领域。

本书主要涉及地磁学基本知识及其在导航制导方面的应用。主要研究内容包括绪论、地磁学基础、地球主磁场空间结构及长期变化、地壳磁场与地磁异常、地球变化磁场及其等效电流体系、地磁辅助组合导航方法研究、地磁场的测量以及地磁场测量误差及修正等。

本书首先介绍了导航制导系统的研究现状以及地球磁场的基础知识（第1～5章），包括地磁导航的关键技术研究进展，地球磁场的起源、演化和测量等。本书通过详细描述地球磁场的产生机制与一般特性，以及地球磁场在不同时间和空间上的变化，深入阐述了地球磁场的复杂性和重要性。其次，本书介绍了地球磁场在导航中的应用（第6～8章），主要包括地磁学辅助导航技术在原理和应用，以及地磁匹配/组合导航的实现原理，并且详细介绍了卡尔曼滤波技术在地磁学辅助导航领域中的应用、地磁场测量方法和误差修正，包括组合导航性能下降的原因及解决办法、地磁纠偏、地磁辅助惯性导航等。正是这些先进的技术和方法的应用，能够在很大程度上提高导航的精度和准确性，同时还能降低导航的成本。

本书具体撰写分工如下：第1、6、7、8章由葛致磊撰写，第2、3章由王佩撰写，第4、5章由吕梅柏撰写。

最后，感谢所有参与本书编写的专家和学者，他们为本书的成稿做出了重要的贡献。也要感谢广大读者的关注和支持，希望本书能够对读者更好地了解地球磁场在导航中的应用有所帮助。

由于笔者水平有限，书中难免存在不妥之处，敬请广大读者批评指正。

**编著者**

2024年5月

# 目　　录

# 第1章 绪　论

导航定位技术在现代科学技术发展中处于基础地位，渗透于各种军用和民用领域，显示出越来越重要的作用。在民用领域，除了人造卫星、民航等传统应用方面，汽车导航、手机导航等已经使导航定位技术渗透于人们的日常生活中；在军用领域，战斗机、导弹、舰船、潜艇等的作战性能极大地依赖于导航技术的性能，而且对导航精度和可靠性要求更高。在21世纪初的阿富汗战争、伊拉克战争中，美国已经真正实现了信息化战争，士兵的调遣和行进配合得天衣无缝，“战斧”巡航导弹等各种精确制导武器凭借其精确打击能力在战争中成为至关重要的力量，美国能够完成和实现这些，正是由于其完善的全球精确导航定位技术。

## 1.1　导航制导系统的类型

导弹的导航制导系统按照测量信息的来源和方式不同，可以分为不同类型或体制。不同制导体制情况下，制导设备差别很大。在导弹的导航制导系统设计中，导航体制要根据导弹的用途、目标性质、射程等因素综合确定。一般而言，按照导航系统的工作是否与外界发生联系，是否需要导弹以外的任何其他信息，可以将导航系统分为自主式导航和非自主式导航两大类。其中，自主式导航主要是惯性导航，非自主式导航包括遥控式导航、自动导引、天文导航等。有时为了提高导航性能，将几种导航体制组合起来使用以互相弥补缺点，称为复合导航系统。导航系统的分类如图1-1所示。

对于不同的导航体制，其依据的物理原理存在很大差别，其信息的获取方式、获取形式也有很大不同，这样导致不同的导航体制的作用距离、结构、工作原理、性能特点迥异。除此之外，导引规律的形式和设计方法也是不同的。下面简单介绍不同导航体制的原理和特点。

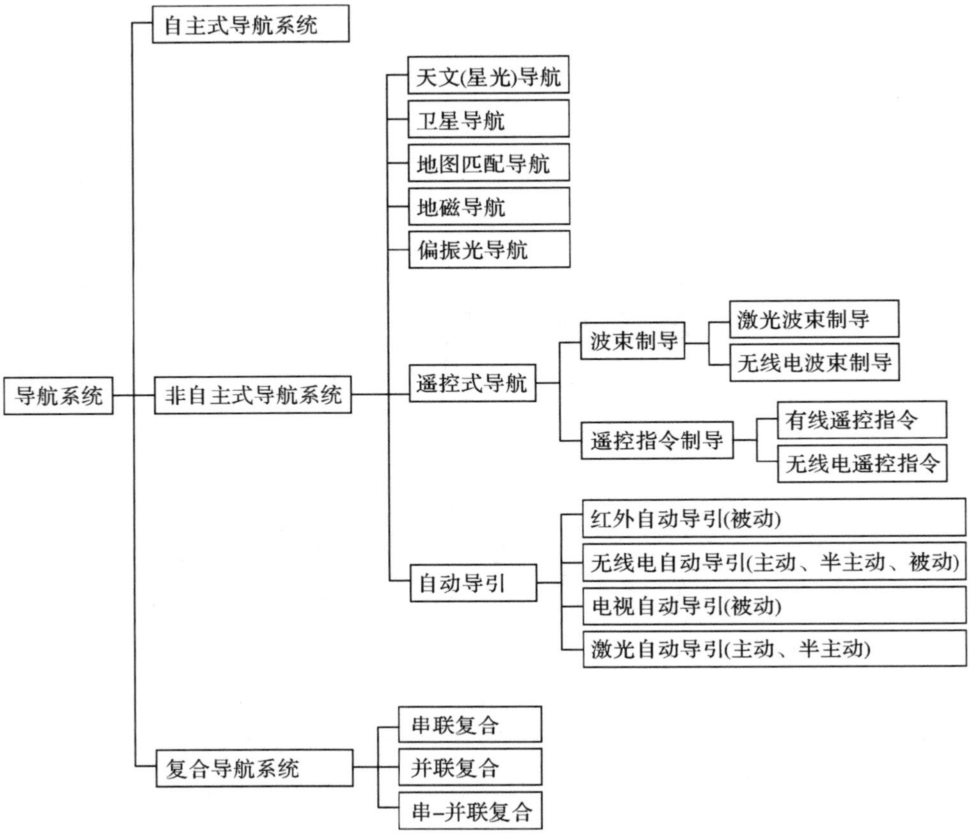


图 1-1　导航系统分类图

### 1.1.1　惯性导航

惯性导航就是根据导弹飞向目标的既定轨迹拟制的一种飞行计划。惯性导航是引导导弹按照这种预先拟制好的弹道飞行，导弹在飞行中根据导弹的实际测量值与预定弹道偏差形成导航指令。惯性导航属于自主式导航，测量信息不依赖任何外界输入，仅依靠惯性导航系统测量导弹自身运动参数来实现既定弹道。惯性导航系统的核心器件是 3 个加速度计和 3 个陀螺仪。其中，加速度计用来测量导弹质心运动的 3 个加速度分量，陀螺仪用来测量导弹绕其 3 个轴转动的角速度分量。通过对 3 个加速度计和 3 个陀螺仪进行的两次积分解算，就可以解出导弹位置、速度、姿态角等信息。惯性导航由于不依赖任何外界信息，所以具有很强的抗干扰能力，但是也只适合于攻击固定目标，并且由于惯性器件普遍存在随时间积累的误差，其制导精度随射程的增大而变差。

惯性导航常用于远程的地对地导弹，以及同其他导航体制复合，在远程导弹中担当初期导航角色。

### 1.1.2　天文导航

天文导航是根据导弹、地球、星体三者之间的运动关系，来确定导弹的运动信息，将导弹导引向目标的导航技术。六分仪是天文导航的观测装置，它借助观测天空中的星体来确定导弹的地理位置。六分仪的使用方法有两种：一种是由光电六分仪或无线电六分仪跟踪一种星体，但这种方法只能实现定姿；另一种是用两部六分仪分别观测两个星体，根据两个星体等高圈的交点，确定导弹的位置。

天文导航不存在像惯性导航那样随时间积累的误差，因此其制导精度同射程无关，但是其应用受到天气条件的限制。

### 1.1.3 地图匹配导航

地图匹配导航是利用地图信息进行导航的一种方式。地图匹配导航一般有地形匹配和景象匹配两种方式。其中：地形匹配导航利用的是地形信息，也叫地形等高线匹配导航；景象匹配导航利用的是地图景象信息。它们都是利用存储于导弹的数字地形地图或数字景象地图，与导弹携带的传感器实时测量信息进行匹配，从而确定导弹的飞行位置。地图匹配导航不存在随时间积累的误差，因此其制导精度同射程无关，但是其应用受到地貌条件的限制，要求导航路径上地图必须具有区分度，不适合用于海面、平坦森林等环境。

### 1.1.4 地磁导航

地磁场是地球的基本物理场，利用地磁信息定向具有悠久的历史，人们也早已得知许多动物具备根据地磁信息寻路的本领。地磁场主要包括地球主磁场、异常场和干扰场三部分，其中主磁场和异常场具有比较稳定的特征，可以用作导航的依据。地磁导航利用装载于导弹上的磁强计测量导弹飞行轨迹上的磁场矢量，并与存储于导弹上的标准地磁场模型进行匹配，就可以确定导弹的飞行位置。地磁场导航应用的是地球本身物理特性，是一种“隐形”的地图，不受天气、时间和地貌的限制。

### 1.1.5 偏振光导航

太阳发出的光是一种自然光，自然光在穿透大气层时将发生偏振，偏振光的方向和强度与太阳光的入射方向和观测者的方位有关，偏振光携带的方位信息可以用于定向。沙蚁、蜜蜂等昆虫就是利用太阳光的偏振模式获得方位信息，实现导航定位的。

由于只能提供一个参考方向(即本体与太阳子午面的夹角 $\varphi$)，但是存在 $180^\circ$的方向模糊性问题，即存在 2 个解 $\varphi$ 和 $\varphi+\pi$，需要一些辅助信息来消除模糊性，所以其多用于地面车辆等二维导航和定向。

将偏振光与捷联式惯性导航系统(Strapdown Inertial Navigation System，SINS)、全球定位系统(Global Positioning System，GPS) 等进行组合导航可以有效提高导航精度，降低成本，同时也不会给载体带来太大的额外负担。因此，这种组合导航具有广阔的应用前景。

基于偏振光的定向方法具有不随时间累积发散的特点，是一种完全自主的导航方式。

### 1.1.6 遥控式导航

由导弹以外的制导装置向导弹发出导航信息的系统，称为遥控式导航系统。根据误差信息的测量和导航指令形成的部位不同，遥控式导航又分为波束制导和遥控指令制导。

波束制导系统中，由制导站发出一个或两个携带编码信息的波束(如无线电波束、激光波束)，导弹在波束内飞行。导弹上安装的接收器接收到制导波束并解码，计算出其偏离波束中心的方位和距离，进而产生导航指令，操纵导弹飞向目标。

遥控指令制导中，由制导站同时测量目标、导弹的位置、速度等运动信息，并在制导站形成导航指令。导航指令经由无线电波或有线传输导线传送至导弹上，再由弹上控制系统操纵导弹飞向目标。

遥控式导航系统在导弹发射后，制导站必须对目标和导弹进行持续观测，并不断向导弹发送引导指令，不能实现发射后不管。但是由于许多导航部件依赖制导站完成，所以简化了弹上设备，而且制导精度和作用距离也比自动式导航远。遥控式导航的主要缺点是其制导精度随导弹与制导站距离的增大而降低，且易受到外界干扰。

遥控式导航系统多用于地对空导弹和一些空对空、空对地导弹，有些战术巡航导弹也用遥控指令制导来修正航向。早期的反坦克导弹多采用有线遥控指令制导。

### 1.1.7 自动导引

自动导引系统也称为自寻的导引系统，是利用装载于导弹上的导引头探测目标辐射或反射的能量(如无线电波、红外线、激光、可见光等)导引导弹攻击目标的方式。

为了使自寻的系统正常工作，首先导引头必须能够准确地从目标背景中发现目标，为此要求目标本身的物理特性与其背景或周围其他物体的物理特性必须有所不同，即要求它具有对背景足够的能量对比性。

利用目标红外辐射进行探测的应用很多。这是因为具有红外辐射特性的目标很多，如军舰、飞机、坦克、冶金工厂等，在大气层内高速飞行的物体也具有足够大的红外辐射。利用目标辐射的红外线导引导弹的自寻的系统称为红外自寻的系统。这种系统的作用距离取决于目标辐射面的面积、发射率、温度，以及接收装置的灵敏度和气象条件。

有些目标与周围背景不同，它能辐射可见光，或是反射太阳、月亮或人工照明的光线。利用可见光导引导弹的自寻的系统称为电视导引系统，这种系统的使用条件受到目标与背景的对比特性、昼夜时间和气象条件的影响。

利用目标辐射或反射的无线电波进行导引的系统称为雷达自寻的系统，其应用也十分广泛。很多重要军事目标本身就是强大的电磁能辐射源，如雷达站、无线电干扰站、导航站、飞机等；对于大部分金属目标，其对于无线电波具有很强的反射特性，通过对其进行无线电照射，也可以获得足够的反射波。

无论采用何种介质进行导航，自动导引系统的共同特点是对目标进行探测和形成指令的装置都位于导弹上，从而绝大多数可以实现发射后不管，而且探测和导航精度不会随着射程的增加而降低，是目前制导精度最高的方式。自动导引系统的主要缺点是设备比较昂贵，且受到弹上空间和质量的限制，作用距离有限。

有时为了研究上的方便，根据导弹所利用能量的能源产生位置的不同，自寻的导引系统可以分为主动式、半主动式和被动式三种。

(1)主动式：照射目标的能源在导弹上，导引头对目标辐射能量，同时接收目标反射回来的能量。采用主动式寻的导引的导弹，在主动导引头截获目标并转入正常跟踪以后，就可以完全独立地工作，不需要导弹以外的任何信息，即实现发射后不管。

随着导引头发射功率的增大，系统作用距离也增大，但同时弹上设备的体积和质量也增大，弹上不可能有功率很大的发射装置，因此主动式寻的系统的作用距离是比较有限的。

(2)半主动式：仍然存在照射目标的能量发射装置，但是能量发射照射装置不在导弹上，而是由导弹以外的第三方实现的，如制导站或载机等，导引头上只有接收装置。由于照射装置不再受弹上空间和质量限制，其功率可以做得很大，所以半主动式导引系统的作用距离要大于主动式导引系统。

(3)被动式：当目标本身就是辐射能源时，就不再需要发射装置，直接由导引头接收目标辐射能量。被动式导引头根据目标辐射能量的物理特性进行设计，典型的有红外导引头和被动雷达导引头，其结构和原理不尽相同。

## 1.2 地磁场导航研究目的和意义

当前普遍应用的惯性导航系统，虽然具有良好的自主性，但其导航误差随时间累积的固有缺陷始终难以克服，需要采用其他的辅助导航方式进行修正。现有的辅助导航定位手段，主要有卫星导航、地形(景象)匹配导航、天文导航等几类。卫星导航系统[如 GPS、全球轨道卫星导航系统(GLONASS)、伽利略导航卫星系统(GALILEO)、北斗等系统]可为不限量的用户全天候地、在全球任何地方或近地空间进行三维定位、速度测量和定时，其中以 GPS 为代表的卫星导航系统，是目前公认定位精度最高的导航定位系统。但是卫星信号微弱，易受干扰、在特定环境下(如水下)导航信号会被遮挡而难以接收却是其劣势。地形匹配导航也是当前被大量应用的一种辅助导航手段。地形信息相对于时间较为固定且易于测量，故适合作为匹配定位的参照。对于跨海、平原飞行的巡航导弹、无人机等，由于地形的灰度和纹理基本相同，所以无法应用地形匹配技术。天文导航不需要地面设备，不向外辐射电磁波，而是利用天体辐射能，因此隐蔽性能好，不受人工与自然的电磁波干扰，测量误差也不随时间而累积。但它存在输出信息不连续、星光信号易受气候条件影响等问题。由此可见，人们需要发展一种自主式的、无长期累积误差的、具有较强抗干扰能力的导航定位技术，以便能够全天时、全天候、全地域使用。

地磁导航根据地磁基准图进行匹配定位，或者根据地磁场模型采用滤波方法估计导航信息，隐蔽性好，也没有随时间累积的误差。此外，地磁导航在原理上仅依赖于地磁场特征，因此地磁导航方式具有良好的抗干扰能力，并且还不受时间、天气、地域等的限制，也不需要额外的地标信息。地磁场还具有更多的特征量，如总磁场强度、水平磁场强度、东向分量、北向分量、垂直分量、磁偏角、磁倾角以及磁场梯度等，可操作性更强。由此可见，地磁导航技术可以有效弥补现有导航技术的不足，尤其适用于巡航导弹、近地飞行器、水面舰船等，具有十分重要的国防和经济意义。

近年来，我国地球物理工作者在国家自然科学基金的支持下开展了对地磁场的基础理论研究工作，国内导航界也在国家自然科学基金、“863 计划”等各类基金的资助下，开展了对地磁导航理论和应用的初步研究，论证了地磁导航的可行性，并明确了地磁导航的关键技术。已有国防科技大学、火箭军工程大学等高校以及一些研究所对地磁辅助导航信息融合策略和匹配算法等相关技术进行了研究，研究重点主要集中在导航理论上。而在国外，有报道称，美国生产的波音飞机上配备有地磁匹配制导系统，在飞机起飞、降落时使用。俄罗斯采用磁通门传感器进行过地磁场等高线匹配制导技术试验，在2004年进行的“安全-2004”演习中，俄罗斯的SS-19导弹使用地磁场等高线匹配制导技术进行机动，使美国导弹防御系统无法准确预测来袭导弹的弹道。以上这些研究和报告，进一步说明了地磁导航的可行性。

地磁导航是一个较新的研究领域，虽然取得了一些成果，但就目前的研究来看，要实现地磁导航的工程应用并达到一定的精度，必须解决以下几个内容和关键问题：

(1)地磁异常问题和飞行器磁场对地磁场测量值的干扰问题。基本磁场在数值上比较稳定，但存在两方面问题：一方面，有一种叠加在这个稳定磁场上的、由于岩石磁性所引起的、在局部地区可以达到10～20 nT之大的异常磁场；另一方面，飞行器制造材料包含大量铁磁性材料，在制造和飞行过程中受地磁场的作用被磁化而显示出磁性，从而对飞行器所处空间的地磁场测量产生影响。因此，研究修正和消除地磁异常和飞行器磁场对地磁场测量干扰是地磁导航的一个关键技术。

(2)高精度地磁场模型或地磁基准图。要实现一定精度的地磁导航，首要的是建立高精度地磁场模型或基准图。已有的国际地磁参考场(IGRF)和世界地磁场模型(WMM)仅是对主磁场部分的描述，并没有描述地壳磁场和变化磁场。最近几年，尽管国际上已经推出了包括NGDC-720模型和MF模型等在内的全球综合地磁场模型和地磁图，描述了地球主磁场和地磁异常场等在内的更多地磁成分，但是这些模型或地磁图描述的是全球范围内地磁场的总体趋势，更小范围内的磁异常已被滤掉，不适合用于高精度的地磁导航。因此需要建立高精度的区域地磁场模型或地磁基准图。

(3)地磁场的适配性。地磁场的适配性是指地磁场对地磁导航的适应性。地磁场的分布特征呈现明显的多样性。在贴近地表、富含磁性矿脉的区域，受地磁异常影响，磁场曲面高低起伏，磁场等值线蜿蜒曲折，为地磁导航提供了丰富的“指纹”信息，这些区域显然是地磁导航优先选择的导航区域。而在地磁异常微弱的区域，由于小尺度异常场被大幅削弱，磁场曲面也往往变化缓慢，缺乏起伏，磁场等高线相对平直，缺乏特征上的变化，这将导致地磁导航在这些区域的导航精度有所降低。地磁导航作为巡航导弹、舰船、潜艇等飞行器的一种重要的辅助导航方式，为了获得比较高的导航精度，需要研究地磁导航的适配性，选择适合导航的地磁区域。

(4)高效、实时的地磁导航方法。导航算法是地磁导航的核心，为满足工程应用的要求，必须研究高效、实时的地磁导航方法。该方法应具备较强的抗干扰能力、较高的导航精度和较低的计算复杂度。目前，有关文献参照地形匹配技术，对地磁导航算法进行了初步研究。然而，地磁场在测量上的局限性，导致了地磁匹配算法只能使用飞行器航迹上的测量点与基准图进行匹配，也就是只能进行“线图”匹配而无法进行大面积图像匹配，这种“线图”的方式导致图的获取、匹配准则和最优方法等方面产生了很大的不同。因此，研究高效、实时的地磁导航方法也是地磁导航系统的一个重要内容。

## 1.3 国内外地磁导航领域关键技术的研究现状

地磁导航作为一个跨学科的新兴研究领域，其涉及地球物理学、导航与控制和测量技术等多个学科。从总体上来划分，地磁导航的研究内容包括地磁场测量技术、地磁图数字化技术、地磁适配性、地磁场定位与组合导航技术这四个主要分支领域。本节将分别对以上内容的研究现状进行阐述。

### 1.3.1　地磁场测量技术的研究现状

地磁场信息的实时、准确获取是实现高精度地磁/惯性组合导航的基础和先决条件。由于地磁场非常微弱，其幅值范围在30 000～70 000 nT之间，随空间位置产生的变化量更是相当微弱，不仅不易测量，而且很容易受到干扰。要敏感如此微小的变化量无疑对传感器的分辨率和精度提出了相当苛刻的要求。除此之外，来源于飞行器自身的磁场干扰也是一个不可回避的问题。来源于飞行器自身的干扰磁场主要包括以下几个方面：①飞行器硬磁材料的剩余磁场；②飞行器软磁材料的感应磁场；③飞行器运动时通过自身导体材料的磁通会发生改变，进而产生涡流磁场；④飞行器所携带的电器设备中的电流产生的电流磁场。这些磁场尽管幅值通常比较微弱，可是它们对地磁场测量造成的影响是绝对不可忽略的。

为了实时、精确地获取飞行器所在位置的地磁场，地磁场测量技术包含以下几个方面。

1. 地磁传感器的研究

20世纪60年代以来，国内外磁传感器的研究设计水平不断提高，新型磁场传感器不断问世。地磁传感器包括质子旋进磁强计、光泵磁强计、磁通门磁强计和超导磁强计等。在20世纪60年代，苏联发射的COSMOS49卫星就采用了两台探头互相正交的质子磁力仪来测量地磁场标量。21世纪初，美国发射的POGO系列卫星和MAGSAT、SAC－C磁测卫星，分别安装了用于测量地磁场标量的铷光泵、铯光泵和氦光泵磁强计。在航空磁测中，光泵磁强计已经基本取代了早期的质子磁强计，成为主要的磁测仪器。我国国土资源航空物探遥感中心研制成功的HC－90氦光泵磁力仪，灵敏度达0.002 5 nT，采样率为2～10 Hz，仪器的工作跨度可以适应世界任何地区(包括跨越地磁赤道地区)，可以连续24 h工作。对于反应速度要求不高的场合(如潜艇、舰船、地质勘探等)，该传感器已经可以满足要求。而对于飞机、导弹等高速飞行的飞行器，该传感器的响应速度则稍显不足。从1979年美国发射MAGSAT卫星开始，磁通门磁强计作为唯一的矢量磁测仪器被用到MAGSAT、Ørsted、CHAMP和SAC－C等卫星上，提供了大量精确的近地空间地磁场矢量数据。在我国，磁通门磁强计已经用于“风云一号”“风云二号”“探索二号”等卫星的姿态控制中。目前，磁通门磁强计的精度可达到几十纳特并实现小型集成化生成，理论上已经可以满足地磁导航的需求。最近几年，基于巨磁阻抗效应的非晶体材料磁传感器具有灵敏度高、响应速度快、体积微小等优势，受到广泛的关注，在未来的地磁导航应用中具有广阔的应用前景。

2. 干扰磁场修正技术的研究

目前，地磁传感器的测量水平已经相当高，测量精度可在几纳特之内，因此影响地磁场测量精度的主要因素是飞行器的干扰磁场。减少飞行器干扰磁场影响的一个有效措施是将地磁传感器远离干扰源，但这在实际应用中基本是不可能实现的。对于飞行器电磁设备辐射出来的干扰磁场，目前常用的是屏蔽技术和滤波技术。而针对飞行器材料受地磁场影响而产生的同姿态相关的干扰场，一般只能通过软件的方法对地磁场测量数据进行修正。

刘诗斌等人研究了基于椭圆假设求解误差补偿参数的方法，从而使智能地磁罗盘自动实现误差补偿和校准，并大幅度降低了成本。试验结果表明：椭圆假设符合实际情况，补偿效果显著，按此方法对最大误差高达23.7°的电子罗盘进行自动补偿后，最大剩余误差降至0.4°。为了降低补偿费用和减少补偿试验时周围环境的影响，他们又提出了一种利用飞机左、右盘旋飞行时采样数据实现罗差自动补偿的方法，试验结果表明：该方法效果良好，方便可行。以某无人机为例，补偿前最大误差为21.5°，用传统方法补偿后最大误差为2.3°，而用其提出的方法补偿后最大误差为1.6°，且几乎不需要额外的费用。

上面关于地磁场修正技术的研究主要集中在地磁定向领域，常用方法有自差修正法、基于Tolles－Lawson方程的磁修正方法、基于椭圆假设的磁修正方法等。自差修正法由于计算简单方便，在传统的航海、航空领域中得到广泛的应用，但该方法只能对航向角进行修正，不能对地磁场的矢量信息进行修正，且修正精度较低。张晓明等人提出了一种基于椭圆约束的载体磁场标定及补偿方法。该方法只能在平面内对二维磁强计进行校准。还有其他文献对空间地磁矢量的校正方法进行了研究，这些方法的原理都是基于空间点地磁矢量不变的特性，但这些文献中没有提到不可观测的问题。事实上，这些方法是有局限性的，它对于由软磁干扰引起的误差是不可观测的，这也就是有些文献把这些参数设置为0的原因。因此，地磁辅助导航必须实时测量飞行器所在位置的地磁场强度。如何快速、准确地测量飞行器所在位置的地磁场强度是需要进一步研究的问题。

### 1.3.2 地磁图数字化技术的研究现状

地磁图数字化技术，是在精确测量地磁场的基础上，为飞行器导航提供基准图。该技术包含了地磁场建模技术、地磁场延拓技术和地磁基准图制备技术共三个方面的内容。

1.地磁场建模技术的研究

地磁场模型和基准图是利用地磁场进行导航定位的前提。在地磁导航中，地磁场模型的作用主要有两个：一是用于填补地磁测绘空白区域的地磁数据，二是作为地磁滤波系统的观测方程。

目前，描述地球主磁场模型主要有国际地磁参考场（International Geomagnetic Reference Field，IGRF）和世界磁场模型（World Magnetic Model，WMM）。它们都是采用著名数学家高斯提出的球谐函数来描述和研究地磁场，只是模型的最大截断阶数不同，地球主磁场模型尚未能反映地壳异常磁场的分布情况。2000年，西方国家提出了“地磁场综合模型”（Comprehensive Model of geomagnetic field，CM），这标志着地磁场建模新时期的开始。虽然新模型仍然以球谐函数的形式描述地磁场，但是，新一代模型覆盖的范围更广泛，它不仅包括地球主磁场模型，而且包括岩石圈异常磁场模型、电离层磁场模型、磁层磁场模型、内部感应磁场模型以及空间环型磁场模型。目前，影响较大的综合地磁场模型主要有CM模型、矩阵分解（Matrix Factorization，MF）模型和地磁场模型（National Geographic Data Center－720，NGDC－720）。

但对近地飞行器、水下载体以及车载的地磁导航而言，以上这些模型还难以被真正地作为导航参考，这主要是因为：①这些模型的精度不足，如IGRF模型的精度在100～200 nT之间；②这些模型给出的磁场变化波长尺度过大，普遍为数百千米甚至更大；③这些模型的相当一部分数据来源于卫星测绘，由于距离地面过远，小尺度的地磁异常被大大削弱，而飞行器在靠近地面区域运动时，这些小尺度异常是不可忽略的。相对于全球大尺度地磁场模型，区域小尺度地磁场模型更具有实用性，因此地磁场建模的重点在于区域地磁场建模。

目前，主要的区域地磁场建模方法有多项式（包括泰勒多项式、勒让德多项式）方法、曲面样条函数方法、矩谐分析方法和冠谐分析方法等。一些文献对这些方法进行了研究，取得的主要结论如下。

XIAO Shenghong 等人研究了傅里叶级数在海洋区域地磁场建模中的应用，根据实测数据建立的模型精度为 0.228 3 nT；乔玉坤等人采用泰勒多项式对某区域地磁场总强度数据进行了拟合，拟合结果表明区域地磁场模型的均方偏差远低于世界地磁场模型 WMM；杨云涛等人提出了采用边界插值约束的泰勒多项式拟合法，建立了适合地磁匹配导航的高精度地磁场模型，仿真试验证明该技术可以提高模型的分辨率，改善建模过程中存在的边界效应问题；赵建虎等人研究了多面函数法在局域海洋地磁场建模中的应用，将该方法与传统的泰勒多项式、勒让德多项式和曲面函数建模方法进行了比较，结果表明该方法具有较高的精度和可靠性；赵建虎等人采用矩谐分析法建立了区域海洋地磁场模型，这种方法虽然考虑了地磁场的位势关系，但是计算过程较为复杂和耗时，因此在实际应用中具有一定的局限性；针对边界振荡问题，李明明等人提出了一种具有线性趋势补偿项的改进矩谐分析模型，应用实测地磁数据建模表明，基于多种群遗传算法求取矩谐分析模型待定常数的方法是可行、有效的，与传统矩谐分析模型相比，改进的矩谐分析模型对地磁场的拟合精度更高，且可以减轻边界振荡现象。

提高地磁场建模的精度和克服边界效应是区域地磁场建模普遍遇到的难题，而目前的方法都未能有效地解决此问题。因此，发展一种快速、简便、高精度并能有效克服边界效应的建模理论是区域地磁场建模研究不可回避的问题。

2. 地磁场延拓技术的研究

地磁场是空间位置的函数，其场强不仅随经、纬度发生变化，还受到海拔高度的影响。而在地磁测绘过程中，受测绘条件限制，地磁测绘过程中不可能实现全高度覆盖，对此，可借助磁场延拓技术来获得不同高度的地磁场分布情况。

地磁场延拓包括上延和下延，它的作用是将地磁实测数据从测绘平面延拓至其他高度。最常用的延拓方法是频域的快速傅里叶变换(Fast Fourier Transform，FFT)法。该方法可以实现良好的上延效果，但在向下延拓中由于噪声被放大，具有很强的不稳定性，延拓深度超过 2 个点距就有可能发散，因此下延拓一直是延拓理论研究的重点。国内在地磁向下延拓中取得的主要成果如下。

浙江大学地球科学系的徐世浙院士提出了一种位场延拓积分迭代法，该方法原理简单，不需要解代数方程组，并有较高的计算速度，在无噪声模型中，下延距离可达数据点距的10～20倍。但其存在的缺点是，如果迭代步长选得不好，迭代过程不收敛。目前，积分迭代法的收敛性已经得到了证明，即当 $0<s<2$ 时，迭代一定是收敛的。

陈龙伟等人将地磁场的向下延拓问题视为不适定问题，采用 Landweber 迭代法进行地磁场向下延拓。仿真结果表明，Landweber 迭代法的原理简单，抗噪声能力强，能够得到比较满意的延拓结果。

陈生昌、刘东甲等人提出了下延拓的两种波数域算法——广义逆算法和波数域迭代算法，并成功用于三维理论数据和实际磁场数据的向下延拓，下延距离可达数据点距的 15～20 倍，并具有很好的稳定性。

不论采用什么延拓方法，都不可能达到无限的延拓深度，延拓过程中产生的误差也常常是不可忽略的。目前，地磁下延理论需要解决的主要问题可归结为如何进一步提高延拓距离和降低延拓误差，这方面的工作还需要进一步深入。

3. 地磁基准图制备技术的研究

受测绘条件的限制，实际地磁场测绘活动中获得的实测地磁数据的网格间隔普遍较大，并且不同批次磁测活动所采用的网格间隔也不一致，而地磁导航需要的是高密度、规则网格化的基准图，因此必须通过插值加密方法来获得能够用于导航的地磁基准图。

传统插值加密方法主要有克里格法、最小曲率法、临近点插值法、样条函数法、自然临近点插值法、三角网/线性插值法、趋势面拟合法、加权反距离法和径向基函数法等。王哲等人比较了这些方法在地磁基准图制备中的精度等性能后认为，克里格法和径向基函数法在插值精度和计算时间的性能指标良好，因此建议采用克里格法和径向基函数法作为地磁基准图的插值方法。

目前的插值算法若用于大规模的磁测数据插值还存在着一些不足。这些不足主要是插值精度有限、没有考虑到地磁场的位势理论等，因此还需要结合地磁场理论对现有插值理论做进一步的改进，或发展新型的地磁插值加密理论。

### 1.3.3 地磁适配性的研究现状

地磁适配性是指地磁场适合于地磁导航的程度，或者说是地磁场对地磁导航的适应性。适配性是地磁基准图的一种固有属性，从字面上理解就是“适合导航的区域”，适配性良好的导航区域应具有如下特点：特性明显，信息量大，可导航性高。不同的地磁导航方法对导航区域的要求不同，相同的导航区域对不同的地磁导航方法的适应性不同，地磁导航方法的性能依赖于其所飞越的地磁导航区。

地磁场的分布特征呈现明显的多样性。在贴近地表、富含磁性矿脉的区域，受地磁异常影响，磁场曲面高低起伏，磁场等值线蜿蜒曲折，为地磁导航提供了丰富的“指纹”信息，这些区域显然是地磁导航优先选择的导航区域。而在地磁异常微弱的区域，由于小尺度异常场被大幅削弱，磁场曲面也往往变化缓慢，缺乏起伏，磁场等高线相对平直，缺乏特征上的变化，这将导致地磁导航在这些区域的导航精度有所降低。地磁导航作为巡航导弹、舰船、潜艇等飞行器的一种重要的辅助导航方式，为了获得比较高的导航精度，需要研究地磁导航的适配性，选择适合导航的地磁区域。一些文献对地磁适配性进行了研究，取得的主要研究成果如下。

周贤高等人提出需要对地磁特征进行分析，以选择更适合地磁导航的区域，而在分析方法上可以借鉴地形匹配和重力场匹配技术中的有益经验；胡正东等人提出在此基础上进行路径规划，使飞行器尽可能避开地磁特征贫乏的区域以满足导航精度需求。

程华等人将相关长度、地形熵、粗糙度作为反映基准子图适配性的特征向量，采用最小二乘支持向量机作为分类工具，将基准图划分为适配区和非适配区两类，最后将适配区作为地形匹配区。

周贤高等人基于大量仿真试验，提出基于信噪比、粗糙方差比选择地磁匹配区，对匹配区的选择进行了有益的探讨。

王哲等人针对基于单一地磁场特征参数进行匹配区适配性评价易出现误判的现象，提出了一种基于层次分析法的适配性评价方法。通过数据分析发现，其提出的方法与匹配仿真试验所得结果具有良好的一致性，可信度较之基于单一地磁场特征参数的适配性评价效果改善明显。

### 1.3.4 地磁场定位与组合导航技术的研究现状

人类使用地磁信息进行导航具有悠久的历史。远有我国古代发明的指南车、航海罗盘等，近有14、15世纪欧洲人使用罗盘进行远洋航行、发现新大陆等壮举，这些都与地磁导航是分不开的。随着地磁场模型的日趋完善以及地磁传感器、微处理器和滤波技术的不断发展和成熟，地磁场在低轨卫星的轨道确定和姿态控制、导弹和水下航行器的导航和定位中得以迅速发展，下面将详细概述地磁场信息在不同的飞行器应用中的国内外研究现状。

#### 1.3.4.1 地磁导航在卫星中应用的研究现状

20世纪90年代初，美国康奈尔大学由Psiaki带领的科研团队首先提出利用地磁场确定卫星轨道的概念，从此地磁导航开始成为航天器导航研究中的一个新方向。1993年，美国康奈尔大学的研究组用扩展卡尔曼滤波和最小二乘滤波，以地磁场幅值信息对低轨道航天器进行定轨和修正地磁场模型误差，并利用卫星MAGSAT、DE－2、LACE的真实磁强计数据对滤波器的性能做了评估：两种滤波器使用MAGSAT数据的定位精度为4～8 km，最小二乘滤波器DE－2和LACE数据的定位精度分别为17～18 km和120 km。1995年报道了他们利用磁强计和太阳敏感器信息，采用加权最小二乘法对低轨道卫星进行轨道确定的精度为0.3～0.5 km。1999年，美国康奈尔大学证实了利用磁强计和太阳敏感器信息对低轨道航天器进行轨道确定和地磁场模型修正的方法的可行性，同时利用星载磁强计和太阳敏感器的测量数据，以地磁场矢量与太阳方向矢量之间夹角余弦为观测模型，以轨道六要素和地磁场模型系数为系统状态，采用非线性最小二乘批处理滤波，估计出航天器的轨道参数和地磁场模型系数，达到修正地磁场模型偏差的目的，获得了1.5 km的定轨精度和1.5°的定姿精度，系统达到了以较低的花费来确定中等精度轨道参数的目标。

1995年，美国戈达德航天中心由Deutschmann和Bar－Itzhack领导的科研小组研究了基于地磁场测量的低轨道卫星自主导航方法。该方法采用地磁场矢量模作为观测模型，采用卡尔曼滤波算法估计轨道要素，并成功应用于地球辐射收支卫星（Earth Radiation Budget Satellite，ERBS）和γ射线天文台（Gamma Ray Observatory，GRO）的真实磁强计测量数据，定轨误差为几千米。2001年，他们又设计了一套适合于实时、自主估计卫星轨道和姿态的扩展卡尔曼滤波算法，利用磁强计和陀螺测量数据来确定卫星的位置、速度、姿态及陀螺的漂移，并利用4颗卫星的真实数据进行了验证，即使在初始位置误差较大的情况下，滤波也能收敛，得到的姿态、位置和速度误差分别为0.2°～1.5°、15～30 km和15～30 m/s。为降低成本，该小组以太阳敏感器代替陀螺仪，利用磁强计和太阳敏感器信息，采用扩展卡尔曼滤波算法估计低轨卫星的位置、姿态和姿态角速度，仿真得到滤波稳定后的位置和速度误差分别为20 km和2.5 m/s，姿态和姿态角速度误差分别小于2°和0.003°/s。2003年，美国戈达德航天中心在广角红外探测器上对地磁导航方法进行了飞行试验。试验采用扩展卡尔曼和伪线性卡尔曼滤波的混合算法，利用磁强计矢量信息和太阳敏感器信息来实时、自主估计广角红外探测器的位置和姿态。试验结果表明，位置、速度、姿态和姿态角速度误差在大部分时间内分别为 45～60 km、50 m/s、1°～2°和 0.003°/s～0.008°/s。

德国 Bremen 大学的学者针对 BREM－SAT 卫星的星载磁强计，利用卡尔曼滤波算法估计卫星的位置和速度，精度约为 10 km。为了避免扩展卡尔曼滤波在初始误差较大时滤波不收敛的问题，Soohong Kim 等人提出了基于粒子滤波的地磁场自主导航算法，观测模型为地磁场矢量模，因此不需要姿态信息。仿真结果表明，新算法具有和扩展卡尔曼滤波差不多的定轨精度，但新算法的收敛性能好一些，收敛速度快，即使在大初始误差的情况下，也能够快速收敛。

我国学者也对地磁导航进行了研究。西北工业大学的赵黎平等人，根据磁强计的测量值与国际地磁场模型的差值提供的导航信息，利用推广的卡尔曼滤波技术自主确定卫星的轨道，仿真结果表明，轨道的位置精度为 2 km，速度精度为 0.01 m/s。为了克服扩展卡尔曼滤波算法对杂声统计特性的约束，西安交通大学的赵敏华等人针对磁强计测量噪声为有色噪声和常值叠加的特性，提出了一种基于扩展卡尔曼滤波的地磁导航方法，利用该算法可以获得国产磁强计的导航精度，其地心距估计误差为 20 km，速度估计误差为 10 m/s，卫星的实测数据仿真结果表明，该导航算法具有较好的稳定性和收敛性，克服了扩展卡尔曼滤波算法的发散问题。赵敏华和王淑等人分别使用扩展卡尔曼滤波和无迹卡尔曼滤波（UKF）算法，对地磁场信息做以测量，估计近地卫星的位置和速度。史连艳等人设计了基于磁强计确定卫星姿态的粒子滤波算法，该算法在测量不精确或具有较大模型不确定的情况下仍具有一定的鲁棒性和好的精度，以某太阳同步卫星的典型阶段的仿真数据来验证算法的性能，结果表明该算法收敛，且取得了令人满意的精度。

#### 1.3.4.2 地磁导航在导弹中应用的研究现状

进入 21 世纪以来，美国在导弹试验方面已开始应用地磁信息，并利用 E－2 飞机进行高空地磁数据测量。2006 年，F. Goldenberg 针对飞机用地磁导航系统，开展了基于地磁场图的测速定位方法研究。该方法采用了精确的磁通门磁力计测量地磁场的三维信息，然后与地磁场基准图进行三维矢量匹配，从而获得精确的导航信息。

俄罗斯曾以地磁场强度为特征量，采用磁通门传感器以地磁场等值线匹配制导方式，进行了大量试验，其新型 SS－19 导弹就采用了这种导航技术，实现了导弹的变轨制导，以对抗美国的反弹道导弹拦截系统。SS－19 导弹再入大气层后，不是按抛物线轨迹飞行，而是在稠密大气层沿地磁等高线飞行，使美国导弹防御系统无法准确预测来袭导弹的飞行弹道轨迹，从而大大增强了导弹的突防能力。俄罗斯的海空拦截导弹上配置有 16 个磁通门传感器，组成 8 对差动式磁场梯度传感器，形成一个磁场梯度传感器阵列，探测导弹前后、左右、上下 8 个方向的地磁场异常，当目标进入拦截导弹周围的空间时，如果磁场梯度传感器检测到磁场异常变化，将立即引爆拦截导弹，在爆炸威力圈内的一切目标均被摧毁。

法国研究了一种全新的以地磁场为基础的炮弹制导系统。法德研究所的科技主任伊曼努尔·多里亚特认为地磁场始终保持恒定，而地磁传感器能够精确地测量每平方厘米上地磁场的方向变化，因此更难于被干扰，该技术于 1997 年开始研究，试验证明地磁场完全可以作为恒定的标准。2002 年，他又开始了侧重于卡尔曼滤波器的研究。滤波器可以瞬间处理大量的地磁场信号，安装该滤波器的导弹已于2004年试射。

综上所述，在国外，目前地磁导航应用于导弹中的研究主要集中在低空、做水平或近似水平运动的巡航导弹的巡航段，相关的研究工作还主要以概念设计和试验验证为主。目前国内开展这方面的研究工作有火箭军工程大学、西北工业大学和国防科技大学等单位。按照数据处理方式的不同，地磁导航方法有地磁匹配和地磁滤波技术的组合导航两种方式。

1. 导弹用地磁匹配导航的研究成果

地磁匹配导航在原理上基本借鉴了地形辅助导航，它一般和惯性导航系统共同工作，作用是修正惯性导航系统的累积误差。目前国内已取得的主要研究成果如下：

张金生和乔玉坤等人提出采用地磁匹配方法对导弹进行制导，并肯定和指出了此匹配方法应用于导弹的可行性和制约因素。随后，火箭军工程大学的乔玉坤等人通过分析IGRF模型，指出应优先选择地磁场总强度作为匹配特征量。

王向磊等人采用了地形匹配中的平均方差算子（Mass Spectrometric Detector，MSD）进行磁场搜索匹配，同时加入扰动以求取蒙特卡罗均值的方式匹配定位。

谢仕民等人分析比较了平均绝对差法、MSD、归一化积相关算法（NPROD）、霍斯多夫距离法这4种常用线图搜索匹配法，通过试验给出了运算量和匹配精度的比较结果。

吴美平等人采用了重力匹配中的ICP算法，用寻找最优刚性变换的方式来对惯性系统输出的航迹进行校正，最终达到匹配定位的目的。

乔玉坤等人对轮廓匹配方法进行了深入研究，并由仿真结果讨论了各种相关分析方法对不同噪声的敏感程度、匹配长度变化对各种分析方法的影响以及各种相关分析方法对飞行器地磁匹配制导的适用性，从而为匹配算法进行更深入的研究奠定了一定基础。

2. 导弹用滤波技术的地磁组合导航的研究成果

将磁场测量信息和惯性导航系统的输出通过滤波器进行信息融合，从而构成地磁/惯性组合导航系统也是目前一种主要导航方法。目前已取得的主要研究成果如下：

胡正东等人将导弹动力学模型作为状态方程，将局部地磁异常场模型作为观测方程，基于UKF算法，研究了地磁场在巡航导弹巡航段中的应用。文中通过对比不同飞行轨迹下的滤波结果，得到了导弹射前路径规划的一些原则。另外，文中还比较了UKF算法和EKF算法的导航性能。仿真结果表明，前者具有比后者更高的导航精度，但相对于后者，前者所用时间较长。

郭才发等人针对磁暴期间巡航段的地磁导航采用卡尔曼滤波容易发散的问题，提出了一种基于Sage-Husa自适应卡尔曼滤波的地磁导航算法。仿真结果表明，即使在磁暴最剧烈的时间段，采用此方法仍能够保证一定的精度，可以满足巡航导弹中制导的精度要求。

胡正东和蔡洪等人初步探讨了纯地磁滤波在巡航导弹中的应用，其中胡正东等人以导弹动力学模型作为状态方程，并未考虑启动系数或者加速度信息的获取。针对这个问题，蔡洪等人分析了惯性/地磁组合导航系统的基本原理，并基于巡航导弹的巡航段飞行过程建立了组合导航系统的滤波模型。在观测信息分别为实测地磁场三分量和单一幅值的条件下，采用EKF算法和UKF算法进行了仿真分析。仿真结果表明：在观测信息为地磁三分量的条件下，UKF算法总体滤波效果优于EKF算法，两种算法在最后30 s内的平均定位精度都可达到 50 m；在观测信息为地磁场幅值的条件下，EKF 算法的滤波收敛速度和精度大幅下降，而 UKF 算法仍然取得不错的收敛效果，滤波性能明显优于 EKF 算法。

#### 1.3.4.3 地磁导航在舰船和潜艇中应用的研究现状

实际上，舰船和潜艇的运动方式和巡航导弹的巡航段类似，都是做水平运动，从导航原理来说，地磁导航在这些对象中的应用没有本质的区别。

20 世纪 80 年代初，瑞典 Lund 学院对船只的地磁导航进行了试验验证，试验中将地磁强度的测量数据与地磁图进行人工比对，确定船只的位置，同时根据距离已知的两个磁传感器的输出时差，来确定船只的运动速度。美国在 1982 年就为水下无人运载体研制了一种地磁定位系统。1994 年，美国发明了一项水下运载体地磁定位系统专利，用于水下定位和导航。

目前，国内地磁导航在潜艇和舰船中的研究处于预言和仿真论证阶段，已取得的研究成果如下：

郝燕玲等人初步分析了水下地磁导航的可行性，指出了导航用的地磁模型和干扰磁场两个方面是制约该技术发展的重要因素。文中还指出了利用地磁场进行水下载体定位的两条技术途径：一是先用小波变换滤去地磁异常，然后与大尺度地磁模型进行匹配确定载体的位置；二是根据地磁异常，并结合同时定位与构图算法来实现水下载体自主导航。

穆华等人研究了船用惯性/地磁组合导航的信息融合策略，组合导航系统将惯性导航系统的误差方程作为状态方程，将地磁异常测量值作为观测方程，用地磁随机线性化技术对观测方程进行了线性化，采用扩展卡尔曼滤波技术实现地磁异常测量信息与惯性导航信息的融合，估计并校正了惯性导航系统导航误差。仿真表明，组合导航系统具有如下良好性能：①对地磁异常具有较强的适用性；②对初始位置误差、速度误差及姿态误差具有较好的鲁棒性；③对地磁数据噪声敏感度较低。

为实现惯性导航系统长时间高精度导航，杨功流等人以性能优良的电子海图显示信息系统为开发背景，对地磁辅助惯性导航系统进行了设计和仿真试验。他们在原有电子海图显示信息系统的基础上开发了数据采集模块、地磁数据库模块、惯导/地磁匹配模块、惯性导航误差估计模块等功能软件，并对各功能模块进行了深入分析。仿真试验结果表明，基于电子海图显示信息系统的惯性/地磁组合导航达到了校正惯性导航系统、实现高精度导航的目的。

刘飞等人讨论了相关匹配算法在水下地磁导航中的应用，该匹配算法自适应实时构造基准数据序列，以 Hausdorff 距离作为相关判断准则，提出了预匹配和精匹配相结合的改进措施并优化了运算过程。在预匹配过程中，由于地磁数据的离散性，搜索步长定为一个基本网格单元，并与序贯相似检测原则相结合，这样可快速排除非匹配区，筛选得到精匹配所需要的可行区域。在精匹配中，他们引入了双线性插值法对地磁场原始数据进行加密内插以提高匹配精度。最后他们利用地磁数据进行了仿真试验，结果表明，在一定条件下，该匹配算法对水下地磁导航具有适用性。

# 第2章 地磁学基础

## 2.1 电磁场——普遍存在的宇宙物质

### 2.1.1 自然界的磁场

在科学技术和日常生活中,磁场是我们最熟知的自然现象之一。从指南针、玩具磁铁、磁化水杯到电器电表,从地球、太阳、银河系到宇宙太空,从分子、原子、原子核到基本粒子,从蜜蜂、信鸽、鱼类到人类机体……磁场几乎无处不在。唯物主义认为,宇宙万物都是由物质组成的,而粒子和场是自然界物质存在的两种基本形态。

在以粒子形态存在的物质中,有我们熟悉的三种聚集态——固体、液体、气体,它们是由分子、原子、电子、质子、中子及许许多多其他基本粒子组成的。除此之外,还有我们不太熟悉的第四种聚集态——等离子体。等离子体是由带电粒子和中性粒子组成的宏观电中性物质。在浩瀚的宇宙中,99%的粒子物质呈等离子体态:星云、星际物质和太阳一类的恒星是等离子体,地球外核、电离层和磁层也是等离子体;极光和闪电发生时会产生等离子体,核爆炸和卫星返回大气层时也会产生等离子体;即使在日常生活中我们也常常接触到等离子体,如霓虹灯和日光灯管中的稀薄气体、电弧焊火焰;等等。

在以场形态存在的物质中,电磁场是宇宙中最重要、最普遍的一种场。虽然电磁场的存在不能被肉眼直接感知,但通过它与其他物质的相互作用,如磁极之间的相互吸引或排斥、磁场对通电导线的作用、磁场对导电流体运动状态的影响等,让人们逐渐认识了电磁场的物质性和能量特点。图 2-1 为几种常见磁场的示意图:图 2-1(a)(b)是条形磁铁和通电螺线管周围细铁屑排列的实验图;图 2-1(c)(d)用磁力线形象地描绘出它们的磁场分布情况,箭头表示磁场方向,磁力线的疏密表示磁场强度的大小;图 2-1(e)显示出圆电流线圈的磁场。

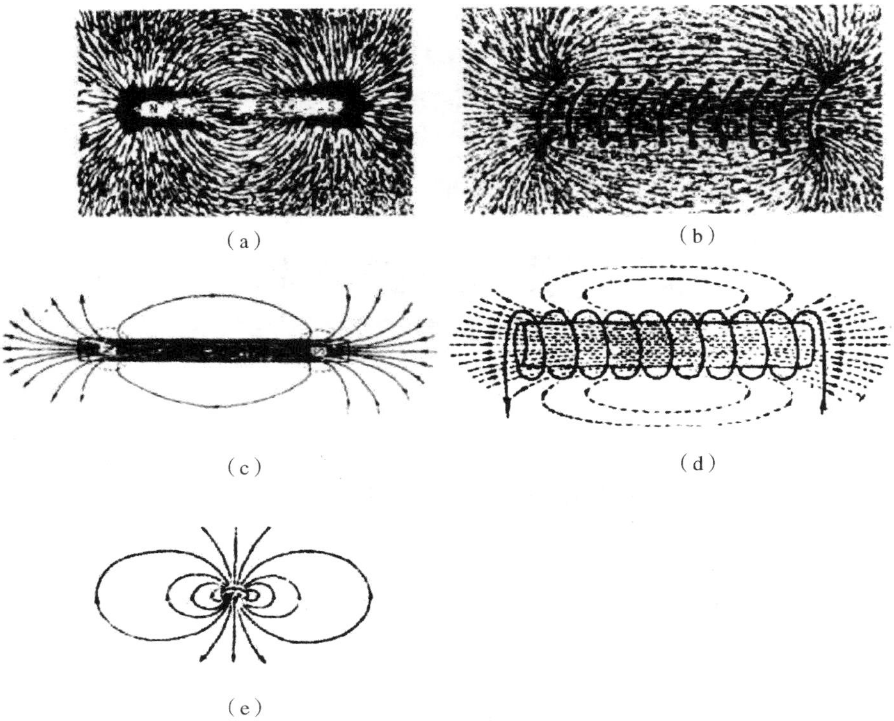


**图 2-1　几种常见磁场的示意图**

磁场是宇宙天体固有的基本属性。水星、地球、木星、土星、天王星和海王星等行星，中子星、脉冲星和太阳等恒星，银河系和其他星系都有强度不同、结构各异的磁场。近年来的空间探测发现，行星的卫星也具有磁场。地球的卫星——月球的磁场十分微弱，但木星的卫星却有很强的磁场。

天体磁场产生于天体内部，并远远地扩展到周围空间。磁场渗透在该天体周围的等离子体中，使之成为磁化等离子体。变化的磁场与运动的等离子相互作用，产生了复杂的能量、动量和物质交换过程。不同天体的磁场和等离子体之间也发生相互作用，从而形成各自的分布区域和作用范围，也形成了充满太空的宇宙磁场。例如：地球磁场与太阳风（向外运动的太阳大气）作用形成地球磁层，构成了近地空间的范围；太阳磁场与星际风作用形成日球层，构成了太阳系的空间范围；同样，银河系及其他星系的磁场与其外运动的星系际风等离子体和磁场相互作用也构成了它们各自的范围。在这一层一层嵌套式的空间结构中，磁场起着主导作用。图 2-2 用比较的方法给出了太阳系行星、脉冲星、星系等几种天体的磁场结构示意图，由此可以看出天体磁场的普遍性及其结构的相似性。图 2-3 为日球层的示意图，显示出空间磁场的不同层次和嵌套式结构。表 2-1 列出太阳系行星磁场的主要参数。

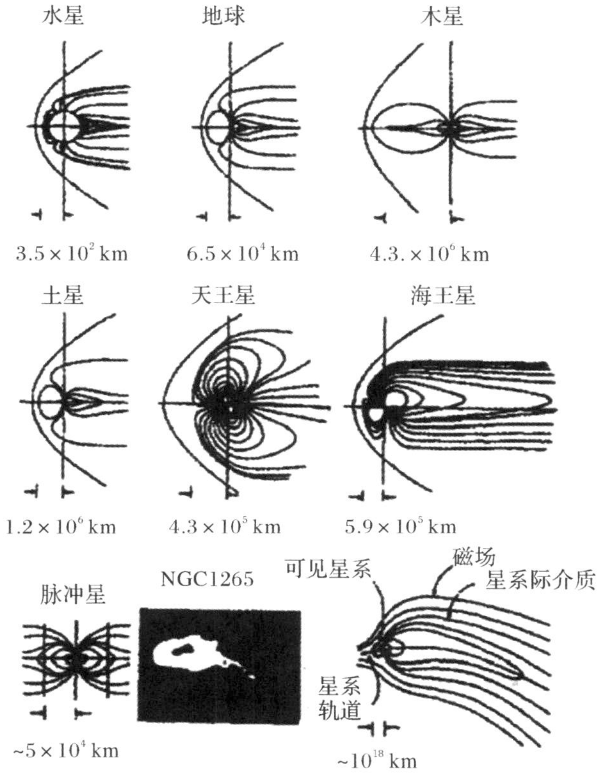


图 2-2　宇宙天体磁场结构比较

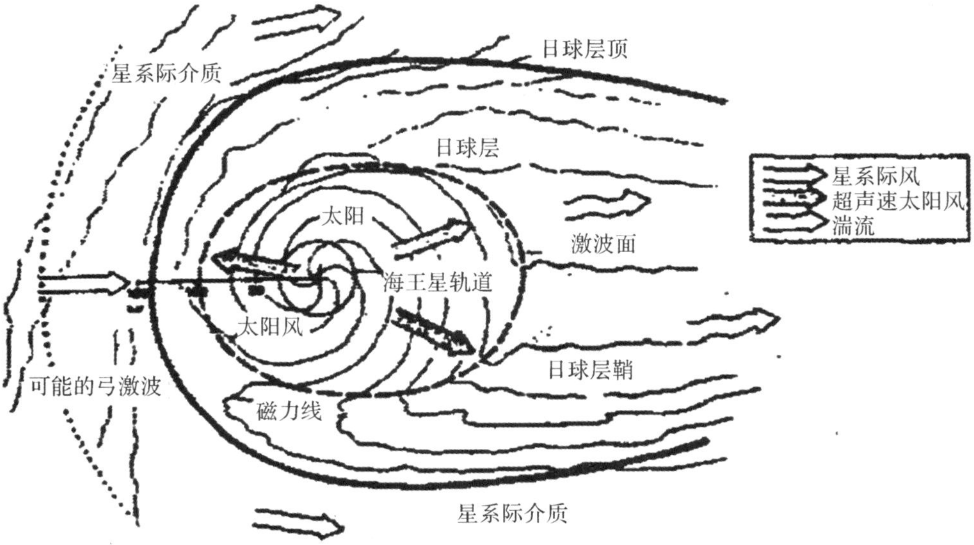


图 2-3　日球层磁场结构和星际风示意图

**表 2-1 太阳系行星磁场的主要参数**

| | 平均日心距 /AU | 平均半径 /km | 自转周期 /d | 磁矩 $M_E$ /(A·m²) | 表面赤道磁场 /($10^{-4}$ T) | 表面最大磁场 /($10^{-4}$ T) | 表面最小磁场 /($10^{-4}$ T) | 磁轴与自转轴的夹角 /(°) | 磁层顶距 |
|---|---|---|---|---|---|---|---|---|---|
| 水星 | 0.39 | 2 439 | 58.646 | $4.5\times10^{19}$ | 0.004 | | | 166.0 | $1.3R_{Me}$ |
| 金星 | 0.72 | 6 055 | 243.010 | $<5\times10^{19}$ | | | | | $0.1R_V$ |
| 地球 | 1.00 | 6 372 | 0.997 | $7.8\times10^{22}$ | 0.31 | 0.68 | 0.24 | 169.2 | $11R_E$ |
| 火星 | 1.52 | 3 398 | 1.026 | $2.0\times10^{19}$ | 0.000 6 | | | 15.0 | $1.2R_{Ma}$ |
| 木星 | 5.20 | 71 398 | 0.410 | $1.6\times10^{27}$ | 4.28 | 14.30 | 3.20 | 9.7 | $45R_I$ |
| 土星 | 9.55 | 60 330 | 0.426 | $4.3\times10^{25}$ | 0.22 | 0.84 | 0.18 | 0.0 | $21R_S$ |
| 天王星 | 19.19 | 25 559 | 0.646 | $3.9\times10^{24}$ | 0.23 | 0.96 | 0.08 | 59.0 | $27R_U$ |
| 海王星 | 30.074 | 24 764 | 0.658 | $2.0\times10^{24}$ | 0.14 | 0.90 | 0.10 | 47.0 | $26R_N$ |
| 月球 | 1.00 | 1 737 | 27.322 | $<1.1\times10^{16}$ | | 0.003 | | | |
| 木卫三 | 5.20 | 2 634 | 7.15 | | 0.007 | | | 176.0 | $1.6R_G$ |
| 中子星 | | | | | | $10^{15}$ | | | |
| 磁星 | | | | | | $10^{15}$ | | | |
| 太阳 | 0 | 696 000 | 25.38 | $2.0\times10^{29}$ | | 普遍磁场 1～2，活动区约 $10^3$ | | | |

注：(1)AU 是天文单位(地球到太阳的距离)，1 AU= $1.5\times10^8$ km。

(2)1900 年和 2005 年地球磁矩 $M_E$分别为 $8.32\times10^{22}$ A·m² 和 $7.76\times10^{22}$ A·m²。

(3)行星自转轴的正向由自转方向用右手法则确定，磁轴的正向由 S 极指向 N 极(注意：地球的磁 N 极在南极附近，而磁 S 极在北极附近)。

(4)$R_{Me}$、$R_V$、$R_E$等分别是各星体的平均半径。

在宇宙形成和演化的过程中，磁场起着重要作用。根据目前流行的大爆炸宇宙理论，现在的宇宙从最初的高温致密状态向外膨胀已经历了 100～200 亿年的漫长过程，银河系在 100 亿年以前形成，太阳至少也有 50 亿年的历史，从各方面来说，天文宇宙已进入了它的中年期。但令人惊异的是，宇宙并不像简单理论所预期的那样安静，新的星体仍在形成，太阳还在沸腾，大量宇宙天体活动相当剧烈，如脉冲星、活动超新星、X 射线星、γ 射线源、活动星系和类星体等，在整个银河系，特别是在活动星体附近，电子、质子、氦核和重核被加速到接近光速，空间探测发现了太阳磁场的复杂结构，也发现了其他行星及其卫星的固有磁场，其中尤以近年来对木星和木卫磁场的探测引起了科学家的极大兴趣。磁场在宇宙天体和宇宙空间普遍存在的事实大大加深了人们对磁场在宇宙形成演化过程中作用的认识。正如 E. N. 帕克在其巨著《宇宙磁场》一书中所说的那样："看来，使宇宙连续不断发生扰动的根本因素是磁场，磁场就像是宇宙中'有机体'，它从星体和星系获得能量，而微弱磁场的存在会引起一小部分能量转移，并形成较强的磁场。这一能量转移是太阳系、银河系和宇宙不停活动的原因，磁场虽然不能改变和停止宇宙膨胀和蜕化这一总的进程，但它使星球和星系的局部演化大为复杂。"现在一般认为，太阳和行星磁场起源于星体内部的磁流体发电机过程及其周围环境的电流体系，它们反映了这些天体的结构和动力学过程。因此，磁场是人类认识宇宙的重要信息来源。

磁场对生物进化和生命过程的影响也是现代生物学和现代医学非常感兴趣的研究课题。地球生命系统的形成和演化是在地磁场环境中进行的，磁场无疑会成为生命过程的一个重要制约因素。地质历史上生物种类的急剧增加和大量灭绝往往与地磁场极性倒转有某种联系就是很好的证明。

磁场在现代高技术发展中有广泛的应用。继脑电图之后，脑磁图正在成为临床诊断的新方法，各种磁疗技术和设备也在迅速发展中。至于高能物理研究中使用的加速器和对撞机、可控热核聚变中的托克马克装置和仿星器、工业中的磁流体发电机等等，强磁场更是必不可少的重要条件。因此，对磁场的研究与应用在推动现代科学技术发展中起着巨大的作用。

### 2.1.2　电磁场的一般特性

实验观测发现，磁场不仅存在于磁石和磁铁等磁性物体周围，而且也存在于通电导线和运动电荷的周围。从物理本质上讲，一切磁场都起源于运动电荷。

虽然磁场的存在是由磁石吸引铁块而发现的，但是，对磁场的定量观测和深入研究却是从测量电流之间的相互作用开始的。19 世纪初，奥斯特发现，磁铁在电流附近会受到力矩的作用。紧接着，安培观测到，在一个电流附近，不仅磁铁会受到力的作用，而且其他电流也会受到力的作用。作用力的大小和方向与电流的大小、方向及其距离有关。这些实验表明，电流和磁场有密切的关系：磁铁和电流周围都存在磁场，磁铁与磁铁、电流与磁铁、电流与电流之间的相互作用，正是通过它们各自的磁场相互作用来实现的。安培总结了大量观测事实，得到描述电流回路 $L_1$ 在另一电流回路 $L_2$ 附近所受作用力的公式为

$$\boldsymbol{F}=\frac{\mu_0}{4\pi}I_1 I_2\oint_{L_1}\oint_{L_2}\frac{\mathrm{d}l_1\times(\mathrm{d}l_2\times\boldsymbol{r})}{r^3}\tag{2.1}$$

式中：$I_1$ 和 $I_2$ 分别是导电回路 $L_1$ 和 $L_2$ 的电流强度；$\mathrm{d}l_1$ 和 $\mathrm{d}l_2$ 分别是 $L_1$ 和 $L_2$ 的线元；$\boldsymbol{r}$ 是从 $\mathrm{d}l_1$ 到 $\mathrm{d}l_2$ 的位置矢量；$\mu_0$ 叫作真空磁导率。

在这里，磁导率常数的引入是十分重要的。当我们用实验资料建立物理定律时，为了把不同物理量的观测值用公式（等式）联系起来，常常需要引入这样一类常数，以便使等式两端的数值和量纲完全相同。如果实验中所涉及的全部物理量采用事先规定的单位，那么该常数的量纲由实验物理量完全确定，该常数的数值则由实验数据确定，如万有引力常数等。如果某一物理量的单位事先尚未定义，那么，对常数的大小和量纲可以有不同选择，从而产生不同的单位制。在电磁学中常常使用不同的单位制。以 cm－g－s(CGS) 基本单位为基础，并取 $\mu_0=4\pi$(无量纲)，则得到电磁单位制(emu)；同样以 CGS 基本单位为基础，但取 $\mu_0=4\pi/c^2\ (\mathrm{s}^2/\mathrm{cm}^2)$，$c$ 是真空中的光速，得到高斯单位制；以 m－kg－s(MKS) 基本单位为基础，取 $\mu_0=4\pi\times10^{-7}$，则得到国际单位制(SI)，国际单位制是目前科技界普遍使用的一种单位制。为了与其他学科一致，1973 年在日本京都举行的“国际地磁与高空物理学联合会”大会上决定在地磁学中采用 SI 制。不同单位制之间的转换关系见表 2－2。

**表 2-2 电磁学中不同单位制之间的转换关系**

| 物理量 | 符 号 | SI 单位制(名称和量钢) | 高斯单位制 | 转换系数 |
|---|---|---|---|---|
| 长度 | $l$ | 米 m[L] | 厘米 cm | $10^2$ |
| 质量 | $m$ | 千克 kg[M] | 克 g | $10^3$ |
| 时间 | $t$ | 秒 s[T] | 秒 s | 1 |
| 力 | $F$ | 牛(顿) N | 达因 dyn | $10^5$ |
| 能量 | $W$ | 焦(耳) J | 尔格 erg | $10^7$ |
| 功率 | $p$ | 瓦(特) W | 尔格/秒 erg/s | $10^7$ |
| 电荷 | $q$ | 库(仑) C | 静电库仑 statcoulomb | $3\times10^9$ |
| 电位 | $V$ | 伏(特) V | 静电伏特 statvolt | $1/3\times10^{-2}$ |
| 电流 | $I$ | 安(培) A | 静电安培 statampere | $3\times10^9$ |
| 电感 | $L$ | 亨(利) H | 秒$^2$/厘米 $s^2$/cm | $1/9\times10^{-11}$ |
| 电容 | $C$ | 法(拉) F | 厘米 cm | $9\times10^{11}$ |
| 电阻 | $R$ | 欧(姆) Ω | 秒/厘米 s/cm | $9\times10^{11}$ |
| 电导 | $\Sigma$ | 西门子 S | 厘米/秒 cm/s | $9\times10^{11}$ |
| 磁感应强度 | $B$ | 特(斯拉) T | 高斯 G | $10^4$ |
| 磁通量 | $\Phi$ | 韦(伯) Wb | 麦克斯韦 Mx | $10^8$ |
| 电流密度 | $J$ | 安(培)/米$^2$ A/m$^2$ | 静电安培/厘米$^2$ statampere/cm$^2$ | $3\times10^5$ |
| 电阻率 | $\rho$ | 欧(姆)米 Ω·m | 秒 s | $1/9\times10^{-9}$ |
| 电导率 | $\sigma$ | 西门子/米 S/m | 秒$^{-1}$ $s^{-1}$ | $9\times10^9$ |
| 电位移矢量 | $D$ | 库(仑)/米$^2$ C/m$^2$ | 静电库仑/厘米$^2$ statcoulomb/cm$^2$ | $12\pi\times10^5$ |
| 电场强度 | $E$ | 伏(特)/米 V/m | 静电伏特/厘米 statvolt/cm | $1/3\times10^{-4}$ |
| 介电常数 | $\varepsilon$ | 法(拉)/米 F/m | — | $36\pi\times10^9$ |
| 磁场强度 | $H$ | 安(培)/米 A/m | 奥斯特 Oe | $4\pi\times10^{-3}$ |
| 磁化强度 | $M$ | 安(培)/米 A/m | 奥斯特 Oe | $10^{-3}$ |
| $H$ 的磁位 | $\Omega_H$ | 安(培) A | 吉尔伯特 Gilbert | $4\pi\times10^{-1}$ |
| $B$ 的磁位 | $\Omega_B$ | 特(斯拉)米 Tm | 吉尔伯特 Gilbert | $10^6$ |
| 磁矩 | $m$ | 安(培)m$^2$ Am$^2$ | 奥斯特·厘米$^3$ Oe·cm$^3$ | $10^3$ |
| 磁导率 | $\mu$ | 亨(利)/米 H/m | — | $1/4\pi\times10^7$ |

上述电流之间相互作用的事实可以分成两部分来理解:①在电流线圈 $L_2$ 的周围存在一个磁场;②电流线圈 $L_1$ 受到这个磁场的作用。据此,式(2.1)也分为两部分:电流产生磁场的公式和磁场对电流作用力的公式。在做这种分离时,常数既可包括在磁场公式中,也可包括在作用力公式中。于是,同一磁场可以用两种矢量来描述:当我们把常数 $\mu_0$ 归入前一部分(即电流 $I_2$ 产生的磁场)时,得到描述磁场的磁感应矢量 $\boldsymbol{B}$,它与电流的关系用毕奥-萨伐定律描述:

$$\boldsymbol{B}=\frac{\mu_0}{4\pi}I_2\oint_{L_2}\frac{\mathrm{d}\boldsymbol{l}_2\times\boldsymbol{r}}{r^3} \tag{2.2}$$

而磁场时电流的作用力公式可以写为

$$\boldsymbol{F}=I_1\oint_{L_1}\mathrm{d}\boldsymbol{l}_1\times\boldsymbol{B} \tag{2.3}$$

反之，当我们把常数 $\mu_0$ 归入后一部分（即电流 $I_1$ 受到磁场的作用力）时，即可得到描述磁场的磁场强度矢量 $\boldsymbol{H}$ 以及相应的作用力公式：

$$\boldsymbol{H}=\frac{1}{4\pi}I_2\oint_{L_2}\frac{\mathrm{d}\boldsymbol{l}_2\times\boldsymbol{r}}{r^3} \tag{2.4}$$

$$\boldsymbol{F}=\mu_0 I_1\oint_{L_1}\mathrm{d}\boldsymbol{l}_1\times\boldsymbol{H} \tag{2.5}$$

显而易见，$\boldsymbol{B}$ 和 $\boldsymbol{H}$ 有下面的关系：

$$\boldsymbol{B}=\mu_0\boldsymbol{H} \tag{2.6}$$

由此可以看到 $\boldsymbol{B}$ 与 $\boldsymbol{H}$ 的差别：$\boldsymbol{H}$ 只与产生磁场的源电流大小、方向和位置有关；而 $\boldsymbol{B}$ 不仅与源电流有关，而且与源电流周围的介质有关，表征介质影响的参数就是磁导率。

导体中的电流可以看成是许多带电粒子定向流动的宏观表现。因此，我们也可以从运动电荷产生磁场的观点出发，来理解上述观测事实并得到相应的表达式。

一个速度为 $\boldsymbol{v}$、电荷为 $q$ 的带电粒子在空间 $P$ 点所产生的磁感应强度为

$$\delta\boldsymbol{B}=\frac{\mu_0}{4\pi}\frac{q\boldsymbol{v}\times\boldsymbol{r}}{r^3} \tag{2.7}$$

如果有 $N$ 个同样的电荷，忽略电荷之间的距离，它们产生的磁场可以表达为

$$\delta\boldsymbol{B}=\frac{\mu_0}{4\pi}\frac{Nq\boldsymbol{v}\times\boldsymbol{r}}{r^3} \tag{2.8}$$

假定导线中只有一种带电粒子，其电荷为 $q$，线密度为 $n$，平均速度为 $\boldsymbol{v}$，那么长度为 $\mathrm{d}l$ 的一段导线中有 $n\mathrm{d}l$ 个带电粒子，它们产生的磁场为

$$\delta\boldsymbol{B}=\frac{\mu_0}{4\pi}\frac{(n\mathrm{d}l)q\boldsymbol{v}\times\boldsymbol{r}}{r^3} \tag{2.9}$$

该导线的电流强度 $I$ 可以定义为

$$I=nqv \tag{2.10}$$

于是我们就得到了强度为 $I$ 的载流导线 $L$ 的磁感应强度为

$$\boldsymbol{B}=\frac{\mu_0}{4\pi}\int_L\frac{I\,\mathrm{d}\boldsymbol{l}\times\boldsymbol{r}}{r^3} \tag{2.11}$$

即式(2.2)。

上述这些公式适用于真空或非磁性介质的情况。如果磁场中存在磁性介质，那么介质会被磁化，磁化介质产生的磁场叠加在原磁场之上，改变了原来磁场的大小和分布，因此，必须对磁场公式加以修正，才能合理地描述磁性介质中的磁场。研究表明，如果磁性介质是均匀的、线性的和各向同性的，那么只需将上述有关公式中的真空磁导率 $\mu_0$ 用介质磁导率 $\mu$ 代替即可。

其实，用磁场与电流之间的相互作用很容易解释磁性介质在外加磁场中的行为。综上所述，带电粒子定向运动形成宏观电流，电流在其周围产生磁场。同理，物质分子内部的微观电流也会产生磁场。在组成物质的分子中，电子绕原子核运动相当于一种环形电流，它按

照式(2.2)或式(2.7)的规律产生磁场。电子和原子核的自旋也会产生磁场。如果分子内部的这些电流存在某个优势方向,它们的磁场也会有优势方向,该物体就会显示出宏观磁性。我们所看到的磁铁周围的磁场,就是磁铁分子电流磁场的宏观表现。反之,如果分子电流杂乱无章地分布,没有任何优势方向,那么不同分子电流的磁场就会互相抵消,该物体不会表现出任何宏观磁性。这就是没有外加磁场时磁性介质的一般情况。

当我们把磁性介质放入磁场空间时,介质中的分子电流将会受到外加磁场的作用而发生偏转,于是分子磁矩多多少少偏向磁场方向,我们说介质被磁化了,并用磁化强度 $\boldsymbol{M}$ 这个物理量来表示介质被磁化的强弱程度。此时,总磁场等于原来的磁场 $\boldsymbol{B}_0$ 和介质磁化所产生的磁场 $\boldsymbol{B}_1$ 的矢量和:

$$\boldsymbol{B}=\boldsymbol{B}_0+\boldsymbol{B}_1 \tag{2.12}$$

实验表明,磁性介质在磁场中获得的磁化强度 $\boldsymbol{M}$ 正比于外加的磁场强度 $\boldsymbol{H}$,即

$$\boldsymbol{M}=\chi\boldsymbol{H} \tag{2.13}$$

式中:比例系数 $\chi$ 叫作介质的磁化率。

当用磁场强度 $\boldsymbol{H}$ 描述磁场作用时,因为 $\boldsymbol{H}$ 与介质无关,所以磁场公式(2.4)不变。介质磁化强度的附加影响表现在作用力式(2.5)中,因此,必须对这个公式做如下的修正:

$$\boldsymbol{F}=\mu_0 I_1\oint_{L_1}\mathrm{d}\boldsymbol{I}_1\times(\boldsymbol{H}+\boldsymbol{M}) \tag{2.14}$$

当用磁感应强度 $\boldsymbol{B}$ 描述磁场时,作用力公式(2.3)不变,而介质磁化效应在磁场公式(2.2)中予以考虑:

$$\boldsymbol{B}=\mu_0(\boldsymbol{H}+\boldsymbol{M}) \tag{2.15}$$

于是,我们得到如下关系:

$$\boldsymbol{B}=\mu_0(\boldsymbol{H}+\chi\boldsymbol{H})=\mu_0(1+\chi)\boldsymbol{H}=\mu\boldsymbol{H} \tag{2.16}$$

式中

$$\mu=\mu_0(1+\chi)=\mu_0\mu_r \tag{2.17}$$

叫作介质的磁导率,$\mu_r$ 叫作介质的相对磁导率。

测定磁场的方法很多,除了可以用小电流线圈或小磁针检验磁场外,我们也可以通过检测运动电荷的受力情况来确定磁场的方向和大小。一个以速度 $\boldsymbol{v}$ 运动的电荷 $q$ 所受的磁场力(洛仑兹力)可用下式表示:

$$\boldsymbol{F}=q\boldsymbol{v}\times\boldsymbol{B} \tag{2.18}$$

速度、电荷和力都是可以观测的量,于是磁场的大小和方向也就可以确定了。

### 2.1.3 电磁场的普遍规律——麦克斯韦方程

麦克斯韦总结了电场、磁场和电流、电荷的实验结果,并引入了“位移电流”的概念,得到了描述电磁场时空规律的普遍方程——麦克斯韦方程,它的微分形式为

$$\left.\begin{aligned}
&\nabla\cdot\boldsymbol{D}=\rho_f\\
&\nabla\times\boldsymbol{E}=-\frac{\partial\boldsymbol{B}}{\partial t}\\
&\nabla\cdot\boldsymbol{B}=0\\
&\nabla\times\boldsymbol{H}=\boldsymbol{j}_f+\frac{\partial\boldsymbol{D}}{\partial t}
\end{aligned}\right\} \tag{2.19}$$

式中：$\boldsymbol{E}$ 是电场强度；$\boldsymbol{D}$ 是电位移矢量；$\boldsymbol{H}$ 是磁场强度；$\boldsymbol{B}$ 是磁感应矢量；$\rho_{\mathrm{f}}$ 是自由电荷体密度；$\boldsymbol{j}_{\mathrm{f}}$ 为传导电流体密度；$\frac{\partial \boldsymbol{D}}{\partial t}$是位移电流密度。

麦克斯韦方程也可以写成积分形式：

$$\left.\begin{aligned} &\oiint \boldsymbol{D} \cdot \mathrm{d}s = \iiint \rho_{\mathrm{f}} \mathrm{d}\boldsymbol{v} \\ &\oint \boldsymbol{E} \cdot \mathrm{d}l = -\iint \frac{\partial \boldsymbol{B}}{\partial t} \cdot \mathrm{d}s \\ &\oiint \boldsymbol{B} \cdot \mathrm{d}s = 0 \\ &\oint \boldsymbol{H} \cdot \mathrm{d}l = \iint \left(\boldsymbol{j}_{\mathrm{f}} + \frac{\partial \boldsymbol{D}}{\partial t}\right) \cdot \mathrm{d}s \end{aligned}\right\} \tag{2.20}$$

在两种介质的分界面上，电磁场须满足以下条件：

$$\left.\begin{aligned} &\boldsymbol{n} \cdot (\boldsymbol{D}_2 - \boldsymbol{D}_1) = \sigma_{\mathrm{f}} \\ &\boldsymbol{n} \times (\boldsymbol{E}_2 - \boldsymbol{E}_1) = \boldsymbol{0} \\ &\boldsymbol{n} \cdot (\boldsymbol{B}_2 - \boldsymbol{B}_1) = 0 \\ &\boldsymbol{n} \times (\boldsymbol{H}_2 - \boldsymbol{H}_1) = \boldsymbol{a}_{\mathrm{f}} \end{aligned}\right\} \tag{2.21}$$

式中：$\sigma_{\mathrm{f}}$ 为分界面上自由电荷面密度；$\boldsymbol{a}_{\mathrm{f}}$ 是分界面上传导电流面密度；$\boldsymbol{n}$ 是介质 1 与介质 2 分界面的单位法向矢量，方向从介质 1 指向介质 2。

此外，还有电场和磁场的本构关系以及联系电场与电流的欧姆定律：

$$\left.\begin{aligned} &\boldsymbol{D} = \varepsilon \boldsymbol{E} \\ &\boldsymbol{B} = \mu \boldsymbol{H} \\ &\boldsymbol{j}_{\mathrm{f}} = \sigma \boldsymbol{E} \end{aligned}\right\} \tag{2.22}$$

式中：$\varepsilon$ 是介电常数；$\mu$ 是磁导率；$\sigma$ 是电导率。

### 2.1.4　磁场的位

直接求解麦克斯韦矢量方程有时是非常困难的，因此，在电磁学中常常引入磁场的标量位函数或矢量位函数以使复杂的问题简单化。在没有电流存在的情况下，引入标量位函数使上述矢量方程组变成为标量方程组；在有电流存在的情况下，引入矢量位函数可以由电流直接计算磁位，进而求出磁场和电场。当然，在引入这样的位函数时，要求它们包含原来矢量电磁场的全部信息。

#### 2.1.4.1　磁场的标量位

在既无自由电流，又可忽略位移电流的情况下，由式(2.19)可知，磁场强度 $\boldsymbol{H}$ 和磁感应强度 $\boldsymbol{B}$ 可以表示成标量位的负梯度：

$$\boldsymbol{H} = -\nabla \Omega_H \tag{2.23}$$

$$\boldsymbol{B} = -\nabla \Omega_B \tag{2.24}$$

这里我们用下标 $H$ 和 $B$ 来区分两种磁位。标量磁位满足拉普拉斯方程：

$$\nabla^2 \Omega_H = 0 \tag{2.25}$$

$$\nabla^2 \Omega_B = 0 \tag{2.26}$$

应该注意，只有在无电流的单连通域中，标量位才是单值的，否则，它可能是多值的。例如，在环形曲面体这一多连通域的情况下，即使体内无电流，但是在体外如有沿轴电流，则磁位也不是单值的。

为了描述地磁场的全球分布，地磁学中习惯采用球坐标系，即以地球中心为原点，地球自转轴为极轴，地理余纬为极角，地理经度为周向角，分别用 $r$、$\theta$ 和 $\lambda$ 表示球坐标系的原点距、极角和周向角，地磁场的三个分量记为 $B_r$、$B_\theta$ 和 $B_\lambda$，于是，式(2.24)和式(2.26)有如下形式(略去磁位下标 $B$)：

$$\boldsymbol{B}=\hat{r}B_r+\hat{\theta}B_\theta+\hat{\lambda}B_\lambda=-\left(\hat{r}\ \frac{\partial\Omega}{\partial r}+\hat{\theta}\ \frac{1}{r}\frac{\partial\Omega}{\partial\theta}+\hat{\lambda}\ \frac{1}{r\sin\theta}\frac{\partial\Omega}{\partial\lambda}\right) \tag{2.27}$$

$$\nabla^2\Omega=\frac{1}{r^2}\frac{\partial}{\partial r}\left(r^2\ \frac{\partial\Omega}{\partial r}\right)+\frac{1}{r^2\sin\theta}\frac{\partial}{\partial\theta}\left(\sin\theta\ \frac{\partial\Omega}{\partial\theta}\right)+\frac{1}{r^2\ \sin^2\theta}\frac{\partial^2\Omega}{\partial\lambda^2}=0 \tag{2.28}$$

在地磁学中，用磁位表示磁场是非常简便和直观的。位于球坐标系原点，沿极轴放置的磁偶极子 $\boldsymbol{M}$ 的标量位可以写为

$$\Omega=\frac{\mu_0}{4\pi}\frac{\boldsymbol{M}\cdot\boldsymbol{r}}{r^3}=\frac{\mu_0}{4\pi}\frac{M\cos\theta}{r^2} \tag{2.29}$$

在许多情况下，可以用上面简单的表达式近似地描述地磁场。

#### 2.1.4.2 磁场的矢量位

在有电流的情况下，定义如下的矢量位往往是非常有用的：

$$\left.\begin{aligned}\boldsymbol{B}&=\nabla\times\boldsymbol{A}\\ \nabla\cdot\boldsymbol{A}&=0\end{aligned}\right\} \tag{2.30}$$

在真空中，式(2.30)的第一式可以写成

$$\nabla^2\boldsymbol{A}=-\mu_0\boldsymbol{J} \tag{2.31}$$

即磁场矢量位满足泊松方程，电流是磁场的源。这个方程与没有电流源时标量位的拉普拉斯方程式(2.25)和式(2.26)形成很好的对照。

我们知道，标量泊松方程

$$\nabla^2\Omega=Q \tag{2.32}$$

的解可以直接写为

$$\Omega=-\frac{1}{4\pi}\int\frac{Q}{r}\mathrm{d}v \tag{2.33}$$

将式(2.33)用于磁场矢量位的每一个分量，就可以得到矢量泊松方程的解为

$$\boldsymbol{A}=\frac{\mu_0}{4\pi}\int\frac{\boldsymbol{J}}{r}\mathrm{d}v \tag{2.34}$$

如果电流已知，由式(2.34)可以求出磁场位 $\boldsymbol{A}$，进而得到磁场 $\boldsymbol{B}$。

## 2.2 地磁场——地球固有的基本特性

地球具有各种各样的物理场，如重力场、温度场、电场、磁场等。地磁场是重要的地球物理场之一，它有复杂的空间结构和时间演化。认识地磁场的时空特征，探索地磁场的起源，研究地磁现象与其他自然现象的关系，应用地磁学成果为人类社会服务就是地磁学的任务。

由于地磁场的典型性和可观测性，所以地磁场的研究也为太阳和其他宇宙天体磁场的研究提供了钥匙。

### 2.2.1　地磁场要素

地磁场是一个矢量场，它是空间位置和时间的函数。为了描述地磁场的空间分布特点，习惯上采用图 2-4 所示的观测点直角坐标系，即以观测点为坐标系原点，分别取地理北向、地理东向和垂直向下为 $x$、$y$ 和 $z$ 轴的正向。在这个坐标系中，地磁场矢量的分量分别称为北向分量、东向分量和垂直分量，并记作 $X$、$Y$ 和 $Z$。在地磁场测量和研究中还常常用到其他 4 个要素，即水平强度（地磁场的水平分量，记作 $H$，注意不要与表示磁场强度的符号 $\boldsymbol{H}$ 相混淆）、磁偏角（地理北向与磁场水平分量 $H$ 的夹角，用 $D$ 表示，地磁场东偏为正）、磁倾角（地磁场与水平面的夹角，记作 $I$，磁场向下为正）和总强度（$F$）。地磁场的这 7 个要素中只有 3 个（但不是任意 3 个）是独立的，其余要素可由这 3 个独立要素求出，它们之间有如下关系：

$$\left.\begin{aligned}&H=\sqrt{X^2+Y^2}\\&\tan D=Y/X\\&\sin D=Y/H\\&\tan I=Z/H\\&\sin I=Z/F\\&F=\sqrt{H^2+Z^2}=\sqrt{X^2+Y^2+Z^2}\end{aligned}\right\}\tag{2.35}$$

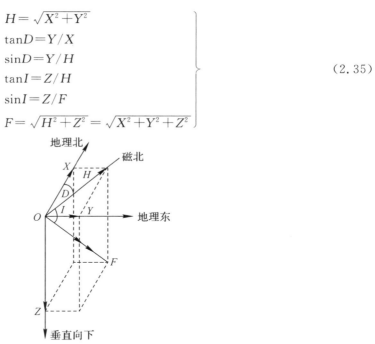

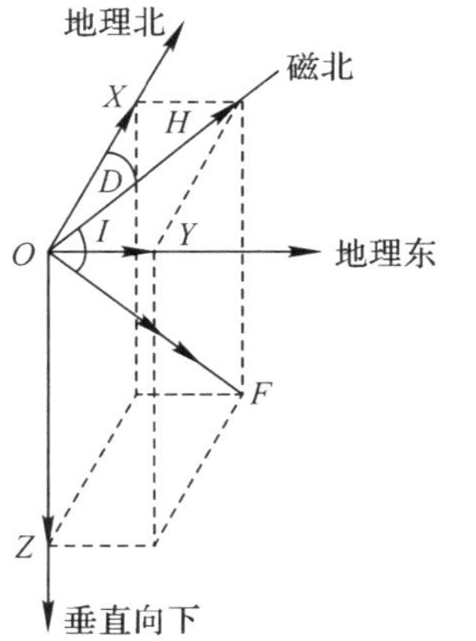


**图 2-4　地磁场观测点坐标系及地磁场要素**

2.1.4 节所说的球坐标系中的地磁分量 $B_r$、$B_\theta$ 和 $B_\lambda$ 与观测点坐标系中的地磁要素之间有如下关系：

$$\left.\begin{aligned}&B_r=-Z\\&B_\theta=-X\\&B_\lambda=Y\end{aligned}\right\}\tag{2.36}$$

关于如何选择 3 个独立地磁要素，须视具体情况而定。世界大多数地磁台的磁照图记录习惯使用 $H$、$D$、$Z$ 要素，地磁场绝对观测则多用 $H$、$D$、$I$ 或 $F$、$D$、$I$ 要素。理论研究和国际参考地磁场模型喜欢使用 $B_r$、$B_\theta$、$B_\lambda$ 分量或 $X$、$Y$、$Z$ 分量。$X$、$Y$、$Z$ 分量也用于高纬度地磁观测，这是因为在高纬度地区地磁北与地理北偏离很大。$X$、$Y$、$Z$ 分量正在成为大多数现代化数字地磁台所欢迎的系统。

地磁场很弱，最大地表磁场强度约为 $6\times10^{-5}$ T，而一个 2 cm 长的标定磁针的磁场强度就可达到 0.1 T。因此，地磁学中习惯使用一个更小的单位——纳特(nT)，过去也称作伽玛(γ)：

$$1\ \gamma = 1\ \text{nT} = 10^{-9}\ \text{T} = 10^{-5}\ \text{G} \tag{2.37}$$

地磁场虽然很弱，但是地磁现象涉及的磁场强度范围可以超过 7 个数量级：地面主磁场的强度是 $10^5$ nT 量级，强的局部磁异常可达 $10^6$ nT，地磁场平静太阳日变化约为 $10^2$ nT，扰动变化有时可达 $10^3$ nT，地磁脉动的强度一般为 $10^{-2}\sim10$ nT。

### 2.2.2 地磁场的组成

磁性物质和电流都可以产生磁场。地球磁场就是由地球内部的磁性岩石以及分布在地球内部和外部的电流体系所产生的各种磁场成分叠加而成的。由于磁场起源不同，各种磁场成分的空间分布和时间变化规律也大不相同。因此，有必要对地磁场的组成进行分类研究。

如果按照场源位置划分，地磁场可以分为内源场和外源场两大部分。

内源场起源于地表以下的磁性物质和电流，它可以进一步分为地核场和地壳场。地核场又称作主磁场，它是由地核磁流体发电过程产生的。地壳场又叫局部异常磁场，是由地壳磁性岩石产生的。主磁场和局部异常场变化缓慢，有时又合称为稳定磁场。内源场中还应包括外部变化磁场在地球内部的感应场，与稳定磁场不同的是，感应场变化较快。

外源场起源于地表以上的空间电流体系，它们主要分布在电离层、磁层和行星际空间。由于这些电流体系随时间变化较快，所以外源磁场通常又叫作变化磁场。根据电流体系及其磁场的时间变化特点，一般可以把变化磁场分为平静变化磁场和扰动磁场。

从全球来看，地核主磁场部分占总磁场的 95%以上，局部异常场约占 4%，外源变化磁场只占总磁场的 1%。表 2-3 列出了地球磁场主要成分的基本特点。

**表 2-3 地球磁场主要成分的基本特点**

| | | 磁场组分 | 场源位置 | 地表最大强度 | 形态特征 | 时间变化特征 | 测 量 | 主要应用 |
|---|---|---|---|---|---|---|---|---|
| 内源场 | 1 | 地核主磁场 | 地球外核 | ~60 000 nT | 偶极子场为主 | 百年到千年尺度的长期变化和百万年尺度的倒转 | 全球测量(地面测量、航测、海测、卫星测量) | 直接或间接控制其他磁场成分，用于导航等 |
| | 2 | 地壳磁场 | 居里面以上的地壳和上地幔 | ~100 000 nT，但地表大部分地区小于 1 000 nT | 空间分布极不规则，波长可小于 1 m | 基本稳定不变 | 局部测量(地面或航测) | 用于地球物理勘探、海底扩张速率估计 |
| | 3 | 感应磁场 | 地壳、上地幔和海洋 | 约为外源变化场的 1/2 | 一般为全球场，但许多地方不规则 | 与外源场同 | 永久性台站或临时台磁力仪 | 确定地壳和地幔的电性 |

**续 表**

| | | 磁场组分 | 场源位置 | 地表最大强度 | 形态特征 | 时间变化特征 | 测　量 | 主要应用 |
|---|---|---|---|---|---|---|---|---|
| | 4 | 平静变化（包括太阳静日变化 $S_q$ 和太阴日变化 $L$） | 主要在电离层 | $S_q$:30～200 nT<br>$L$:1～10 nT | 全球场，白天变化显著 | 周期变化<br>$S_q$：24 h 及其谐波<br>$L$:24h 50 m 及其谐波 | 永久性台站磁力仪 | 电离层潮汐风、电导率、电场和发电过程 |
| 外源场 | 5 | 扰动变化 1：磁暴 | 磁层和电离层 | 50～1 000 nT | 全球水平分量同时减小 | 分为初相、主相和恢复相，持续一天到几天 | 永久性台站或临时台磁力仪 | 监测太阳活动、磁层活动、太阳风-磁层耦合，空间天气预报 |
| | 6 | 扰动变化 2：亚暴 | 电离层和磁层 | 100～2 000 nT | 集中在高纬度，极光带最强 | 不规则变化，分增长相、膨胀相和恢复相，持续 30 min 到几小时 | 永久性或临时台站磁力仪 | 监测太阳活动、磁层活动、太阳风-磁层-电离层耦合，空间天气预报 |
| | 7 | 扰动变化 3：脉动 | 磁层和电离层 | 1～100 nT (Pg) | 准全球场，极光带附近最强 | 1～300 s，准周期 | 快速磁力仪 | 监测磁层过程、太阳风-磁层耦合 |

## 2.2.3　地磁场的空间分布

地磁场的空间分布可以用不同的形式来表达，最简单、最常用的方法是数据表和地磁图。数据表的内容包括测点的坐标（经度、纬度和高程）、测量时间和地磁要素的数值，数据表也常常列出通化值（即把不同时间的测值归算到某一统一的时刻）。

地磁要素的等值线图（等磁图）可以清晰、简便而直观地表示地磁场的地理分布。所谓等值线，就是在地图上把任一个地磁要素数值相等的各点连接起来构成的曲线。这种方法既可用于全球，也可用于局部地区。

从这些等值线图中可以清楚地看到地磁场空间分布的一些主要特点：

(1) 偶极子磁场成分占绝对优势。这一特点可以从偏角、倾角和总强度的分布得出。除了高纬度地区外，磁偏角一般都很小，这说明地磁场方向大致沿南北方向。磁倾角在赤道附近为零，随纬度升高而增大。在北极和南极附近分别达到 90°和 −90°。总强度在赤道附近达到极小值，随纬度升高其量值逐渐增大。这些特点与位于地心的磁偶极子的磁场非常相似[见式(2.29)]。

(2)磁轴与地理轴有一个不大的夹角。在偏角图中，等偏线在两极附近会聚，指示出磁极的位置，可知磁极与地理极不重合。磁赤道与地理赤道也不重合，这表明磁偶极子轴与自转轴不重合，二者夹角约为 11°。

(3)全球有几块大尺度的磁异常区。从总磁场减去偶极磁场得到非偶极磁场成分，它反映了真实地磁场与偶极子磁场的差别。可以看到，地磁场的非偶极子部分由几块大尺度磁异常区组成，主要的正磁异常区位于南大西洋、亚欧大陆和北美等地区，主要的负磁异常区有大洋州、北非等地区。

(4)地磁场有许许多多区域性的小尺度异常。

## 2.2.4 地磁场的时间变化

地球主磁场、局部磁异常场和变化磁场各有不同的时间变化特点。

主磁场随时间的缓慢变化叫作长期变化。这种变化最早是从地磁台长期的连续观测和记录中发现的。图 2-5 为伦敦、波士顿和巴尔的摩地磁偏角和倾角的长期变化曲线，在约 400 年当中，伦敦的变化描绘出一个圆圈的 3/4，暗示了长期变化有某种周期性，但是，波士顿和巴尔的摩的变化却完全是另外一种样子，由此可以看出地磁场长期变化的地区差异及其复杂性。这种差异和复杂性可以用地磁要素长期变化率的等值线图(即等变图)来描述。

主磁场长期变化的主要特征是整体向西漂移和极性倒转，全球磁场平均西漂速度约为 0.2°/y。用古地磁方法测定不同地质时期形成的岩石磁性，揭示了地磁场极性曾多次发生过倒转。

局部磁异常场几乎没有时间变化，这表明产生局部磁异常场的源是非常稳定的。但是地震、火山等剧烈的构造运动可能引起局部磁场的快速变化。

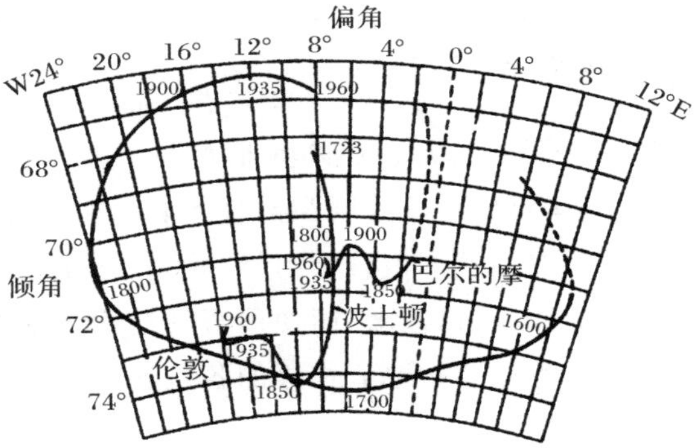


**图 2-5 伦敦、波士顿和巴尔的摩地磁偏角和倾角的长期变化曲线**

地球的变化磁场部分虽然比主磁场弱得多，但是它们随时间的变化却非常剧烈，这也正是其名称的由来。这部分磁场的变化周期(或时间尺度)通常为几分之一秒到几天。变化磁场主要是由高空电流体系产生的。此外，这些电流体系在导电的地球内部产生的感应电流对变化磁场也有一定的贡献。考虑到变化磁场的起源，人们也把地磁场季节变化、年变化、11 年周期变化归入变化磁场的范畴。图 2-6 给出了不同纬度地磁台磁静日和磁扰日地磁记录的比较。由图可以看出，在磁静日，变化磁场有较平稳而规则的日变形态，而在磁扰日，大量不规则的磁场起伏叠加在静日变化上，有时甚至完全淹没了静日变化。

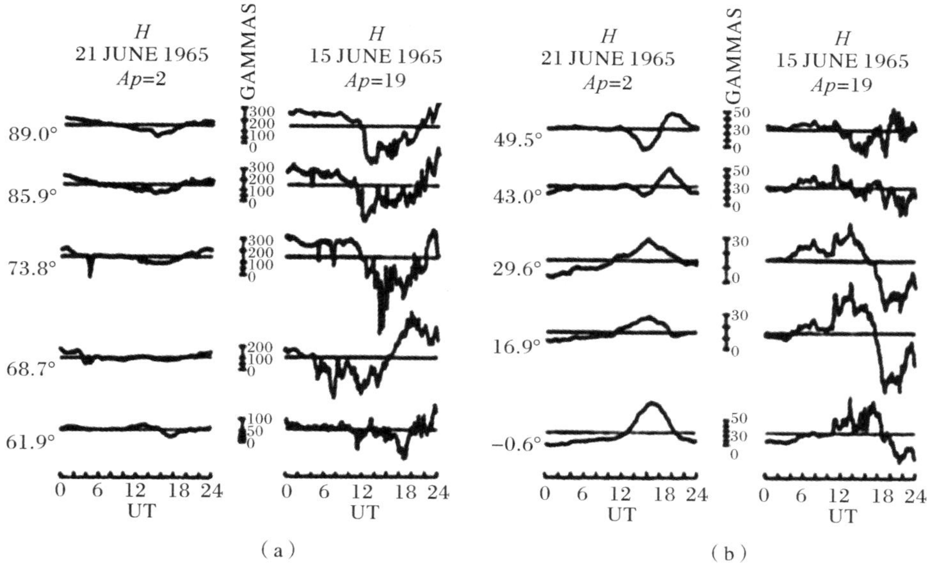


**图 2-6　变化磁场的记录**

(a)高纬度台站，左列为磁静日，右列为磁扰日；(b)中低纬和赤道台站

注：JUNE 为 6 月；UT 为单位时间(h)；$H$ 为磁场强度。

## 2.2.5　地磁场的时间变化与空间变化

值得注意的是，虽然地磁场有复杂的时间变化和空间分布，但是一般来说：一方面，磁场的时变特征随空间只发生平缓的改变，即时间变化有全球性质；另一方面，磁场的空间变化对时间的依赖关系很小。

前一个特点从图 2-6 看得非常清楚。无论是静日，还是扰日，尽管有较快的时间变化，但是这种变化在很大的纬度范围内，具有相似的形态，即它们显示出一种全球尺度的性质。

后一个特点从局部异常磁场的稳定性可以看出。让我们先来看看地磁场的空间变化。将地球表面不同地点长期的地磁测量值对时间进行平均，得到磁场随空间的变化。图 2-7 给出了南半球中纬度地区水平分量沿 140°子午圈分布的一个例子。

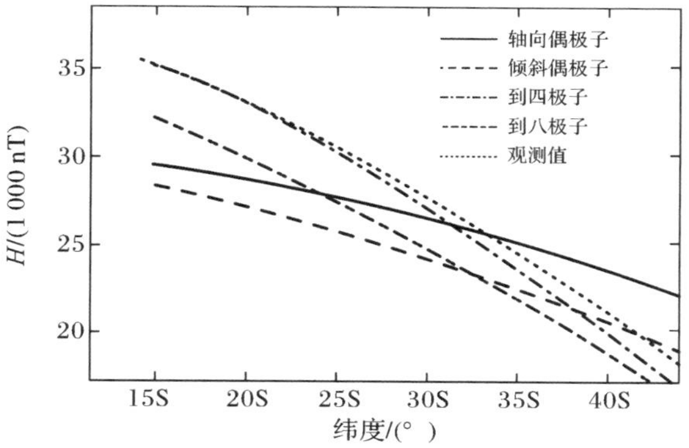


**图 2-7　沿 140°经线地磁水平强度 $H$ 的观测值和理论模型值**

由图首先可以看出，所有的观测值非常靠近一条平滑的曲线，该曲线的波长具有地球周长的量级。其次可以看出，大多数观测值对这条光滑曲线略有偏离，但相邻点的偏离值没有相关性。上述特点很清楚地表明，这是大小和分布完全不同的两种磁场成分，一个是幅度大、波长长的全球场（主磁场），另一个是幅度小、波长短的局部场（局域场）。

现在，让我们来看上面两种磁场成分的时间变化。如果对每一年的观测值进行平均，得到一条分布曲线，那么，不同年份的曲线并不重合。这表示主磁场部分的光滑曲线有系统的长期变化，但是，表示局部场的偏离部分却几乎不变化。

## 2.3 外地核——地球主磁场的发源地

地磁场的起源是长期困扰科学家的难题。爱因斯坦认为，地磁场起源是现代物理学尚未解决的最重要的科学问题之一。

地球本体是由固态的岩石地壳与地幔、液态的金属外核和固态内核所组成的复杂系统，地球周围是中性大气以及处于等离子态的电离层和磁层，再外面是行星际空间的太阳风。所有这些地球的组成部分对地磁场都有贡献或影响。

地壳岩石在其形成过程中以剩余磁性的方式把当时地球磁场的方向和强度记载下来，形成了局部异常磁场，为研究地球结构及其形成演化的历史提供了重要的信息，并成为板块构造理论的两大支柱之一。电离层和磁层电流体系产生了丰富多彩的变化磁场，是空间物理学研究的重要内容。但是，这两部分磁场加起来只占整个地球磁场的5%，而占95%的主磁场只能从地球深部去寻找它们的起源。

铁的磁性以及它在地球内部的丰富含量导致了“地球是一个大磁铁”的设想，但是，物质居里点温度的发现很快否定了这个最早的地磁场起源假说。实验证明，物质被加热到一定温度（称作居里温度）以上，原子磁矩的取向就会变得杂乱无章，于是物质原来具有的宏观磁性消失了。不同物质具有不同的居里温度，铁为770 ℃，磁铁矿为675 ℃。地球内部温度随深度而增加，平均大约在25 km深度处就达到居里温度。这就是说，不可能指望该深度以下的地球物质磁性产生地磁场。

那么，居里点等温面以上的地壳物质是否可能成为地球主磁场的源呢？检验了所有已知存在的地壳物质磁性后得出了否定的结论。在最理想的情况下，全部地壳物质对地磁偶极子场的贡献也是微乎其微的。更为困难的是，地壳的变形和运动极其缓慢，根本无法解释快得多的磁极位置变化、磁场西向漂移、地磁极性倒转等一系列重要现象。

综上所述，由于地幔温度超过居里点，所以占地球体积82%的地幔物质的磁性不可能是地球主磁场的源。那么，地幔物质运动的电磁效应是否能产生主磁场呢？海洋和大陆的形成、地震和火山活动、海底扩张和大陆漂移等观测事实证明了地幔的活动性。中洋脊地幔上升和俯冲带地幔下降给出了地幔在重力和热力驱动下不断对流的证据。地幔的流动传输着热能，使内部边界变形，影响着来自地核的热流。但是地幔对流的速度太慢，远远不能解释快得多的磁极移动和磁场西漂。因此，我们必须到更深的地核内部去寻找地磁场的源。

在这里，地磁学得益于地震学的帮助，找到了唯一可能产生地球主磁场的源——液态地球外核。

地震学研究了地震波在地球内部的传播，得到了地球内部物质密度和状态的详细分布，为地磁场起源的研究提供了重要的基础。图 2－8 为地球内部结构的示意图。地球的最表层是地壳，地壳厚度在海洋下约为 10 km，在青藏高原可达 80 km。地壳之下是上地幔，经过 600～700 km 深度处的转换带到达下地幔，在 2 890 km 处是核幔界面，其下是液态外核，到 5 150 km 深度遇到固态内核。

流体外核是最可能产生磁场的地方。地球的密度、温度和压力随深度而增加，组成地球的物质在其漫长的演化过程中不断地发生形变和分异，形成了现今基本上呈同心球层的结构。核幔边界是地球物质成分的显著分界面，两边物质的化学物理学特性以及动力学状态明显不同。地球外核处于 4 000～6 000 ℃的高温和 150 万～250 万大气压（1 大气压＝101 325 Pa）的高压状态下，其中的物质呈导电流体状态。在热力学差异和成分差异的驱动下，外核流体在地球自转系统中发生对流，从而产生了自激发电机过程。

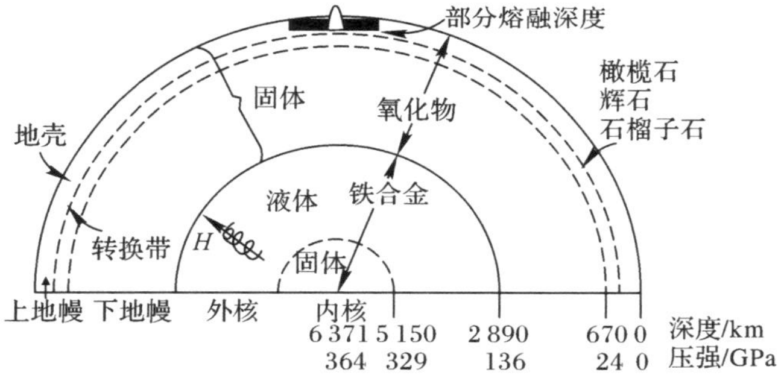


**图 2－8　地球内部结构示意图**

这就是地球主磁场的磁流体发电机理论。图 2－9 画出了最初的地核圆盘发电机模型和关于地磁场起源的磁流体发电机数值模拟结果。

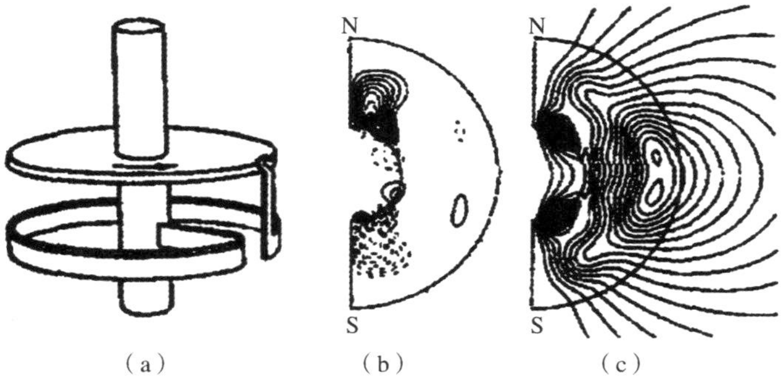


**图 2－9　地磁场起源的发电机理论模型和计算机数值模拟结果**

(a)布拉德圆盘发电机模型(1950)；(b) 格拉兹迈尔和罗伯茨磁流体发电机数值模拟结果(1995，1996)——子午面内平均的周向磁场强度等值线图，实线表示东向磁场，虚线表示西向磁场；(c)子午面内平均的磁力线结构

## 2.4 岩石层——局部地磁异常的起源

在地球稳定磁场中，由磁性岩石的不均匀分布形成的局部地磁异常场虽然只占总磁场的很小一部分，但是其分布的复杂性远远超过地表主磁场。

岩石在其形成过程中获得的原生剩余磁化强度，以及以后由于大地构造运动对它的改造和影响所获得的次生剩余磁化强度，是产生局部磁异常的源。由于海陆地壳的差异，以及磁性岩石在地域和深度上的不均匀分布，形成了大到行星尺度、小到几米，强到几万纳特、弱到 1 nT 以下的许许多多磁异常区。

局部磁异常与地磁极性、构造运动、全球变化有密切关系，因此引发了地质学家和地球物理学家浓厚的兴趣，而磁性矿物与磁异常的成因联系又使地磁异常的研究对资源和能源探测发挥着巨大的作用。

### 2.4.1 物质的磁性

按照磁学特性，物质可以分为三类：抗磁性物质、顺磁性物质和铁磁性物质。不同物质在外加磁场中的磁学表现取决于物质内部的结构。

物质原子中所有电子的轨道磁矩和自旋磁矩的矢量和构成了原子的总磁矩。在抗磁性物质的原子中，电子总是成对存在，其自旋磁矩两两抵消，轨道磁矩也两两抵消，因此，当没有外加磁场时，原子总磁矩为零，整块介质不显示宏观磁性。当有外磁场存在时，电子受洛仑兹力作用而发生进动，不管电子原有磁矩方向如何，进动产生的磁矩总是与外磁场方向相反，从而使介质获得了与外磁场相反的磁化，这就是“抗磁性”一词的由来。

在顺磁性物质中，原子含有不成对的电子，电子磁矩不能完全抵消，因此，每个原子具有固有磁矩。当没有磁场时，由于热运动，介质中原子磁矩杂乱排列，整块介质不显示宏观磁性。在外磁场作用下，各原子固有磁矩受外磁场力矩作用而趋于沿外磁场方向排列，使整块介质获得与外磁场方向相同的磁化，这就是“顺磁性”的含义。

抗磁性物质和顺磁性物质都是弱磁性物质，其磁化率一般在 $10^{-6}\sim10^{-4}$ 范围内，而且它们的磁化过程是可逆的。

铁磁性物质(铁、钴、镍等元素的单质、氧化物及其某些合金)具有很大的磁化率，其原因是它具有磁畴结构。在铁磁性物质中，原子固有磁矩的方向不是随意的，由于原子之间存在特殊的“交换作用”，原子固有磁矩在小范围内自发地沿某个方向排列，形成了一个个自发磁化区——“磁畴”，其大小为微米到毫米量级，磁畴壁的厚度约为 0.01 $\mu$m。介质中不同磁畴的磁矩方向一般是不同的，因此未被磁化过的铁磁体一般不显示宏观磁性。在逐渐增强的外磁场作用下，铁磁体将经历两个磁化阶段。首先，自发磁化方向接近外磁场的那些磁畴，通过畴壁的移动面扩大尺寸，把邻近的那些自发磁化方向偏离外磁场较大的磁畴吞并过来，这个过程使物体获得沿外磁场方向的磁化。随着外磁场的增强，所有磁畴的磁矩都接近外磁场的方向。接着，当外磁场继续加强时，磁畴磁矩方向朝外加磁场方向旋转。最后，当外加磁场增加到一定强度时，所有磁畴磁矩方向完全转到外场力向，此时磁化达到饱和。

与抗磁性物质和顺磁性物质相比，铁磁性物质有一系列特殊的性质：在外磁场中，它们所获得的磁化强度并不与外磁场强度成正比；当外磁场增大时，磁化强度会达到饱和；当外磁场减小时，磁化强度减小的规律与增大时不同，形成磁滞现象；当外磁场减小到零时，磁化强度并不完全消失。

在地磁学中，铁磁性矿物最重要的性质是居里点温度。铁磁性介质的磁化率随温度而变。一般来说，磁化率随温度升高而增大。但是，在温度超过居里点温度之后，原子的热运动能量超过原子间的交换作用能，磁畴崩溃，铁磁质变成了顺磁质，磁化率急剧减小。根据这一性质，考虑到地球内部温度随深度而增加的规律，我们可以判断，并不是整个岩石层都有磁性，对地磁场有贡献的磁性岩石只分布在 20～30 km 深度以内，这个深度叫作居里点等温面。

### 2.4.2　矿物和岩石的磁性

自然界的矿物绝大多数磁性很弱。常见的抗磁性矿物有石英、石膏、石墨、金刚石、大理石、岩盐、方解石等，常见的顺磁性矿物有黑云母、褐铁矿辉石、角闪石、蛇纹石、董青石、石榴子石等。在磁场勘探中，这些矿物都可以当作是无磁性的。

自然界中只有少数矿物是属于铁磁性的。它们大多数是由 FeO、$Fe_2O_3$、$TiO_2$ 这三种氧化物组成的。根据这三种氧化物比例的不同，形成了几种不同的铁磁性矿物，常见的有磁铁矿 $Fe_3O_4$、磁赤铁矿 $\gamma Fe_2O_3$、赤铁矿 $\alpha Fe_2O_3$、钛磁铁矿 $FeO(TiO_2)_n$、磁黄铁矿 $Fe_{1-x}S$。

铁磁性矿物一般以小颗粒的形式分布在磁性极弱的硅酸盐基质之中，虽然铁磁性矿物种类不多，但在大多数岩石中均有分布，并决定着岩石的磁性。一般来说，岩石中磁性矿物越多，岩石磁化率越大。但是，二者并非成正比关系，岩石磁性强弱还受矿物颗粒大小及其分布状态，以及岩石所受温度、压力和化学作用等许多因素的影响。一般来说，火成岩磁性较强，变质岩次之，沉积岩磁性最弱。

### 2.4.3　局部地磁异常场

地壳内磁性岩石的不均匀分布是引起地球局部磁异常的根本原因，磁性地质体的形状、大小、产量以及磁化强度的大小和方向，决定了地面上磁异常的分布形态。因此，局部磁异常的测量和研究是矿产资源探查的重要手段之一。图 2－10 为著名的俄罗斯库尔斯克铁矿区磁异常分布，其最大正异常超过 10 000 nT。

局部地磁异常场的研究不仅在资源和能源勘探中有重要的作用，而且对认识地球演化和大地构造运动有非常重要的意义，其中尤以海底条带状磁异常的发现最为重要。地磁测量发现的这种海底磁异常在洋中脊两边大致呈对称平行分布，古地磁、岩石磁学对异常区岩石磁性和年龄进行了详细的测定和研究，为海底扩张、大陆漂移和板块运动提供了强有力的证据。

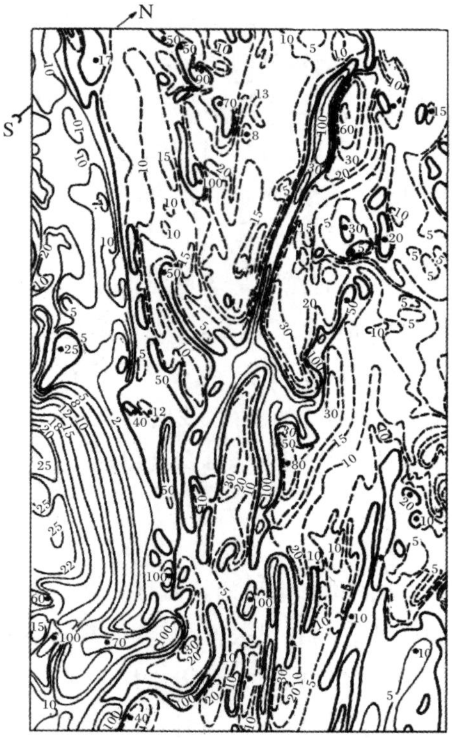

**图 2-10　俄罗斯库尔斯克铁矿区总强度磁异常分布**

（测量飞行高度 300 m，实线表示正异常，虚线表示负异常，单位 100 nT）

## 2.5　电离层与磁层——近地环境的重要组成

地磁场中的变化磁场部分主要起源于电离层和磁层电流体系。此外，这些电流体系在地球内部的感应电流也对变化磁场有一定的贡献。与稳定磁场（主磁场和局部磁异常）不同，变化磁场最明显的特征是其随时间变化复杂且快速，但是，变化磁场在空间分布上往往具有全球尺度的特点。

观测和研究还表明，变化磁场与太阳、电离层、磁层、行星际空间一系列复杂现象有密切关系，这些现象包括太阳耀斑爆发、日冕物质抛射、大气潮汐运动、电离层骚扰、极光、等离子体波、高能粒子沉降、磁层大尺度对流、磁场重联、宇宙线等。所有这些现象从不同侧面反映了日地能量耦合过程的总体特点，而变化磁场就是其中最重要的表现之一。因此，变化磁场的研究一直是近地空间环境（电离层和磁层）的监测、诊断、研究和预报的重要内容。可以说，人类认识近地空间环境就是从观测和研究变化磁场开始的。

### 2.5.1　地球大气和电离层

在地球引力作用下，地球大气聚集在地球周围而形成大气层。大气受太阳辐射、日月引力等作用，处于不停的运动之中，它的密度、温度、压力、成分和电离度等随高度、经纬度时而变化。

根据不同物理参数随高度的分布，大气层可以分为不同的层区，如图 2－11 所示。

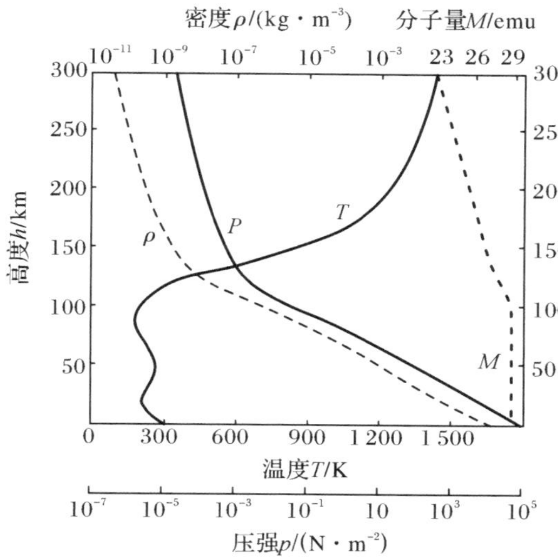


**图 2－11　地球大气的分层结构**

最有用和最基本的一种分层方法是按照温度分布来划分。用这种方法可将大气层分为对流层(0～10 km)、平流层(10～50 km)、中间层(50～80 km)和热层(>80 km)。从地面向上，温度以大约 10 K/km 的速率递减，至 10～12 km 处达到最低温度，这一层叫作对流层，温度最低处叫作对流层顶，大部分天气过程发生在对流层。对流层顶以上是平流层，原来人们以为它是同温层，后来测量发现大气温度随高度而递增，到 50 km 处温度达到最高，这就是平流层顶，这是由于臭氧吸收太阳辐射的结果。平流层顶之上温度再次随高度递减，这就是中间层(又叫中层大气)，至 80～85 km 高度处(叫中间层顶)达到最低温度 180 K，这是大气层最冷的部分。中间层项以上，温度再次随高度递增，这就是热层(又叫高层大气)，温度超过 1 000 K 后，基本不再随高度而变，这是大气层最热的部分。

我们也可以按照大气混合和组分情况，把整个大气层分为上、下两层：100 km 以下大气混合充分，组分不随高度改变，因此，平均分子量也不随高度改变(但密度随高度而变)，这一层叫湍流层或均匀层。100 km 以上的大气缺乏混合，组分随高度而变化，重的成分趋于分布在下部，轻的分布在上部，这一层叫非均匀层。两层的分界面叫湍流层顶。非均匀层下部以氮为主，叫作氮层，上部以氢为主，叫作质子层。

我们还可以按照大气是否满足流体静力学方程，把大气层分为气压层和逸散层两层：600 km 以下，大气分子碰撞频繁，在重力和压力的作用下，满足流体静力学方程，大气保持在地球周围。600 km 以上，大气变得非常稀薄，大气分子碰撞频率很低，平均自由程很大，有的大气分子可以摆脱地球引力，向外层空间逃逸，此时，不再满足原来的流体静力学方程，这一层叫作逸散层。两层分界高度叫逸散层底或气压层顶。

在空间物理学研究中，经常按照电离度的大小，把大气分为中性层、电离层和磁层。由于太阳紫外线、X 射线和高能粒子等的作用，部分大气被电离。但在 70 km 以下，大气中带电粒子很少，大气的动力学状态可用一般流体力学定律来描述。70 km 以上，大气处于部分电离状态，带电粒子多到足以反射无线电波，大气的电磁性质变得非常重要，这就是电离层。习惯上把 70～1 000 km 高度范围内的部分电离大气叫作电离层，而 1 000 km 以上完全电离的大气叫作磁层。电离层中除了带电粒子外，还有大量的中性成分，因此，电离层的动力学和电动力学行为，一方面取决于带电粒子，另一方面又受到带电粒子与中性粒子碰撞的控制和影响。磁层中粒子之间几乎没有碰撞，带电粒子的运动主要受磁场控制。

与地球变化磁场直接有关的是电离层和磁层，而电离层的结构和动力学行为取决于电子和离子密度、温度等参数，其中，电子密度是最重要的物理量。电子密度取决于两个相反的过程，一个是中性大气吸收太阳辐射而电离的过程，另一个是正、负带电粒子碰撞而复合成中性粒子的过程。在很高的高度上，太阳辐射虽强，但空气密度很小，可供电离的成分有限，因此电子密度不会很大；在较低高度处，空气密度大，可供电离的中性成分很多，但太阳辐射透过厚厚的大气时变得愈来愈弱，而且复合过程变强，因此，这里的电子密度也不会很大。由此可知，电子密度在某一中间高度（约 300 km 处）将达到最大值，由这个高度往下，电子密度迅速减小，由此往上，电子密度缓慢减小，到 1 000 km 处与磁层衔接。

按照电子密度随高度的变化，电离层可分为 D、E、F 三层，白天的 F 层又可分为 F1 层和 F2 层。各层电子密度峰值分别位于 90 km、110 km、180 km 和 300 km 附近，最大电子密度可达 $10^6/cm^3$。电离层的分层结构随经、纬度而变化，并且有周日、季节和年变化，在太阳活动剧烈时，还会发生电离层骚扰。

电离层电流是变化地磁场的主要场源，而决定电流的一个重要因素是电导率。图 2－12 给出了电离层电导率的高度分布，可以看出，90～ 130 km 是一个电导率极大的区域，叫作“发电机区”，产生地磁日变化的电流主要分布在这个区域内。早在电离层发现以前，人们就根据地磁场周日变化现象预言了电离层的存在。

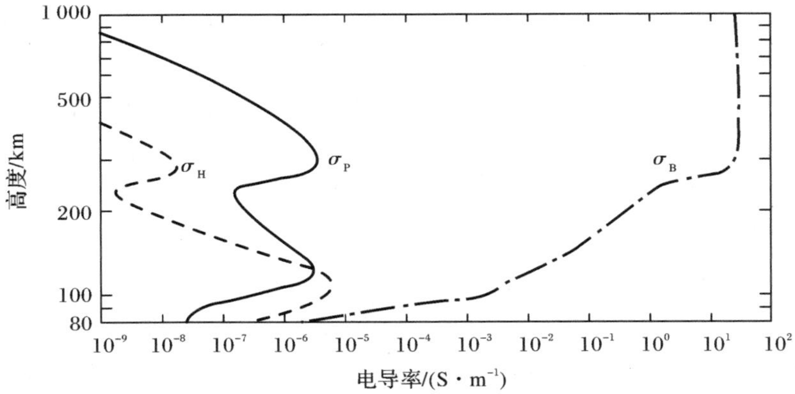


**图 2－12　地球电离层的电导率分布**

在日月潮汐、电场力等机械力和电磁力的共同作用下，电离层等离子体在地球磁场中进行复杂的运动，产生感应电动势和电流，形成了我们观测到的地磁场平静太阳日变化和太阴日变化。

除了平静电流体系外，电离层中经常流动着各种各样的扰动电流体系，并产生相应的地磁变化。例如，当亚暴发生时，极区生成空间结构和时间变化都极其复杂的亚暴电流体系，并产生地磁亚暴变化。

### 2.5.2　磁层

离地面 1 000 km 以上的大气层处于完全电离状态，此处的大气非常稀薄，带电粒子的碰撞频率极小，它们的运动状态主要受地磁场的控制，因此，把这个区域叫作磁层。磁层的下面与电离层相接，磁层外边界叫磁层顶，是太阳风等离子体的动力压强与地磁场的磁压达到平衡的地方。因此，磁层顶是地磁场的作用范围（磁层）和太阳风的作用范围（行星际空间）之间的分界面。

磁层由磁层顶、等离子体幔、磁尾、等离子体片、等离子体层、辐射带等部分组成，在磁层顶外面，还有弓激波和磁鞘等结构，如图 2－13 所示。

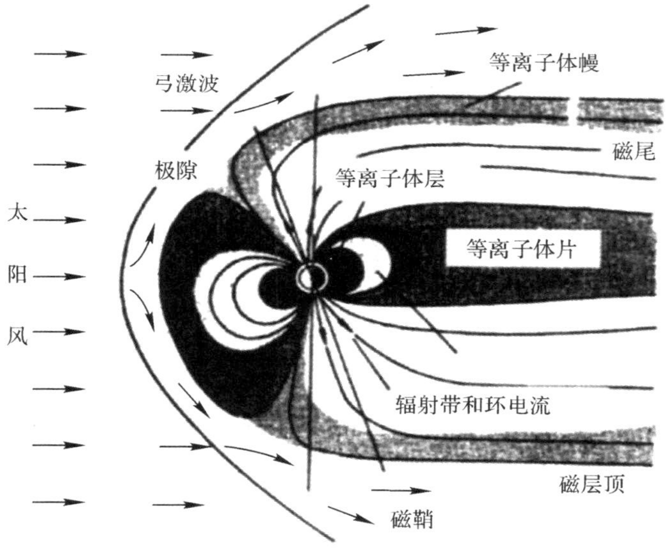


**图 2－13　地球磁层的结构**

磁层顶是磁层的外边界，其向阳一侧形似半椭球面，背阳一侧呈逐渐变粗的圆筒形，该圆筒围成的空间叫磁尾。在平静太阳风中，向日面磁层顶日下点的地心距约为 10 个地球半径，磁尾截面半径约为 20 个地球半径，其长度超过 1 000 个地球半径。当太阳风剧烈扰动时，磁层顶日下点可以被压缩到 6～7 个地球半径处。太阳风在地球附近的速度超过声速，当这个超声速等离子体流受到磁层阻挡时，在磁层顶上游几个地球半径处，形成相对于磁层顶静止的弓形驻激波，称为弓激波，太阳风等离子体通过弓激波后受到压缩和加热，形成湍动的磁鞘等离子体。

被太阳风压缩并封闭在磁层内部的地球磁场偏离了偶极子磁场的位形，在极区形成了漏斗状的极隙区。在磁尾，磁力线被拉伸成长长的彗尾形状，如图 2－14 所示。

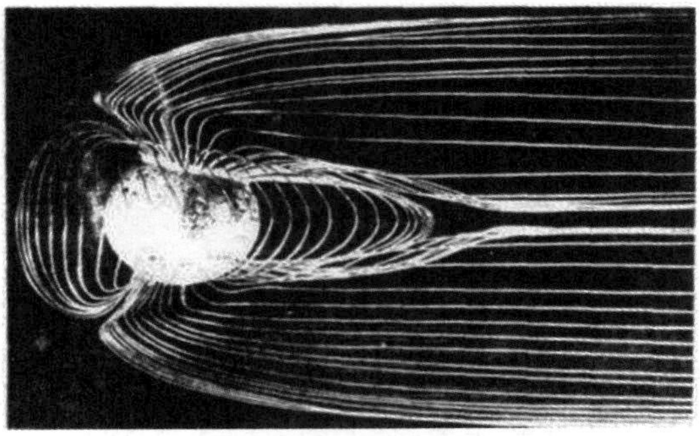

图 2-14 磁层磁力线示意图

磁场的变形表明，在磁层内部和边界面上存在电流。磁层电流体系主要有以下四大部分(见图 2-15)。

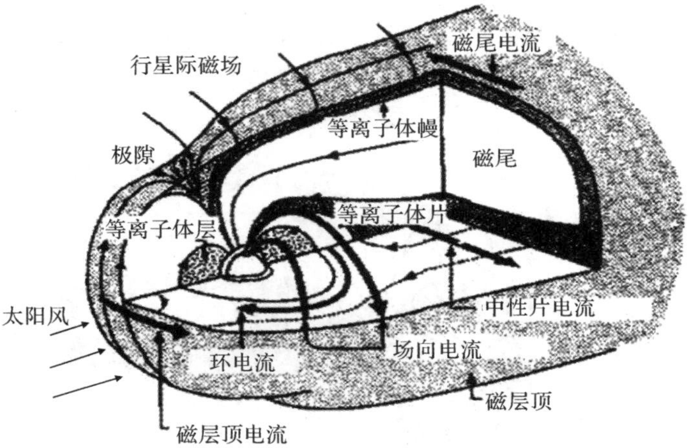


图 2-15 磁层电流体系

(1)磁层顶电流：它是由太阳风粒子沿磁层边界偏折或漂移而维持的，向日面磁层顶电流密度约为 10 A/km，在地球表面形成了磁场日变化的一部分。

(2)中性片电流：这是由磁层等离子体片粒子漂移所形成的电流，从早晨一侧流向黄昏一侧，在 20 个地球半径处，电流密度为 10 A/km 的量级。中性片电流与磁尾磁层顶电流相连接形成两个闭合的半圆筒形的电流系，把磁尾分成磁场方向相反的两瓣。

(3)环电流：这是一个在赤道面附近环绕地球流动的西向电流带，它是由被捕获在地磁场中的低能质子所维持的，平静时总强度为 10 A 数量级，磁暴时大为增强。环电流分为对称环电流和部分环电流两部分，前者环绕地球对称分布，后者未形成闭合的圆环，其两端与场向电流相连，与电离层电流形成闭合回路，

(4)场向电流：这是沿磁力线方向流动的电流，主要由磁层向电离层沉降的粒子和电离层上行的粒子所携带，是磁层与电离层耦合的重要渠道。场向电流主要分布在极光带纬度，它流入电离层后，在极区电离层形成复杂的电流体系。

正是这些磁层-电离层电流体系，共同产生了人们在地面和高空记录到的变化地磁场。

这些电流体系的结构和强度随着太阳风和磁层的活动状态而变化，形成复杂多变的变化磁场形态，同时也把太阳风与磁层的动态信息通过磁场的变化带给了人们。

## 2.6　太阳——变化磁场的根本来源

综上所述，变化磁场起源于磁层-电离层电流体系，而这些电流体系则是由磁层-电离层系统中发生的动力学过程和电动力学过程所产生的。这些过程的能量主要来源于太阳：电离层是地球高层大气吸收太阳辐射，发生电离而生成的；磁层是太阳风与地球磁场作用的结果，太阳潮汐作用引起了电离层运动并产生了电流，太阳风能量、动量和质量通过行星际磁场与地磁场重联而输入磁层，产生了磁暴、亚暴和其他扰动。因此，可以说变化磁场的根本来源是太阳。

太阳能量以电磁辐射和微粒辐射两种形式不断地向行星际空间发射出来，影响着磁层-电离层近地空间环境的状态和动力学过程，也影响近地的气象活动和生物圈，研究这种相互作用过程的学科就是日地物理学，其中变化磁场的研究是最重要的内容之一。

太阳上经常发生各种复杂的活动过程，如太阳黑子、耀斑、谱斑、暗条、冕洞、射电爆发、日冕物质抛射等。这些过程与地磁活动的关系一直是地磁学观测和研究的重要内容。最早被注意到的日地相关现象是地磁场扰动与太阳黑子数具有类似的年周期变化，如图 2-16 所示。由图可以看出，在太阳黑子极大年份之后 1～3 年，地磁活动往往达到最大。同样，人们也注意到地磁活动和太阳自转都有 27 日周期性。从时间变化的相关性，巴特尔士研究了这种地磁活动周期性与太阳自转的关系，并由此提出，地磁活动的 27 日周期性可能起源于太阳上的“M 区”，随着太阳的自转，“M 区”周期性地面对地球，从而引起 27 日地磁周期变化。后来的太阳探测表明，太阳冕洞就是巴特尔士所说的“M 区”。

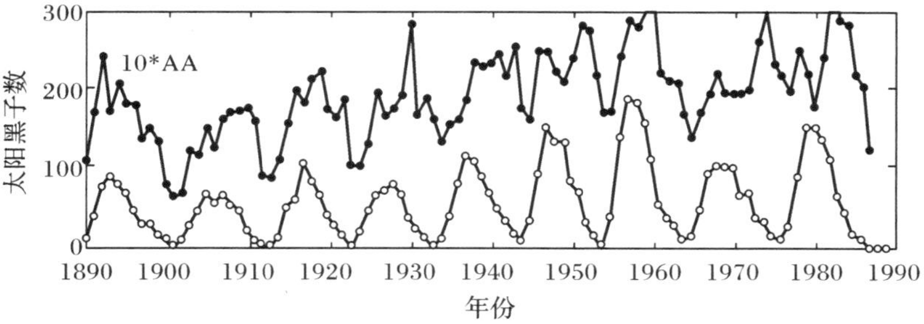


**图 2-16　地磁场活动性(上面的曲线)与太阳黑子数(下面的曲线)的 11 年周期变化**

除了上述统计研究之外，人们更注意对具体事件因果关系的研究。随着空间探测和地面观测技术的发展，现在已经可以对太阳、行星际空间、磁层、电离层、中性大气直到地面的各个区域进行多种参数和多种手段的同步观测，进而监测和追踪日地空间事件的能量、动量、物质耦合过程，由此发现了关于太阳风、行星际磁场、日冕物质抛射等与地磁场变化联系的大量确切事实，并确认太阳是变化磁场的源。

## 2.7 地磁学——古老而未成熟的学科

地磁学，作为地球物理学的一个分支学科，几百年来能够持续发展的原因：一方面是因为地磁场和宇宙磁场的观测研究极大地丰富了人类关于自然界的知识，成为人们认识地球和人类生存环境、探索宇宙奥秘的一门基础学科；另一方面，地磁学又有很强和极普遍的应用性，它与人类生活、国民经济和国防建设有密切的关系，地磁学的观测和研究结果直接或间接地服务于社会各个领域，如能源和矿产资源探查、飞机和船舶导航、无线电通信、航天环境监测、自然灾害预测等。

正因为如此，地磁学一直受到国内和国际学术界以及应用部门的高度重视。早在1882—1883年，各国科学家就组织了全球性的地磁场联合观测研究，即第一次国际极年，随后又组织了第二次国际极年(1932—1933年)、国际地球物理年(1957—1958年)、国际日地能量计划(1991—1997年)等重大联合观测研究。在这些全球性科学计划中，地磁学都占十分重要的地位。

卫星时代开始以来，随着空间探测技术和空间物理学的飞速发展，地磁学的观测和研究领域从地面和近地面空间延伸到广阔的磁层空间、行星际空间和星际空间，考察对象从地球磁场扩展到木星、土星等其他行星，扩展到月球、木卫等卫星，也扩展到银河系和其他星系。人们可以从地球以外对地球进行观测和审视，把地球作为太阳系的一个成员，作为宇宙空间中的一个普通星体，放在它生成和演化的环境中加以考察，从而大大地发展了地磁学，也丰富了其他地球物理学科的内容。人们逐步认识到，磁场普遍存在于宇宙空间，它在天体形成、演化乃至生物进化中起着重要的作用。

### 2.7.1 地磁学发展史

地磁学是一门古老的学科，但是，与更古老的天文学、地理学、气象学、几何学相比，还是要年轻得多。这是因为：日月星辰、风雨雷电、山川湖海等自然现象能被人类直接感知，与人类的生存和生产活动息息相关；而地磁场则必须用专门的仪器才能测量到。此外，磁场对人类的影响也要间接得多。因此，地磁场的存在为人类认识并加以研究应用是较晚的事。虽然如此，人类知道矿物磁性并在测向中利用地球磁场至少可以追朔到公元前250年。宋代科学家沈括对指南针和磁偏角的描述显然是在此后很久的事。

人们对磁场的认识开始于天然磁石之间的相互吸引现象。早在公元前770—221年春秋战国时期，由于采矿和冶铁的发展，在中国《管子・地数籍》中就有“上有慈石者，下有铜金”，如同“母子相恋”的记载。古代的“慈石”后来被改称为“磁石”。公元前五六世纪，希腊哲学家泰勒斯(公元前640？—546年？)和柏拉图(公元前427？—347年？)论述过磁石相互吸引和磁石与铁块相互吸引的现象。严格地说，这些认识应该属于一般物理学中的磁学范畴，但它们为地磁学研究奠定了基础。

真正属于地磁学研究内容的地磁场是中国人最先发现并加以应用的。公元前250年左右战国末年的《韩非子・有度篇》记载了指南针的先驱——司南的应用：“先王立司南以端朝夕。”汉代王充(公元27—97年)在他所著的《论衡・是应篇》中描述司南形同水勺，勺柄自动指南(见图 2-17)。到公元 300—400 年的晋代,出现了指南船,这是最早发明的航海罗盘。指南针在航海中应用的记载,首见于北宋朱或所著的《萍州可谈》(1119 年),其中提到"舟师识地理,夜则观星,昼则观日,阴晦观指南针。"北宋著名学者沈括在《梦溪笔谈》(1090 年)中详细记载了磁针指向特点和磁针制作的方法:"方家以磁石磨针锋,则能指南,然常微偏东,不全南也。"这里,不仅说明了磁针的指南特性,而且明确地记载了磁偏角的存在。他在该书中总结的制作指南针的 4 种方法至今仍在使用。

图 2-17　世界上最早的地磁仪器——司南

随着航海技术的发展,在中国和欧洲,罗盘逐渐成为广泛应用的定向工具。可以毫不夸张地说,没有指南针,就没有我国明代郑和(1371—1433 年)的"七下西洋",就没有意大利人哥伦布(1451—1506 年)的发现新大陆,就没有葡萄牙人达·伽马(1497—1498 年)的远航印度,就没有葡萄牙人麦哲伦的环球航行。这些"地理大发现"敲响了保守落后、愚昧的中世纪的丧钟,也为地磁学的发展积累了重要的原始资料。因此说,没有指南针,就没有地磁学,地磁学发端于指南针。

从有确切的文字记录算起,地磁学的发展大致经历了以下 4 个阶段。

(1)初期地磁学:公元前 250 年至公元 1600 年,始于中国发明指南针。

(2)早期地磁学:1600—1839 年,英国吉尔伯特《地磁学》一书标志其开始。

(3)近代地磁学:1839—1957 年,始于德国高斯将球谐分析理论用于地磁场研究。

(4)现代地磁学:1957 年以后,苏联第一颗人造地球卫星上天开始了空间时代。

#### 2.7.1.1　初期地磁学

从公元前 250 年中国人发明指南针起,初期地磁学经历了大约 1 800 年的漫长时期,这是地磁资料的积累阶段。古代人类虽然早就意识到地磁场的存在,但在很长一个时期内,对地磁场的观测和应用仅仅限于定向。这是因为地磁场很弱,它的强度特征和时间变化规律难以观测,更难以利用。只是在测量仪器和测量方法不断改进之后,地磁场的时间变化和空间分布等一系列重要特性才被逐渐揭示出来,地磁学才得以迅速发展。

在地磁学发展的初期,磁偏角和磁倾角的发现算作两个重大的事件。中国唐代的一行和尚在公元 720 年左右最早测量了磁偏角。沈括在《梦溪笔谈》一书中详细记述了磁偏角的存在以及人工制作磁针的方法,可以说这是第一部地磁学著作。到 1492 年哥伦布航行大西洋时,磁偏角随地而异的现象被偶然发现了。在连续两天的航行中,哥伦布怀着极大的惊恐注意到，磁针对北极星的夹角由 0°变到 15°，而后又变到 0°。后来，人们根据磁偏角的梯度和当时的船速估计，这样大的偏角变化是不可信的，但是，这一记录第一次揭示了磁偏角随空间变化的事实。1544 年，德国人哈特曼发现了磁倾角，英国钟表匠诺尔曼制造了最早的倾角仪。偏角和倾角的测量与资料积累几乎成了这一阶段地磁学的全部工作。

1269 年，法国人第一次对磁石周围的磁场进行了实验测量。两件看似无关的工作同时自发地、互不相干地进行着：一个是对地球这一巨大天体的磁场进行测量，另一个是对磁石这一小小物体的磁场进行实验测定。然而，这两种现象一旦被理性思维联系起来，就迸发出璀灿的火花，使地磁学发生了一次革命性的飞跃，完成这一革命的是英国伊丽莎白女王的医生——威廉姆·吉尔伯特。

**2.7.1.2　早期地磁学**

1600 年，吉尔伯特发表了他的巨著——《地磁学》(*DeMagnete*)，这标志着地磁学进入了一个新阶段。这本奠基性的科学巨著，虽然比哥白尼的《天体运行论》晚半个世纪，但是，比牛顿的《自然哲学的数学原理》(1687 年)、莱伊尔的《地质学原理》(1833 年)、达尔文的《物种起源》(1859 年)等经典著作要早得多。吉尔伯特把分散的、个别点的地磁偏角和倾角测量资料组织在一个统一的框架之下，描绘在一个统一的模型之中，结果发现，地球表面磁场的分布与位于地心的一个大磁铁所产生的磁场非常相似。于是，隐蔽在纷繁现象后面的规律被揭示了出来。

根据地磁场分布的这种规律性，吉尔伯特又顺理成章地向前走了一步，指出地磁场起源于地球内部的磁性体，这就是第一个关于地磁场起源的假说。

吉尔伯特的另一个重大贡献是提出用磁倾角估计地理纬度的思想，300 年后，这一想法在古地磁学中得到广泛的应用。

吉尔伯特在他的模型地球上勾画着地磁场图案，而大批测量家则在浩瀚的海洋和广阔的大陆上考察着真实地磁场的分布。地磁测量和地磁图编绘工作成为早期地磁学的一项主要工作，并取得了很大的进展。

地磁图不仅是大量测量数据综合表达的最好形式，而且容易从中发现地磁场空间分布的规律。此外，地磁图在航海、定向等实际应用中也十分方便。

在两次大西洋航行后，英国天文学家哈雷于 1701 年编成了大西洋地磁偏角图。接着，又于 1702 年编成了全球地磁偏角图(包括大西洋和印度洋的偏角资料)。这不仅是第一张世界地磁图，而且是第一张全球地球物理场等值线图，在此之前，人们只是在地图上写上测点的实际观测值而已。

1721 年，英国惠斯顿完成了英国倾角图，这是汇集陆地磁测资料编成的第一张国家地磁图。陆地地磁图的姗姗来迟，从另一方面说明了磁场测量与航海的亲缘关系。

又过了一个世纪，地磁场水平分量和总强度的等值线图才于 1827 年问世。就这样，人类经过 200 多年的努力，完成了从零散的地磁场测量到系统的地磁图编绘的进步，奠定了现代地磁图和国际参考地磁场的基础，也为地磁学发展的第二次飞跃准备了条件。

在这一阶段，另一项重大进展是对地磁场长期变化的认识。通过定点复测，人们发现地磁偏角的大小并不是固定不变的。1622 年，英国天文学教授冈特测得伦敦磁偏角为 6.25°

东，比 42 年前水手鲍罗夫在两英里外测到的 11.25°东减小了 5°。为了确认这一变化真的是时间变化，还是因测量地点不同面造成的，冈特来到鲍罗夫的地点进行了仔细复测，结果表明，两地的同时测值相差不大，从而排除了测点不同的影响，考虑到鲍罗夫的测量可能有误，冈特只是谨慎地指出，地磁场极有可能存在时间变化，而把继续观测的任务和发现长期变化的荣誉留给了他的继承者杰里布兰德教授。1635 年，杰里布兰德根据伦敦磁偏角继续减小的观测资料，论证了地磁场长期变化这一重要特性。

除了地磁场偏角的长期变化外，人们发现倾角也有长期变化。由伦敦和巴黎偏角和倾角的这一变化可以估计长期变化的周期为六七百年。

哈雷认为，长期变化的主要部分可以用地磁场整体的向西移动来解释，他还设想，地球可能不是一个刚体，而是由同心的内球和外壳组成的，内球相对于外壳向西旋转。这是最早的地磁场长期变化假说。

除了缓慢长期变化外，地磁场的快速变化也引起了人们的极大兴趣。1722—1723 年，英国的钟表工人格拉汉姆在他的住宅做了上千次偏角观测，这些观测是在一天当中不同时刻进行的。他注意到，一天内磁偏角测值的变化可以大到 30′。为了证实偏角的快速变化，瑞典的塞尔西斯和希奥尔特在乌珀萨拉进行了 20 000 多次观测。1741 年，他们发现，当天空出现北极光时，磁针的指向出现明显的摆动。1741 年 4 月 5 日，他们与格拉汉姆分别在伦敦和乌珀萨拉两地同时进行磁场观测，发现两地的地磁场扰动变化是非常一致的。这表明，地磁场的快速变化不是一种局地现象，而是一种大范围的，甚至是全球性的过程。

为了认识地磁场变化（包括长期变化和快速变化）的规律，必须在一些固定点上用同样的仪器进行不间断的重复观测，于是固定地磁台应运而生了。1794 年，世界第一个地磁台在苏门答腊岛的马尔伯勤堡诞生。之后，格林威治、巴黎、哥廷根地磁台相继于 1818 年、1820 年、1833 年建立。在这些地磁台上，不仅进行磁偏角和磁倾角的观测，也进行地磁场强度的观测。

地磁场强度观测技术的突破应该归功于汉博尔特和高斯。1799—1804 年，汉博尔特在秘鲁首次用震荡法测量出地磁场强度，高斯则发明了更为精确的磁场强度绝对测量方法。

世界范围内多个地磁台同时进行同类观测积累了大量的地磁资料，也不断揭示出一个又一个新的现象。丰富多彩的地磁学新发现像磁石一样，把一批批优秀的数学家、物理学家、天文学家吸引到地磁学研究领域中来，著名数学家高斯就是其中之一。新的突破正在酝酿，地磁学发展的新时期即将到来。

#### 2.7.1.3　近代地磁学

近代地磁学是与高斯的名字联系在一起的。1839 年，德国著名数学家高斯把球谐分析理论用于地磁场研究，奠定了近代地磁学的数学基础。他的计算明确地指出，地磁场主要起源于地球内部。这一结论看起来与 300 多年前吉尔伯特的猜想不谋而合，但高斯的结论是建立在严格的位场理论之上的，也可以说是对吉尔伯特假说的证明。直到今天，球谐分析方法仍然是地磁场分析的主要与法，5 年一套的世界地磁图和国际参考地磁场（IGRF）就是以球谐级数形式表达的。由于分析局部地磁场的需要，在球谐分析的基础上陆续出现了矩谐分析、冠谐分析、柱谐分析等方法，但是，从总体上来看，关于地磁场分布的数学描述水平一直没有超过高斯。

在这一阶段的后期，恰普曼和巴特尔斯合写的经典著作《地磁学》一书于1940年出版了。这部两卷本巨著总结了100多年来地磁场观测和地磁学研究的成果，用近代物理学的观点说明地磁现象，解释地磁场起源，探讨地磁场变化与太阳活动的关系。应该特别指出的是，人们已经不再把地磁场看作仅仅是固体地球范围内的现象，地磁学家越来越关注地磁场对人类生存环境的影响和作用，把地磁场在地球周围的分布当作地磁学重要的课题加以研究。20年后人造卫星观测发现的太阳风、磁层、环电流等空间物理现象，在这部著作中都有惊人且准确的预言和描述。

从地磁学发展初期开始，人们就不断探讨着地磁场起源的问题，对这个科学难题的认识在这一个阶段有了重大进展。吉尔伯特的"大磁铁"假说已成为过去，只出现在教科书的历史回顾中，各种新的地磁起源假说雨后春笋般地争奇斗妍：旋转磁效应、旋转电荷效应、霍尔效应、磁暴感应、压磁效应……这是地磁起源理论"百家争鸣"的辉煌时代。这种众说纷纭的局面一直持续到地球液态外核的发现才发生了根本性的改变。

1926年，英国地震学家杰弗瑞斯宣称："根据地震横波不能在液体中传播的特性，可以推断，地表2 900 km以下的地球外核呈流体状态。"地震学、地热学、重力学和地球化学对地球内部物质、密度和温度分布的研究告诉人们，地核物质密度超过10 g/cm$^3$，估计主要由铁、镍等重金属元素组成，地核压力可以达到200 GPa(200万大气压)，温度高达4 000 ～6 000 K。在这样的高温、高压条件下，外核物质不再是普通的流体，而是一种电导率极高的等离子体，这为电流和磁场的产生提供了理想的物理条件。终于，在1939年，美国的埃尔萨塞尔提出了地磁场起源的发电机假说。

在这一时期，地磁学的另一个重要分支——电磁感应理论也取得了重大进展，这是一个应用前景极为广阔的领域。根据天然电磁场在地球内部的电磁感应原理，20世纪50年代初，苏联的吉洪诺夫和法国的卡格尼亚德提出了大地电磁测深方法。他们通过观测地表不同周期的变化电磁场，分析它们的振幅和相位关系，推断出地下不同深度处的电导率。这种方法很快成为研究地球内部结构的重要地磁手段。

"上穷碧落下黄泉"，地磁学家不仅探讨着地磁场的深部起源和地球内部的性质，而且也在考察着地磁场的变化与太阳活动和高空现象之间的联系。与太阳黑子11年周期相伴随的地磁活动周期变化、太阳耀斑与磁暴的相关性、极光发生时高纬磁场的剧烈扰动、地磁场对高能宇宙线的影响……所有这些自然界的奥秘激发人们的一种愿望：飞出地球去，从宇宙空间观察和认识地球！

#### 2.7.1.4 现代地磁学

1957年10月4日，苏联第一颗人造地球卫星发射升天，宣告人类进入空间时代，地磁学也步入了它的现代发展阶段。美国紧随其后，于1958年1月31日发射了探险者1号(Explore－1)卫星，1966年2月17日法国发射了调音1A号(Diapason－1A)卫星，中国于1970年4月24日发射东方红1号成功。

人类终于摆脱了地表的束缚走向太空。过去人们只能在地球表面这个二维空间进行地磁场的测量，最多只能在近地大气层借助飞机和气球进行低空地磁探测，而现在人们可以从地球以外来观测我们居住的星体，对地球周围磁场的分布和变化可以进行现场观测和研究。过去要花费大量人力和几年、十几年甚至几十年的时间才能完成的全球地磁测量，现在用磁测卫星只需几天就可以得到精度更高、覆盖面更广的结果；过去认为是真空状态的太空，实际上存在着各种各样的物质，发生着极其复杂的物理过程，有些甚至决定了人类的命运，空间探测不仅证实了早先地磁观测所预言的电离层电流、场向电流、赤道环电流和磁层的存在，且发现了地球内外辐射带、等离子体层、太阳风和行星际磁场等一系列重要现象。地磁场向空间的扩展也不像原来设想的那样，以距离二次方反比的规律向外减小，而是终止在磁层顶。以地磁学为生长点的新学科——空同物理学蓬勃发展着。

空间飞船对太阳及太阳系其他行星的磁场结构进行了探测，大大加深了人们对天体磁场和宇宙磁场普遍性的认识，也促进了人们对地磁场起源和时空特性的研究。

这个时期固体地球科学发生了一场重大的革命——描述全球构造的板块理论诞生了，而地磁学是这一全新地球观的主要支柱之一。地磁学研究告诉人们，岩石形成时，以剩余磁性的方式"记录"下了当时地磁场的方向和强度，通过研究不同地质年代岩石样品的剩磁，发现地磁场曾经发生过多次倒转，不同的大陆和海洋板块曾经有过，并且还在继续着大规模的水平飘移运动。

20 世纪初开始的地球发电机理论的研究，在这一时期，特别是 20 世纪 90 年代以来取得了重大的进展。这一进展有赖于等离子体物理学和计算机技术的发展，也有赖于人们对地球内部认识的深入。人们根据对地球内部物理状态的认识以及地磁场观测数据，对接近地球（特别对地球流体外核）真实情况的模型进行了三维磁流体力学模拟，重现了地磁场空间结构和时间演化的一系列重要特性，如地磁场的优势偶极子场结构、地磁极移动和倒转、非偶极子场西漂等等，并且预言内核相对地幔旋转较快。地磁场起源的发电机理论研究成为地磁学研究中最富有挑战性的课题，美、英、日、德、中、俄等国学者正在努力攻克着爱因斯坦称作"五大物理学难题"之一的地磁场起源问题。

经过上述 4 个阶段的发展，地磁学极大地进步了。从这里我们可以追朔科学发展的轨迹，看到每一阶段的发展怎样为下一阶段准备了条件，正是在观测资料的积累和个别现象的研究中酝酿着重大突破。同时我们也看到，不同学科的交叉和结合是如何孕育出新的科学思想的。

### 2.7.2　地磁学发展史的启示

地磁学在 20 世纪的发展是惊人的，但是，我们也看到，地磁学中的一些重大的基础性问题仍然没有最后解决，如地磁场起源及其长期变化的物理机制、地磁场的倒转的规律及其与地球演化的关系、空间电磁环境的预报等。一些原来认为已成定论的东西不断被新的观测事实所修正或否定。例如，磁暴起源于太阳耀斑爆发这一曾经被广泛接受的结论，近年来被证明并不准确，日冕物质抛射才是磁暴的真正原因。地磁场"急变"现象也对地球深部电导率的估计提出了严重挑战。所有这些都说明，地磁学虽然是一门古老的学科，但是还远未成熟。

与天文学和生物学发展所经历的一波三折相比，地磁学要算是非常幸运的了，既没有宗教裁判所的阻挠迫害，又没有人类至上主义者的干预。它的理论在发展，它的观测结果不断地用于定向、航海和探矿，推动着人类社会的前进。

科学史上经常有这样的情况：个别或少数的科学先驱在归纳总结前人成果的基础上，用不完备的观测资料，经过理论思维，提出一种现点，得到一个结论（假说、猜想、推断），尽管不完善，甚至十分粗糙，但它奠定了一个基础，指出了一条道路，构造了一个框架，甚至开辟了一门新的学科。在科学家开创性工作之后，大量的研究了作沿着这条道路进行下去，以更丰富的资料、更精细的分析、更严格的论证去进一步证实、修正和完善该理论。这样的科学先驱是十分幸运的。在地磁学中，吉尔伯特和斯图尔特就是这样的幸运者：吉尔伯特在1600年提出的地磁场理论成为以后400年地磁学发展的基础。斯图尔特在1882年提出的大气发电机设想同样为后来100年的变化磁场研究开辟了道路。斯图尔特认为，地磁场日变化主要是由高层大气中的电流产生的。当导电空气在地磁场中进行对流运动时，会产生电动势和电流，从而引起地磁场的变化。随后，舒斯特（1889年、1907年）将该理论大为发展，并描述得更为确定。他采用了高斯的球谐分析方法，研究了孟买、里斯本、格林威治和彼得堡4个地磁台1870年的资料，得到了地磁场日变化的内源和外源部分，证明斯图尔特的推论是正确的。之后，范比梅仑对太阳日变化做了同样的分析研究，进一步肯定了斯图尔特的结论。

但是新的科学发现和天才的科学思维闪光有时也会经历曲折的道路。经常有这样的情况：科学先驱新思想的重要意义不为当时的科学界所理解，往往在闪现一下之后就沉寂了。直到若干年后，更多的观测事实和理论研究使之复活，才显示出其伟大的价值和深远的意义。1849年，德莱斯测量了现代熔岩的磁性，发现它的磁化方向与现代地磁场方向相同。1853年，梅洛尼根据这一事实和岩石样品的加热实验，提出热剩磁。1899年，福尔盖赖特把这一研究扩展到测定古陶器和古砖的天然剩磁，开始了考古地磁研究。但是，当默卡托根据地质时期熔岩流中的反向磁化现象大胆提出“地磁场倒转”的假设时，一时并未引起人们的注意。直到30年后，这一重要思想才被海底条带状磁异常所证实，并且成为海底扩张、大陆漂移、板块构造理论的两大支柱之一。

还有更不幸的情况：一个新的观念或新的学说受到当时权威学者的反对，其经历则更为艰难。魏格纳的大陆漂移学说在提出的当时就遭到反对，之后，一直沉默了半个世纪，才以全球构造的形式复活。在地磁学中，伯克兰关于“场向电流”假说的遭遇也是一个典型的例子。

20世纪初，挪威地球物理学家伯克兰在实验的基础上提出一个大胆的假设：空间带电粒子可以沿着地磁场磁力线的方向进入极光带，产生现在称作亚暴的极区地磁场扰动。接着，斯笃默从理论上计算了电子在地磁场中运动的轨迹。这是地磁学最重要的理论之一。但是，这一重要的理论在伯克兰死后就沉默了。几十年后，年轻的瑞典科学家阿尔文（后来的诺贝尔奖获得者）重新论证伯克兰理论，与当时已经发展得相当成熟的电离层等效电流体系理论展开了论战。这一论战是艰苦的，因为在斯图尔特、舒斯特、范比梅仑之后，查普曼等人的集大成研究工作，使等效电流理论得到充分的发展和完善，似乎可以用它完美地解释和描述一切变化磁场现象。阿尔文对伯克兰场向电流的论证最多是一种理论推想，对于解释已知的变化磁场现象来说，似乎是“多余”的。至于真正的电流究竟分布在何处，谁也说不清楚，因为当时没有空间现场观测。当时领导地磁学的学术权威是英国人查普曼，他对北欧学者的观点持反对态度。直到 20 世纪 60 年代，卫星观测证实了场向电流确实存在，才结束了这场持续了 30 年之久的争论。现在，人们认识到，场向电流不仅在解释极区地磁场变化时是不可缺少的，而且，在磁层-电离层耦合、极光粒子沉降、磁层等离子体波的激发与传播中起着重要的作用。

当科学研究只是科学家的自发行为或个人爱好时，探索自然奥秘的冲动是科学研究的基本动力，此时的科研方向和成就往往是分散的和随机的。只有人类社会的需求才是科学发展的真正永恒动力，并对科学研究有一种"导向"作用。测向和航海的需要推动了磁场测量和地磁图编绘工作，矿产资源探查的需要刺激了地磁异常正反演理论的研究，空间飞行则不断地向空间物理学和空间天气预报提出新的课题。

人类对自然规律的探索是另一种强烈的社会需求。地磁场是如何产生的？地球以外的磁场是什么样子？等等，最初只是理论家们关心的事，但是，这些理论问题的探讨极大地丰富着全人类的知识宝库，最终服务于社会的发展。

# 第3章 地球主磁场空间结构及长期变化

## 3.1 主磁场空间分布的一般特点

### 3.1.1 主磁场的物理定义和工作定义

主磁场是地球磁场中最主要的部分,约占总磁场的95%。在不同场合,主磁场的定义略有不同。在关于地磁场起源的研究中,主磁场是指地核产生的磁场部分,这也是主磁场本来的物理定义。但是,在实际磁测资料的分析研究中,由于地壳磁性岩石产生的局部异常磁场与地核磁场叠加在一起,特别是起源于地壳的长波地磁场异常与地核磁场不容易完全分离,所以常常把实际磁测资料在一定空间范围内进行平均,以消除小尺度局部地磁异常场。此外,还要对不同时间的磁测资料进行通化和平均,以消除外源变化磁场的影响,并归算到某一特定的时刻,这是主磁场的工作定义。尽管这样做并不能达到完全消除非地核磁场的目的,但是,这毕竟是一个便于实际操作的定义。习惯上,进行平均的时间间隔是一年,空间面积是 $1\times10^6\ km^2$。

### 3.1.2 主磁场的表示方法

表示地磁场空间分布的方法通常有表格、图形和函数3种方法。

表格是主磁场基本资料的明细表达形式,通常包括原始测量数据和通化值两部分内容。在原始数据中应包括进行磁测的时间、地点(经纬度和高程)以及地磁要素的实测值,此外,还应包括必要的说明和注释。由于全球地磁测量是在不同时间、用不同类型和不同型号的仪器完成的,所测地磁要素及其测量精度也不尽相同,所以为了用这些资料编制主磁场分布图,首先应该对磁场实测值进行必要的归算,将磁场测量值经过日变化、季节变化、长期变化等改正,归算到某一年代元月一日零时的磁场值,这个过程叫作通化处理。有时为了消除小尺度地磁异常,还要对通化值进行空间上的平均。经过通化处理的数据才可以用来绘制地磁图。

用图形表达地磁场的空间结构和时间变化是最直观明了的方式。常用的图形有等磁图（地磁场要素的等值线图）、矢量图、剖面图等。

用函数表示主磁场是十分简明和紧凑的形式，对于定量研究主磁场的时空特点非常重要。在向上或向下外推磁场结构、研究主磁场成因等场合中，函数表达式起着不可替代的作用。

最常用来表达全球主磁场分布的函数形式是球谐级数，它把地磁场表示成偶极子、四极子、八极子等许多分量的和。除了球谐级数外，泰勒多项式、矩谐函数、柱谐函数、双调和函数、样条函数也常常用来表达局部磁场的分布。

### 3.1.3　主磁场的空间谱

一般来说，一个地球物理场总是由许许多多不同的成分组成的。就地磁场而言，从空间分布上来看，有的成分（如偶极子场）具有行星尺度的结构，其展布范围以地球半径计算，有的成分（如大陆磁异常）具有区域性结构，其尺度为千千米量级，有的只反映局地特点，分布在几百千米到几十千米的范围内，还有尺度更小的成分；从时间变化上来看，有的成分（如局部磁异常）非常稳定，其变化的时间尺度可能是几百万年甚至更长，有的则是几千年或几万年，还有以年或日为周期的变化成分，更有许多成分变化极为快速；从成因方面来看，有的成分与地核过程有关，有的成分取决于岩石层的物性和结构，有的成分则是由地球外部的电磁过程产生的。

为了认识地磁场结构的特点，人们按照空间尺度的大小，把地磁场分成许多成分，考察各种成分的空间分布及其强度的特点。为了清楚地反映出主磁场各种成分的大小及其对主磁场的贡献，在球谐级数表达式中，主磁场被分解为偶极子和高阶多极子。图 3－1 给出了各阶多极子的强度随阶数的变化，这就是主磁场的空间谱。图中：横坐标表示多极子的阶数，阶数越高，该成分的空间尺度越小；纵坐标表示各种成分的强度，按阶数由低到高顺次画出相应的强度，可以清楚地显示出各种成分强度变化的规律。

从图 3－1 可以看出，地磁场偶极子成分远远大于其他成分。也就是说，粗略地看，地磁场的空间分布类似于位于地心的磁偶极子所产生的磁场，磁偶极子指向南半球，偶极轴（称作地磁轴）与地球自转轴（即地理轴）的夹角约为 11°。主磁场中除了偶极磁场外的其余部分叫“非偶极磁场”或“剩余磁场”（见图 3－2），地磁场的真实分布与偶极子偏离清楚地表现在剩余磁场中，其主要特点有以下几个方面：

（1）剩余磁场最明显的特征是几块大尺度磁异常，从垂直分量 $Z$ 来看，较大的磁异常有 5 个，它们是南大西洋磁异常（用 SAT 表示）、欧亚大陆磁异常（EA）、北非磁异常（AF）、大洋洲磁异常（AUS）和北美磁异常（NAM），最大磁异常值可以达到偶极磁场的一半。水平分量异常区的分布与垂直分量异常区有很好的对应关系：在正 $Z$ 异常区的南、北两侧，分别有一个正的和负的 $X$ 分量异常区，而在它的东、西两侧，分别有一个负的（向西）和正的（向东）分量异常区；在负 $Z$ 异常区的周围，$X$ 和 $Y$ 分量异常的符号正好相反。可以看出：在正 $Z$ 异常区，水平磁场矢量指向异常中心，就好像在异常中心的下面有一个负磁极（南磁极）；

在负 $Z$ 异常区，水平磁场矢量由异常中心向外发散，就好像在异常中心的下面有一个正磁极（北磁极）。除了这些大的磁异常区外，还有许多尺度较小的磁异常，如北太平洋和中太平洋异常。

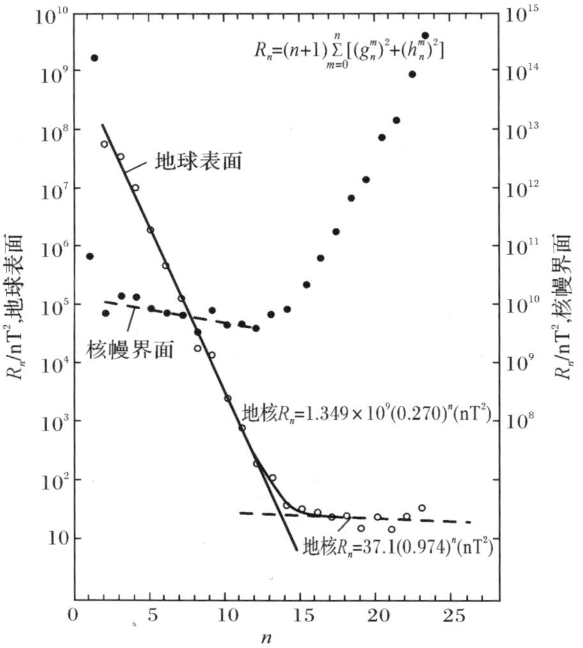


图 3-1 地球主磁场的空间谱

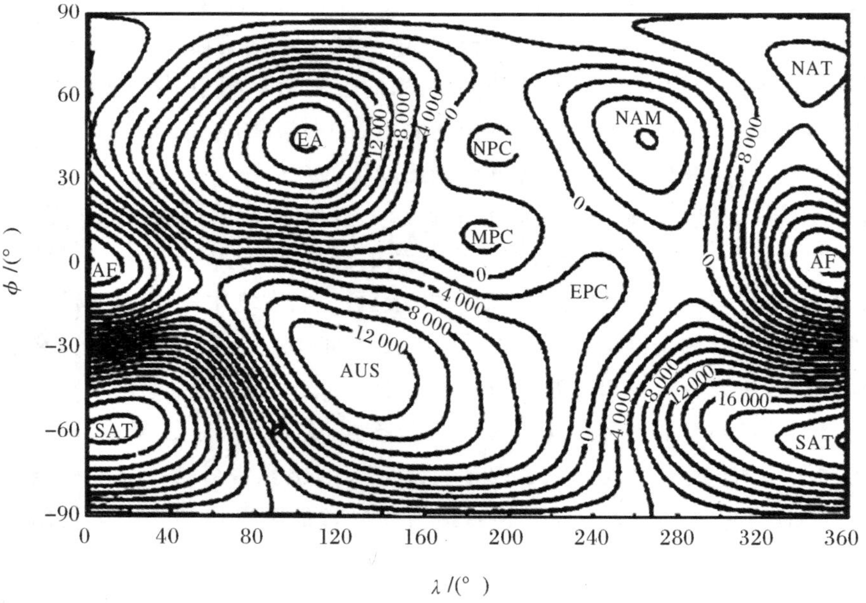


图 3-2 1965 年地球非偶极磁场（等值线间隔 2 000 nT）

（2）理想偶极子场的总强度 $F$ 和垂直分量 $Z$ 的等值线是中心在地磁轴上的一系列圆，

而实际等强度线却不是这样，特别是极区等强度线要复杂得多。

(3)偶极子场的水平分量与经度无关，而实际地磁场的东半球水平分量 $H$ 一般来说比西半球大。如果我们把中心磁偶极子由地心向西太平洋关岛方向移动约 500 km，得到的结果比偶极子场更接近真实地磁场，这就是下面要讲到的偏心偶极子磁场模型。

## 3.2 主磁场的球谐分析

### 3.2.1 描述主磁场的方程

由第2章内容可知，当一个区域内部没有电流流动时，磁场有标量位存在，它满足拉普拉斯方程。在球坐标系中，拉普拉斯方程的解可以写成球谐级数的形式。

建立主磁场模型所依据的地磁测量大多是在地面和近地表的低层大气中进行的，我们可以合理地假定，这一空间范围是无磁性和绝缘的。卫星磁测虽然在高空进行，但是电离层和磁层电流体系对所测磁场的贡献可以借助已有的模型消除掉，从而得到标量位场部分。这样，我们可以在球坐标系中写出主磁场标量位所满足的拉普拉斯方程：

$$\nabla^2 U(r,\theta,\lambda,t)=\frac{1}{r^2}\frac{\partial}{\partial r}\left(r^2\frac{\partial U}{\partial r}\right)+\frac{1}{r^2\sin\theta}\frac{\partial}{\partial\theta}\left(\sin\theta\frac{\partial U}{\partial\theta}\right)+\frac{1}{r^2\sin^2\theta}\frac{\partial^2 U}{\partial\lambda^2}=0 \tag{3.1}$$

式中：$r$ 是地心距；$\theta$ 是地理余纬度；$\theta=90°-\phi$，$\phi$ 是地理纬度；$\lambda$ 是地理经度；$t$ 是时间。

主磁场的磁感应矢量 $\boldsymbol{B}(r,\theta,\lambda,t)$ 可以表示成标量磁位的负导数：

$$\boldsymbol{B}=-\nabla U \tag{3.2}$$

### 3.2.2 拉普拉斯方程的解

对于起源于地球内部的主磁场，拉普拉斯方程的解可以写成球谐函数的形式：

$$U^{\mathrm{i}}=a\sum_{n=1}^{\infty}\sum_{m=0}^{n}\left(\frac{a}{r}\right)^{n+1}(g_n^m\cos m\lambda+h_n^m\sin m\lambda)P_n^m(\theta) \tag{3.3}$$

相应的地磁场分量为

$$\left.\begin{aligned}
X^{\mathrm{i}}&=-B_\theta^{\mathrm{i}}=\frac{\partial U^{\mathrm{i}}}{r\partial\theta}=\sum_{n=1}^{\infty}\sum_{m=0}^{n}\left(\frac{a}{r}\right)^{n+2}(g_n^m\cos m\lambda+h_n^m\sin m\lambda)\frac{\partial P_n^m(\theta)}{\partial\theta}\\
Y^{\mathrm{i}}&=B_\lambda^{\mathrm{i}}=-\frac{\partial U^{\mathrm{i}}}{r\sin\theta\,\partial\lambda}=\sum_{n=1}^{\infty}\sum_{m=0}^{n}\left(\frac{a}{r}\right)^{n+2}(g_n^m\sin m\lambda-h_n^m\cos m\lambda)\frac{mP_n^m(\theta)}{\sin\theta}\\
Z^{\mathrm{i}}&=-B_r^{\mathrm{i}}=-\frac{\partial U^{\mathrm{i}}}{\partial r}=-\sum_{n=1}^{\infty}\sum_{m=0}^{n}(n+1)\left(\frac{a}{r}\right)^{n+2}(g_n^m\cos m\lambda+h_n^m\sin m\lambda)P_n^m(\theta)
\end{aligned}\right\} \tag{3.4}$$

式中：上标 i 表示内源场；$g_n^m$ 和 $h_n^m$ 叫高斯系数或球谐系数；$n$ 和 $m$ 分别是球谐函数的阶和次。如果 $n$ 的最大值取为 $N$，那么系数 $g_n^m$ 有 $N(N+3)/2$ 个，系数 $h_n^m$ 有 $N(N+1)/2$ 个，因此，球谐系数共有 $N(N+2)$ 个。

$P_n^m(\cos\theta)$ 是 $n$ 阶 $m$ 次缔合勒让德函数，它是余纬 $\theta$ 的准正弦函数。当 $\theta$ 沿子午圈大圆从 0°变化到 360°时，它有 $n-m+1$ 个波(当 $m=0$ 时，有 $n$ 个波)。图 3-3 给出了缔合勒让德函数的几个例子，我们看到：当 $n-m$ 为偶数时，函数对称于赤道($\theta=90°$)；当 $n-m$ 为奇数时，函数反对称于赤道。我们还看到，随着 $m$ 的增大，曲线的峰和谷变得越来越陡。

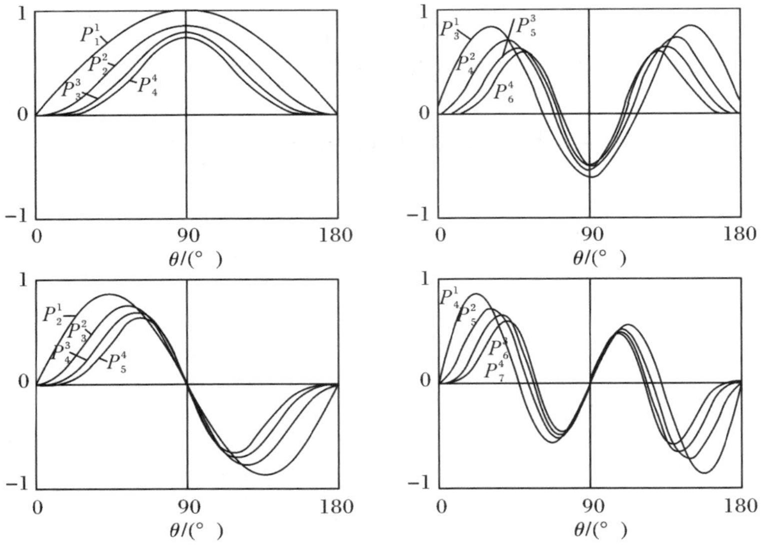

图 3-3　缔合勒让德函数的几个例子

$P_n^m(\cos\theta)\sin(m\lambda+\varepsilon_m)$叫作 $n$ 阶 $m$ 次球面谐和函数，它是余纬 $\theta$ 和经度 $\lambda$ 的函数：$m=0$ 时叫带谐函数，这是因为函数不随经度改变；$m=n$ 时叫瓣谐函数；$m<n$ 时叫田谐函数。图 3-4 为球面谐和函数的几个例子。

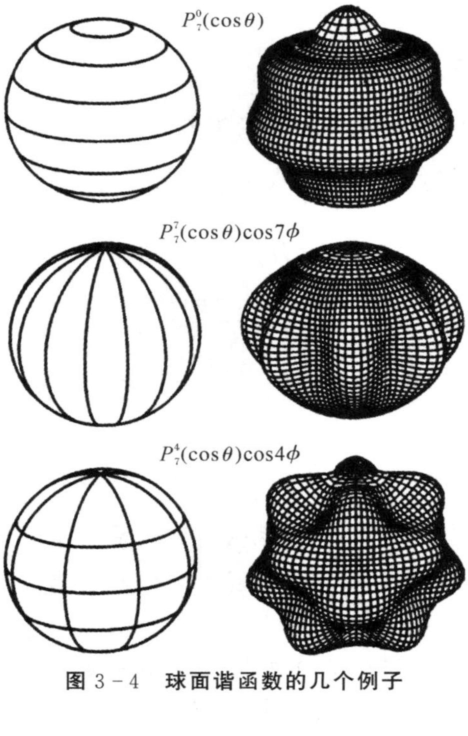


图 3-4　球面谐函数的几个例子

为了使球谐系数大体上能够表示磁场强度，在地磁学中习惯采用斯密特准规一化形式的缔合勒让德函数，这样使球面谐和函数 $P_n^m(\cos\theta)\sin(m\lambda+\varepsilon_m)$ 在球面上的平均值为 $1/(2N+1)$。在过去地磁学的文献中，曾使用过高斯-拉普拉斯形式（$P^{nm}$）、纽曼形式（$P_{nm}$）等不同规一化的缔合勒让德函数。表 3－1 列出了六阶以下这三种形式的缔合勒让德函数，将 $F_{nm}$（代表 $P_n^m$、$P^{nm}$、$P_{nm}$ 中任何一种）与相应的系数 $K_{nm}$ 相乘，即得所需的缔合勒让德函数。

**表 3－1　缔合勒让德函数**

| | | | $K_{nm}$ | | |
|---|---|---|---|---|---|
| $n$ | $m$ | $F_{nm}$ | $P^{nm}$ | $P_{nm}$ | $P_n^m$ |
| 0 | 0 | 1 | 1 | 1 | 1 |
| 1 | 0 | $\cos\theta$ | 1 | 1 | 1 |
| 1 | 1 | $\sin\theta$ | 1 | 1 | 1 |
| 2 | 0 | $3\cos^2\theta-1$ | 1/3 | 1/2 | 1/2 |
| 2 | 1 | $\sin\theta\cos\theta$ | 1 | 3 | $\sqrt{3}$ |
| 2 | 2 | $\sin^2\theta$ | 1 | 3 | $\sqrt{3}/2$ |
| 3 | 0 | $5\cos^3\theta-3\cos\theta$ | 1/5 | 1/2 | 1/2 |
| 3 | 1 | $\sin\theta(5\cos^2\theta-1)$ | 1/5 | 3/2 | $\sqrt{6}/4$ |
| 3 | 2 | $\sin^2\theta\cos\theta$ | 1 | 15 | $\sqrt{15}/2$ |
| 3 | 3 | $\sin^3\theta$ | 1 | 15 | $\sqrt{10}/4$ |
| 4 | 0 | $35\cos^4\theta-30\cos^2\theta+3$ | 1/35 | 1/8 | 1/8 |
| 4 | 1 | $\sin\theta(7\cos^3\theta-3\cos\theta)$ | 1/7 | 5/2 | $\sqrt{10}/4$ |
| 4 | 2 | $\sin^2\theta(7\cos^2\theta-1)$ | 1/7 | 15/2 | $\sqrt{5}/4$ |
| 4 | 3 | $\sin^3\theta\cos\theta$ | 1 | 105 | $\sqrt{70}/4$ |
| 4 | 4 | $\sin^4\theta$ | 1 | 105 | $\sqrt{35}/8$ |
| 5 | 0 | $21\cos^5\theta-(70/3)\cos^3\theta+5\cos\theta$ | 1/21 | 3/8 | 3/8 |
| 5 | 1 | $\sin\theta(21\cos^4\theta-14\cos^2\theta+1)$ | 1/21 | 15/8 | $\sqrt{15}/8$ |
| 5 | 2 | $\sin^2\theta(3\cos^3\theta-\cos\theta)$ | 1/3 | 105/2 | $\sqrt{105}/4$ |
| 5 | 3 | $\sin^3\theta(9\cos^2\theta-1)$ | 1/9 | 105/2 | $\sqrt{70}/16$ |
| 5 | 4 | $\sin^4\theta\cos\theta$ | 1 | 945 | $3\sqrt{35}/8$ |
| 5 | 5 | $\sin^5\theta$ | 1 | 945 | $3\sqrt{14}/16$ |
| 6 | 0 | $231\cos^6\theta-315\cos^4\theta+105\cos^2\theta-5$ | 1/231 | 1/16 | 1/16 |
| 6 | 1 | $\sin\theta(33\cos^5\theta-30\cos^3\theta+5\cos\theta)$ | 1/33 | 21/8 | $\sqrt{21}/8$ |
| 6 | 2 | $\sin^2\theta(33\cos^4\theta-18\cos^2\theta+1)$ | 1/33 | 105/8 | $\sqrt{210}/32$ |
| 6 | 3 | $\sin^3\theta(11\cos^3\theta-3\cos\theta)$ | 1/11 | 315/2 | $\sqrt{210}/16$ |
| 6 | 4 | $\sin^4\theta(11\cos^2\theta-1)$ | 1/11 | 945/2 | $3\sqrt{7}/16$ |
| 6 | 5 | $\sin^5\theta\cos\theta$ | 1 | 10 395 | $\sqrt{154}/16$ |
| 6 | 6 | $\sin^6\theta$ | 1 | 10 395 | $\sqrt{462}/32$ |

在实际计算中，往往使用更为方便快捷的递推公式，这样，可以从几个低阶函数依次得到全部函数，常用的递推公式有以下几个：

$$\left.\begin{array}{l}R_n^m=\sqrt{n^2-m^2}\\P_0^0=1,P_1^0=\cos\theta,P_1^1=\sin\theta\\P_m^m=\sqrt{(2m-1)/2m}\sin\theta P_{m-1}^{m-1},m>1\\P_m^m=[(2n-1)\cos\theta P_{n-1}^m-R_{n-1}^m P_{n-2}^m]/R_n^m,n>m\\\mathrm{d}P_n^m/\mathrm{d}\theta=(n\cos\theta P_n^m-R_n^m P_{n-1}^m)/\sin\theta\end{array}\right\}\tag{3.5}$$

实际上磁位不是一个可观测的量，可以被我们观测的量是磁场要素。如果已知地球表面或近地空间足够多测点上的地磁要素观测值，则可以用最小二乘法由式(3.4)求出球谐系数，这样，我们就得到了整个地磁场的表达式。表 3－2 为 1995 年主磁场球谐系数的值。

**表 3－2　1995 年主磁场的高斯系数**

（单位：nT）

| | | $m=0$ | 1 | 2 | 3 | 4 | 5 | 6 | 7 | 8 | 9 | 10 |
|---|---|---|---|---|---|---|---|---|---|---|---|---|
| $g_n^m$ | $n=1$ | −29 682 | −1 789 | | | | | | | | | |
| | 2 | −2 197 | 3 074 | 1 685 | | | | | | | | |
| | 3 | 1 329 | −2 268 | 1 249 | 769 | | | | | | | |
| | 4 | 941 | 782 | 291 | −421 | 116 | | | | | | |
| | 5 | −210 | 352 | 237 | −122 | −167 | −26 | | | | | |
| | 6 | 66 | 64 | 65 | −172 | 2 | 17 | −94 | | | | |
| | 7 | 78 | −67 | 1 | 29 | 4 | 8 | 10 | −2 | | | |
| | 8 | 24 | 4 | −1 | −9 | −14 | 4 | 5 | 0 | −7 | | |
| | 9 | 4 | 9 | 1 | −12 | 9 | 4 | −2 | 7 | 0 | −6 | |
| | 10 | −3 | −4 | 2 | −5 | −2 | 4 | 3 | 1 | 3 | 3 | 0 |
| $h_n^m$ | $n=1$ | | 5 318 | | | | | | | | | |
| | 2 | | −2 356 | −425 | | | | | | | | |
| | 3 | | −263 | 302 | −406 | | | | | | | |
| | 4 | | 262 | −232 | 98 | −301 | | | | | | |
| | 5 | | 44 | 157 | −152 | −64 | 99 | | | | | |
| | 6 | | −16 | 77 | 67 | −57 | 4 | 28 | | | | |
| | 7 | | −77 | −25 | 3 | 22 | 16 | −23 | −3 | | | |
| | 8 | | 12 | −20 | 7 | −21 | 12 | 10 | −17 | −10 | | |
| | 9 | | −19 | 15 | 11 | −7 | −7 | 9 | 7 | −8 | 1 | |
| | 10 | | 2 | 1 | 3 | 6 | −4 | 0 | −2 | 3 | −1 | −6 |

从以上分析可以看到，如果没有磁场强度资料，就不可能建立完全的球谐模型。然而，在 1832 年高斯找到磁场强度绝对测量方法之前，只有一些磁场总强度和水平分量的相对观测记录。与此相反，磁偏角的观测资料在大约 1550 年以后就很多了，磁倾角的资料也可追溯到 1700 年。

为了充分利用角度观测资料研究史期地磁场，1894 年鲍威尔提出一种方法，可以从 $D$ 和 $I$ 导出球谐系数相对于 $g_1^0$ 的值，再结合考古地磁强度资料，即可得到球谐系数的值。当只有总强度或水平强度资料时，还可以用非线性迭代分析技术直接求出球谐系数。在没有强度观测值的情况下，也可以用已知的系数 $g_1^0$ 向前外推，得到所需年代的 $g_1^0$。已被使用过

的经验公式有

$$\begin{cases} g_1^0 = -30\ 400.0 + 15.7(t - 1\ 960.0) \\ g_1^0 = -31\ 410.0 + 15.46(t - 1\ 914.0) \end{cases}$$

用不同的方法和技术，人们已得到了 1550 年以来的地磁场球谐模型，不过，早期模型的阶数和次数较低，精度较差。

### 3.2.3 内外源磁场分离

前面我们只讨论了内源场的球谐分析。一般来说，拉普拉斯方程的完全解由两部分组成：一部分包含$(a/r)^{n+1}$因子，它表示磁场源在地球内部，我们称之为内源场，如式(3.3)所示；另一部分包含$(r/a)^n$ 因子，表示磁场源在地球外部，即外源场。借助地表的地磁观测，可以将这两部分磁场分离开来，这是高斯理论最重要的结论之一。

包含内源磁场(用上标 i 表示)和外源磁场(用上标 e 表示)的总磁位可以写成

$$U = U^i + U^e = a\sum_{n=1}^{\infty}\sum_{m=1}^{n}\left[\left(\frac{a}{r}\right)^{n+1}(g_n^m \cos m\lambda + h_n^m \sin m\lambda)P_n^m(\theta) + \left(\frac{r}{a}\right)^n (j_n^m \cos m\lambda + k_n^m \sin m\lambda)P_n^m(\theta)\right] \tag{3.6}$$

相应的内源磁场分量如式(3.4)所示，外源磁场分量为

$$\left.\begin{aligned} X^e &= \sum_{n=1}^{\infty}\sum_{m=1}^{n}\left(\frac{r}{a}\right)^{n-1}(j_n^m \cos m\lambda + k_n^m \sin m\lambda)\frac{\partial P_n^m(\theta)}{\partial\theta} \\ Y^e &= \sum_{n=1}^{\infty}\sum_{m=1}^{n}\left(\frac{r}{a}\right)^{n-1}(j_n^m \sin m\lambda - k_n^m \cos m\lambda)\frac{mP_n^m(\theta)}{\sin\theta} \\ Z^e &= \sum_{n=1}^{\infty}\sum_{m=1}^{n} n\left(\frac{r}{a}\right)^{n-1}(j_n^m \cos m\lambda + k_n^m \sin m\lambda)P_n^m(\theta) \end{aligned}\right\} \tag{3.7}$$

地面观测到的总磁场是内外源两部分的和：

$$\left.\begin{aligned} X &= \sum_{n=1}^{\infty}\sum_{m=1}^{n}(p_n^m \cos m\lambda + q_n^m \sin m\lambda)\frac{\partial P_n^m(\theta)}{\partial\theta} \\ Y &= \sum_{n=1}^{\infty}\sum_{m=1}^{n}(p_n^m \sin m\lambda - q_n^m \cos m\lambda)\frac{mP_n^m(\theta)}{\sin\theta} \\ Z &= \sum_{n=1}^{\infty}\sum_{m=1}^{n}(r_n^m \cos m\lambda + s_n^m \sin m\lambda)P_n^m(\theta) \end{aligned}\right\} \tag{3.8}$$

其中

$$\left.\begin{aligned} p_n^m &= g_n^m + j_n^m \\ q_n^m &= h_n^m + k_n^m \\ r_n^m &= nj_n^m - (n+1)g_n^m \\ s_n^m &= nk_n^m - (n+1)h_n^m \end{aligned}\right\} \tag{3.9}$$

用地表磁场 $X$ 和 $Z$ 分量观测值，或者 $Y$ 和 $Z$ 分量观测值，可以由式(3.8)求出 $p_n^m$、$q_n^m$、$r_n^m$、$s_n^m$，然后由式(3.9)求出 $g_n^m$、$h_n^m$、$j_n^m$、$k_n^m$。由此可见，要分离内外源场，$Z$ 分量是不可缺少

的，而 $X$ 和 $Y$ 分量则可以互相代替。

虽然高斯在其球谐级数公式中包含了外源场部分，但是，第一个求出外源场的是斯密特(1895 年)。许多计算和分析都表明，外源场的球谐系数远小于内源场系数，接近于内源场系数的不确定水平，因此，关于外源场的早期计算结果是不可靠的。近代空间探测表明，在磁静条件下，磁层顶、磁尾、环电疏等电流体系所产生的外源场为 10～40 nT，方向基本沿着偶极轴方向。磁测卫星 MAGSAT 提供了确定外源场的可信资料，其大小为 20 nT 左右。但早期计算出的外源场可以大到 100～300 nT，而且外场方向并不沿着偶极轴方向。

在确定外场时应该注意，该场既与地方时有关，又与世界时有关，此外还与地磁活动有关，对于 1980 年代得到

$$\left.\begin{aligned} f_1^0 &= 18.4-0.63D_{st}(\mathrm{nT}) \\ f_1^1 &= -1.1-0.06D_{st}(\mathrm{nT}) \\ k_1^1 &= -3.3+0.17D_{st}(\mathrm{nT}) \end{aligned}\right\} \tag{3.10}$$

式中：$D_{st}$ 为描述磁暴活动强弱的指数。

由于外源场是随时间变化的场，它在地球内部的感应电流对内源场也有贡献，所以内源场的高斯系数可以表示成一个常数地核场与一个感应内部场的和：

$$g_1^0 = -29\ 991.6+0.27j_1^0(\mathrm{nT}) \tag{3.11}$$

### 3.2.4 地磁场有旋部分的确定

如果存在垂直流出或流入地面的电流 $I_r$，那么

$$\mu_0 I_r = \nabla\times B|_r = \frac{\partial(B_\lambda \sin\theta)}{r\sin\theta\,\partial\theta} - \frac{\partial B_\theta}{r\sin\theta\,\partial\lambda} \tag{3.12}$$

将 $B_\lambda$ 和 $B_\theta$ 分量(即 $Y$ 和 $-X$ 分量)的表达式(3.8)代入式(3.12)，并用下标 $x$ 表示由 $X$、$Z$ 分量求出的 $p_n^m$ 和 $q_n^m$，用下标 $y$ 表示由 $Y$、$Z$ 分量求出的 $p_n^m$ 和 $q_n^m$，于是

$$I_r = \frac{1}{\mu_0 r\sin\theta}\sum_{n=1}^{\infty}\sum_{m=1}^{n}\left[(p_{yn}^m - p_{xn}^m)\sin m\lambda - (q_{yn}^m - q_{xn}^m)\cos m\lambda\right] m\,\frac{\partial P_n^m(\theta)}{\partial\theta} \tag{3.13}$$

如果由 $X$、$Z$ 分量求出的 $p_n^m$、$q_n^m$ 与由 $Y$、$Z$ 分量求出的 $p_n^m$、$q_n^m$ 相等，那么垂直电流为零，否则，垂直电流不为零。但是，由于上述磁场表达式是在位场假定下得到的，用这样的结果显然不能讨论电流存在时的非位场问题，更不能用这些公式去定量计算电流的大小。用不同地磁分量求得的 $p_n^m$、$q_n^m$ 系数不等的原因可能主要是资料精度问题。

求电流的合理方法是由地磁图得到各分量格点值，然后根据上述公式计算电流。结果表明，极区有向上的电流，而赤道区电流向下，最大可达 0.1 A/km$^2$。但是，大气电流实际测量的结果与此大相径庭，实测值比这个值小得多，仅为 $1\times10^{-6}\sim3\times10^{-6}$ A/km$^2$，方向一般向下。这个电流所产生的磁场为 $3\times10^{-7}\sim10^{-6}$ nT。即使电流大到 3 A/km$^2$，磁场也仅为 1 nT。

## 3.3 主磁场的多极子表示

上面得到的地磁场球谐级数表达式不单单是一种简明而紧凑的数学表达式，更重要的是它的每一项都有一定的意义，这才是球谐级数真正的价值所在。为了对地磁场的结构有一个简单、形象和直观的认识，从而便于理解地磁场球谐级数表达式的物理意义，我们用大

家熟悉的磁荷概念，建立磁场的多极子模型，并说明多极子与各阶球谐函数的对应关系。

让我们首先来看图 3－5 所示分立磁荷系统的一般情况。假设在一个小体积 $V$ 内分布着 $n$ 个磁荷 $m_i(i=1,2,\cdots,n)$，取 $V$ 内一点为坐标原点，各磁荷的坐标和原点距为 $x'_i, y'_i, z'_i, r'_i(i=1,2,\cdots,n)$。这一磁荷系统在体积 $V$ 外任一点 $P(x,y,z)$ 的磁位为

$$U=\frac{\mu_0}{4\pi}\sum_i\frac{m_i}{R_i} \tag{3.14}$$

式中：$R_i$ 是磁荷 $m_i$ 到 $P$ 的距离，且有

$$R_i=\sqrt{(x-x'_i)^2+(y-y'_i)^2+(z-z'_i)^2} \tag{3.15}$$

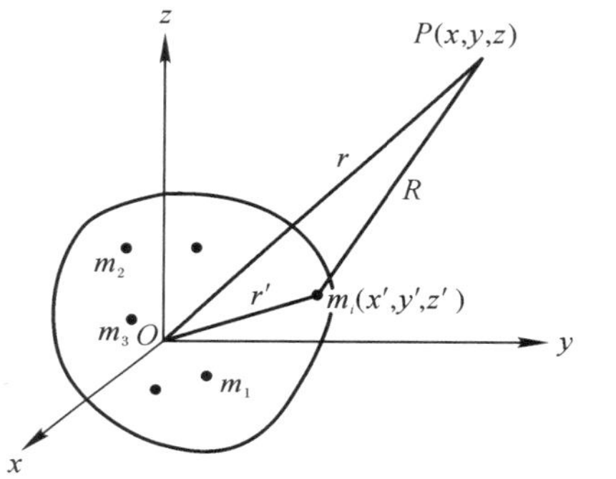


**图 3－5　分立磁荷系统**

一个多变量函数 $f(x,y,z)$ 在一定条件下可以在 $(x_0,y_0,z_0)$ 点附近展开成泰勒级数：

$$\begin{aligned}f(x,y,z)=&\sum_{q=0}^{n}\frac{1}{q!}\left[(x-x_0)\frac{\partial}{\partial x}+(y-y_0)\frac{\partial}{\partial y}+(z-z_0)\frac{\partial}{\partial z}\right]^q f(x_0,y_0,z_0)+\\&\frac{1}{(n+1)!}\left[(x-x_0)\frac{\partial}{\partial x}+(y-y_0)\frac{\partial}{\partial y}+(z-z_0)\frac{\partial}{\partial z}\right]^{n+1}\times\\&f[x_0+\theta(x-x_0),y_0+\theta(y-y_0)]\end{aligned} \tag{3.16}$$

其中

$$\left(i\frac{\partial}{\partial x}+j\frac{\partial}{\partial y}+k\frac{\partial}{\partial z}\right)^q f(x_0,y_0,z_0)=\sum_{r=0}^{q}\sum_{\varepsilon=0}^{r}C_q^rC_r^\varepsilon i^{y-r}j^{r-\varepsilon}k^\varepsilon\times\frac{\partial^q}{\partial^{q-r}x\partial^{r-\varepsilon}y\partial^\varepsilon z}f(x_0,y_0,z_0)$$

式(3.16)可以写成更简洁的形式：

$$\begin{aligned}f(x,y,z)=&f(x_0,y_0,z_0)+(r-r_0)\cdot[\nabla f(x,y,z)]_0+\\&\frac{1}{2}(r-r_0)(r-r_0):[\nabla\nabla f(x,y,z)]_0+\cdots\end{aligned} \tag{3.17}$$

用式(3.17)把式(3.14)中的函数 $1/R_i$ 在原点展开(注意，此时的自变量是 $x'_i$、$y'_i$、$z'_i$)：

$$\frac{1}{R_i}=\frac{1}{r}+r'_i\cdot\left(\nabla'\frac{1}{R_i}\right)_0+\frac{1}{2}r'_ir'_i:\left(\nabla'\nabla'\frac{1}{R_i}\right)_0+\cdots \tag{3.18}$$

式中：$r$ 是 $P$ 点到坐标原点的距离。将式(3.18)代入式(3.14)，磁荷系统的磁位可以写为

$$U=\frac{\mu_0}{4\pi}\left[\frac{M_0}{r}+M_1\cdot\left(\nabla'\frac{1}{R_i}\right)_0+\frac{1}{6}M_2:\left(\nabla'\nabla'\frac{1}{R}\right)_0+\cdots\right] \tag{3.19}$$

式中：$M_0$，$M_1$，$M_2$，…分别为总磁荷（标量，即零阶张量）、偶极磁矩（矢量，即一阶张量）、四极磁矩（二阶张量）等等。

$$\left.\begin{aligned} M_0 &= \sum_i m_i \\ M_1 &= \sum_i m_i r'_i \\ M_2 &= \sum_i m_i(3r_i' r'_i - r'^2_i \boldsymbol{I}) \end{aligned}\right\} \tag{3.20}$$

式中：$\boldsymbol{I}$ 是单位二阶张量。可以看出，式（3.19）第一项是总磁荷的位，第二项是磁偶极子的位，第三项是磁四极子的位，等等。

下面从单磁荷 $m$ 的标量磁位

$$U_0=\frac{\mu_0}{4\pi}\frac{m}{r} \tag{3.21}$$

出发，导出磁多极子磁位的具体表达式。这里，$r$ 表示该磁荷到计算磁场点的距离。

### 3.3.1 磁偶极子

两个大小相等、符号相反、距离很近的磁荷构成一个磁偶极子。磁偶极子的总磁荷虽然为零，但是，由于两个磁荷位置不重合，所以它们的磁场不会完全抵消。假定磁偶极子的负磁荷 $-m$ 位于坐标原点，正磁荷 $m$ 位于 $l(\Delta x,\Delta y,\Delta z)$（见图 3-6），它们在 $r(x,y,z)$ 处的磁位是两个磁荷磁位的代数和：

$$U_1=\frac{\mu_0}{4\pi}\left[\frac{-m}{\sqrt{x^2+y^2+z^2}}+\frac{m}{\sqrt{(x-\Delta x)^2+(y-\Delta y)^2+(z-\Delta z)^2}}\right] \tag{3.22}$$

把式（3.22）第二项按二项式定理展开，并略去二阶以上的小量，可得

$$U_1\approx\frac{\mu_0}{4\pi}\frac{m}{r}\left[-1+\left(1+\frac{x\Delta x+y\Delta y+z\Delta z}{r^2}\right)\right]=\frac{\mu_0}{4\pi}\frac{ml\cdot r}{r^3} \tag{3.23}$$

式（3.23）也可写成如下形式：

$$U_1=\frac{\mu_0}{4\pi}\frac{\boldsymbol{M}\cdot r}{r^3} \tag{3.24}$$

式中：$\boldsymbol{M}$ 是磁偶极子的磁矩矢量。

$$\boldsymbol{M}=m\boldsymbol{l} \tag{3.25}$$

式中：$\boldsymbol{l}$ 是从负磁荷到正磁荷的距离矢量。

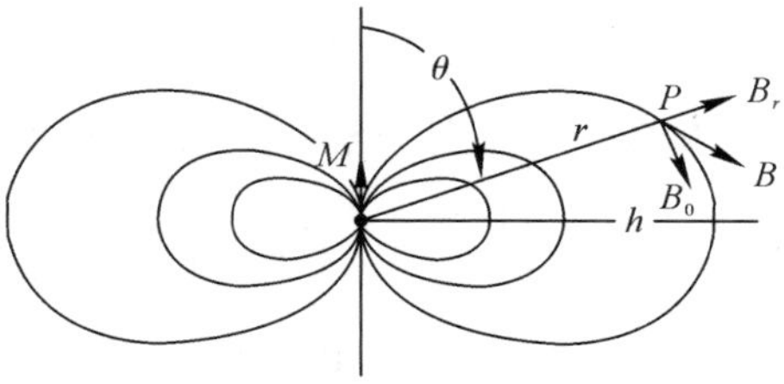


**图 3-6 磁偶极子及其磁力线**

为了与 3.2 节的磁场球谐级数表达式(3.3)对比，将式(3.24)改写成下面的形式：

$$U_1=\frac{\mu_0}{4\pi}\frac{1}{r^2}[M_z\cos\theta+M_x\sin\theta\cos\lambda+M_y\sin\theta\sin\lambda]=$$

$$a\left(\frac{a}{r}\right)^2[g_1^0P_1^0(\theta)+(g_1^1\cos\lambda+h_1^1\sin\lambda)P_1^1(\theta)] \tag{3.26}$$

式中

$$g_1^0=\frac{\mu_0}{4\pi}\frac{M_z}{a^3},\quad g_1^1=\frac{\mu_0}{4\pi}\frac{M_x}{a^3},\quad h_1^1=\frac{\mu_0}{4\pi}\frac{M_y}{a^3} \tag{3.27}$$

可以看出，偶极子磁位正好是式(3.3)中 $n=1$ 的三项。也就是说，地磁场位的高斯级数中一阶球谐函数描述了位于坐标原点(地球中心)的磁偶极子的磁位，其中 $g_1^0$ 表示该偶极子沿 $Z$ 轴(地球自转轴)的分量，$g_1^1$ 表示沿 $X$ 轴的分量，$h_1^1$ 表示沿 $Y$ 轴的分量。$g_1^0$ 远大于 $g_1^1$ 和 $h_1^1$ 表明磁偶极子基本上沿着地轴，$g_1^0$ 为负值说明偶极子的方向指向南极。

偶极子磁矩可由下式求出：

$$M=\frac{4\pi}{\mu_0}a^3\sqrt{(g_1^0)^2+(g_1^1)^2+(h_1^1)^2} \tag{3.28}$$

由式(3.28)计算出 1900 年和 1995 年的地磁矩分别为

$$\begin{cases}M_{1900}=8.32\times10^{22}\ \text{A}\cdot\text{m}^2=8.32\times10^{25}\ \text{emu}\\ M_{1995}=7.81\times10^{22}\ \text{A}\cdot\text{m}^2=7.81\times10^{25}\ \text{emu}\end{cases}$$

近 100 年以来地磁偶矩减小了 6%。

由式(3.4)不难求出中心偶极子磁场的分量为

$$\left.\begin{aligned}X&=-g_1^0\sin\theta+(g_1^1\cos\lambda+h_1^1\sin\lambda)\cos\theta\\ Y&=g_1^1\sin\lambda-h_1^1\cos\lambda\\ Z&=-2[g_1^0\cos\theta+(g_1^1\cos\lambda+h_1^1\sin\lambda)\sin\theta]\end{aligned}\right\} \tag{3.29}$$

中心偶极子的轴叫地磁轴，地磁轴与地面的交点叫地磁极(地磁极与磁极不同)。在地磁极，偶极磁场垂直于地表，因此，可以由式(3.29)中 $X=Y=0$ 的条件来求出地磁极的坐标 $\theta_0$ 和 $\lambda_0$：

$$\left.\begin{aligned}\tan\lambda_0&=\frac{h_1^1}{g_1^1}\\ \sin\lambda_0&=\frac{h_1^1}{\sqrt{(g_1^1)^2+(h_1^1)^2}}\\ \cos\lambda_0&=\frac{g_1^1}{\sqrt{(g_1^1)^2+(h_1^1)^2}}\\ \tan\theta_0&=\frac{g_1^1\cos\lambda_0+h_1^1\sin\lambda_0}{g_1^0}=\frac{\sqrt{(g_1^1)^2+(h_1^1)^2}}{g_1^0}\end{aligned}\right\} \tag{3.30}$$

由式(3.30)得到的 $\theta_0$ 也就是磁偶极子轴与地球自转轴的夹角，将主磁场的球谐系数代入式(3.30)，可以得到，1900 年 $\theta_0=11.4°$，1995 年 $\theta_0=10.7°$。

### 3.3.2 磁四极子

磁矩大小相等、方向相反、距离很近的两个磁偶极子构成一个磁四极子。四极子有两个轴，其中一个轴 $l$ 与偶极子轴相同，另一个轴 $h$ 从一个偶极子指向另一个偶极子，$l$ 和 $h$ 互相垂直或平行，因此四极子可以有 9 种排列情况(见图 3-7)，它构成了一个二阶张量。显然，磁四极子的总磁荷和总偶极磁矩都为零，但两个磁偶极子的磁场不会完全抵消。我们先考虑如图 3-7(b)所示两个轴相互垂直的四极子情况，它的磁位 $U_{ij}$ 可以由两个偶极子的磁位相加得到，下标 $i$ 和 $j$ 分别表示 $l$ 和 $h$ 的方向：

$$U_{xy}=\frac{\mu_0}{4\pi}\left\{\frac{-\boldsymbol{M}\cdot\boldsymbol{r}}{r^3}+\frac{\boldsymbol{M}\cdot(\boldsymbol{r}-\boldsymbol{h})}{[x^2+(y-h)^2+z^2]^{3/2}}\right\} \tag{3.31}$$

与偶极子公式类似，应用二项式定理，可得

$$U_{xy}\approx\frac{\mu_0}{4\pi}\frac{Mx}{r^3}\left[-1+\left(1+\frac{3hy}{r^2}\right)\right]=\frac{\mu_0}{4\pi}\frac{3Mhxy}{r^5} \tag{3.32}$$

同理，可以得到其他四极子的磁位表达式为

$$\left.\begin{aligned}U_{yx}=U_{xy}=\frac{\mu_0}{4\pi}\frac{3Mhxy}{r^5}\\U_{yz}=U_{zy}=\frac{\mu_0}{4\pi}\frac{3Mhyz}{r^5}\\U_{zx}=U_{xz}=\frac{\mu_0}{4\pi}\frac{3Mhzx}{r^5}\end{aligned}\right\} \tag{3.33}$$

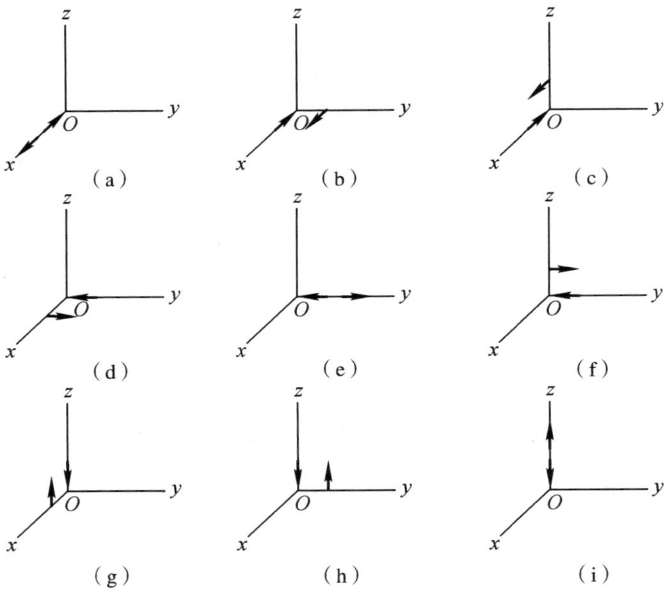

**图 3-7 磁四极子的不同排列情况**

对于四极子两个轴 $l$ 和 $h$ 同向的情况，有

$$\left.\begin{aligned}
U_{xx}&=\frac{\mu_0}{4\pi}\left\{\frac{-\boldsymbol{M}\cdot\boldsymbol{r}}{r^3}+\frac{\boldsymbol{M}\cdot(\boldsymbol{r}-\boldsymbol{h})}{[(x-h)^2+y^2+z^2]^{3/2}}\right\}\\
&=\frac{\mu_0}{4\pi}\left\{\frac{-Mx}{r^3}+\frac{M(x-h)}{r^3[1-2hx/r^2+h^2/r^2]^{3/2}}\right\}\\
&\approx\frac{\mu_0}{4\pi}\frac{Mh(3x^2-r^2)}{r^5}\\
U_{yy}&=\frac{\mu_0}{4\pi}\frac{Mh(3y^2-r^2)}{r^5}\\
U_{zz}&=\frac{\mu_0}{4\pi}\frac{Mh(3z^2-r^2)}{r^5}
\end{aligned}\right\}\tag{3.34}$$

由式(3.34)可以看出,$U_{xx}+U_{yy}+U_{zz}=0$,因此,四极子张量的 9 个分量中只有 5 个独立分量。利用直角坐标-球坐标转换公式和表 3-1 缔合勒让德函数的表达式,上述公式可写为

$$\left.\begin{aligned}
U_{xx}&=\frac{\mu_0 Mh}{4\pi r^3}\left[-P_2^0(\theta)+\sqrt{3}P_2^2(\theta)\cos2\lambda\right]\\
U_{yy}&=\frac{\mu_0 Mh}{4\pi r^3}\left[-P_2^0(\theta)-\sqrt{3}P_2^2(\theta)\cos2\lambda\right]\\
U_{zz}&=\frac{\mu_0 Mh}{4\pi r^3}P_2^0(\theta)\\
U_{xy}&=\frac{\sqrt{3}\mu_0 Mh}{4\pi r^3}P_2^2(\theta)\sin2\lambda\\
U_{yz}&=\frac{\sqrt{3}\mu_0 Mh}{4\pi r^3}P_2^1(\theta)\sin\lambda\\
U_{zx}&=\frac{\sqrt{3}\mu_0 Mh}{4\pi r^3}P_2^1(\theta)\cos\lambda
\end{aligned}\right\}\tag{3.35}$$

与球谐级数式(3.3)比较可以看出,四极子磁位正好是 $n=2$ 的五项。也就是说,高斯级数中二阶球谐函数描述了位于地球中心的磁四极子的磁位。若已知球谐级数式(3.3)的高斯系数,则不难求出四极子各分量的强度。

### 3.3.3 磁八极子

按照同样的方式,磁八极子可以由两个四极子构成,八极子有三个轴 $l$、$h$ 和 $s$,其中 $l$、$h$ 二轴与四极子相同,$s$ 从一个四极子到另一个四极子,这样八极子构成了一个由 27 个分量组成的三阶张量。图 3-8 给出了八极子的三种不同排列情况,它们的磁位分别为

$$\begin{aligned}
U_{xyz}&=\frac{3Mh\mu_0}{4\pi}\left\{-\frac{xy}{r^5}+\frac{xy}{[x^2+y^2+(z-s)^2]^{5/2}}\right\}\\
&\approx\frac{\mu_0}{4\pi}\frac{15Mhsxyz}{r^7}\\
&=\frac{\sqrt{15}\mu_0}{4\pi}\frac{Mhs}{r^4}P_3^2(\theta)\sin2\lambda
\end{aligned}\tag{3.36}$$

$$\begin{aligned}
U_{xxy}&=\frac{Mh\mu_0}{4\pi}\left\{-\frac{3x^2-r^2}{r^5}+\frac{3x^2-[x^2+(y-s)^2+z^2]}{[x^2+(y-s)^2+z^2]^{5/2}}\right\}\\
&\approx\frac{\mu_0}{4\pi}\frac{3Mhsy(5x^2-r^2)}{r^7}
\end{aligned}$$

$$=\frac{\mu_0}{4\pi}\frac{3Mhs}{r^4}\left[-\frac{\sqrt{6}}{6}P_3^1(\theta)\sin\lambda+\frac{\sqrt{10}}{2}P_3^3(\theta)\sin3\lambda\right] \tag{3.37}$$

$$U_{xxx}=\frac{Mh\mu_0}{4\pi}\left\{-\frac{3x^2-r^2}{r^5}+\frac{3(x-s)^2-[(x-s)^2+y^2+z^2]}{[(x-s)^2+y^2+z^2]^{5/2}}\right\}$$

$$\approx\frac{\mu_0}{4\pi}\frac{3Mhsx(5x^2-3r^2)}{r^7}$$

$$=\frac{\mu_0}{4\pi}\frac{3Mhs}{r^4}\left[-\frac{\sqrt{6}}{2}P_3^1(\theta)\cos\lambda+\frac{\sqrt{10}}{2}P_3^3(\theta)\cos3\lambda\right] \tag{3.38}$$

同样可以写出其他 24 个分量的磁位。可以证明，在八极子的 27 个分量中只有 7 个是独立的，它们正是球谐级数式(3.3)中 $n=3$ 的 7 项。

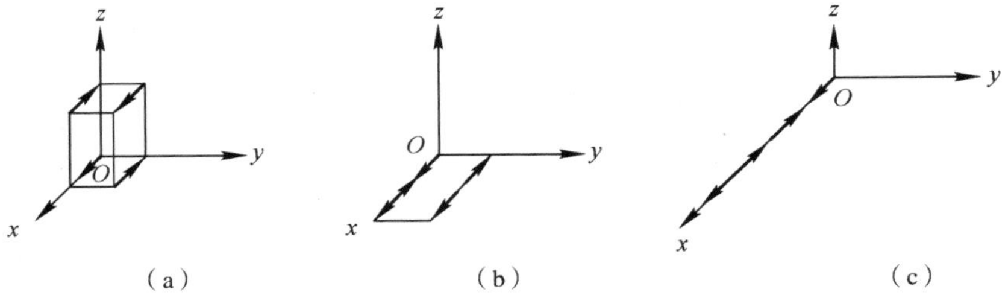


**图 3-8　磁八极子的几种不同排列情况**

(a)$U_{xyz}$；(b)$U_{xxy}$；(c)$U_{xxx}$

用同样的方法，可以构造更高阶磁多极子。$2^k$ 阶极子对应于高斯级数中 $n=k$ 的球谐函数，共有 $2k+1$ 项。由这些磁多极子可以组合成任意具有标量位的磁场。

应该指出，把地磁场展成球谐级数或看作磁多极子之和，只是一种形式上的(或数学上的)分解。尽管它是一种非常有用和方便简洁的表达，但是，级数的每一项或每一阶多极子并不一一对应地球内部具体的物理过程。

## 3.4　主磁场模型和地磁坐标系

对不同区域和不同的使用场合，要求对主磁场做不同近似程度的描述，这相当于在球谐级数中取不同的截断水平，于是产生了许多地磁场模型，如适用于近地区域的地心共轴偶极子模型、地心倾斜偶极子模型、偏心偶极子模型等，为了描述磁层磁场，产生了适用于磁层的 Mead - Whiams、Cheo - Beand、Tsykanenko 等模型。与不同地磁模型相对应，定义了不同的坐标系，如地心偶极坐标系、偏心偶极坐标系，倾角坐标系、$B-L$ 坐标系以及各种磁层坐标系。

### 3.4.1　地心共轴磁偶极子模型

地心共轴磁偶极子模型是地球主磁场最简单、最粗略的近似表达，磁心(即磁偶极子中心)与地心重合，偶极轴与地球自转轴重合，地磁极与地理极重合，地磁经纬度与地理经纬度一致，它的磁位和磁场分量为

$$U=\frac{\mu_0 M\cdot r}{4\pi r^3}=\frac{\mu_0 M\cos\theta}{4\pi r^2} \tag{3.39}$$

$$\left.\begin{aligned}B_r&=-Z=Z_0\cos\theta\\B_\theta&=-X=-H=H_0\sin\theta\\B_\lambda&=Y=0\end{aligned}\right\} \tag{3.40}$$

可以看出，这就是主磁场球谐级数中包含 $g_1^0$ 的第一项，$Z_0$ 和 $H_0$ 分别表示磁极和赤道处的磁场强度：

$$\left.\begin{aligned}Z_0&=\frac{\mu_0 M}{2\pi r^3}\\H_0&=\frac{\mu_0 M}{4\pi r^3}\end{aligned}\right\} \tag{3.41}$$

由式(3.40)和式(3.41)可以得到磁倾角与余纬的关系为

$$\tan I=\frac{Z}{H}=2\cot\theta \tag{3.42}$$

在古地磁研究中，经常使用式(3.42)由磁倾角计算地磁纬度，进而推断地质时期地磁极的位置。这种在偶极磁场假设下，由单个测点计算出的磁偶极子叫虚磁偶极子，相应的磁极叫虚磁极，记作 VGP。同一时期由不同板块推断的磁极位置不同，表明板块之间有相对运动，磁极移动轨迹的差异是确定板块运动的重要依据。

磁力线切线方向即磁场方向，由这一条件可以写出磁偶极子的磁力线方程为

$$\frac{\mathrm{d}r}{r\,\mathrm{d}\theta}=\frac{Z}{H}=2\cot\theta \tag{3.43}$$

积分式(3.43)可得磁力线表达式为

$$r=La\sin^2\theta \tag{3.44}$$

式中：$a$ 是地球半径；$L$ 表示磁力线与赤道面交点的地心距(以地球半径为单位)。

一条磁力线与南、北半球地表的两个交点叫作磁共轭点，共轭点之间磁力线长度为

$$l=\int_{\theta_0}^{\pi-\theta_0}\sqrt{(r\mathrm{d}\theta)^2+(\mathrm{d}r)^2} \tag{3.45}$$

式中：$\theta_0$ 和 $\pi-\theta_0$ 是磁力线南、北共轭点的余纬。将式(3.44)代入，可得

$$\begin{aligned}l&=2La\int_{\theta_0}^{\pi/2}\sqrt{1+3\cos^2\theta}\sin\theta\mathrm{d}\theta=2La\int_0^{\cos\theta_0}\sqrt{1+3u^2}\,\mathrm{d}u\\&=\frac{\sqrt{3}a}{3-\beta^2}\left[\beta\sqrt{1+\beta^2}+\ln(\beta+\sqrt{1+\beta^2})\right]\end{aligned} \tag{3.46}$$

式中

$$\beta=\sqrt{3}\cos\theta_0$$

### 3.4.2　地心倾斜偶极子模型

对主磁场进一步的近似描述是地心倾斜偶极子模型，如图 3-9 所示。在这个模型中，磁偶极子仍然位于地心。但磁轴与地球自转轴不重合，这个模型包括主磁场球谐级数 $n=1$ 的三项。

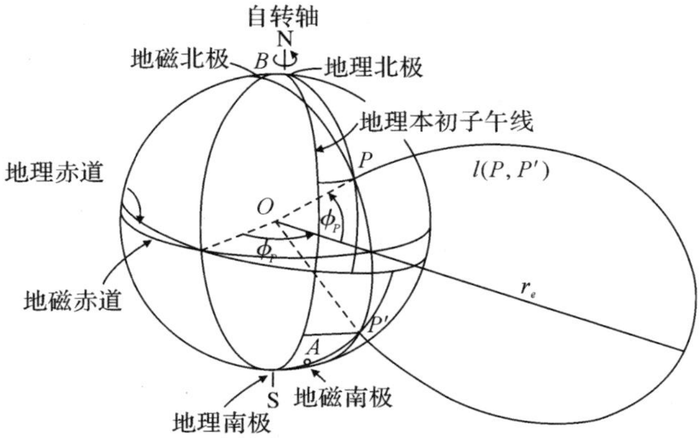


图 3-9 地心倾斜偶极子模型

与地理坐标系相似，我们可以定义地心倾斜偶极子坐标系，这种坐标系叫作"地磁坐标系"，经纬度叫作"地磁经纬度"，地磁轴与地面的交点叫作地磁极。定义经过地理南极的地磁经线（即连接地磁北极、地理南极和地磁南极的半大圆）为零度地磁经线，地磁经度向东为正，从 0°～360°，因此，地理北极位于 180°地磁经线上，从地磁赤道到地磁北极的地磁纬度为 0°～90°，从地磁赤道到地磁南极的地磁纬度为 0°～−90°。上述地心共轴磁偶极子模型的公式同样可以用于地心倾斜偶极子模型，只需用地磁坐标代替地理坐标即可。

地理坐标与地磁坐标的关系如图 3-10 所示。地理北极和地磁北极分别为 N 和 $N_m$，地表一点 $P$ 的地理经纬度为 $\lambda$ 和 $\phi$，地磁经纬度为 $\Lambda$ 和 $\Phi$，地理余纬和地磁余纬分别为 $\theta$ 和 $\Theta$，这里 $\theta=90°-\varphi$，$\Theta=90°-\Phi$，地磁北极的地理余纬和经度分别为 $\theta_0$、$\lambda_0$。

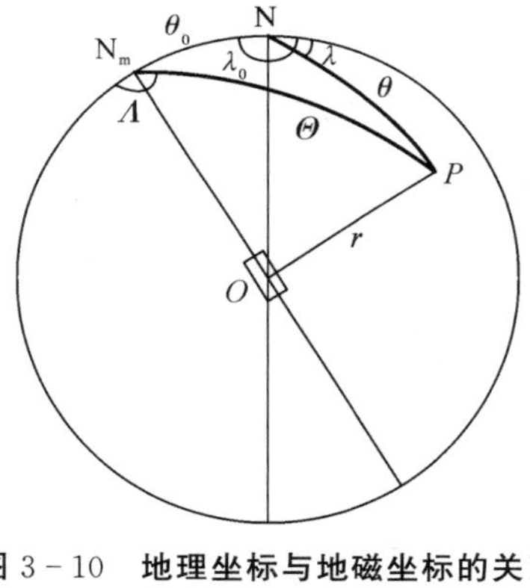


图 3-10 地理坐标与地磁坐标的关系

由球面三角公式可以得到

$$\left.\begin{aligned}\cos\Theta&=\cos\theta\cos\theta_0+\sin\theta\sin\theta_0\cos(\lambda-\lambda_0)\\ \sin\Lambda&=\sin\theta\sin(\lambda-\lambda_0)/\sin\Theta\end{aligned}\right\}\tag{3.47}$$

许多高纬度地磁现象与太阳相对于地磁场的方向有关，因此，有必要定义地磁地方时（或偶极时）$t_{dp}$。与地理地方时 $t$ 相似，当观测点所在的地磁经线通过日下点（日地连线与地面的交点）时，观测点为地磁正午，即 $t_{dp}=12\ \text{h}=180°$，与之相差 180°的地磁经线位于地磁子夜，即 $t_{dp}=0\ \text{h}=0°$。地磁时与地理地方时的关系为

$$\sin(t_{dp}-\Lambda)=\frac{-\cos\delta\sin(\lambda-\lambda_0-t)}{\sqrt{1-[\cos\theta_0\sin\delta-\sin\theta_0\cos\delta\cos(\lambda-\lambda_0-t)]^2}} \tag{3.48}$$

式中:时间以度或弧度计算(1 h=15°);$\delta$ 是太阳的赤纬(日地连线与地理赤道面的夹角)。在中低纬度地区,地理时与地磁时相差不大,但在高纬度地区,二者有明显的差别。

### 3.4.3　偏心偶极子模型

主磁场中非偶极磁场部分使地磁场的分布发生畸变,磁场垂直于地表的点偏离地磁极几百千米,磁倾角为零的点大部分也不在地磁赤道上,东半球水平分量 $H$ 一般来说比西半球大。为了更进一步精细地描述主磁场,有时使用偏心偶极子磁场模型。为了得到偏心偶极子坐标系,需要先把地理坐标系的自转轴旋转到偶极轴,再把坐标系平移到某一位置,使新坐标系中不仅 $g_1^1=h_1^1=0$ 且 $g_2^0=g_2^1=h_2^1=0$。此时的磁心不与地心重合,而是位于$(r_0,\theta_0,\lambda_0)$处。1960 年,$r_0=450$ km,$\theta_0=75°$,$\lambda_0=150°$,即磁心从地心向太平洋关岛方向偏移 450 km。磁心位置不是固定不动的,而是随时间不断移动的。偏心偶极子坐标系的经纬度不再是均匀网格,磁极点的磁场也不再垂直于地表。

### 3.4.4　国际参考地磁场 IGRF

就像物理学界对质量、时间、长度等物理量制定国际标准一样,在地球物理学中,对某些常用的观测量和物理场也采用国际认可的标准,如国际重力公式、杰佛瑞斯-布仑地震走时表、国际标准大气、国际参考电离层等。表示地球主磁场的国际标准叫作“国际参考地磁场”(Interational Geomagnetic Reference Field,IGRF),它以球谐级数的形式表达,通常取最大的 $n,m=10$,共 120 个球谐系数。表 3-3 列出了 1900—1995 年 20 个国际参考地磁场模型的前二阶系数。根据不太充分的历史地磁资料,也得到了 1550 年以来主磁场的低阶球谐系数。

国际参考地磁场在科研、生产、通信、航天等领域有着广泛的用途,它更是陆地、海洋和航空磁测的基础。应该指出的是,在使用国际参考地磁场时必须注意它的误差。由于受到观测资料和分析方法的限制,偶极场、非偶极场和总场的误差分别约为 0.1%、2%、0.5%。也就是说,IGRF 的误差可能达到 250 nT,这相当于局部磁异常场平均值的两倍。

**表 3-3　1900—1995 年国际参考地磁场的球谐系数($N\leqslant2$)**

| 年　份 | $g_1^0$ | $g_1^1$ | $h_1^1$ | $g_2^0$ | $g_2^1$ | $g_2^2$ | $h_2^1$ | $h_2^2$ |
|---|---|---|---|---|---|---|---|---|
| 1900 年 | −31 543 | −2 298 | 5 922 | −677 | 2 905 | 924 | −1 061 | 1 121 |
| 1905 年 | −31 464 | −2 298 | 5 909 | −728 | 2 928 | 1 041 | −1 086 | 1 065 |
| 1910 年 | −31 354 | −2 297 | 5 898 | −769 | 2 948 | 1 176 | −1 128 | 1 000 |
| 1915 年 | −31 212 | −2 306 | 5 875 | −802 | 2 956 | 1 309 | −1 191 | 917 |
| 1920 年 | −31 060 | −2 317 | 5 845 | −839 | 2 959 | 1 407 | −1 259 | 823 |
| 1925 年 | −30 926 | −2 318 | 5 817 | −893 | 2 969 | 1 471 | −1 334 | 728 |
| 1930 年 | −30 805 | −2 316 | 5 808 | −951 | 2 980 | 1 517 | −1 424 | 644 |
| 1935 年 | −30 715 | −2 306 | 5 812 | −1 018 | 2 964 | 1 550 | −1 520 | 586 |
| 1940 年 | −30 654 | −2 292 | 5 821 | −1 106 | 2 981 | 1 566 | −1 614 | 528 |
| 1945 年 | −30 594 | −2 285 | 5 810 | −1 244 | 2 990 | 1 578 | −1 702 | 477 |

续表

| 年份 | $g_1^0$ | $g_1^1$ | $h_1^1$ | $g_2^0$ | $g_2^1$ | $g_2^2$ | $h_2^1$ | $h_2^2$ |
|---|---|---|---|---|---|---|---|---|
| 1950年 | −30 554 | −2 250 | 5 815 | −1 341 | 2 998 | 1 576 | −1 810 | 381 |
| 1955年 | −30 500 | −2 215 | 5 820 | −1 440 | 3 003 | 1 581 | −1 898 | 291 |
| 1960年 | −30 421 | −2 169 | 5 791 | −1 555 | 3 002 | 1 590 | −1 967 | 206 |
| 1965年 | −30 334 | −2 119 | 5 776 | −1 662 | 2 997 | 1 594 | −2 016 | 114 |
| 1970年 | −30 220 | −2 068 | 5 737 | −1 781 | 3 000 | 1 611 | −2 047 | 25 |
| 1975年 | −30 100 | −2 013 | 5 675 | −1 902 | 3 010 | 1 632 | −2 067 | −68 |
| 1980年 | −29 992 | −1 956 | 5 604 | −1 997 | 3 027 | 1 663 | −2 129 | −200 |
| 1985年 | −29 873 | −1 905 | 5 500 | −2 072 | 3 044 | 1 687 | −2 197 | −306 |
| 1990年 | −29 775 | −1 848 | 5 406 | −2 131 | 3 059 | 1 686 | −2 279 | −373 |
| 1995年 | −29 682 | −1 789 | 5 318 | −2 197 | 3 074 | 1 685 | −2 356 | −425 |

### 3.4.5 世界磁场模型 WMM

世界磁场模型(World Magnetic Model,WMM)是由英国地质调查局和美国地质调查局每隔5年联合推出的一个地球参考场模型。以WMM2005为例,最大截断阶数 $N=12$。WMM2005的数据主要来源于Ørsted和CHAMP卫星获得的标量观测数据,磁赤道地区的矢量数据是由WMM2000的一个修正来计算的。该模型广泛应用于空中和海上导航,例如,英国国防部、美国国防部、北大西洋公约组织和世界水文组织等都将其作为导航和姿态确定参考系。

地球主磁场是一个标量势 $V$ 的梯度,即

$$B=-\nabla V(r,\theta,\lambda,t) \tag{3.49}$$

并且该标量势 $V$ 满足拉普拉斯方程:

$$\nabla^2 V(r,\theta,\lambda,t)=0 \tag{3.50}$$

对该方程求解,即得到标量势 $V$ 的球谐模型为

$$V(\varphi',\lambda,r,t)=a\left\{\sum_{n=1}^{N}\sum_{m=0}^{n}\left[g_n^m(t)\cos(m\lambda)+h_n^m(t)\sin(m\lambda)\right]\left(\frac{a}{r}\right)^{n+1}\breve{P}_n^m(\sin\varphi')\right\} \tag{3.51}$$

式中:$a$ 为地球的标准半径;$\varphi'$,$\lambda$,$r$ 分别为地球纬度、地球经度和地心距;$g_n^m$ 和 $h_n^m$ 是随时间变化的 $n$ 阶 $m$ 次的高斯系数;$\breve{P}_n^m(\sin\varphi')$ 是归一化缔合勒让德函数,其定义为

$$\left.\begin{aligned}\breve{P}_n^m(\sin\varphi')&=\sqrt{2\frac{(n-m)!}{(n+m)!}}P_n^m(\sin\varphi'),\quad m>0\\ \breve{P}_n^m(\sin\varphi')&=P_n^m(\sin\varphi'),m=0\end{aligned}\right\} \tag{3.52}$$

式中:高斯系数 $g_n^m$ 和 $h_n^m$ 的 $n$ 和 $m$ 由目标时间决定,只要知道2005年的高斯系数 $g_n^m$ 和 $h_n^m$,然后根据其线性变化率 $\dot{g}_n^m$ 和 $\dot{h}_n^m$,就可以得到往后5年高斯系数的长期变化为

$$\left.\begin{aligned}g_n^m(t)&=g_n^m+\dot{g}_n^m(t-t_0)\\ h_n^m(t)&=h_n^m+\dot{h}_n^m(t-t_0)\end{aligned}\right\} \tag{3.53}$$

根据上述球谐模型,可以将地磁场分解成北向分量 $X$、东向分量 $Y$ 和垂直分量 $Z$。值得注意的是,这是在假设地球是一个理想球体的基础上推出的,实际上地球是一个椭球体,对此必须考虑由于地球的椭球特性产生的地磁场强度偏差,因此对地磁场的强度要素做修正

如下：

$$\left.\begin{aligned}X'&=X\cos\psi+Z\sin\psi\\Y'&=Y\\Z'&=-X\sin\psi+Z\cos\psi\end{aligned}\right\}\tag{3.54}$$

式中：$\psi$ 为地心纬度和地理纬度的差值（$\psi=\varphi'-\varphi$）。

### 3.4.6　倾角坐标系

为了描述实测地磁场的空间分布，有时使用倾角坐标系。在这个坐标系中，磁倾角等于零的点构成倾角赤道（或磁赤道），磁倾角等于 90°的点叫北倾角极（或北磁极），磁倾角等于 −90°的点叫南倾角极（或南磁极）。必须十分注意地磁极、地磁赤道与磁极、磁赤道的区别。

### 3.4.7　磁层坐标系和磁层磁场的描述

以上地磁场模型和相应的坐标系主要适用于地球附近约 10 个地球半径以内的磁场结构。随着地心距离的增加，太阳风对地磁场的作用越来越大。在外磁层，特别是在磁尾，地磁场的位形畸变很大。为了描述磁层磁场对粒子分布的控制作用以及太阳风-磁层相互作用，空间物理学中常常使用另外几种不同的磁层坐标系。

1. $B-L$ 坐标系

这是为了描述磁层辐射带粒子强度分布而引入的一种磁层坐标系。由于磁力线在磁场表达中有重要作用，所以，人们很自然地想到，设计一种方便的坐标系，它的一组坐标线就是磁力线，每一条磁力线的坐标值用该磁力线与赤道面交点的地心距 $L$（以地球半径为单位）来定义。具有相同 $L$ 的磁力线形成一个围绕地球的环面，称作磁壳，因此 $L$ 又叫磁壳参数，它表示磁力线向远处伸展的程度。在实际地磁场中，$L$ 等于粒子漂移面在赤道上离地心的平均距离。$B-L$ 坐标系的另一个坐标是磁场强度 $B$。在磁层物理中，磁壳参数是一个重要的参数，许多地磁现象和粒子现象在 $B-L$ 坐标系中可以得到更有规律的表达。

显然，$B-L$ 坐标系不是正交的，只是在赤道上，磁壳才是平行的。图 3-11 为偶极磁场的 $B-L$ 坐标，可以看到，$L=4$ 的磁壳与地面交于 ±60°纬度圈。

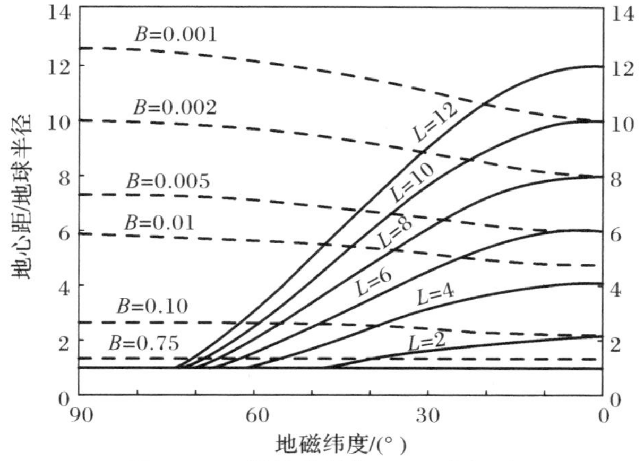


图 3-11　偶极磁场的 $B-L$ 坐标系

2. 不变坐标系

这是由 $B-L$ 坐标系转换而来的坐标系,空间一点的不变纬度 $\Phi$ 由 $L$ 值确定:

$$\Phi=\arccos\sqrt{1/L} \tag{3.55}$$

在高纬度地磁和空间物理现象的研究中,经常使用不变坐标系。

3. 订正地磁坐标系

这是为研究极光带形状而引入的坐标系。通过地表 $P$ 点的实际磁力线与赤道面交于 $Q$ 点,$Q$ 点在偶极坐标系中的地磁经纬度即为 $P$ 点的订正地磁经纬度。在偶极坐标系中,地磁纬度圈是地表上一系列圆,这些圆沿着偶极子磁力线投影到地磁赤道面上,也是一系列圆。然而,地磁赤道面上的这些圆如果沿着真实的磁力线再投影回地面,就不再是原来的圆了,而是一系列卵形圈,这就是订正地磁坐标系的纬度圈。随着地磁场的长期变化,订正地磁坐标系也发生相应的变化,其年变化可达 10 km 甚至更多。

4. 太阳-黄道坐标系(简称 SE 坐标系)

直角坐标系原点位于地心,$X_{SE}$ 轴指向太阳,$Z_{SE}$ 轴垂直于黄道面向北,$Y_{SE}$ 轴构成右手坐标系[见图 3-12(a)]。

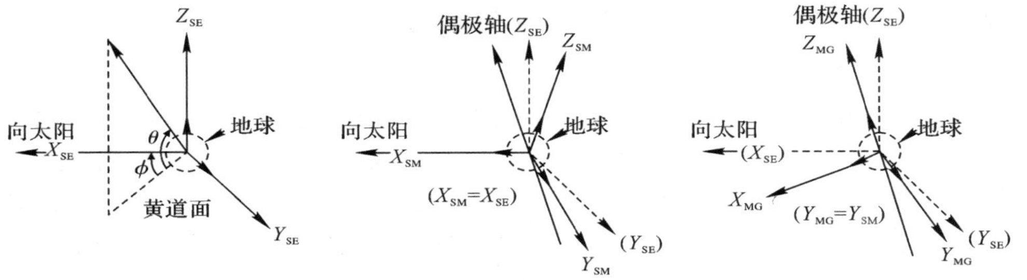


(a)　　(b)　　(c)

**图 3-12　地心磁层坐标系**

(a)太阳-黄道坐标系;(b)太阳-磁层坐标系;(c)太阳-磁坐标系

5. 太阳-磁层坐标系(简称 CSM 或 SM 坐标系)

直角坐标系原点位于地心,$X_{SM}$ 轴指向太阳,$Z_{SM}$ 轴位于 $X_{SM}$ 轴与地磁偶极轴决定的平面内,$Y_{SM}$ 轴构成右手坐标系[见图 3-12(b)]。

6. 太阳-磁坐标系(简称 MG 坐标系)

直角坐标系原点位于地心,$Y_{MG}$ 轴与 $Y_{SM}$ 轴相同,$Z_{MG}$ 轴与地磁偶极轴重合,$X_{MG}$ 轴位于日地连线和地磁偶极轴决定的平面内,并构成右手坐标系[见图 3-12(c)]。

## 3.5　主磁场的长期变化

早在 16 世纪,人们就注意到伦敦磁偏角经历着缓慢的变化(见图 2-6)。地球主磁场的强度和分布图案的缓慢变化叫作长期变化,其时间尺度为若干年。图 3-13 给出了中国、希腊和澳大利亚地磁场的长期变化,其中,中国的磁偏角是实测值,希腊和澳大利亚的是考古地磁测量结果。

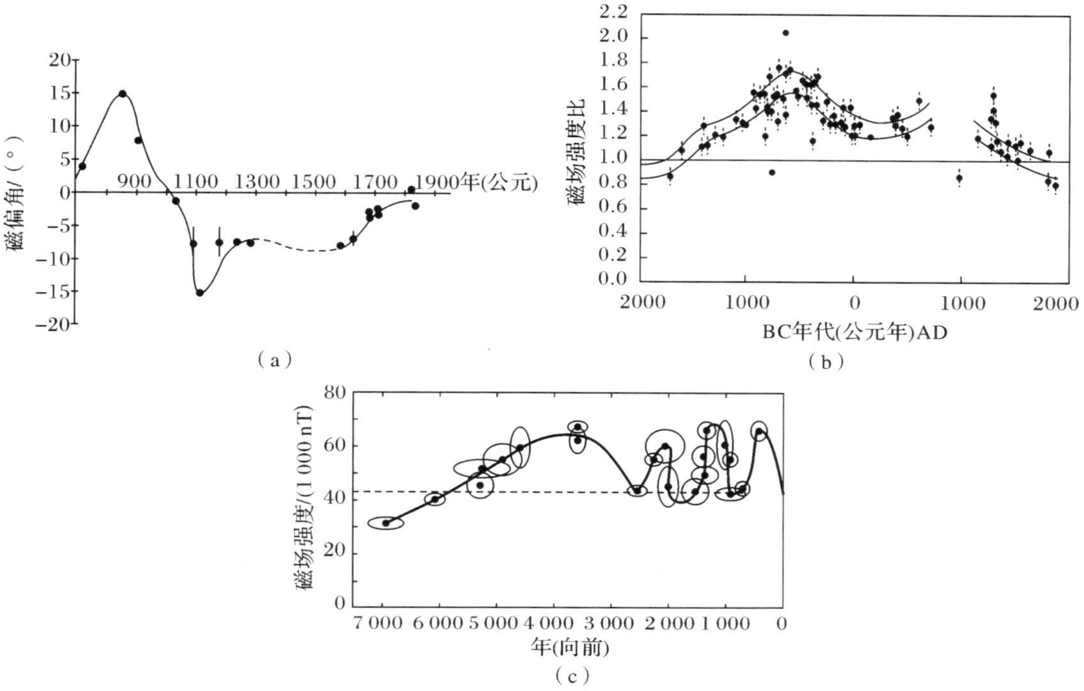


**图 3－13　地球磁场的长期变化**

(a)中国磁偏角;(b)希腊磁场强度相对值;(c)澳大利亚东南部磁场强度

虽然由地磁台年均值的时变曲线可以直接看出地磁场各要素的长期变化,但是,为了更全面地了解和追踪长期变化的全球特征,必须比较不同年代的地磁图或者分析国际地磁参考场模型。

### 3.5.1　主磁场长期变化的时间特征

主磁场长期变化的时间特征可以由长期变时间谱看出。主磁场长期变化显示出某些优势周期,在时间谱上表现为若干个峰值。11 年太阳活动周所引起的地磁场变化不属于主磁场的长期变,13 年以上的变化主要有 58 年、450 年、600 年、1 800 年、8 000 年、10 000 年等周期变化。非偶极子场长期变化的时间尺度为世纪量级,而偶极子场的时间尺度为千年量级或更长。

### 3.5.2　主磁场长期变化的空间特征

主磁场长期变化的空间特征可以从等变图(地磁场年变率的等值线图)清楚地看出来。地磁场长期变化的空间分布有如下特征:

(1)尽管在地磁场中,偶极子成分远大于其他高阶项,但是在长期变化中,非偶极子部分的相对变化率比偶极子大得多;

(2)在等变图中,有若干个变化率最大的区域,叫作等变线焦点,这些焦点以每年零点几度的速度向西漂移;

(3)太平洋半球的长期变化比其他区域小,而且没有明显的等变线焦点,这与太平洋半球的非偶极成分较弱的特点相一致。

### 3.5.3　主磁场长期变化的整体特征

由于地球主磁场由偶极子场和非偶极子场组成，所以，人们常常用偶极矩强度的变化、地磁极移动、非偶极磁场的西向漂移、磁极倒转和急变等特征来描述主磁场长期变化的整体特征。

1. 地磁偶极矩的变化

地磁偶极矩的大小反映了地磁场偶极子部分的总体强度。图 3－14 为自从有磁场强度绝对值观测以来地磁偶极矩的长期变化，可以看出，偶极场强度大约以每百年 5％的速度减小。如果地磁场强度按此速率减小下去，再过 2 000 年，地磁偶极场将会减小到零，难怪鲍威尔在 1903 年首次发现这一现象时称其为“触目惊心”的变化。但古地磁的研究表明，地球偶极磁矩可能具有周期性变化，并不是单调衰减的。图 3－15 为考古地磁给出的 10 000 年以来地球偶极磁矩的变化，图 3－16 为由古地磁资料得到的 120 000 年以来磁矩的变化，可以看出地球磁矩变化有某种周期性。此外，即使地磁场偶极子部分减小到零，四极子、八极子等高阶磁极子也不会全部同时减小到零。

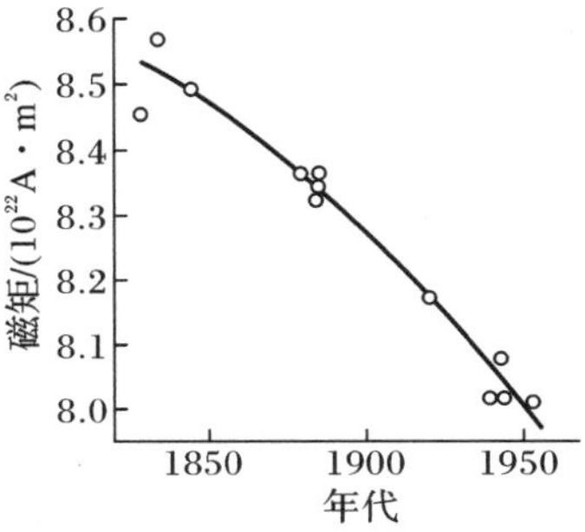


**图 3－14　地磁偶极矩的长期变化**

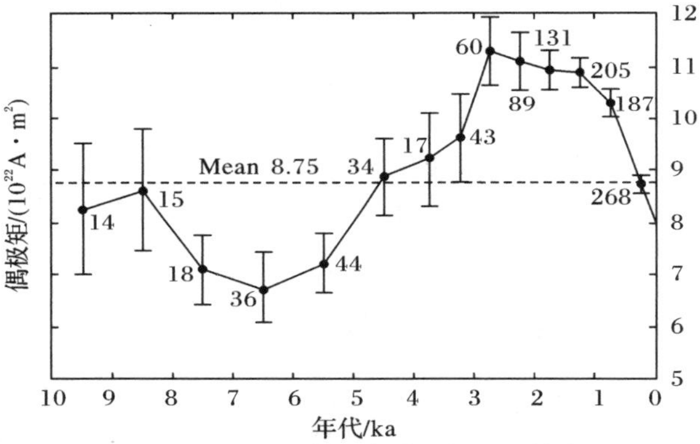


**图 3－15　10 000 年以来地磁偶极矩的变化**

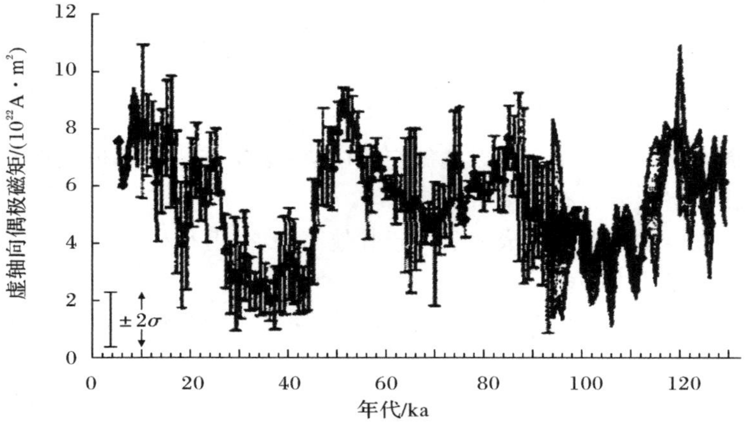


**图 3－16　120 000 年以来地磁偶极矩的变化**

2. 磁极移动

地球磁极的缓慢移动是地磁场长期变化的一个重要特征。几种不同的地球磁极反映地磁场不同的特性，地磁极的移动反映了偶极子轴与地球自转轴夹角的变化，而偏心偶极子磁极和磁倾角极的移动与地磁极不同，它是地磁场中偶极子成分与非偶极子成分变化的一种综合结果。在 1550—1980 年 430 年期间，地磁北极向南移动了 8°，向西移动了 50°。而同一时期，倾角极和偏心偶极子磁极的移动方向及路径却完全不同。图 3－17 给出了 10 000 年来地磁极移动的轨迹。可以看出，在足够长的时间间隔内，地磁极的平均位置与地球自转极的位置相差不多。

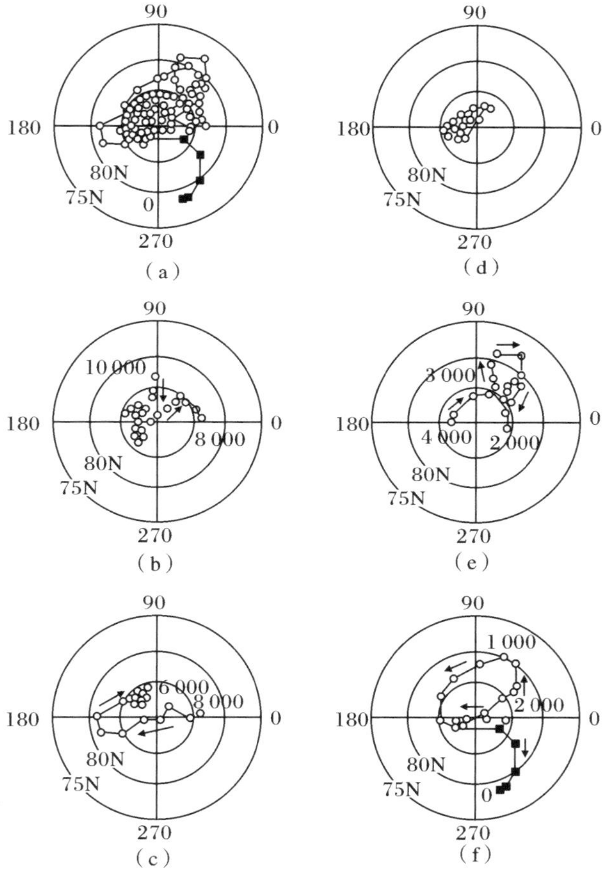


**图 3－17　地磁极的移动轨迹**

(a)10 000—0 B. P. ;(b)10 000—8 000 B. P. ;(c)8 000—6 000 B. P. ;

(d)6 000—4 000 B. P. ;(e)4 000—2 000 B. P. ;(f)2 000—0 B. P.

注：图(a)给出 10 000 年的总图，以下各图分别给出每 2 000 年的地磁极移动，相邻两点相隔 100 年。

3. 地磁急变(jerk)

地磁急变是地磁场年变率曲线斜率急剧变化的一种现象。一个台站的地磁场年变率可以用地磁要素对时间的一阶导数表示，而全球地磁场年变率可以用球谐系数对时间的一阶导数示，地磁急变表现为上述一阶导数斜率的突变。图 3－18 为欧洲 4 个台站记录的 1969 年地磁急变。在地磁场对时间的二阶导数曲线上，急变表现为阶梯状变化，在三阶导数曲线上，它表现为脉冲。目前，比较确认的地磁场急变发生在 1912 年、1913 年、1970 年等年份。图 3－19为几个球谐系数年变率显示的地磁急变的例子。

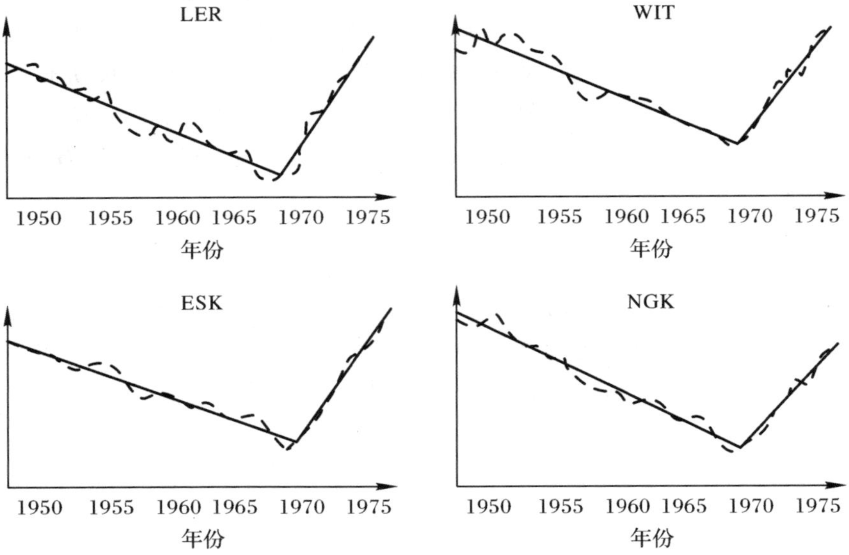


**图 3－18　欧洲 4 个台站 $Y$ 分量年变率所反映的 1969 年地磁急变**

注：LER、WIT、ESK、NGK 分别表示 4 个台站。

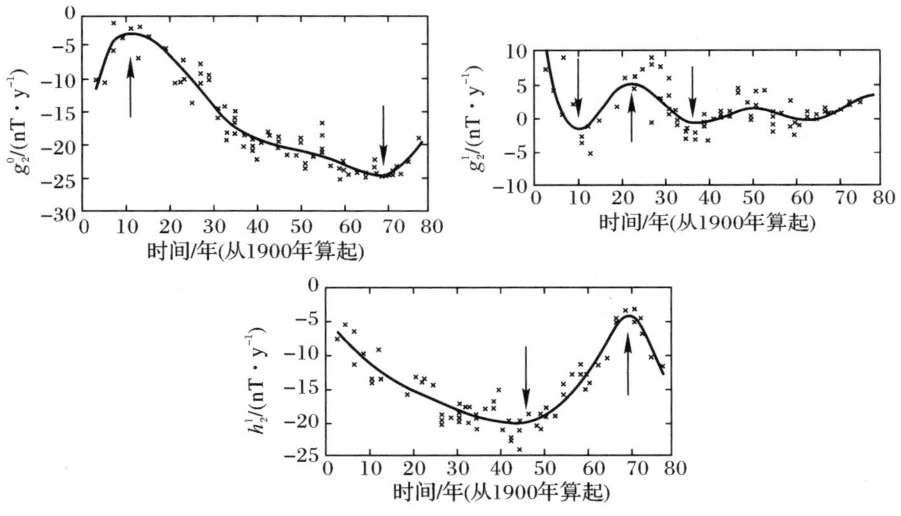


**图 3－19　地磁场球谐系数所反映的地磁急变**

## 3.6　主磁场的西向漂移

西向漂移是主磁场长期变化最重要的特征之一，也是地磁学中研究最早的一个课题。早在 1683 年，哈雷分析了当时能够收集到的地磁场测量资料(包括航海家测量的磁偏角数据和陆上磁偏角的复测数据)，发现地磁场有一个整体西移的趋势，西移的速度平均约

0.5°/y，他估计，地磁场漂移一周(360°)大约需要700年。这就是吸引地磁学家研究了300多年的地磁场西向漂移现象。

随着观测数据的迅速增加，地磁场西漂的事实被更确切地肯定下来，分析不同时期和不地区的资料，发现了西漂的地区差异和时间演化。1839年，高斯把球谐分析方法引入地磁场分析，指出地磁场主要起源于地球内部，其中偶极子磁场占主要部分，其余非偶极子部分描述了东亚、印度洋、大西洋等几块大尺度磁异常。1896年，卡尔海姆斯-吉林斯科尔德分析了地磁场球谐系数的变化，得到了地磁场西漂在球谐系数中的表现特征，并认为长期变化的大部分是由西漂引起的。

### 3.6.1　地磁场西向漂移的主要特征

概括说来，地磁场西向漂移有以下特征：

(1)全球磁场西漂的平均速度约为0.2°/y。

(2)西漂并不是全球一致的现象，不同地区的西漂速率存在着很大的差异，最明显的西漂发生在大西洋、欧洲和美国，而东太平洋、西亚、加拿大、澳大利亚和南极洲的西漂很慢。

(3)西漂的速率随时间而变化，不同地区的西漂速率的变化没有明显的相关性。

(4)西漂主要发生在地磁场非偶极子部分，正是几块大尺度磁异常的西漂构成了地磁场西漂的宏观表象。相反，由地磁极移动和步磁轴旋转所反映的地磁场偶极子部分的西漂并无定论。

(5)西漂不仅发生在主磁场中，也发生在主磁场的长期变化中。例如在$Y$分量长期变化图中，零变线通过赤道的位置由1912年的15°W变化到1980年的25°W，平均每年西漂0.15°。

地磁场西漂现象的发现和确认，对地磁场起源理论提出了新的限制。如果说早期的地磁场起源理论只要解释地磁场的偶极子特征就足够了，那么现在的地磁场起源理论还需解释地磁场的西漂和磁极倒转。

### 3.6.2　地磁场西漂的研究方法

研究地磁场西漂的方法大致可以分为以下四类。

#### 3.6.2.1　地磁图直接比较法

这是最直观、最简便的方法。对比不同年代的地磁图，可以清楚地看到，地磁图的某些特征，如焦点、零偏线、零变线等特殊等值线随时间缓慢西移。这种西漂现象在偏角图中最为清楚。这一方面是因为等偏线大致沿南北方向，与之垂直的东西向移动最易显示出来，而其他分量图的等值线基本沿东西方向，不易识别西向漂移；另一方面，系数$g_n^0$所表示的磁场对称部分在$X$、$Z$分量图中很强，掩盖了任何可能的西漂迹象，而$Y$分量图中这部分对称场不存在，布拉德等人用地磁图直接比较方法分析了1907—1945年地磁图，得到的西漂速率为0.266°/y。

#### 3.6.2.2 纬度剖面移动法

研究不同年代同一纬度圈磁场剖面图的变化，可以得到该纬度地磁场的西向漂移特征。根据研究的详细程度不同，可以分为三种情况。

1. 综合纬度剖面移动

如果引起磁场变化的主要因素是西向漂移，那么某一时刻的地磁场分布图案可以由前一时刻的图案向西移动一定距离（或经度）而得到。

令 $C(\theta_0,\lambda,t)$ 是地磁场的磁位（或为磁场某一要素，或为其时间导数）在时刻 $t$ 沿固定纬度圈 $\theta=\theta_0$ 的分布，其中 $\lambda$ 是经度。假定漂移是引起地磁场变化的主要原因，那么，由 $t=t_1$，$t_2$ 两条 $C$ 曲线的差可以求出经度漂移量和平均漂移速度。令

$$X=\sum_i\left[C(\theta_0,\lambda_i,t_2)-C(\theta_0,\lambda_i+\Delta\lambda,t_1)\right]^2 \tag{3.56}$$

求出使 $X$ 取极小值的 $\Delta\lambda$，即是所要求的漂移量，进而可求出漂移速率（东漂为正，以下同）为

$$\lambda(\theta_0)=\frac{\Delta\lambda}{\Delta t} \tag{3.57}$$

布拉德等人用这种方法计算了各纬度圈的漂移速度，得到地磁场西漂平均速度约为0.180°/y。

2. 纬度剖面谐波分量的漂移

一个纬度剖面曲线可以分解为傅里叶谐波，研究各个谐波的漂移可以更详细地了解漂移特征及决定漂移的主要因素。

沿纬度圈 $\theta=\theta_0$ 的磁场分量剖面可以写为

$$\begin{aligned}C(a,\theta_0,\lambda,t)&=\sum_{n=1}^{\infty}\sum_{m=0}^{n}\left[g_n^m(t)\cos m\lambda+h_n^m(t)\sin m\lambda\right]P_n^m(\theta_0)\\&=\sum_{m=0}^{\infty}A_m(t)\cos m\left[\lambda-\lambda_m(t)\right]\end{aligned} \tag{3.58}$$

式中

$$\left.\begin{aligned}A_m&=\sqrt{(G_m)^2+(H_m)^2}\\\lambda_m&=\frac{1}{m}\arctan\left(\frac{H_m}{G_m}\right)\\G_m&=\sum_{n=m}^{\infty}g_n^mP_n^m(\theta_0)\\H_m&=\sum_{n=m}^{\infty}h_n^mP_n^m(\theta_0)\end{aligned}\right\} \tag{3.59}$$

如果磁场西漂，那么 $\lambda_m(t)$ 随时间单调减小。行武毅分析了1829—1955年的资料，得到 $\dot{\lambda}_1=-0.08°/\mathrm{y}$，$\dot{\lambda}_2=-0.444°/\mathrm{y}$，$\dot{\lambda}_3=-0.091°/\mathrm{y}$。马林得到1942.5—1962.5的加权平均西漂速度为0.25°/y。

3. 谐波分量中不同球谐分量的漂移

组成纬度剖面的每一个谐波分量又是由许多球谐分量合成的，因此还可以更详细地研究各球谐分量的漂移特征。

如前所述，地球内源磁场的位可以写为

$$\begin{aligned} U &= a\sum_{n=1}^{\infty}\sum_{m=0}^{n}\left(\frac{a}{r}\right)^{n+1}(g_n^m\cos m\lambda + h_n^m\sin m\lambda)P_n^m(\theta) \\ &= a\sum_{n=1}^{\infty}\sum_{m=0}^{n}\left(\frac{a}{r}\right)^{n+1}A_n^m\cos[m(\lambda-\lambda_n^m)]P_n^m(\theta) \end{aligned} \tag{3.60}$$

式中

$$\left.\begin{aligned} \tan(m\lambda_n^m) &= \frac{h_n^m}{g_n^m} \\ A_n^m &= \sqrt{(g_n^m)^2+(h_n^m)^2} \end{aligned}\right\} \tag{3.61}$$

如果地磁场稳定西漂，$\lambda_n^m$ 应随时间单调减小，并可近似写为

$$\lambda_n^m(t) = \dot{\lambda}_n^m t + \lambda_{n\,0}^m \tag{3.62}$$

这样可以求出每一个球谐分量的漂移速度。用这种方法，布拉德等人得到 $\dot{\lambda}_1^1=-0.003°/\mathrm{y}$，$\dot{\lambda}_2^1=-0.235°/\mathrm{y}$，$\dot{\lambda}_2^2=-0.363°/\mathrm{y}$，$\dot{\lambda}_3^1=0.080°/\mathrm{y}$，$\dot{\lambda}_3^2=0.080°/\mathrm{y}$，$\dot{\lambda}_3^3=-0.243°/\mathrm{y}$。

### 3.6.2.3　全场速度法

一个三维空间的物理场[如流体密度场 $U(r,\theta,\lambda,t)$]随时间的变化可以一般地写为

$$\frac{\mathrm{d}U}{\mathrm{d}t} = \frac{\partial U}{\partial t} + (v\cdot\nabla)U \tag{3.63}$$

式中：$\frac{\mathrm{d}U}{\mathrm{d}t}$是“随流导数”，即随该物理场运动的观测者看到的变化；$\frac{\partial U}{\partial t}$是固定观测点看到的变化。如果该物理场以速度 $v$ 做整体移动，而不发生形变，那么随之运动的观测者将看不到任何变化，即

$$\frac{\mathrm{d}U}{\mathrm{d}t} = \frac{\partial U}{\partial t} + (v\cdot\nabla)U = 0 \tag{3.64}$$

一般情况下，物理场在整体移动的同时总有一些形变，因此$\frac{\mathrm{d}U}{\mathrm{d}t}$表示除漂移之外的变化。在研究物理场漂移时可以令此非漂移变化取极小值，即

$$\frac{\mathrm{d}U}{\mathrm{d}t} = \frac{\partial U}{\partial t} + (v\cdot\nabla)U = \min \tag{3.65}$$

式(3.64)和式(3.65)就是在不同近似程度下确定磁场漂移的基本条件。

利用式(3.60)所示的磁位球谐级数表达式，有

$$\frac{\partial U}{\partial t} = a\sum_{n=1}^{\infty}\sum_{m=0}^{n}\left(\frac{a}{r}\right)^{n+1}(\dot{g}_n^m\cos m\lambda + h'^m_n\sin m\lambda)P_n^m(\theta) \tag{3.66}$$

$$(v\cdot\nabla)U = v_r\frac{\partial U}{\partial r} + v_\theta\frac{\partial U}{r\partial\theta} + v_\lambda\frac{\partial U}{r\sin\theta\,\partial\lambda} \tag{3.67}$$

如果只考虑磁场东、西向漂移，并用 $\dot{\lambda}$ 表示漂移角速度，那么

$$\left.\begin{aligned} v_\lambda &= \dot{\lambda} r \sin\theta \\ (v \cdot \nabla) U &= \dot{\lambda} \frac{\partial U}{\partial \lambda} \end{aligned}\right\} \tag{3.68}$$

由式(3.64)可得

$$\dot{\lambda} = -\frac{\partial U}{\partial t} \Big/ \frac{\partial U}{\partial \lambda} \tag{3.69}$$

由式(3.69)得到的 $\dot{\lambda}(\theta,\lambda)$ 在不同点一般有不同值，对不同点的值在空间上平均，可以求出全球近似的西漂速度。

不用条件式(3.64)，而改用条件式(3.65)，可得

$$\frac{\partial}{\partial \dot{\lambda}} \left\{ \sum_{k=1}^{n} \left[ \frac{\partial U(\theta_k, \lambda_k, t)}{\partial t} + \dot{\lambda} \frac{\partial U(\theta, \lambda, t)}{\partial \lambda} \bigg|_{\substack{\theta=\theta_k \\ \lambda=\lambda_k}} \right]^2 \right\} = 0 \tag{3.70}$$

即

$$\dot{\lambda} = -\sum_{k=1}^{n} \left( \frac{\partial U}{\partial t} \frac{\partial U}{\partial \lambda} \right) \Big/ \sum_{k=1}^{n} \left( \frac{\partial U}{\partial \lambda} \right)^2 \tag{3.71}$$

如果有几个不同年代的地磁图，也可得到类似的公式，不同的是求和对时间 $t_k$ 进行：

$$\frac{\partial}{\partial \lambda} \left\{ \sum_{k=1}^{n} \left[ \frac{\partial U(\theta, \lambda, t_k)}{\partial t} + \lambda \frac{\partial U(\theta, \lambda, t_k)}{\partial \lambda} \right]^2 \right\} = 0 \tag{3.72}$$

即

$$\dot{\lambda} = -\sum_{k=1}^{n} \left( \frac{\partial U}{\partial t} \frac{\partial U}{\partial \lambda} \right) \Big/ \sum_{k=1}^{n} \left( \frac{\partial U}{\partial \lambda} \right)^2 \tag{3.73}$$

如果除了东、西向漂移外，还考虑磁场的径向膨胀，即假设 $v_r \dfrac{\partial U}{\partial r}$ 有如下形式：

$$\alpha r \frac{\partial U}{\partial r} = -\alpha a \sum_{n,m} (n+1)(g_n^m \cos m\lambda + h_n^m \sin m\lambda) P_n^m(\theta) \tag{3.74}$$

计算 $(\mathrm{d}U/\mathrm{d}t)^2$ 在地球表面的积分：

$$\chi = \iint_s \left( \frac{\mathrm{d}U}{\mathrm{d}t} \right)^2 = \iint_s \left( \frac{\partial U}{\partial t} + ar \frac{\partial U}{\partial r} + \dot{\lambda} \frac{\partial U}{\partial \lambda} \right)^2 \mathrm{d}s \tag{3.75}$$

令 $\dfrac{\partial \chi}{\partial \alpha} = 0, \dfrac{\partial \chi}{\partial \lambda} = 0$，则可以得到

$$\alpha = \frac{\sum_{n,m} [(n+1)/(2n+1)] [g_n^m \dot{g}_n^m + h_n^m \dot{h}_n^m]}{\sum_{n,m} [(n+1)^2/(2n+1)] [(g_n^m)^2 + (h_n^m)^2]} \tag{3.76}$$

$$\dot{\lambda} = \frac{\sum_{n,m} (m+1)/(2n+1) [g_n^m \dot{h}_n^m - h_n^m \dot{g}_n^m]}{\sum_{n,m} m^2/(2n+1) [(g_n^m)^2 + (h_n^m)^2]} \tag{3.77}$$

利用这一方法，詹姆斯得到 1945 年、1960 年、1965 年西漂速度分别为 0.19°/y、0.18°/y 和 0.17°/y。理奇蒙德得到 1965 年地表和核幔边界区磁场西漂速度分别为 0.180°/y 和 0.133°/y。

如果我们不是计算磁位漂移，而是计算矢量磁场 $B$ 的漂移，那么可得

$$\dot{\lambda}_B=\frac{\sum\limits_{n,m} m(n+1)(g_n^m\dot{h}_n^m-h_n^m\dot{g}_n^m)}{\sum\limits_{n,m} m^2(n+1)[(g_n^m)^2+(h_n^m)^2]} \tag{3.78}$$

詹姆斯用这一方法得到 1945 年、1960 年和 1965 年的 $\dot{\lambda}_B$ 分别为 $-0.16°/y$、$-0.15°/y$ 和 $-0.14°/y$。

如果进一步细化，假定对于不同球谐分量的 $\alpha$ 和 $\dot{\lambda}$ 各不相同，那么可用 $\alpha_n^m$ 和 $\dot{\lambda}_n^m$ 代替式(3.76)和式(3.77)中的 $\alpha$ 和 $\dot{\lambda}$，此时，需使用如下的极小值条件：

$$\frac{\partial\chi}{\partial\alpha_n^m}=0,\frac{\partial\chi}{\partial\dot{\lambda}_n^m}=0$$

于是可得

$$\left.\begin{aligned}\alpha_n^m&=\frac{g_n^m\dot{g}_n^m+h_n^m\dot{h}_n^m}{(n+1)[(g_n^m)^2+(h_n^m)^2]}\\ \dot{\lambda}_n^m&=\frac{g_n^m\dot{h}_n^m-h_n^m\dot{g}_n^m}{m[(g_n^m)^2+(g_n^m)^2]}\end{aligned}\right\} \tag{3.79}$$

事实上，式(3.77)中的 $\dot{\lambda}$ 是式(3.79)中的 $\dot{\lambda}_n^m$ 某种加权平均。亚当等人将这种方法用于 1954—1959 年的资料，得到 $\dot{\lambda}_2^1=-0.23°/y$，$\dot{\lambda}_2^2=-0.21°/y$，$\dot{\lambda}_3^1=-0.14°/y$，$\dot{\lambda}_3^2=-0.01°/y$，$\dot{\lambda}_3^3=-0.11°/y$，$\dot{\lambda}_4^1=0.12°/y$，$\dot{\lambda}_4^2=-0.06°/y$，$\dot{\lambda}_4^3=-0.06°/y$，$\dot{\lambda}_4^4=-0.03°/y$。

如果地磁场长期变化完全是由西漂引起的，那么 $\alpha_n^m=0$，由式(3.79)第一式得

$$g_n^m\dot{g}_n^m+h_n^m\dot{h}_n^m=0 \tag{3.80}$$

代入式(3.79)第二式，得

$$\dot{\lambda}_n^m=\frac{\dot{h}_n^m}{mg_n^m}=\frac{-\dot{g}_n^m}{mh_n^m} \tag{3.81}$$

上面的方法也可用于一个固定纬度 $\theta=\theta_0$，此时有

$$U=a\sum_{m=0}^{\infty}(G_m\cos m\lambda+H_m\sin m\lambda) \tag{3.82}$$

$$\frac{\partial U}{\partial t}=a\sum_{m=0}^{\infty}(\dot{G}_m\cos m\lambda+\dot{H}_m\sin m\lambda) \tag{3.83}$$

用同样的方法可得

$$\dot{\lambda}|_{\theta=\theta_0}=\frac{\sum\limits_m(G_m\dot{H}_m-H_m\dot{G}_m)}{\sum\limits_m m^2[(G_m)^2-(H_m)^2]} \tag{3.84}$$

若考虑 $\dot{\lambda}$ 对 $m$ 的变化，可得

$$\dot{\lambda}_m=\frac{G_m\dot{H}_m-H_m\dot{G}_m}{m[(G_m)^2+(H_m)^2]} \tag{3.85}$$

利用这种方法，行武毅得到 1920—1925 年的 $\dot{\lambda}_m=-0.221°/y$，永阳武得到 1940—1945 年的 $\dot{\lambda}_m=-0.180°/y$，1955—1965 年的 $\dot{\lambda}_m=-0.226°/y$。

#### 3.6.2.4　漂移-非漂移成分分离法

上述三种方法都有一个基本假定，即假定主磁场长期变化是由西漂引起的，在计算中将非西漂部分的贡献作为“残差”处理。这个假定在许多地区是近似成立的，但在某些西漂不

占优势的地区将会导致不可信的结果。永田武和行武毅等人建议，把磁场分成漂移部分和非漂移部分，此时磁位可写为

$$U(a,\theta,\lambda,t)=a\sum_{n,m}U_n^m(\lambda,t)P_n^m(\theta) \tag{3.86}$$

其中

$$U_n^m(\lambda,t)=F_n^m\cos m(\lambda+\lambda_n^m)+K_n^m\cos m[\lambda+v_n^m(t-t_n^m)] \tag{3.87}$$

式中：$v_n^m$ 为漂移速度。

在式(3.87)中，第一部分是非漂移部分，第二部分是西向漂移部分，对式(3.87)与磁位表达式(3.3)，可以得到

$$\begin{cases} g_n^m=F_n^m\cos m\lambda_n^m+K_n^m\cos mv_n^m(t-t_n^m) \\ -h_n^m=F_n^m\sin m\lambda_n^m+K_n^m\sin mv_n^m(t-t_n^m) \\ \dot{g}_n^m=-mv_n^mK_n^m\sin mv_n^m(t-t_n^m) \\ \dot{h}_n^m=-mv_n^mK_n^m\cos mv_n^m(t-t_n^m) \end{cases}$$

将上式代入式(3.79)得

$$\dot{\lambda}_n^m=-v_n^m\left\{1-\frac{(F_n^m)^2+F_n^mK_n^m\cos[mv_n^m(t-t_n^m)-\lambda_n^m]}{(F_n^m)^2+(K_n^m)^2+2F_n^mK_n^m\cos[mv_n^m(t-t_n^m)-\lambda_n^m]}\right\} \tag{3.88}$$

行武毅根据剖面移动法所得到的结果，用最小二乘法求得了 $F_n^m$ 和 $K_n^m$。

## 3.7 主磁场的极性倒转和古地磁

地磁场极性倒转是地磁场长期变化的重要特征，也是地磁学最伟大的发现之一。这项发现极大地推动了地球科学的革命，成为全球构造理论(板块学说)的重要观测基础之一。

如前所说，地磁场是地球的固有特性，它很可能在地球形成之初就已经存在。地磁场的特征及其变化从一个方面反映了地球内部和地球环境的演变历史。但是，要研究史前期和地质时期地磁场演变过程，仅仅依靠 100 多年的近代仪器观测资料显然远远不够，必须寻找记录并保存不同地质时期地磁场方向和强度信息的地质载体。于是，古地磁学作为地磁学的一个重要分支学科应运而生了。

古地磁学是以地磁学和岩石磁学为基础的学科，通过测定岩石和古物的天然剩余磁性，分析它们的磁化历史，研究导致它们磁化的地磁场环境。其中以古物(如古陶器和古砖瓦)为对象，研究史前期地磁场特征的部分称为考古地磁学。

岩石通常含有多种矿物成分，其中或多或少有一些铁磁性矿物。在火成岩形成的过程中，当岩浆温度降到其中所含的铁磁性矿物的居里点以下时，这些矿物被当时当地的地磁场所磁化，从而使岩石获得磁性。在温度继续降到常温以后，部分磁性被保留下来，成为岩石的剩余磁性，简称剩磁。由这种热磁化过程获得的剩磁叫作热剩磁。在沉积岩形成的过程中，磁性矿物碎屑大致沿当时当地地磁场方向定向排列，从而获得沉积剩磁或称碎屑剩磁。与此相似，海底沉积、湖底沉积、黄土沉积在其形成过程中也获得剩余磁性。岩石在成岩过

程中由于在常温下氧化等化学反应、相变或结晶增长等原因获得的化学剩磁与地磁场有密切关系。除此之外，等温剩磁、黏滞剩磁、压剩磁等也与地磁场有关。古砖瓦、古陶器等通常含有一些磁性矿物，在焙烧过程中它们会获得热剩磁，这种热剩磁同样与地磁场有关。因此，岩石和古物可以提供过去某个时期地磁场特征的有用资料。

测定不同地质年代形成的火山熔岩、海底和湖底沉积、黄土样品的剩余磁性发现，在漫长的地质时期，地磁场曾经发生过多次极性倒转。图 3 - 20 为 2.5 亿年以来的地磁极性表，与现代地磁场相同的极性期称作“正向期”，用黑色表示，与现代地磁场相反的极性期称作“反向期”，用白色表示。在最近的 600 万年期间，主要包括高斯、布容两个正向期（分别持续了 100 万年和 78 万年）和吉尔伯特、松山两个反向期（分别持续了 231 万年和 180 万年）。在每一个极性期又有若干较短暂的极性倒转或磁极漂移事件，用它们的首次发现地命名。

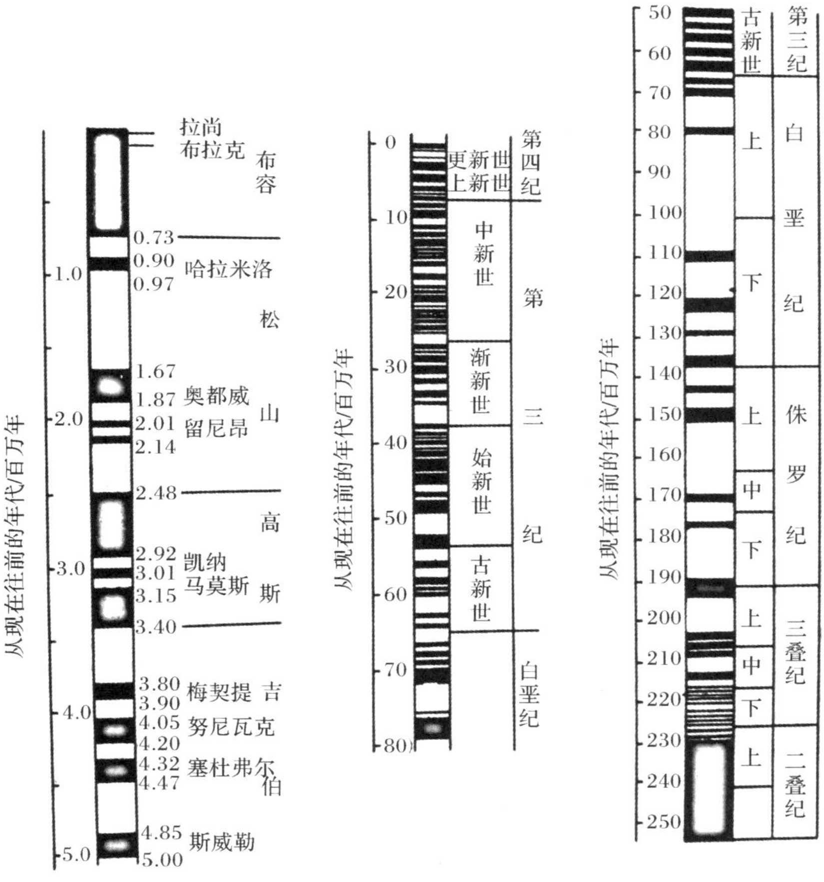


**图 3 - 20　2.5 亿年以来的地磁极性表**

在古地磁研究中，通常假定地磁场是中心偶极磁场，测定岩石样品的偏角和倾角，就可以推算出当时的古地磁极和测点的古地磁纬度。由同一地区不同时期岩石得到的古磁极往往是不同的，于是，可以得到古磁极漂移轨迹。

同一时期生成的岩石不管它处于地球上的哪一部分，它们所获得的剩磁都是由当时地磁场所决定的，因此，具有全球一致性。但是，不同地区得到的古磁极移动路线很不相同。这说明地球上不同地块发生过相对运动，并且由此可以得到不同地质时期地块相对移动的路径。一个典型的例子是，在距今 175～470 百万年期间，欧洲和北美的古磁极视移动路径相差很远。相对移动两块大陆使两条磁极路径重合。可以发现，两块大陆原来是连在一起的。

地磁场极性倒转现象在海底扩张、大陆漂移和板块学说的建立和发展中起着关键的作用，由于极性倒转造成的海底条带状磁异常，与地震、地层、古生物等证据为板块学说的创立奠定了最重要的观测基石。

# 第 4 章　地壳磁场与地磁异常

## 4.1　地壳磁场的一般特点

从全球磁场减去地核主磁场后，就得到了由许许多多大小尺度不等、正负相间的磁场分布区形成的残余磁场部分。由于地幔的大部分和部分下地壳的温度高于普通磁性矿物的居里点温度而处于无磁性状态，所以可以推断，这些残余磁场部分主要由地壳物质的磁性产生，称之为地壳磁场。如果把地核主磁场看作是正常磁场，那么这些残余部分是总的磁场对正常磁场的偏离，因此又叫异常地磁场或地磁异常。按照磁异常区展布的空间尺度大小，地磁异常可分为区域磁异常和局部磁异常。异常和正常只是相对的概念，在考虑大尺度地壳异常场时，把地核主磁场作为正常场，而在考虑小尺度局部磁异常时，更方便的处理方法是把地核主磁场加上大尺度区域异常场作为背景的正常场。如果考虑的区域很小，周围磁场结构简单而变化平缓，那么可以把该区周围的磁场作为正常场。

地壳磁异常的最大特点是空间结构极其复杂，而在时间上却非常稳定。图 4-1 是根据磁测卫星 MAGSAT 在 400 km 高度上的测量结果计算得到的地磁场空间谱，横坐标 $n$ 表示磁场球谐函数的阶，纵坐标表示能量密度，它清楚地显示出不同尺度地磁场成分在能量上的差别。随着 $n$ 的增大(即空间尺度的减小)，总的趋势是磁场能量越来越小。但起初能量减小很快，$n=14\sim16$ 时，减小速率明显变慢，之后能量随 $n$ 缓慢变化，$n=50$ 之后，能量已经很小，显示出随机起伏的形态。最有意义的是，$n=14$ 之前和之后，磁场能量表现出截然不同的变化规律，这意味着它们表示两种不同起源的磁场，前者起源于深部地核场，后者起源于浅层地壳场。地核磁场有占优势的偶极场成分，而地壳场的优势成分则不太明显。一般将 $n\leqslant10$(有时候取 $n\leqslant12$)的球谐项作为地核场部分，将 $n\geqslant12$ 的项作为地壳场，其间几项是二者的混合，两种成分都有。以 $n=16$ 为例，它所表示的磁异常空间尺度约为 2 500 km。

一般来说，地壳磁异常非常稳定，其变化的时同尺度是以地质年代(百万年量级)计算的，比地核磁场的长期变化(与气候变化的时间尺度相当，即千年至万年量级)要慢得多。然而，在一些剧烈的地质活动期间，局部地区部地壳磁场也可能发生快速变化，如火山活动时，由于热退磁效应，火山附近的磁场会发生快速变化，在地震孕育和发生时，出于压磁效应、热磁效应等原因，震源区及周围地区的磁场也可能发生快速变化。

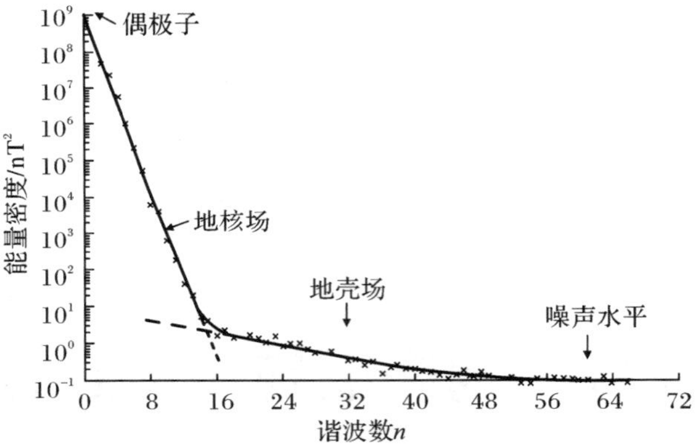


图 4-1　由磁测卫星 MAGSAT 资料得到的地磁场空间谱

磁异常研究有重要的理论意义和经济价值。首先,磁异常往往与磁性矿物(如磁铁矿)分布有成因联系,在磁性矿物富集的地方,磁场强度且其分布明显不同于周围地区,因此磁异常测量和研究是找矿的重要手段。阿拉斯加油田和欧洲北海盆地油田就是由航磁异常发现的。与地震、重力等其他地球物理勘探方法相比,磁法勘探简便易行,成本较低,测量数据校正简单,物理意义明显。因此,磁法勘探是最早使用的地球物理勘探方法,在金属矿构造和油气藏区域构造勘探中占有重要的地位。

其次,磁异常分布与地质构造有密切关系。海底条带状磁异常提供了海底扩张、板块构造、转换断层的重要证据;与盆地和造山带相伴随的磁异常特点构成了地球动力学的重要研究内容;磁性界面起伏引起的磁异常对沉积层厚度的计算、居里点等温面的估计和岩石圈热力学状态的研究是不可缺少的材料;地震、火山等剧烈构造活动时的磁异常特点为灾害预报提供了有用的途径。此外,磁异常留下了地球演化史上的一些重大灾变事件的记录。例如,在墨西哥尤卡坦半岛海外的石油航磁测量中发现了一个小行星撞击地球形成的陨石坑,这次撞击被认为是全球性灾变的原因,它导致了 6 500 万年前白垩纪晚期恐龙的灭绝。

最后,岩石反向磁化的发现和研究导致了地磁极性倒转的重大结论。通过对比研究世界各地火山熔岩、海底和湖底沉积、黄土沉积的剩余磁性,运用同位素年龄测定技术,得要了地磁极性年表,它是地磁起源和地球演化的重要依据。

## 4.2　地磁异常的描述方法

地磁异常的观测资料可以通过地面磁测、海洋磁测、航空磁测和卫星磁测等方法获得。一个地区的地磁场测量值减去正常背景场后即可得到该地区的异常磁场。

描述和表达异常场分布的方法有很多,其中,图形表示是最直观和常用的方法,也是进一步进行反演以及向上或向下延拓的基础。除此之外,用函数的形式表示磁场的结构和建立磁异常模型也是十分重要的,常用的函数有多项式、三角函数、样条函数等等。由于地磁异常的分布范围有限,所以,一般来说,描述全球大尺度磁场分布的球谐分析法不再是合适和有效的方法,而由球谐分析法演变出来的球冠谐和分析、矩谐分析、柱谐分析等方法则是较为适宜的方法。

### 4.2.1　图形描述

沿一条线测量磁场随空间的变化是磁异常研究中常用的方法。对于条带状磁异常，垂直于异常走向的剖面具有典型性和代表性，对于地质构造带来说，垂直和平行于走向的剖面可以给出构造带磁异常在宽度和长度方向上的展布范围以及磁性体的分布情况，也可以设置多条平行和交叉测线，以了解一个区域的地磁异常分布情况。

要详细了解磁异常的二维分布特征，只有单条剖面是不够的，需要在测区布置测网。图 4-2为南极中山台附近磁场总强度异常分布图，它是以台站区磁场的平均值作为正常背景场而得到的磁异常分布。

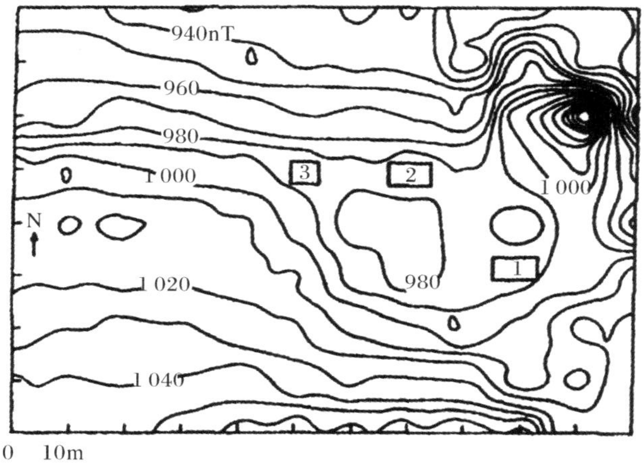


**图 4-2　南极中山台附近磁场总强度异常分布**

1—观测室；2—记录室；3—探头室

### 4.2.2　多项式表示

在地磁异常的描述中，常用的多项式函数是泰勒多项式，其他多项式类型（如勒让德多项式、切比雪夫多项式等）是与之等价的变换形式。

地表磁异常是空间位置的函数，空间位置常用经纬度$(\lambda,\varphi)$表示，也可以用相对于某一选定原点的距离坐标$(x,y)$来表示。

于是，一个区域某磁场分量可以表示为

$$B(\varphi,\lambda)=\sum_{i=0}^{I}\sum_{j=0}^{J}a_{ij}(\varphi-\varphi_0)^i(\lambda-\lambda_0)^j \tag{4.1}$$

式中：$(\lambda_0,\varphi_0)$是选定原点的坐标，一般取在测区的中心；$a_{ij}$是待定系数，共有$(I+1)(J+1)$个，由测点的磁场值求出。在做多项式拟合时必须注意，测点要尽可能均匀覆盖所研究的区域，否则，在没有测点或测点稀疏的地方将会出现不合理的结果。此外，即使测点数足够多，$I$、$J$ 也不能取得太大。

用磁场测量值确定多项式系数是一个多元回归问题。由于组成多项式的各项不是正交的，所以回归系数存在一定的相关性，以致剔除一个自变量后，还必须重新计算。在这种回归计算中，复杂性主要来自计算系数矩阵和它的逆矩阵。如果经过某种安排，能使系数矩阵变为对角阵，那么不仅会大大简化计算，而且可以消去回归系数之间的相关性。为了达到这个目的，可以用正交多项式代替一般多项式。

初看起来，用正交多项式代替一般多项式不过是把一般多项式进行“重组”的一种操作，其目的是简化计算。但是，我们应该进一步认识这种替代可能具有的物理内涵。当我们用多项式表示磁场分布时，是把多项式的每一项看作为组成磁场的“基本元素”(基函数)，整个磁场就是由这些基函数乘以适当的系数叠加而成的。例如，多项式中常数项表示整个计算区域的磁场平均值，一次项表示磁场随距离的线性变化趋势，等等。拟合的目的就是求出这些基本元素在总的磁场中所占的份额(或者说各元素对总磁场的贡献)。

当我们用正交多项式作为“基本元素”(基函数)来拟合磁场分布时，是将总磁场“分解”为这样的一些成分，每一种成分不单单包含一种幂次项，而是包含着按一定大小比例组成的的各种幂次项，它们构成一个“基本元素”，对总磁场产生一定份额的贡献。这意味着，每个正交多项式基函数本身可能暗示着一定的物理实在，就像球谐分析和傅里叶分析中的基函数一样。

在地磁异常的分析中，常用的正交多项式有勒让德多项式：

$$\left.\begin{aligned}
&P_0(x)=1\\
&P_1(x)=x\\
&P_2(x)=\frac{1}{2}(3x^2-1)\\
&P_3(x)=\frac{1}{2}(5x^3-3x)\\
&P_4(x)=\frac{1}{8}(35x^4-30x^2+3)\\
&P_5(x)=\frac{1}{8}(63x^5-70x^3+15x)\\
&P_6(x)=\frac{1}{16}(231x^6-315x^4+105x^2-5)\\
&P_7(x)=\frac{1}{16}(429x^7-693x^5+315x^3-35x)
\end{aligned}\right\}\tag{4.2}$$

有时也用切比雪夫多项式：

$$\left.\begin{aligned}
&T_0(x)=1\\
&T_1(x)=x\\
&T_2(x)=2x^2-1\\
&T_3(x)=4x^3-3x\\
&T_4(x)=8x^4-8x^2+1\\
&T_5(x)=16x^5-20x^3+5x
\end{aligned}\right\}\tag{4.3}$$

### 4.2.3 样条函数表示

在用多项式拟合磁异常分布时，常常遇到这样的问题：低次多项式虽然简单、稳定，但只能表示变化平缓、结构简单的磁场；为了很好地表示一个复杂的磁异常分布，特别是当计算区域内包含一些小尺度强异常时，必须使用高次项，而高次多项式的拟合和插值过程有数值不稳定的缺点，在没有数据点控制的地方，甚至会给出毫无意义的结果。如果能找到一种函数，它既有低次多项式的稳定性，又能很好地拟合局部异常，那么可克服上述困难。样条函数就是这样的一种函数。

样条函数是一类分段（或分片）光滑，各段（片）交接处具有一定光滑性的函数，简称样条。样条函数的名称来源于船体放样时用来画光滑曲线的机械样条——一种弹性细长条。用分段低次多项式，并使其在分段处满足一定光滑性，可以达到既稳定且收敛性又好的目的。

常用的样条函数有三次样条、多项式样条、多项式 $B$ 样条、基样条等，此外还有切比雪夫样条、$L$ 样条或微分算子样条、指数样条、圆弧样条、有理样条等各种样条函数。

在磁异常拟合中，常用如下形式的曲面样条函数：

$$B(x,y)=a+bx+cy+\sum_{i=1}^{N}F_i r_i^2\ln(r_i^2+\varepsilon) \tag{4.4}$$

式中：$B(x,y)$表示坐标为$(x,y)$一点的磁场强度；$r_i=\sqrt{(x-x_i)^2+(y-y_i)^2}$；$\varepsilon$ 是控制拟合曲面曲率变化的小量；$a,b,c,F_i$ 是待定系数。磁异常拟合的目的就是用实际观测值求出这些系数，计算公式为

$$\left.\begin{aligned}&B(x_i,y_i)=a+bx_i+cy_i+\sum_{k=1}^{N}F_k r_{ki}^2\ln(r_{ki}^2+\varepsilon)\\&\sum_{k=1}^{N}F_k=\sum_{k=1}^{N}x_kF_k=\sum_{k=1}^{N}y_kF_k=0\end{aligned}\right\} \tag{4.5}$$

### 4.2.4　双调和函数表示

与单变量函数的傅里叶分析类似，我们可以在一个矩形区域内将双变量函数进行傅里叶展开，即

$$f(x,y)=\sum_{m=0}^{M}\sum_{n=0}^{N}a_{mn}\begin{Bmatrix}\cos mx\\ \sin mx\end{Bmatrix}\begin{Bmatrix}\cos ny\\ \sin ny\end{Bmatrix} \tag{4.6}$$

式中：$M,N$ 是截断水平，取决于磁异常的尺度和测点数目。磁场越复杂，异常尺度越小，截断水平应该越高。高的截断水平可能在边界区域产生较大的磁场畸变，即所谓“边界效应”。因此，除非测点很密，而且边界区的测点也足够多，一般不采用高的截断水平。

### 4.2.5　球冠谐和分析

在以上各种方法中，磁测数据一般是单个分量，拟合过程也不附加位场条件等物理考虑。这样，当把不同分量的拟合结果综合在一起时，可能出现不符合位场条件的矛盾情况。

高斯的球谐分析是从地磁场是位场这一基本前提出发的，因此在物理上是合理的，但球谐分析也有局限性。首先，它要求观测点很好地覆盖整个地球表面，而广大海洋和极区磁场观测值比较缺乏，因此对全球磁场分析造成不小的影响。直至最近，地磁测量卫星才弥补了这个缺陷。其次，由于测点数目和计算量的限制，球谐级数所能反映的磁场最小空间波长也有限制。国际参考地磁场（IGRF）的球谐级数截断水平 $N$ 通常取到 8～12 阶，包含 80～168 个球谐系数，相应的最短空间波长 $2\pi R_E/N$ 为 3 300～5 000 km。如果要求球谐级数能反映

100 km 的磁异常，需将最高阶数增加到 400，此时待求的球谐系数为 160 800 个，即使在计算技术发达的今天，这仍然是非常繁复的计算。至于只有局部地区测值的情况，球谐分析所得到的结果既不稳定，又不可靠。

在全球问题的球谐分析中，缔合勒让德函数的阶与次($n$ 和 $m$)是整数。但是在区域或局部磁异常分析中，我们考虑的往往是球面上一定经纬度范围内的问题，因此需要考虑非整阶次的球谐函数。

假定我们讨论的区域是由 $\theta_1 \leqslant \theta \leqslant \theta_2$，$\lambda_1 \leqslant \lambda \leqslant \lambda_2$ 所定义的扇形区。在经度 $\lambda$ 方向上，用 $p=2k\pi/(\lambda_2-\lambda_1)$，$k=0,1,2,\cdots$代替球谐函数中的 $m$，则可得到

$$\left.\begin{array}{l}\sin\left(\dfrac{\lambda-\lambda_1}{\lambda_2-\lambda_1}2k\pi\right) \\ \cos\left(\dfrac{\lambda-\lambda_1}{\lambda_2-\lambda_1}2k\pi\right)\end{array},\quad k=0,1,2,\cdots\right\} \tag{4.7}$$

它们分别使 $\lambda=\lambda_1$，$\lambda=\lambda_2$ 边界上的函数值和函数的法向倒数值为零。此时，$p$ 不再是整数。

同样，在余纬 $\theta$ 方向上，整数 $n$ 应该用非整数 $q$ 代替，$q$ 值可由 $P_q^p(\cos\theta)$的函数值或其导数值为零的条件求出。

令 $\theta_1=0$，$\theta_2=\theta_0$，$\lambda_1=0$，$\lambda_2=2\pi$，则球面扇形区变为半角为 $\theta_0$ 的球冠区，相应的球谐分析叫作球冠谐和分析(简称冠谐分析)。此时，地磁内源场的解可以写为

$$\left.\begin{array}{l}B=-\nabla U \\ U(r,\theta,\lambda)=\displaystyle\sum_q\sum_p U_q^p(r,\theta,\lambda)\end{array}\right\} \tag{4.8}$$

其中

$$U_q^p(r,\theta,\lambda)=a\left(\frac{a}{r}\right)^{q+1}(g_q^p\cos p\lambda+h_q^p\sin p\lambda)P_q^p(\cos\theta) \tag{4.9}$$

在经度 $\lambda$ 方向，地磁位应满足周期性条件：

$$\left.\begin{array}{l}U_q^p(r,\theta,\lambda)=U_q^p(r,\theta,\lambda+2\pi) \\ \dfrac{\partial U_q^p(r,\theta,\lambda)}{\partial\lambda}=\dfrac{\partial U_q^p(r,\theta,\lambda+2\pi)}{\partial\lambda}\end{array}\right\} \tag{4.10}$$

在此条件下，$p$ 是整数，这一点与全球的球谐分析一样。

在球冠边界 $\theta=\theta_0$，磁位及其导数的边界条件可以写为

$$\left.\begin{array}{l}U(r,\theta_0,\lambda)=f(r,\lambda) \\ \dfrac{\partial U(r,\theta,\lambda)}{\partial\theta}\Big|_{\theta=\theta_0}=g(r,\lambda)\end{array}\right\} \tag{4.11}$$

为了能够满足上述边界条件，我们选择这样两组 $q$ 值，一组使

$$P_q^p(\cos\theta_0)=0 \tag{4.12}$$

另一组使

$$\frac{\partial P_q^p(\cos\theta)}{\partial\theta}\Big|_{\theta=\theta_0}=0 \tag{4.13}$$

显然，$q$ 是 $p$ 和 $\theta_0$ 的函数。

### 4.2.6　矩谐分析

球谐分析是在球坐标中解拉普拉斯方程，并将解写成球谐级数的形式。类似地，我们也可以在矩形区域内解拉普拉斯方程，并将解写成相应的级数形式，这就是矩谐分析。矩谐分析也可以看成是二维（平面）对傅里叶分析在三维空间的发展，不过，在增加的第三维方向上，函数形式不再是三角函数，而是指数函数，这样才能使磁位的拉普拉斯方程得到满足。磁位和磁场强度的解也写成级数形式，其中不同阶的项反映空间波长不同的磁场成分。

在矩谐分析中采用图 4－3 所示的地面直角坐标系 $\xi\eta\zeta$，坐标原点 $o$ 通常取在测量区中心附近。它的地心矩、余纬和经度分别为 $r_0$、$\theta_0$ 和 $\lambda_0$，$\zeta$ 轴沿地球半径方向，向内为正，$\xi$ 轴位于子午面内，向北为正，$\eta$ 轴向东为正。$r_o = r_e + h$，其中 $r_e$ 是地球半径，$h$ 是 $o$ 点的海拔高度。

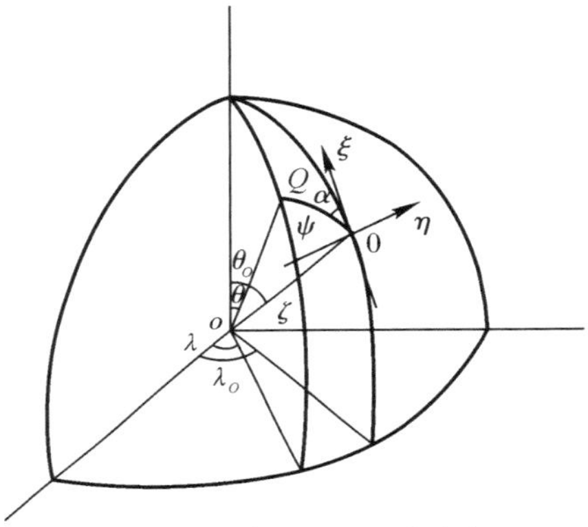


图 4－3　矩谐分析使用的坐标系

在地磁场源区以外的空间，磁位 $U(\xi,\eta,\zeta)$ 满足拉普拉斯方程 $\nabla^2 U(\xi,\eta,\zeta)=0$。假定磁场起源于地球内部，则拉普拉斯方程的一般解可以写为

$$U(\xi,\eta,\zeta)=U_1(\xi)U_2(\eta)U_3(\zeta) \tag{4.14}$$

将这种形式解代入拉普拉斯方程，用分离变量法求解，得到

$$U(\xi,\eta,\zeta)=A\xi+B\eta+C\zeta+\sum_{\alpha}\sum_{\beta}P_{\alpha\beta}(\xi,\eta)\mathrm{e}^{\sqrt{\alpha^2+\beta^2}\zeta} \tag{4.15}$$

式中

$$\begin{aligned}P_{\alpha\beta}(\xi,\eta)=&A_{\alpha\beta}\cos\alpha\xi\cos\beta\eta+B_{\alpha\beta}\cos\alpha\xi\sin\beta\eta+\\&C_{\alpha\beta}\sin\alpha\xi\cos\beta\eta+D_{\alpha\beta}\sin\alpha\xi\sin\beta\eta\end{aligned} \tag{4.16}$$

这里，$\alpha$ 和 $\beta$ 是分离变量时引入的任意常数。由于我们感兴趣的是起源于地球内部的局部地磁场，所以可以假定引起这种局部地磁场的场源分布在有限的 $\xi$、$\eta$ 范围内，且位于坐标面的下方。

磁场分量可由磁位的负梯度 $B=-\nabla U$ 求出：

$$\left.\begin{aligned}B_\xi&=-A+\sum_{\alpha}\sum_{\beta}Q_{\alpha\beta}(\xi,\eta)\mathrm{e}^{\sqrt{\alpha^2+\beta^2}\zeta}\\B_\eta&=-B+\sum_{\alpha}\sum_{\beta}R_{\alpha\beta}(\xi,\eta)\mathrm{e}^{\sqrt{\alpha^2+\beta^2}\zeta}\\B_\zeta&=-C+\sum_{\alpha}\sum_{\beta}S_{\alpha\beta}(\xi,\eta)\mathrm{e}^{\sqrt{\alpha^2+\beta^2}\zeta}\end{aligned}\right\} \tag{4.17}$$

式中

$$\left.\begin{aligned}Q_{\alpha\beta}(\xi,\eta)=&a(A_{\alpha\beta}\sin\alpha\xi\cos\beta\eta+B_{\alpha\beta}\sin\alpha\xi\sin\beta\eta-\\&C_{\alpha\beta}\cos\alpha\xi\cos\beta\eta-D_{\alpha\beta}\cos\alpha\xi\sin\beta\eta)\\R_{\alpha\beta}(\xi,\eta)=&\beta(A_{\alpha\beta}\cos\alpha\xi\sin\beta\eta-B_{\alpha\beta}\cos\alpha\xi\cos\beta\eta+\\&C_{\alpha\beta}\sin\alpha\xi\sin\beta\eta-D_{\alpha\beta}\sin\alpha\xi\cos\beta\eta)\\S_{\alpha\beta}(\xi,\eta)=&\sqrt{\alpha^2+\beta^2}P_{\alpha\beta}(\xi,\eta)\end{aligned}\right\}\tag{4.18}$$

在选定截断水平后，磁场和磁位是包含有限个待定系数的函数，可以用研究区域内一组观测点的磁场值确定这些系数。观测点可以是地面上的地磁台、海洋中的测点或高空卫星。

假定观测点分布在$-L_\xi/2\leqslant\xi\leqslant L_\xi/2$，$-L_\eta/2\leqslant\eta\leqslant L_\eta/2$的矩形区域内，令

$$\left.\begin{aligned}\alpha=\frac{2\pi m}{L_\xi}=mv\\\beta=\frac{2\pi n}{L_\eta}=nw\end{aligned}\right\}\tag{4.19}$$

式中：$m$和$n$是非负整数，于是式(4.15)和式(4.17)可改写成便于进行数值计算的形式，即

$$\left.\begin{aligned}U(\xi,\eta,\zeta)&=A\xi+B\eta+C\zeta+\sum_{q=0}^{N}\sum_{m=0}^{q}P_{mn}(\xi,\eta)e^{\sqrt{(mv)^2+(nw)^2}\zeta}\\B_\xi&=-A+\sum_{\substack{q=0\\n=q-m}}^{N}\sum_{m=0}^{q}Q_{mn}(\xi,\eta)e^{\sqrt{(mv)^2+(nw)^2}\zeta}\\B_\eta&=-B+\sum_{\substack{q=0\\n=q-m}}^{N}\sum_{m=0}^{q}R_{mn}(\xi,\eta)e^{\sqrt{(mv)^2+(nw)^2}\zeta}\\B_\zeta&=-C+\sum_{\substack{q=0\\n=q-m}}^{N}\sum_{m=0}^{q}S_{mn}(\xi,\eta)e^{\sqrt{(mv)^2+(nw)^2}\zeta}\end{aligned}\right\}\tag{4.20}$$

式中

$$\left.\begin{aligned}P_{mn}(\xi,\eta)=&A_{mn}\cos mv\xi\cos nw\eta+B_{mn}\cos mv\xi\sin nw\eta+\\&C_{mn}\sin mv\xi\cos nw\eta+D_{mn}\sin mv\xi\sin nw\eta\\Q_{mn}(\xi,\eta)=&mv(A_{mn}\sin mv\xi\cos nw\eta+B_{mn}\sin mv\xi\sin nw\eta-\\&C_{mn}\cos mv\xi\cos nw\eta-D_{mn}\cos mv\xi\sin nw\eta)\\R_{mn}(\xi,\eta)=&nw(A_{mn}\cos mv\xi\sin nw\eta-B_{mn}\cos mv\xi\cos nw\eta+\\&C_{mn}\sin mv\xi\sin nw\eta-D_{mn}\sin mv\xi\cos nw\eta)\\S_{mn}(\xi,\eta)=&\sqrt{(mv)^2+(nw)^2}P_{mn}(\xi,\eta)\end{aligned}\right\}\tag{4.21}$$

式(4.21)共包含待定系数$2N(N+1)+3$个，其中$N$是所取的最高阶次，即截断水平。矩谐系数总数和所需的最少观测点数目的对应关系见表4-1(假定每个测点都有3个分量的测值)。

**表4-1　矩谐分析中最高阶数、系数个数和最少测点数的关系**

| 矩谐级数最高阶数 | 2 | 3 | 4 | 5 | 8 | 10 |
|---|---|---|---|---|---|---|
| 矩谐系数总个数 | 15 | 27 | 43 | 63 | 147 | 223 |
| 所需最少观测点数 | 5 | 9 | 15 | 21 | 49 | 75 |

# 4.3　区域地磁图和区域磁场模型

作为国土资源的重要资料，世界各国会定期对本国地磁场进行测量，并编绘国家地磁图。为了定量描述区域地磁异常场，与国际参考地磁场一样，各国和各地区也建立了相应的区域地磁场模型。

## 4.3.1　编绘区地磁图和建立区域磁场模型时应考虑的几个问题

### 4.3.1.1　磁测资料

磁场实测资料是编绘地磁图的基础资料，决定着地磁图的最后质量。区域地磁图主要依据该区域地面和航空磁测量的结果，其中包括固定地磁台、地磁复测点和一些临时测点的地磁要素测量值。实测数据经过长期变化改正和变化磁场改正后统一归算到某年的元月一日零时，以此为基础所编绘的地磁图叫作该年代的地磁图。长期变化改正可使用固定地磁台的长期记录，也可用国际参考地磁场提供的长期变化模型。

为了减小地磁图和磁场模型的边界效应，以便更好地与邻国地磁图衔接，应该尽可能使用周边地区和海洋的磁测资料。在资料稀少的地方，还可以利用国际参考地磁场模型来补足必要的数据。自从磁测卫星投入运行以来，有大量高精度的资料可利用，区域地磁图的编绘也与世界地磁图同步进入卫星时代。

### 4.3.1.2　磁场模型

与世界地磁图一样，区域地磁图的编绘同样是一项综合研究工作，它不仅涉及浩繁的数据整理、通化和组织工作，而且与数学模型的选择、数值方法的比较、误差分析和边界问题的处理有密切关系，与主磁场、长期变化、局部异常特征及其成因等物理问题的深入研究相辅相成。从本质上讲，编绘地磁图和建立地磁场模型的目的在于根据有限离散观测资料，以时空连续函数的形式（或以图或以数学表达式）表达地磁场的时空结构特征，预言没有实测资料的那些空间和时刻的磁场值。在这一点上地磁场和磁场模型是共同的。为了达到这一目的，对磁场的描述必须尽可能考虑和兼顾以下四个方面：

（1）物理上的合理性（地表附近的磁场是标势场）；

（2）数值上的准确性（一定误差范围）；

（3）信息的完整性；

（4）使用的方便性。

不同用户对以上四个方面有不同的要求，因此产生了不同类型的地磁图和磁场模型。

### 4.3.1.3　与全球磁场的关系

区域地磁场是全球地磁场的一部分，因此区域地磁图在总体上应该与全球地磁图相吻合。当然，全球地磁图表现的只是行星尺度的磁场结构，而区域图可以用更大的比例尺描绘出磁场的精细结构。例如，东亚大陆磁异常是地球主磁场的一个重要特征，其最大异常值达到偶极子场的 1/3，并控制着中国地磁场的基本结构。中国地磁图首先应该如实反映这一基本特征，然后在东亚大陆磁异常的背景上，更细致地描绘一些较小尺度的异常，如西藏磁异常，这些较小尺度的磁异常往往与大地构造有一定的相关性。

### 4.3.2 区域地磁图举例

根据本国磁测资料编绘的国家或地区磁测图所反映的是国土范围内地磁场的正常分布，它是由地核主磁场部分和与测区尺度相当的磁异常部分组成的，一些更小尺度磁异常并没有在这种正常磁场图中反映出来。如果要进一步考察尺度更小的磁异常，可以把国家地磁图作为正常的背景场，从观测值减去，得到的残差即可反映这些小尺度磁异常。

### 4.3.3 中国地磁图和磁场模型

中国自己进行系统的地磁测量始于1922年，先后编绘了1909—1915年、1915—1920年、1920—1930年和1930—1936年偏角长期变化图，1915年与1936年的等偏线图，1908—1917年、1917—1922年和1922—1936年水平分量长期变化图和1936年水平分量等值线图，以及1908—1922年和1922—1936年垂直分量长期变化图和1936年垂直分量等值线图。到了20世纪70年代，用于编绘地磁图的资料测点数达到近2 000个，除了沙漠、高山等交通不便的地区外，地磁测点遍及我国广大陆地和近海岛礁。以这些地磁测量为基础，结合固定地磁台站的资料，并利用航空和海洋磁测结果，从50年代起每10年编绘一次中国地磁图。20世纪50年代和60年代的地磁图是在1∶1 000万地图上绘制的，包括$D$、$I$、$H$、$Z$四个要素及其长期变化的等值线图。20世纪70年代和80年代的地磁图比例尺为1∶300万，包括$D$、$I$、$H$、$Z$、$T$五个地磁要素及其长期变化的等值线图。20世纪90年代的1∶600万地磁图已经出版。

区域地磁场模型通常用数学形式来表示该区域地磁场的空间分布和时间变化特点，20世纪80年代中国正常磁场的泰勒多项式模型见表4-2。

**表4-2 20世纪80年代中国正常磁场的泰勒多项式模型系数**

| $\alpha_{ij}$ | $D$ | $I$ | $H$ | $F$ |
|---|---|---|---|---|
| $\alpha_{00}$ | $-0.246\,120\times10^{1}$ | $0.529\,848\times10^{2}$ | $0.317\,176\times10^{5}$ | $0.527\,184\times10^{5}$ |
| $\alpha_{10}$ | $-0.109\,147\times10^{0}$ | $0.137\,428\times10^{1}$ | $-0.649\,236\times10^{3}$ | $0.577\,500\times10^{3}$ |
| $\alpha_{01}$ | $-0.232\,607\times10^{0}$ | $-0.406\,925\times10^{-1}$ | $-0.167\,689\times10^{1}$ | $-0.512\,965\times10^{2}$ |
| $\alpha_{20}$ | $0.108\,085\times10^{-2}$ | $-0.191\,329\times10^{-1}$ | $-0.749\,837\times10^{1}$ | $-0.318\,324\times10^{1}$ |
| $\alpha_{11}$ | $-0.129\,078\times10^{-1}$ | $-0.215\,244\times10^{-2}$ | $0.362\,646\times10^{1}$ | $0.103\,832\times10^{1}$ |
| $\alpha_{02}$ | $0.663\,567\times10^{-3}$ | $-0.140\,060\times10^{-2}$ | $-0.126\,306\times10^{1}$ | $-0.412\,189\times10^{1}$ |
| $\alpha_{30}$ | $0.390\,169\times10^{-4}$ | $0.172\,480\times10^{-3}$ | $0.123\,980\times10^{0}$ | $-0.277\,631\times10^{0}$ |
| $\alpha_{21}$ | $-0.113\,952\times10^{-3}$ | $0.804\,874\times10^{-4}$ | $0.931\,238\times10^{-2}$ | $0.751\,105\times10^{-1}$ |
| $\alpha_{12}$ | $0.114\,181\times10^{-3}$ | $-0.106\,274\times10^{-3}$ | $0.101\,800\times10^{0}$ | $-0.628\,348\times10^{-1}$ |
| $\alpha_{03}$ | $0.962\,222\times10^{-4}$ | $-0.268\,374\times10^{-4}$ | $0.149\,246\times10^{-1}$ | $-0.834\,045\times10^{-2}$ |

上面所说的区域正常地磁图与磁场实际测量值之间的差异反映了尺度较小的磁异常。通过将中国正常地磁场（总强度）与实测地磁场进行对比。可以得知，在某些地区，两套等值线有系统偏离，表明有尺度较小的磁异常存在。在某些地方，实测等值线形成局部闭合的状态，这是小尺度强磁异常的表现。

从磁场实测值减去背景正常场后得到的残余磁场部分叫作区域异常场。这里所说的正常场可以是国际参考地磁场(IGRF),也可以是区域正常场,取决于所要研究的磁异常尺度。在中国卫星磁异常图中,最为显著的特征是青藏高原负异常和塔里木盆地、四川盆地正异常。

### 4.3.4　区域地磁场的嵌套模型

从以上区域地磁图和模型可以看出,想要在同一幅地磁图或同一个磁场模型中反映出所有尺度的磁异常是困难的。为了解决这个问题,我们可以按照磁异常空间尺度从大到小建立一系列模型,编绘一系列地磁图,每一级模型都是对上一级模型的细化,这样的磁场模型叫作地磁场的嵌套模型。

例如,可以建立一个全球-中国-河北三级地磁场的嵌套模型如下:这个模型的第一级是全球磁场的 IGRF 模型,第二级是以第一级为正常背景场的中国及邻区的矩谐模型,第三级是在第二级背景下的河北地区磁异常矩谐模型。在第二级模型中,最突出的异常是青藏高原异常,更小尺度的河北异常在第三级模型中才清楚地表现了出来。

## 4.4　综合地磁场模型

2000 年,西方国家提出了"地磁场综合模型"(Comprehensive Model of geomagnetic field,CM),这标志着地磁场建模新时期的开始。虽然新模型仍然以球谐函数的形式表述地磁场,但是,新一代模型覆盖的范围更广泛,它不仅包括地球主磁场模型,而且包括岩石圈异常磁场模型、电离层磁场模型、磁层磁场模型、内部感应磁场模型以及空间环型磁场模型。目前,影响较大的综合地磁场模型主要有 CM 模型、MF 模型和 NGDC－720 模型。

### 4.4.1　CM 模型

20 世纪 90 年代,美国国家航空航天局戈达德飞行中心(NASA/GSFC)和丹麦空间研究所(DSRI)联合开发了一种地磁场建模的新方法——综合建模(Comprehensive Modeling,CM),用于克服地面和卫星高度观测磁场时空变化存在的问题。根据该方法,他们推出了地磁场综合模型(Comprehensive Model of geomagnetic field,CM)。

2002 年,丹麦空间研究所的地磁学家 Sabaka 和 Olsen 等人提出了第三代 CM 模型——CM3。在 CM3 中,内源场最大截止水平 $N=65$,其中,$N=1\sim15$ 的球谐项之和表示主磁场,$N=16\sim65$ 的高阶球谐项之和表示岩石圈磁场。时间跨度为 1960—1985 年。

2004 年,Sabaka 等人提出了第 4 代 CM 模型——CM4 模型。该模型的时间跨度为 1960—2002 年,主要描述磁静日地核场、地壳场、电离层和大尺度磁层电流产生的场,以及二级感应磁场的贡献。CM4 模型的资料来源于 POGO、MAGSAT、Oersted 和 CHAMP 磁测卫星的总数超过 160 万个的矢量和标量数据,以及超过 500 000 个地面台站数据[由 1960—2002.5年期间每个月最平静的几天凌晨 1:00 的观测值(时均值)组成]。CM4 模型相对于 CM3 模型增加了季节变化,CM4 的球谐级数截断水平 $N=65$,其中,最小空间尺度

$N=65$ 对应的空间波长为 600 km，因此，CM4 模型已经比较好地包含了岩石圈小尺度磁异常。

根据 CM4 模型主磁场的变化可以计算得到 $N=1\sim15$ 阶的主磁场在地表的变化，变化量是用 2000 年 Oersted 卫星的磁场测量强度减去 1980 年 MAGSAT 的磁场测量强度得到的，结论是印度洋、东亚、欧洲正异常以及加勒比地区、南极洲负异常，其中，印度洋和加勒比地区是两个非常明显的异常中心。根据 2000 年主磁场的径向分量 $B_r$ 在核幔边界处的变化，可知核幔边界的磁场变化非常复杂，存在很多小尺度的异常区，并且在正(负)异常背景下还分布有负(正)异常区。其中，北半球主要为负异常，南半球多为正异常。

### 4.4.2 MF 模型

MF 模型是德国国家地球科学研究中心(GFZ)根据 CHAMP 卫星等提供的大量高精度的磁场资料而建立的。MF 模型的更新速度比较快，目前已发展到了第 6 代模型，即 MF6 模型。在 MF 系列模型中，MF5 只使用最近 3 年飞行高度较低、轨道分布更圆更均匀的卫星资料，球谐级数展到 100 阶。MF3 模型适用于描述地壳磁异常，并用于推测岩石圈的组成和结构，它也可以作为大陆异常图、全球尺度海洋异常图和航磁异常图的长波长使用。MF6 模型使用了最近 3 年 CHAMP 的标量观测数据，其最大截断阶数 $N=120$，对应了最小波长为 330 km。MF6 模型是第一个基于卫星解决海底磁条带方向问题的磁场模型，可以揭示海洋地壳的年龄结构。

### 4.4.3 NGDC - 720 模型

CM 模型的 600 km 分辨率对于导航来说还嫌太粗，为了适应导航的需求，美国和英国在建立 WMM 模型和为 IGRF 提供候选模型的同时，建立了截断水平高达 $N=720$ 的精细全球地壳磁场模型 NGDC - 720。这里，NGDC 是美国地球物理数据中心(National Geophysical Data Center)的英文简写。该模型用 $N=16\sim720$ 共计 519 585 个球谐项描述了地壳磁场的磁位，对应的空间波长为 56～2 500 km，$N=720$ 的截断水平相应于角波长 30 弧分，因此模型的分辨率达到 15 弧分。这个模型可以用来计算地球表面或地球表面以上任意一点的磁场矢量。

NGDC - 720 模型利用卫星磁测、海洋磁测、航空磁测以及地面地磁巡测的资料编绘：首先，把航磁和海磁的资料综合归算到共同的网格点上；其次，由于卫星资料给出的长波长磁场比较可靠，所以波长大于 400 km 的磁场成份采用 CHAMP 卫星的地壳磁场模型代替；最后，再用标准的最小二乘反演方法求出球谐模型的高斯系数。由 NGDC - 720 模型绘制在地球大地水准面上的地磁垂直分量的分布图，可以得知，正异常超过了 150 nT，负异常超过了 −150 nT。

## 4.5 地磁异常的正演

地磁异常是由地下磁性介质产生的。在磁法勘探中，我们的最终目的就是要从地面或(和)空中的磁场测量值求出磁性地质体的大小、形状位置和磁化强度。在地质构造研究中，我们要从磁场分布的特点估计地下介质的磁性，推断磁性界面的起伏和埋深，确定盆地、造山带等不同地质构造单元的磁学特征，探讨它们与其他地球物理场的成因联系。在地震、火山等地质灾害研究中,除了识别与之有关的地磁异常外,我们对磁异常场的时间演化更感兴趣。所有这些研究的基础和前提,就是要弄清各种不同的磁性体与磁异常之间的对应关系。因此,计算各种磁性体产生的地磁场分布是磁异常研究和解释的物理基础。这种由已知磁场源出发计算磁场的问题叫作正演问题,与之相对的反演问题则是由磁场分布(通常是地面磁场分布)推断磁场源。正演问题有唯一解答,而反演问题的解往往不是唯一的。

图 4-4 为磁性地质体及其产生的地面磁场示意图,地质体的磁性用一个磁偶极子代表,它的磁力线以及垂直和水平分量剖面图清楚地显示出磁场源和磁场之间的关系。

事实上,地壳中所有岩石都有磁性,只是有强有弱而已。在磁异常研究中,特别是磁法勘探中,把磁性很弱的岩石视为无磁性介质,而把磁性较强的岩石按其空间分布,用规则几何体或其组合来代替,从而使问题简化。

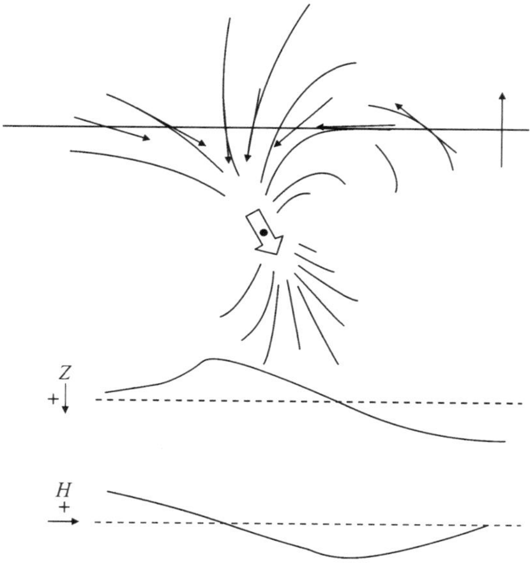


**图 4-4　磁性地质体及其产生的磁场分布**

假设某一体积 $V$ 内 $Q(x',y',z')$ 点处介质的磁化强度是 $M(x',y',z')$,则体积 $V$ 外 $P(x,y,z)$ 点的磁位可以写为

$$\begin{aligned}U(x,y,z)&=\frac{\mu_0}{4\pi}\int_V\frac{\boldsymbol{M}\cdot\boldsymbol{r}}{\boldsymbol{r}^3}\mathrm{d}v\\&=-\frac{\mu_0}{4\pi}\int_V\boldsymbol{M}\cdot\nabla_P\frac{1}{\boldsymbol{r}}\mathrm{d}v\\&=\frac{\mu_0}{4\pi}\int_V\boldsymbol{M}\cdot\nabla_Q\frac{1}{\boldsymbol{r}}\mathrm{d}v\end{aligned}\tag{4.22}$$

式中:$\boldsymbol{r}$ 是从 $Q$ 点到 $P$ 点的矢量;$\nabla_P$ 和 $\nabla_Q$ 分别表示对 $P$ 点和 $Q$ 点的坐标作梯度运算。如果介质是均匀磁化的,那么 $\boldsymbol{M}$ 是常矢量,可以提到积分号外面。第二个等式中梯度对 $P$ 点坐标运算,而积分对 $Q$ 进行,因此两种运算可交换顺序,于是可得

$$U(x,y,z)=-\frac{\mu_0}{4\pi}\boldsymbol{M}\cdot\nabla_P\int_V\frac{1}{\boldsymbol{r}}\mathrm{d}v\tag{4.23}$$

一个具有均匀密度 $m=1G$($G$ 是引力常数)的体积 $V$ 的重力位为

$$W(x,y,z)=\int_V \frac{1}{\boldsymbol{r}}\mathrm{d}v \tag{4.24}$$

因此式(4.23)可以写为

$$U(x,y,z)=-\frac{\mu_0}{4\pi}\boldsymbol{M}\cdot\nabla_P W \tag{4.25}$$

这就是由重力位计算磁位的泊松定理。

利用标量与矢量乘积的散度公式

$$\nabla\cdot(\varphi A)=\varphi\,\nabla\cdot A+A\cdot\nabla\varphi \tag{4.26}$$

式(4.26)变成

$$U(x,y,z)=\frac{\mu_0}{4\pi}\int_V \nabla\cdot\frac{\boldsymbol{M}}{\boldsymbol{r}}\mathrm{d}v-\frac{\mu_0}{4\pi}\int_V\frac{\nabla\cdot\boldsymbol{M}}{\boldsymbol{r}}\mathrm{d}v \tag{4.27}$$

因为$\nabla\cdot\boldsymbol{M}=0$,所以式(4.27)第二项等于零,将高斯公式用于式(4.27)第一项,得

$$U(x,y,z)=\frac{\mu_0}{4\pi}\oint\!\!\oint_S\frac{\boldsymbol{M}_a}{\boldsymbol{r}}\mathrm{d}s \tag{4.28}$$

用式(4.28),我们可以计算任何磁性介质分布情况下的地面磁场。但地下磁性介质的实际分布通常很复杂,磁化也不均匀。为了便于计算,有必要对磁性体的形状、分布及磁化状态做适当的简化。比如,假定磁性体为规则几何体,并且是均匀磁化的,磁性体独立存在,围岩无磁性,测量面(地面)是水平的,等等。这样,磁场计算就变得较为简单了。

常用的规则几何体有圆球、椭球、圆柱、平板、长方体等,磁场计算最后都归结为磁荷和磁偶极子磁场的体积分问题。图4-5为几种磁性体磁场正演的例子。图4-5(a)表示一个埋深为$h$、磁化倾角为$I_S$的球体所产生的地面磁场$Z$分量和$H$分量剖面,图4-5(b)表示圆柱体产生的$Z$分量剖面,图4-5(c)是水平方向无限延伸、深度有限的厚板所产生的$Z$分量剖面。

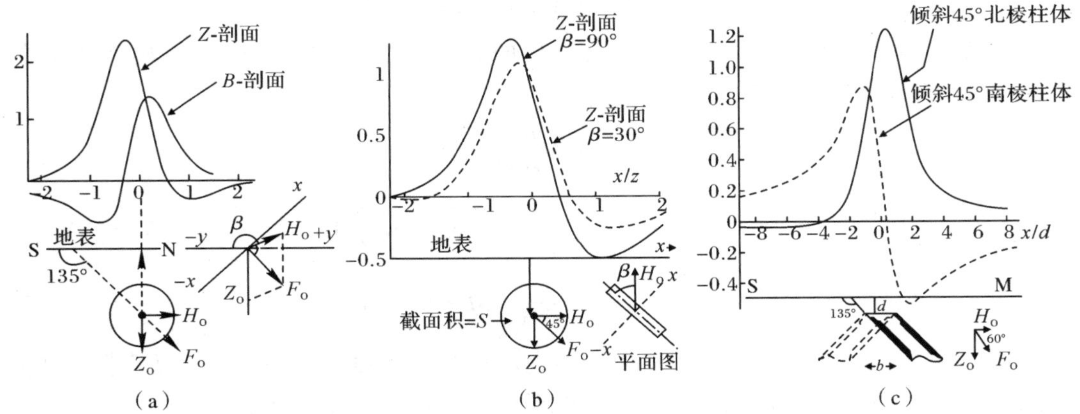


**图4-5　规则磁化体所产生的地面垂直磁场剖面**

(a)球体;(b)无限长水平圆柱体;(c)无限长厚板

磁法勘探手册给出了各种简单几何体和复合体的磁场分布图,可以用来解释实际磁测结果。

# 4.6　地磁异常的反演

从已知的磁场分布(通常是指消去正常场之后的异常场部分)确定地下磁场源的问题，称为磁场反演问题。

一般来说，反演问题比正演问题复杂和困难得多。一些磁性虽弱但埋藏较浅的磁性体会产生强的局部磁异常，而埋藏较深的强磁体在地面只产生范围较大的弱磁异常。此外，深部磁性界面的起伏也会引起大范围平缓的磁场变化。实际情况是，不同磁性体的磁场叠加在一起形成复杂的异常图案，很难用单一的形状规则的均匀磁化体来解释，从而增加了反演和解释的难度。即使是简单的磁异常图案，有时也不能唯一地确定它的场源，这是因为不同的磁性体会产生相似的异常图案。所有这些都说明，磁异常反演问题的解一般是不唯一的，也就是说，地面实测所得到的信息，往往不足以确定磁场源所有未知参数。

正常背景场的选择是反演过程中应该认真考虑的问题。背景场选择不当，会丢掉一些有用信息，或者增加一些与研究目标无关的磁场成分。国际参考地磁场和区域正常场是经常使用的背景场，有时，也用测区及其周围磁场的平均值(或趋势变化)作为背景场。

为了从干扰背景中得到有用的地磁异常信息，磁测应该在磁静日进行，而且要用基准地磁台或参考地磁台的同时记录消去变化磁场和其他噪声干扰。有时也采用滤波方法从磁场中除去一些无关的低频或高频成分。

磁法勘探中使用最多的地磁要素是垂直强度和总强度，有时也进行其他分量的测量。当我们解释总强度异常时，必须注意它的物理含义。令 $B_0$ 是背景正常场，$\Delta B$ 是异常场，则测量到的磁场为

$$B = B_0 + \Delta B \tag{4.29}$$

正常场总强度和测量总强度的大小分别为

$$\left.\begin{aligned} &F_0 = |B_0| \\ &F = |B| = \sqrt{(B_0 + \Delta B)\cdot(B_0 + \Delta B)} = |B_0| + B_0 \cdot \Delta B / |B_0| \end{aligned}\right\} \tag{4.30}$$

总强度异常为

$$\Delta F = F - F_0 = \boldsymbol{b}_0 \cdot \Delta B \tag{4.31}$$

式中：$\boldsymbol{b}_0$ 是正常场方向的单位矢量。可见，总强度异常实际上是异常场在平行于正常场方向上的分量。

磁异常的反演，一般分定性分析和定量计算两步来进行。前者根据实测磁异常的形态特征，推测磁性体的形状和产状，而后者是在前者的基础上，从实测磁场数据计算磁性体的几何参数和磁性参数。

## 4.6.1　反演的定性分析

定性分析的基本方法是用正演结果与实测异常等值线图(或磁异常剖面)相比较。

### 4.6.1.1　磁性体水平方向延伸情况的估计

从磁异常等值线的形态可以判断磁性体在水平方向是二度体的还是三度体：等轴状的

等值线对应三度磁性体，而长带状的等值线则对应二度磁性体，带状等值线的走向也就是磁性体的走向。介于二者之间的是似二度体。

#### 4.6.1.2 磁性体垂直方向延伸情况的估计

剖面图提供的信息虽然没有等值钱图那样多，但是从剖面图上异常的正负分布可以大致估计磁性体延伸的特点。垂直分量剖面图大致有三种情况：只有正异常（或只有负异常）；正（负）异常一侧有负（正）异常；正（负）异常两侧有负（正）异常。从正演结果可以看出，当顺轴磁化的磁性体向下无限延伸时，磁异常主要是由上端等效磁荷引起的，$Z$ 分量剖面表现为只有正异常（或只有负异常），向下无限延伸的斜交磁化板状体，其 $Z$ 分量剖面表现为正（负）异常一侧有负（正）异常，向下延伸较小的磁体对应于正（负）异常两侧有负（正）异常的 $Z$ 剖面。

#### 4.6.1.3 磁性体埋深的估计

埋藏较浅的磁性体，其磁异常剖面狭窄而尖锐，埋藏较深的磁性体，其磁异常剖面宽阔而平缓。

#### 4.6.1.4 磁性体中心位置的估计

当剖面曲线呈对称状时，磁体中心位于极大值的正下方；当剖面曲线为反对称时，磁体中心在零值点下方；当剖面曲线不对称时，磁体中心位于极大值和幅度较大的极小值点之间的某个位置上。

除此之外，利用总强度异常和 $Z-H$ 参量图也可以做出有用的定性估计。

### 4.6.2 反演的定量计算

正演结果和反演的定性分析为反演定量计算提供了基础。定性分析提供了诸如磁化体的形状、大小、延伸、埋深等信息，而正演的磁场等值线图或剖面图，特别是图上的一些特征点，可以直接用于磁体参数的计算。

一般的反演采用迭代方法。从一个初始模型出发，计算其理论磁场分布，然后与实测值比较，得到残差。逐次修改模型参数，使残差逐次减小，理论异常逐次逼近实测值，直到满意为止。拟合的质量用残差来衡量。

也可以用一些简便的方法确定磁性体的某些参数，以减少反演的未知数，或为初始模型的选择提供依据。

#### 4.6.2.1 特征点法

磁异常剖面上的极值点、零点、拐点、1/2 极值点、1/4 极值点等特征点与磁性体几何参数有关。以球体为例（见图 4-6），球体的埋深 $h$ 和水平位置 $x_m$（球体中心的地面投影到磁场极大值点的距离）可由下式确定：

$$\left.\begin{aligned} h &= \sqrt{\frac{(11l_1+l_2)(l_1+11l_2)}{50}} \\ x_m &= \frac{l_1+l_2}{10} \end{aligned}\right\} \tag{4.32}$$

式中：$l_1$、$l_2$ 分别为磁场剖面曲线零点到极值点的水平距离。

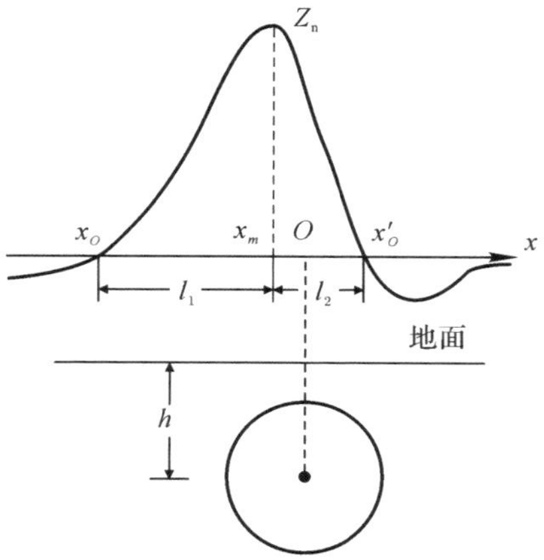


图 4-6　磁化球体特征点反演法示意图

#### 4.6.2.2　切线法

磁异常剖面曲线上某些点的切线也与磁性体的参数有关。因为这里所用的是切线，所以受正常背景场选择的影响较小。例如，对于顺层磁化、无限延深的二度板状体，其板顶埋深 $h$ 有如下经验公式：

$$h=(d_1+d_2)/4 \tag{4.33}$$

式中：$d_1$ 和 $d_2$ 的意义如图 4-7 所示，即过 $Z$ 剖面曲线的极大值点、2 个极小值点、2 个拐点作 5 条切线，得到 4 个交点，$d_1$ 和 $d_2$ 为交点间的水平距离。

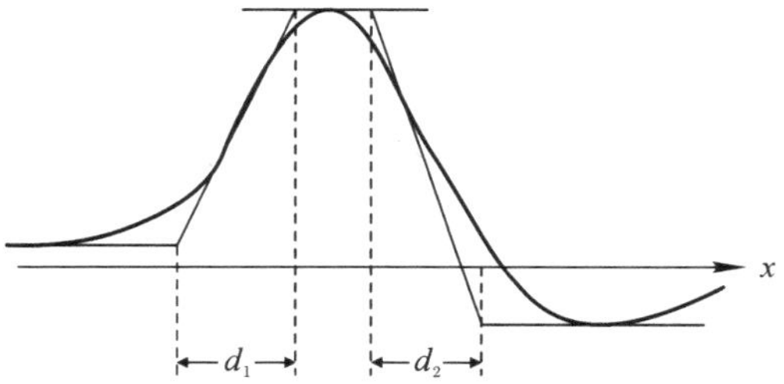


图 4-7　无限延伸的二度板状体切线法反演示意图

#### 4.6.2.3　积分法

磁异常曲线的某些积分往往与磁性体的埋深、磁矩、磁化倾角等参数有简单关系，可以用于反演计算。由于积分法使用了整个剖面上的观测值，所以，个别测点的观测误差和干扰不会造成很大的影响。例如，对于任意均匀磁化的二度体，截面有效磁矩的 $x$、$z$ 分量 $m_x$、$m_z$ 可以由磁场垂直分量($Z_a$)和水平分量($X_a$)的异常剖面曲线用以下积分求得：

$$\left.\begin{aligned} m_x &= -2\int_{-\infty}^{\infty} xZ_a\,\mathrm{d}x \\ m_z &= -2\int_{-\infty}^{\infty} xX_a\,\mathrm{d}x \end{aligned}\right\} \tag{4.34}$$

式中：坐标原点位于磁性体截面中心在地面的投影点；$x$ 代表测点至坐标原点的距离。

#### 4.6.2.4　矢量法

如果磁体延深很大，那么磁异常主要是由上端等效磁荷产生的。利用负磁荷周围磁力线汇聚，正磁荷周围磁力线发散的性质，用磁异常矢量的作图法可以确定顶端埋深，这种方法可用于柱状或板状磁体。图 4－8 给出了在顺层磁化、无限延深薄板的情况下，用矢量交汇法确定顶端埋深的示意图。

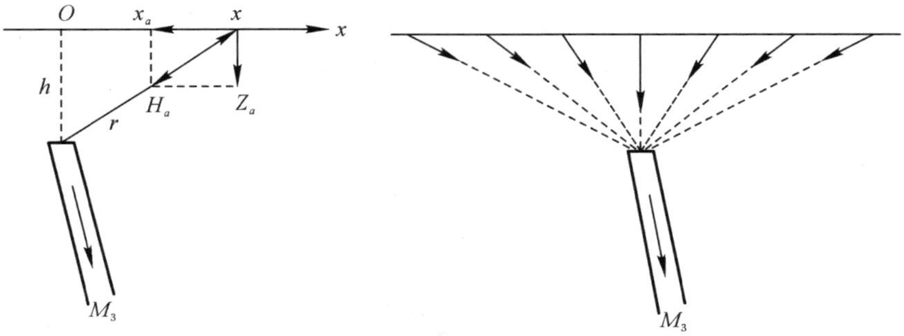


图 4－8　顺层磁化、无限延伸薄板的矢量交汇法示意图

#### 4.6.2.5　频域率中的反演

对磁异常的剖面图或等值线图，我们可以通过一维或二维傅里叶变换，得到磁异常的空间谱，包括振幅谱、相位谱、功率谱等。对比理论谱与实测谱，可以得到磁性体的有关特征。

上面介绍的仅仅是磁异常反演中常用的几种方法。在实际工作中，上述各种方法往往是结合在一起使用的。不同方法得到的结果往往不完全相同，这就需要认真分析，尽可能综合考虑各种因素，参考其他资料，做出正确的判断和选择。

近年来，计算机成像技术（CT）发展很快，并成功地用于医学、地震勘探等领域。与地震成像一样，适用于地磁、重力等地球物理场的“位场成像”技术也得到迅速发展，并成为磁法勘探和地质构造研究的有力工具。

## 4.7　海底磁异常

利用船只携带仪器在海洋进行地磁测量，不仅为编绘全球地磁图提供了占地球表面70%面积的海洋磁场测值，而且为研究海洋地质和海底资源提供了重要资料。此外，它还是一种探明沉船、礁石等障碍物的海道测量方法。事实上，仅仅为了航海定向，海洋磁测就是绝对必要的。世界上最早的地磁图就是大西洋海区的磁偏角等值线图。

海洋磁测主要有三种形式：第一种是在无磁性船上安装地磁仪器，第二种是用普通船只拖曳磁力仪，第三种是把磁力仪沉入海底。第一种方法使用得最早，拖曳式质子旋进磁力仪在20 世纪50 年代后开始用于总强度测量，拖曳电缆长度大于船长 3 倍；70 年代末，质子旋进磁力仪开始用于海底磁场的直接测量。1905—1929 年，美国卡内基研究所在太平洋、大西洋、印度洋等海域进行了大规模海洋磁测，取得了大量磁偏角、磁倾角、水平强度资料。1957 年以后，苏联用曙光号无磁性船完成了印度洋、太平洋、大西洋的磁测，获得了大量总强度、水平分量、垂直分量和磁偏角资料。

大洋上许多地区的磁异常分布有明显的特征。在海岭两边，正异常区和负异常区呈条带状排列，并与海岭的走向平行。异常在海岭两侧对称分布，延伸到很远的距离。异常条带的排列不受海底地形的影响，只有经过大断裂时，磁异常的图案才发生整体的错动。图 4－9 为海岭附近磁测剖面图、正负磁异常条带图以及地磁极性年表的对应关系。

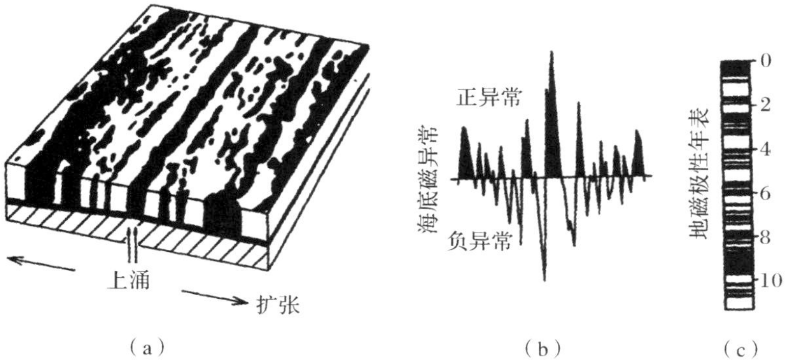


**图 4－9　海岭附近正负磁异常条带图**

(a)磁测剖面图；(b)海底磁异常；(c)地磁极性年表

海洋磁异常很强，距海底 2～5 km 的海面上测得的磁异常，其峰—峰幅度可达几百乃至上千纳特。海洋磁测最常用的是总强度，而总强度异常所反映的是在磁场平均方向上的变化。因此，磁异常的解释取决于观测点的纬度。考虑到这一点，磁异常图案可以用条带状磁性板模型来解释，板厚约 1.5 km，位于海面以下 3～5 km 深度处。为了解释磁异常呈正负相间的条带状分布特点，可以用磁化介质与无磁化介质相间排列的模型，也可以用正向和反向磁化介质相间排列的模型，后者就是瓦因和马修斯模型。

1963 年，瓦因和马修斯提出一个假说：海洋地壳是软流层上升的物质由海岭涌出后向两边扩张所形成的。当它一边扩张一边冷却的时候便获得磁性（热剩磁），其方向与当时的地磁场方向一致。由于在漫长的地质年代里，地磁场多次发生倒转，所以，冷却的海洋地壳获得相应方向的磁化强度。而海底地壳凝固后的磁性是非常稳定的，因此扩张的海底携带着这种条带状的磁异常图案，离开海岭缓慢向两边运动。海底就像一个巨大的磁带，记录着地磁场倒转和海底扩张的信息。磁异常条带在海岭两边对称分布，说明海底向两边扩张的速度是一样的。按照这个假说，如果海底匀速扩张，那么正负磁块的宽度正比于正负极性期的长度。

磁异常条带的排列不仅在海岭附近存在，而且可以延伸很远，有时在离海岭 1 000 多千米的地方依然清楚可辨。

由地磁极性年表中各个正向期和反向期的时间长度和相应的海底磁异常条带的宽度，可以确定海底扩张的速度约为 4 cm/y。反过来，我们也可以用海底磁异常来推断地磁极性年表。假定海底扩张的速度是均匀的，或者可以由其他方法求得，那么，我们就可以用海底磁异常条带的极性及其宽度来推断地磁极性和各个极性期的长度，从而延长地磁年表。人们正是用这种方法，把原来根据岩石标定所得到的 450 万年地磁年表延长到了 7 600 万年以前。

## 4.8 航空磁异常

用飞机携带磁力仪在空中进行地磁测量是速度快、费用省的一种常用磁测方法。为了减少飞机本身磁场对测量的干扰，要把磁测探头用电缆拖在机舱外。航磁测量可以分为两种类型：一种是用核旋或光泵磁力仪进行地磁总强度标量测量，另一种是用分量核旋仪或磁通门磁力仪测量地磁分量，后者涉及高精度定向，难度比前者大得多。测量地磁总强度时，常采用低高度(几十米或几百米)、密测线(线距为几百米或几千米)的方案。高分辨率航磁测量的飞行高度一般为150～300 m，线距1.5～3.2 km。对于特定地区，飞行高度可降低到80～100 m，线距加密到400～500 m。测量地磁场分量时，飞行高度为几千米，线距为几十千米。

规模最大的区域性航磁测量是美国海军在1950—1990年“磁体”计划中完成的，其目的是编制全球地磁图，这是舰船导航必需的图件。这一庞大磁测计划的航线图的飞行高度为4.6～7.6 km，航行精度由初期的±9.3 km逐步改善到±100 m，磁测使用三分量磁通门磁力仪，实际测量精度达到±15 nT。随着航磁技术的改进，航磁图的等值线间隔由标准的10 nT提高到中等间隔1 nT，继而又提高到0.1 nT。

鉴于南极地区在全球构造和地质演化历史上的特殊作用，也由于南极及其临近海域潜在的资源、前景，从国际地球物理年开始，各国便加强了对南极的考察。南极大陆常年覆盖着巨厚的冰雪，给野外地质考察带来极大的困难。在此情况下，地磁、重力等地球物理场的测量变得格外重要。现在，各国科学家正在完善各种测量，建立南极数据库。

## 4.9 卫星磁异常

陆地和海洋磁测精度高，方便易行，但速度太慢。除了要进行日变化改正外，不同时期的测量值要进行长期变化改正，不同测区的结果要进行比较和拼接，不同类型、不同精度仪器在测量前后要与标准台仪器比测，确定仪器差并加以改正，高山、荒漠等不易到达的地方缺少数据，所有这些都会影响最后结果的精度和可用性。航空磁测部分地弥补了上述不足，但要进行全球的三分量普测，也非易事。

卫星磁测为全球磁场的高精度快速测量提供了有力的工具，开辟了地磁测量的新纪元。通过卫星磁测，可以在很短的时间内获得全球磁场资料，不仅可用来建立全球磁场模型，研究全球范围的磁异常，而且可以来研究地磁场的空间结构和电离层电流体系。

### 4.9.1 选择磁测卫星的一些考虑

根据不同的测量目的，可以选择不同高度的卫星轨道。低轨卫星有利于测量地磁场的精确结构，但由于空气阻力因而卫星寿命较短，不宜进行长期测量。地球同步轨道卫星距离地心 6.6 个地球半径，只能发现地磁场大尺度结构，而且当日冕物质抛射等太阳活动事件发生时，向日面磁层边界在增大的太阳风压力作用下，会被压缩到地球同步轨道以内，此时，卫星暴露在磁鞘区的湍流太阳风中，测到的是太阳风磁场，而不是地磁场。因此，测量地磁场的卫星高度一般选择在 600～2 000 km，绕地球一周的时间为 1.5～3.5 h。

为了使卫星测量轨道能覆盖整个地球表面，必须选择极轨，即轨道倾角（轨道平面正法线方向与地球自转轴的夹角）接近90°，倾角大于90°的轨道叫逆行轨道，在此种轨道上，卫星运行方向与地球自转方向相反。图 4－10 为一个倾角小于90°的极轨卫星运行轨道的示意图。

轨道平面的选择是一个重要的问题。因为卫星在电离层内或电离层以上飞行，所以电离层电流层是最接近磁力仪的磁场源。为了尽可能减少电离层的影响，或者较容易消除电离层起源的磁场，通常采用晨昏面太阳同步轨道。所谓“太阳同步轨道”，是指卫星轨道平面绕地轴旋转的角速度等于地球绕太阳公转的角速度的一种轨道。晨昏面太阳同步轨道卫星总是在地球晨昏子午面内运行，这样可以减小电离层夜间极光带电集流和白天 $S_q$ 电流体系以及赤道电集流的影响。此外，卫星总是处在太阳照射下，不会进入地球阴影区，从而有利于卫星太阳能电池的工作。

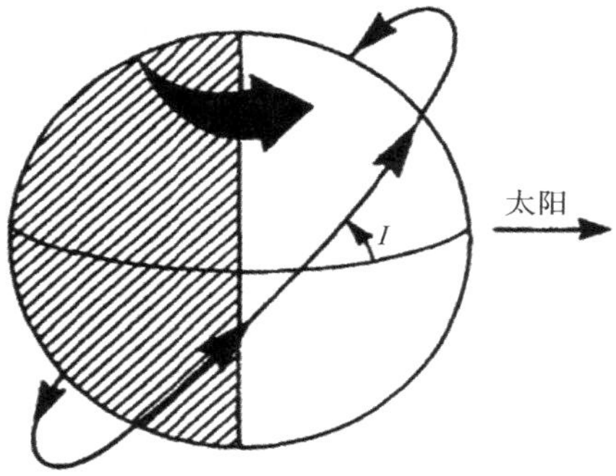


**图 4－10　极轨卫星运行图**

1958 年，苏联发射了第一颗测量地磁场的卫星（“人造地球卫星”3 号），上面装有磁通门矢量磁力仪。以后又有美国的“先锋”3 号和苏联的“宇宙”26 号、49 号、321 号等，这些卫星只携带测量总强度的质子旋进磁力仪或光泵磁力仪。POGO（轻轨地球物理观测站）卫星第一次提供了适合用来研究全球地磁场的资料，而其后的 MAGSAT 卫星计划是一个最成功的卫星磁测范例。

### 4.9.2　卫星磁异常的一般形态

MAGSAT 卫星是 1979 年 10 月 30 日美国地质调查局（USCS）和国家航空航天局（NASA）发射的磁测卫星。卫星沿晨昏子午面附近的太阳同步轨道运行，轨道倾角为 96.76°，因此，除了极盖区很小一块球冠面积外，卫星可以连续地扫描整个地球表面。卫星轨道近地点 352 km，远地点 561 km，近似圆轨道，平均高度 400 km，这样，地面磁异常影响很小。卫星装备铯蒸气标量磁力仪和磁通门矢量磁力仪，总强度精度为 2 nT，分量精度为

5 nT。为了实现这一精度，用两架照相机确保卫星姿态测量精度小于 10～20 弧秒。采样频率总强度为 8 次/s，矢量为 16 次/s。

MAGSAT 卫星从 1979 年 10 月 30 日一直工作到 1980 年 6 月 11 日，有效工作 7 个半月，测得的资料以不同形式向用户提供。磁测资料经过轨道、姿态等校正后，还要按地磁活动情况，消除磁层和电离层电流体系的影响，然后才能用来研究地核主磁场和地壳磁异常。

用 MAGSAT 资料对全球磁异常进行研究，在这项研究中，先用卫星资料建立 $N=29$ 的全球磁场球谐模型(称作 M051782)，它既包括地核主磁场，又包括大尺度地壳磁场。把 $N\leqslant13$ 的项作为地核主磁场，从模型中减去，得到剩余磁场即为地壳异常场。

在 400 km 高度处，中低纬度地区的最大磁异常不超过 10 nT，极区个别地方达到 20 nT。

用这一高空磁场模型可以计算出地面磁异常分析。结果表明，除了强度之外，等值线的位置、异常涡的结构和异常值的相对大小均与 400 km 高度的磁异常图相似，在大约 2 000 km 的水平距离上，磁场只有几十纳特的变化。

### 4.9.3 卫星磁异常与地面磁异常的比较

从大尺度磁异常的宏观形态和分布特点来看，卫星磁异常与地面、海洋、航空磁测结果非常吻合，从而确认了卫星磁测结果的可用性。但仔细比较就会发现，地面磁异常图包含许许多多小尺度异常(几百千米到几十千米，甚至更小)，有些异常的强度达到几千纳特。这些特点在高空磁异常图中没有反映出来。卫星磁异常图一般显得简单而平缓，即使把卫星高度的磁场分布延拓到地面，其基本形态仍然保持不变。其实，这是可以预料到的。球谐函数项只取到 $N=29$，可以反映的最小异常尺度大于 1 000 km。要想得到更小尺度的异常，必须大大提高球谐级数的截断水平。

#### 4.9.3.1 大尺度磁异常的比较

通过加拿大地区 MAGSAT 卫星磁测和航空磁测结果的比较可以看出，从大尺度磁场分布来看，二者符合得非常好，只是在某些小尺度异常的描绘上有一定差别。

#### 4.9.3.2 小尺度磁异常的比较

由于地核主磁场部分占绝对优势，所以它控制着磁场分布的基本形态，所以卫星磁测与航磁结果的差异虽有显示，但不明显。为了对比两种结果在描述地壳磁异常方面的一致性，应该去掉主磁场部分。

为了得到小尺度磁异常，对航磁资料先做如下预处理：①减去主磁场部分，得到剩余场；②从剩余场减去其平均值(−176 nT)，得到正、负异常区分布平衡的异常场；③进行低通滤波，去掉小于 4°的小尺度异常；④用等效点源反演法，把地面磁异常向上延拓到 450 km，以便与卫星磁异常进行比较。

对 POGO 卫星磁测资料做如下预处理：①从原始轨道剖面数据中减去主磁场部分，即 $n=13$阶以下的部分，得到剩余场；②选择高度适当(240～270 km)的轨道剖面数据；③消去赤道环电流等外源场部分。

通过对 450 km 高度上两种磁异常图的比较可以得知，航磁图有一个跨大陆的长波长异常成分，该异常在美国西部呈正异常，延伸到美国东部，变为宽展的负异常。但是，这一异常成分在卫磁图上没有显示。虽然这一成分可能是主磁场未被完全消去的剩余部分，但不能排除地壳起源的可能性。为了分析两种地磁异常图的相关性，这种长波长异常应该去掉。对不同截止波长的高通滤波结果比较表明，当高通滤波的截止波长为 800～1 000 km(≈7.5°)时，两种磁异常图相关性最高。由经滤波处理后的异常图比较可知，二者的异常几乎一一对应，并且都显示出，在美国的南部有一个横贯大陆的正磁异常，它的北面是负磁异常带。

### 4.9.4　卫星磁异常的大地构造意义

卫星磁异常揭示了地壳磁性分布的特点，它与地质构造和岩石圈演化有密切关系。对比分析二者在地域分布上的相关性，对于认识大地构造有重要意义。应该注意的是，在比较磁异常和大地构造单元的地理分布时，必须分辨地磁异常是由岩石感应磁化所产生的，还是由剩余磁化产生的，二者的物理机理不同。感应磁化与现在的地磁场有关，即使是形状和磁化率完全一样的岩体，在不同地磁纬度处，其磁异常表现也会有很大差异；而剩余磁化则主要取决于岩石形成时的地磁场方向以及后来的构造运动。由此，我们可以预料，即使不考虑其他更复杂的地质因素，也会发生这样的情况：同样类型的地质体，有的地方与正异常对应，有的地方与负异常对应，而有的地方则毫无对应关系。

把 MAGSAT 标量磁异常和全球主要地质构造单元重叠地画在一起，盆地、高原、平原、海沟、俯冲带、隆起、地盾、克拉通、地台、地槽等用该地质体名称的缩写英文字母表示，如 SZ 表示四川盆地，TA 表示塔里木盆地，等等。仔细对比可以发现：

(1)在海洋地区，负异常多对应于海洋盆地和深海平原(如墨西哥湾 GM、加拿大盆地 CB、马达加斯加盆地 MA)，而正异常多与海底高原、隆起、海沟相伴随。

(2)在大陆地区，对应关系复杂多变，无论在异常正负、分布范围，还是异常幅度上都不像海洋地区那样简单。这可能与大陆复杂的地质构造和演化历史有关。卫星磁异常可能是许许多多小异常叠加后，在卫星高度上的综合表现。地磁纬度的差异会影响磁异常特点，居里点等温面的起伏也会使异常复杂化。虽然如此，我们还是可以找到磁异常与地质构造的一些对应关系。正异常往往与前寒武纪地盾、克拉通和地台相对应，如乌克兰地盾、西伯利亚地台、西非克拉通；在一些大的盆地(如西德克萨斯盆地 WT、塔里木盆地 TA、四川盆地 SZ)，也有正异常分布。负异常出现在东非裂谷和亚马逊河谷。最显著的负异常位于青藏高原和喜玛拉雅地区(HY)，异常分布与地形有很好的对应关系。

## 4.10　地磁场的延拓技术

航空测绘是最可行的低空地磁测绘途径，受限于测绘成本和飞机性能，航空磁测不可能做到全高度覆盖，因此将航空测绘数据向上或向下延拓至飞行器所处高度就成了制备导航基准图的主要途径。研究地磁场延拓方法具有重要的应用价值，对此，本节首先讨论地磁场延拓的基本理论与方法，然后针对地磁场下延的不稳定性特点，重点研究迭代正则化方法在地磁场下延中的应用，并由理论模型验证并分析迭代正则化方法的可行性与延拓性能。

### 4.10.1 地磁场延拓的基本理论

#### 4.10.1.1 地磁场延拓的数学模型

地磁场延拓是根据某观测平面内的已知磁场测量数据，推算出该平面之上或之下空间位置的磁异常，它包括上延和下延两个方面。其中，下延是根据已知平面内的地磁场测量数据，确定该平面之下平面内的地磁场分布，上延则是根据已知平面内的地磁场测量数据，确定该平面之上平面内的地磁场分布。为了下文叙述的方便，在此定义延拓坐标系 $o-x-y-z$ 为：坐标原点 $o$ 取在测量平面内，$z$ 轴垂直指向上，并与 $x$、$y$ 轴构成右手坐标系。

在场源以外的空间，磁位 $u$ 满足拉普拉斯方程，即

$$\frac{\partial^2 u}{\partial x^2}+\frac{\partial^2 u}{\partial y^2}+\frac{\partial^2 u}{\partial z^2}=0 \tag{4.35}$$

磁场上延实际上就是求解拉普拉斯方程的第一边界问题(也称狄里克莱问题)，即

$$\left.\begin{aligned}&\Delta u=0, \quad \text{在磁场源内部}\\&u|_R=f(M), \quad \text{在磁场源的边界 } R \text{ 上}\end{aligned}\right\} \tag{4.36}$$

该问题的解实际上就是地磁场的上延数学模型，即

$$u(x,y,z)=\frac{1}{2\pi}\int_{-\infty}^{\infty}\int_{-\infty}^{\infty}\frac{(z_1-z)u(\xi,\eta,z_1)\mathrm{d}\xi\mathrm{d}\eta}{[(\xi-x)^2+(\eta-y)^2+(z_1-z)^2]^{3/2}} \tag{4.37}$$

式中：$z>z_1$；$u(\xi,\eta,z_1)$为测量平面 $z_1$ 内的已知测量数据；$u(x,y,z)$为上延平面 $z$ 内的待求数据，并且 $z$ 和 $z_1$ 之间无其他场源。由于测量数据和延拓数据都是离散的，因此将式(4.37)离散化后写为

$$\boldsymbol{A}\boldsymbol{U}_{z_1}=\boldsymbol{U}_z \tag{4.38}$$

式中：$\boldsymbol{A}$ 称为测量矩阵；$\boldsymbol{U}_{z_1}$ 为已知地磁场数据列向量；$\boldsymbol{U}_z$ 为待求地磁场数据列向量。

与式(4.38)相反，地磁场下延则是根据已知数据 $\boldsymbol{U}_z$ 和测量矩阵 $\boldsymbol{A}$，反求未知数据 $\boldsymbol{U}_{z_1}$。令 $\boldsymbol{X}=\boldsymbol{U}_{z_1}$，$\boldsymbol{b}=\boldsymbol{U}_z$。地磁场下延的数学模型可表示为

$$\boldsymbol{AX}=\boldsymbol{b} \tag{4.39}$$

由于测量数据总存在噪声，因此真实下延模型为

$$\boldsymbol{AX}=\boldsymbol{b}^\delta=\boldsymbol{b}+\boldsymbol{e} \tag{4.40}$$

式中：$\delta$ 为测量噪声水平，满足 $\|\boldsymbol{b}^\delta-\boldsymbol{b}\|<\delta$；$\boldsymbol{b}^\delta$ 为测量数据；$\boldsymbol{b}$ 为真实数据；$\boldsymbol{e}$ 为噪声。

通常，地磁场延拓的对象为异常场，对此需要先将正常场从测量数据中分离，然后才对分离后得到的异常场数据做延拓。地磁正常场可采用专门的地球主磁场模型 IGRF 或 WMM 计算。

#### 4.10.1.2 位场下延的不适定性

一般来说，对于式(4.40)，当其右端数据含有噪声时，将会引起近似解远远偏离真解，方程解并不满足适定条件的解稳定性条件，因此该方程也就成了不适定问题。在式(4.40)中，矩阵 $\boldsymbol{A}$ 是高度病态的，传统的代数方法如高斯消去法、LU 分解和最小二乘法等已经不再适用。

为了进一步说明方程的不适定性，将测量矩阵 **A** 做奇异值分解，得

$$\boldsymbol{A}=\boldsymbol{U}\sum\boldsymbol{V}^{\mathrm{T}}=\sum_{i=1}^{n}\boldsymbol{u}_i\sigma_i\boldsymbol{v}_i^{\mathrm{T}} \tag{4.41}$$

式中：$\sigma_i$ 为奇异值，且 $\sigma_1 \geqslant \sigma_2 \geqslant \cdots \geqslant \sigma_n$；$\sum=\mathrm{diag}(\sigma_1,\sigma_2,\cdots,\sigma_n)$；$\boldsymbol{U}=(\boldsymbol{u}_1,\boldsymbol{u}_2,\cdots,\boldsymbol{u}_n)$；$\boldsymbol{V}=(\boldsymbol{v}_1,\boldsymbol{v}_2,\cdots,\boldsymbol{v}_n)$。式(4.40)的最小二乘解为

$$\boldsymbol{X}=\sum_{i=1}^{n}\frac{\boldsymbol{u}_i^{\mathrm{T}}\boldsymbol{b}^{\delta}}{\sigma_i}\boldsymbol{v}_i=\sum_{i=1}^{n}\left(\frac{\boldsymbol{u}_i^{\mathrm{T}}\boldsymbol{b}}{\sigma_i}+\frac{\boldsymbol{u}_i^{\mathrm{T}}\boldsymbol{e}}{\sigma_i}\right)\boldsymbol{v}_i \tag{4.42}$$

从式(4.42)可以看出，方程的不适定性表现在当奇异值 $\sigma_i$ 接近零时，若测量数据中存在噪声 **e**，则噪声 **e** 的作用将会被放大，使得对应 $\sigma_i$ 的解严重偏离真解。通常，测量数据不可避免地存在噪声，而且下延距离越大，网格越密，矩阵 **A** 越趋于奇异，因此必须采用其他有效的解算方法。

### 4.10.2　地磁场延拓的方法

当前，地磁场上延技术已经比较成熟，地磁延拓研究主要集中在下延方面。由 4.10.1 节的分析可以知道，地磁下延是一个典型的不适定问题，主要表现为计算的不稳定性；向下延拓对位场中高频干扰信号有着显著的放大作用，从而导致不能分辨出有效信号，因此地磁场下延的实现要比上延困难。目前，地磁场下延方法主要有积分-迭代法、波数域方法和正则化方法等。

#### 4.10.2.1　地磁场上延方法

地磁场上延已经有一套比较完善的计算方法，例如采用传统的快速傅里叶变换(FFT)就可实现比较好的上延效果。例如地磁场上延模型式(4.38)，在该式中，只要获得了观测平面 $z_1$ 的地磁数据，并计算出测量矩阵 **A**，则上延平面的地磁分布 $\boldsymbol{U}_z$ 就可依据该式计算出来。

由于磁场强度与场源到计算点距离的三次方成反比，在进行上延计算时，由浅部场源体引起的范围小、比较尖锐的异常随高度增加的衰弱速度比较快，也就是说，上延结果主要包含低频成分，而高频成分已经很少了。因此，上延精度要比下延容易实现得多。

#### 4.10.2.2　积分-迭代法

积分-迭代法由我国徐世浙院士提出，它实际上是一种最速下降法。

记测量平面和下延平面分别为 $\Gamma_B$ 和 $\Gamma_A$($\Gamma_A$ 在 $\Gamma_B$ 之下)，$u_B$ 是上的已知地磁场测量数据，$u_A$ 是 $\Gamma_A$ 上的待求地磁场下延数据。积分-迭代法的计算步骤如下：

(1)将 $\Gamma_B$ 平面上的地磁场测量数据 $u_B$ 放置在 $\Gamma_A$ 平面上，作为 $\Gamma_A$ 平面的初始位场值 $u_A^0$，即

$$u_A^0=u_B \tag{4.43}$$

(2)根据积分公式(4.37)，将 $u_A^0$ 上延到测量平面 $\Gamma_B$，得到上延数据 $u_B^1$。

(3)利用上延得到的数据 $u_B^1$ 和真实数据的差值取取校正 $\Gamma_A$ 平面上的位场数据，得到

新的 $u_A^1$，即

$$u_A^1=u_A^0+s(u_B-u_B^1) \tag{4.44}$$

式中：$s>0$ 称为迭代步长，它决定了迭代过程的收敛速度和下延精度。通常 $s=1$，若 $s$ 取值太大，迭代过程有可能发散。

(4)重复第(2)步和第(3)步，迭代公式为

$$u_A^n=u_A^{n-1}+s(u_B-u_B^n) \tag{4.45}$$

当 $|u_B-u_B^n|<\varepsilon$($\varepsilon$ 为一个很小的正数)时，有 $|u_A^n-u_A^{n-1}|<s\varepsilon$，此时即可停止迭代，并取该次迭代得到的 $u_A^n$ 作为最终的下延结果。

积分-迭代法原理简单，不用解代数方程组，且有较高的计算速度，下延的稳定性也比较好，下延距离可达数据点距的 10～20 倍。迭代法的缺点是对迭代步长比较敏感，如果迭代步长选得不好，迭代过程会不收敛。目前，积分-迭代法的收敛性已经部分得到证明，即当 $0<s<2$时，迭代一定是收敛的。

#### 4.10.2.3 波数域方法

波数域方法是以傅里叶变换为基础，根据磁场上延模型的褶积型线性积分方程特点，将空间域的卷积转化为波数域中的乘积来进行计算，从而简化了计算过程。波数域方法的原理如下：

式(4.37)可以看作是 $u(\xi,\eta,z_1)$ 与 $\dfrac{(z_1-z)}{2\pi[(\xi-x)^2+(\eta-y)^2+(z_1-z)^2]^{3/2}}$ 关于变量 $x$、$y$ 的二维褶积公式。定义如下变量：

$$h(x,y)=\frac{(z_1-z)}{2\pi[x^2+y^2+(z_1-z)^2]^{3/2}} \tag{4.46}$$

则式(4.37)可以重写为

$$u(x,y,z)=\int_{-\infty}^{\infty}\int_{-\infty}^{\infty}u(\xi,\eta,z_1)h(x-\xi,y-\eta)\mathrm{d}\xi\mathrm{d}\eta \tag{4.47}$$

式(4.47)采用卷积公式简记为

$$u(x,y,z)=u(\xi,\eta,z_1)*h(x-\xi,y-\eta) \tag{4.48}$$

对 $u(x,y,z_1)$、$u(x,y,z)$和 $h(x,y)$分别做傅里叶变换得

$$U_{z_1}(u,v)=\int_{-\infty}^{+\infty}\int_{-\infty}^{+\infty}u(x,y,z_1)\mathrm{e}^{-2\pi\mathrm{i}(ux+vy)}\mathrm{d}x\mathrm{d}y \tag{4.49}$$

$$U_z(u,v)=\int_{-\infty}^{+\infty}\int_{-\infty}^{+\infty}u(x,y,z)\mathrm{e}^{-2\pi\mathrm{i}(ux+vy)}\mathrm{d}x\mathrm{d}y \tag{4.50}$$

$$\begin{aligned}H(u,v)&=\int_{-\infty}^{+\infty}\int_{-\infty}^{+\infty}h(x,y)\mathrm{e}^{-2\pi\mathrm{i}(ux+vy)}\mathrm{d}x\mathrm{d}y\\&=\mathrm{e}^{2\pi\sqrt{u^2+v^2}(z_1-z)}\end{aligned} \tag{4.51}$$

则式(4.47)在波数域的表示为

$$U_z(u,v)=U_{z_1}(u,v)H(u,v) \tag{4.52}$$

由式(4.52)可得

$$U_{z_1}(u,v)=U_z(u,v)H(u,v)^{-1} \tag{4.53}$$

对式(4.53)进行傅里叶逆变换,即可得到向下延拓平面的位场为

$$u(x,y,z_1)=F^{-1}[U_{z_1}(u,v)]=F^{-1}[U_z(u,v)H(u,v)^{-1}] \tag{4.54}$$

由于测量数据都不可避免地带有噪声,所以波数域方法通常采用迭代形式来实现。对式(4.45)进行傅里叶变换,即可得到得波数域迭代公式为

$$U_{z_1}^{n}(u,v)=U_{z_1}^{n-1}(u,v)[1-H(u,v)]+U_z(u,v) \tag{4.55}$$

#### 4.10.2.4　正则化方法

正则化方法是用一族与原不适定问题相邻近的适定问题的解去逼近原问题的解,它分为直接正则化方法和迭代正则化方法。相比直接正则化,迭代正则化在求解大规模不适定问题上更显优势。迭代正则化方法包括迭代 Tikhonov 法、Landweber 迭代法和截断奇异值分解(TSVD)法。

1. 迭代 Tikhonov 法

Tikhonov 正则化方法是用如下的适定方程

$$(\boldsymbol{A}\boldsymbol{A}^{*}+\alpha\boldsymbol{I})\boldsymbol{X}^{\alpha}=\boldsymbol{A}^{*}\boldsymbol{b}^{\delta} \tag{4.56}$$

去逼近原方程

$$\boldsymbol{A}\boldsymbol{X}=\boldsymbol{b} \tag{4.57}$$

式中:$\alpha>0$ 称为正则参数;$\boldsymbol{A}^{*}$ 为 $\boldsymbol{A}$ 的共轭算子,从而得到原方程的近似解为

$$\boldsymbol{X}^{\alpha}=(\boldsymbol{A}\boldsymbol{A}^{*}+\alpha\boldsymbol{I})^{-1}\boldsymbol{A}^{*}\boldsymbol{b}^{\delta} \tag{4.58}$$

为了进一步提高收敛速度,Tikhonov 正则化方法常采用迭代计算,其迭代格式为

$$\left.\begin{aligned}&\boldsymbol{X}_0^{\alpha}=\boldsymbol{0}\\&(\boldsymbol{A}\boldsymbol{A}^{*}+\alpha\boldsymbol{I})\boldsymbol{X}_{k+1}^{\alpha}=\alpha\boldsymbol{X}_k^{\alpha}+\boldsymbol{A}^{*}\boldsymbol{b}^{\delta}\end{aligned}\right\} \tag{4.59}$$

当 $k=1$ 时就是直接 Tikhonov 正则化方法。

2. Landweber 迭代法

Landweber 迭代法实际上是最速下降法的变体,它的迭代格式为

$$\boldsymbol{X}_{k+1}=\boldsymbol{X}_k+\alpha\boldsymbol{A}^{*}(\boldsymbol{b}^{\delta}-\boldsymbol{A}\boldsymbol{X}_k) \tag{4.60}$$

式中:$0<\alpha<1/\|\boldsymbol{A}\|^{2}$。

Landweber 迭代法的优点是当右端噪声比较大时,仍可得到较好的解,缺点是收敛速度很慢。对此,可采用如下的加速算法:

(1)给定初值 $\boldsymbol{S}_0=\boldsymbol{I}-\omega\boldsymbol{A}^{*}\boldsymbol{A}$,$\widetilde{\boldsymbol{A}}_0=\boldsymbol{I}$,其中 $0<\omega\leqslant\dfrac{1}{\|\boldsymbol{A}^{*}\boldsymbol{A}\|}$;

(2)计算 $\widetilde{\boldsymbol{A}}_{k+1}=\widetilde{\boldsymbol{A}}_k(\boldsymbol{I}+\boldsymbol{S}_k+\cdots+\boldsymbol{S}_k^{a-1})$ 和 $\boldsymbol{S}_{k+1}=\boldsymbol{S}_k^{a}$,其中,$a\geqslant2$ 为给定的正整数;

(3)计算 $\boldsymbol{X}_{k+1}=\widetilde{\boldsymbol{A}}_{k+1}(\omega\boldsymbol{A}^{*}\boldsymbol{b}^{\delta})$,若满足停止准则,则终止计算,否者转(2)。

3. 截断奇异值分解(TSVD)法

TSVD 法是把方程式(4.57)中造成不稳定的小的奇异值直接截去,以去除小奇异值对解带来的扰动影响,从而得到方程解为

$$X=\sum_{i=1}^{k}\left(\frac{\boldsymbol{u}_i^{\mathrm{T}}\boldsymbol{b}}{\sigma_i}\right)\boldsymbol{v}_i \tag{4.61}$$

式中:$k\leqslant n$ 为奇异值的截断点。

TSVD 从广义上可以看作是一种迭代正则化方法,其迭代格式为

$$\boldsymbol{X}_{k+1}=\boldsymbol{X}_k+\left(\frac{\boldsymbol{u}_{k+1}^{\mathrm{T}}\boldsymbol{b}}{\sigma_{k+1}}\right)\boldsymbol{v}_{k+1} \tag{4.62}$$

该方法的重点在于确定迭代次数,即截断点 $k$。

### 4.10.3 地磁场下延仿真验证

采用积分-迭代法和迭代正则化方法进行下延。取网格规格为 250 m×250 m,将 $z=0$ m 平面的所有地磁数据加上各自幅值 1%的测量误差后下延至 $z=-1$ km 平面。此时测量矩阵 $\boldsymbol{A}$ 的条件数为 $1.04\times10^7$,这表明了方程组是严重病态的,若采用最小二乘法进行下延,下延结果是严重发散的,这说明了常规代数方法并不适用。

表 4-3 给出了各下延方法的下延误差,从表中可以看出,Landweber 迭代法具有最好的下延精度,而 TSVD 法的下延精度最差。图 4-11~图 4-14 为下延得到的地磁异常场等值线图,将这些图分别和真实值做对比可以发现,下延得到的地磁图在形态上与真实图样保持一致。从这些仿真结果中可看出,积分-迭代法和迭代正则化方法都可实现地磁场下延,并具有较好的下延精度。

**表 4-3 各下延方法的下延误差**

| 方　法 | RMSE/nT | RE/(%) |
|---|---|---|
| 积分-迭代法 | 6.86 | 9.2 |
| 迭代 Tikhonov 法 | 6.40 | 8.6 |
| Landweber 迭代法 | 6.39 | 8.6 |
| TSVD 法 | 8.92 | 12.0 |
| 最小二乘法 | 136.4 | 183.7 |

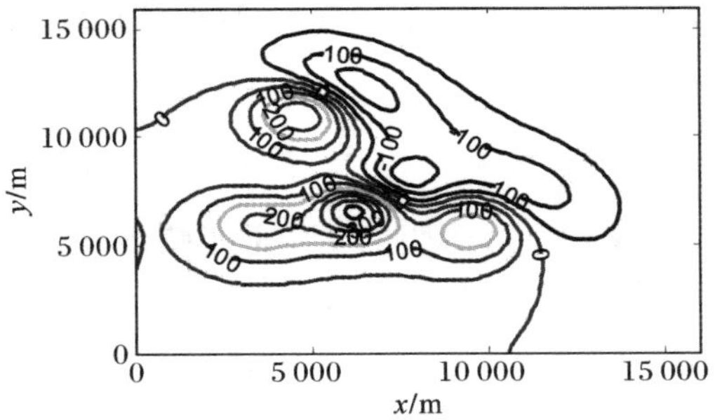


**图 4-11 由积分-迭代法下延得到的 $z=-1$ km 平面的地磁等值线图(nT)**

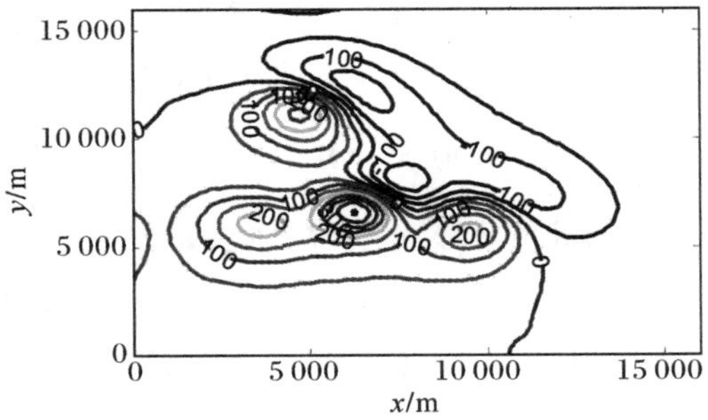


**图 4-12 由迭代 Tikhonov 法下延得到的 $z=-1$ km 平面的地磁等值线图(nT)**

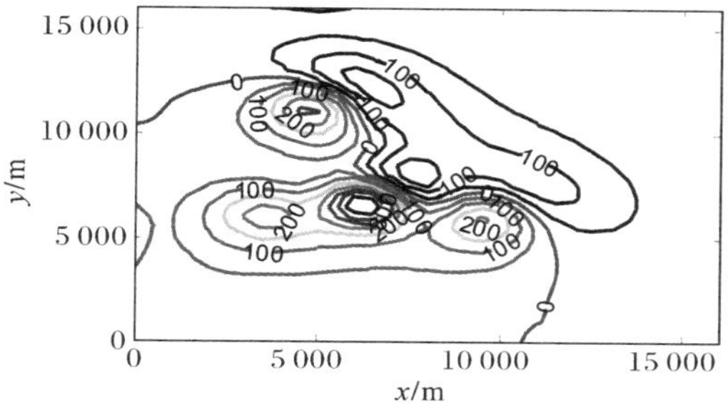


图 4－13　由 Landweber 迭代法下延得到的 $z=-1$ km 平面的地磁等值线图(nT)

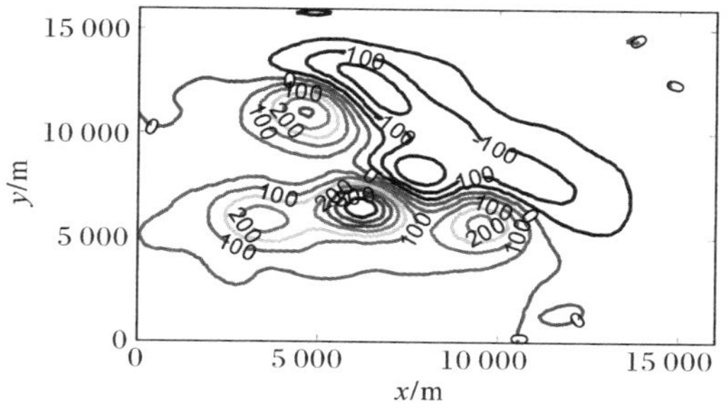


图 4－14　由 TSVD 法下延得到的 $z=-1$ km 平面的地磁等值线图(nT)

积分-迭代法的不足之处是当迭代步长 $s$ 取得不合适时，下延结果发散。例如在本节仿真算例中，当 $s>2.8$ 时，下延结果是发散的。另外，由仿真结果可知，在保证下延能够收敛的前提下，$s$ 取得越大，则下延精度越高，所需的迭代次数越少。可以说，积分-迭代法的下延精度和迭代步长 $s$ 紧密相关，而迭代步长 $s$ 往往凭经验来选择，因此该方法并不是最好的。相比而言，迭代正则化方法的下延结果能够收敛，因此建议选用迭代正则化方法来实施地磁异常场的下延。

下面将进一步分析各迭代正则化方法的下延精度、计算时间和边界效应，以全面评估它们的下延性能。

1. 测量误差对下延精度的影响

取网格规格为 500 m×500 m，将 $z=0$ m 平面的地磁数据分别添加真值 0.1%～10% 的测量误差，然后延拓到 $z=-1$ km 平面，图 4－15 给出了各种测量误差情况下下延到 $z=-1$ km平面的误差。从图中可以看出：

(1)随着测量误差的增大，三种正则化方法的下延精度变差；

(2)TSVD 方法具有最差的下延精度；

(3)迭代 Tikhonov 法对测量噪声不敏感，具有最好的下延精度。

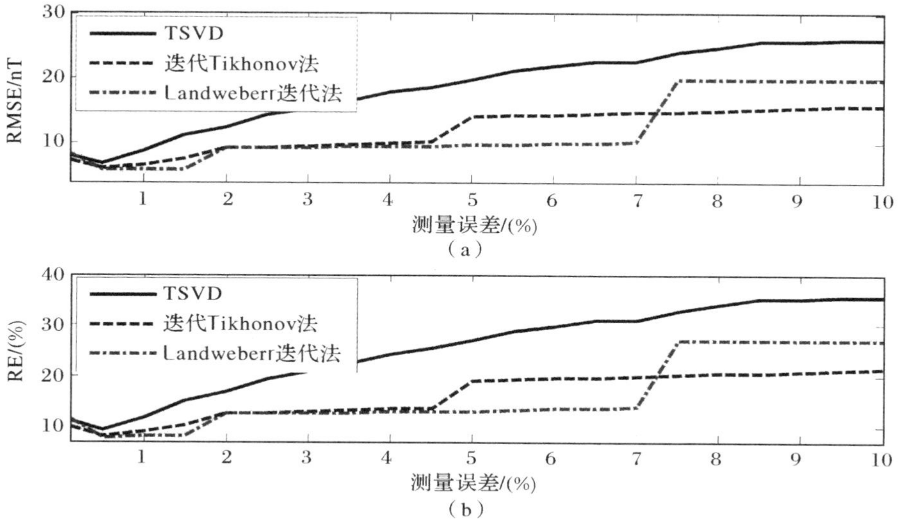


图 4－15　不同测量误差下的下延误差

2. 下延距离对下延精度的影响

取网格规格为 500 m×500 m，将 $z=0$ m 平面的地磁数据添加真值 1%的测量误差，然后分别下延至 $z=-200$ m～$-2$ km，延拓误差如图 4-16 所示。从该图中可以看出：

(1)随着下延距离的增加，下延越来越不稳定；

(2)延拓误差随下延距离的减少而减少，但当下延距离减少到一定范围之后，延拓误差不降反升；

(3)Landweber 迭代法的下延精度最好，迭代 Tikhonov 法次之，TSVD 方法最差。

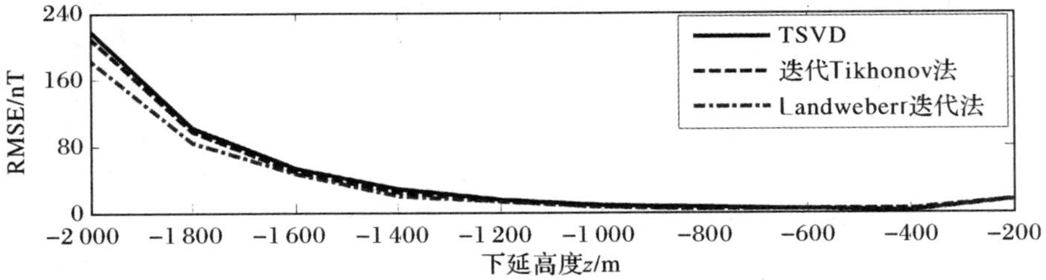

(a)

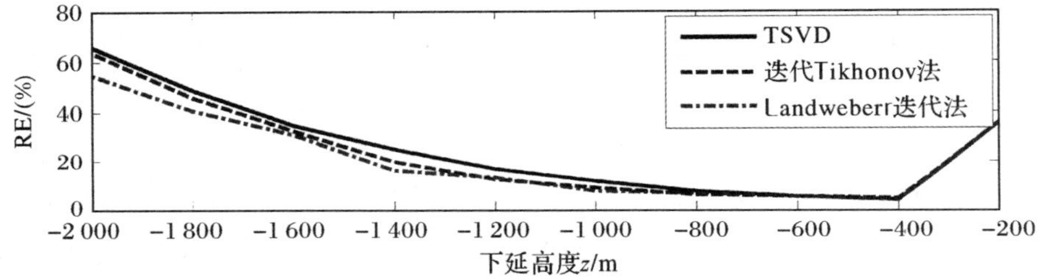

(b)

**图 4-16　不同下延高度 $z$ 的下延误差**

3. 边界效应

由于在测绘区之外缺乏地磁数据，所以延拓平面内边界处的下延效果很差，这就是所谓的“边界效应”。计算各正则化方法在边界处的下延误差见表 4-4 的左部分，其中，边界在这里指的是下延相对误差 RE 比内部大 5 倍以上的测绘区边界。从表中可看出，三种正则化方法的边界效应是比较严重的。

**表 4-4　新旧边界效应对照**

| 方　法 | 原边界效应 | | 新边界效应 | |
|---|---|---|---|---|
| | RMSE/nT | RE/(%) | RMSE/nT | RE/(%) |
| 迭代 Tikhonov 法 | 12.92 | 95.1 | 3.10 | 22.9 |
| Landweber 迭代法 | 13.15 | 96.9 | 3.32 | 24.5 |
| TSVD 法 | 10.46 | 77.0 | 5.99 | 44.0 |

边界效应可通过补充边界附近处数据的方法来降低，本书采用双线性外插方法在原矩形区域周围扩充了两行和两列新数据，新数据的网格间隔与老数据保持一致。将新数据和原始数据一块进行下延，原边界处的下延误差见表 4-4 的右部分。由该表可知，通过补充更多边界数据的方法可以将边界处的下延误差降低为原来的 25%～57%，较好地降低了边

界效应。

4. 计算时间

下延算法的计算复杂度体现在计算时间上，Landweber 迭代法、迭代 Tikhonov 法和 TSVD 法的所需迭代次数依次为 5、2 和 173，计算耗时比约为 7∶1∶4。从耗时上看，Landweber 迭代法虽然采用了加速算法，但计算速度还是比较慢，TSVD 法的大部分时间花在奇异值分解上，因此计算速度也较慢，而迭代 Tikhonov 法的计算速度最快。

根据以上多个性能的对比分析，迭代 Tikhonov 法在下延精度和计算时间等方面具有综合优势。因此，当实施航空磁测数据下延时，可优先使用迭代 Tikhonov 法。

# 第 5 章　地球变化磁场及其等效电流体系

## 5.1　变化磁场的一般特点

地球变化磁场是指随时间变化较快的那部分地磁场，主要由固体地球之外的空间电流体系所产生，因此变化磁场通常又称作外源磁场。外源场通过电磁感应在地球内部产生的感应电流对变化磁场也有一定贡献。

地磁场的另外两部分——地核主磁场和地壳异常场也有变化，但其特点完全不同。地核主磁场变化较快的部分(周期短于几年)只存在于外核源区内，由于高电导率地幔的屏蔽效应，这些变化很难到达地球表面，只有周期很长的那些变化可以在地面观测到，这就是主磁场的长期变化。至于地壳异常磁场一般是非常稳定的，除了偶然的地质灾害性事件外，地壳磁场变化的时间尺度是以地质年代量度的。由于变化磁场一词容易使人与普遍存在的磁场变化(包括快速变化和缓慢的长期变化)相混淆，所以，查普曼和巴特尔斯称其为瞬变磁场。

就全球平均来说，内源场占地球总磁场的 99%(其中 95%是地核场，4%是地壳场)，外源磁场仅占 1%。然而，正是这 1%的外源磁场携带着地球空间环境的丰富信息，空间物理学这一重要的新兴学科就是发端于对这 1%磁场的研究；也正是这 1%的磁场，提供了大地电磁探测的源场。

### 5.1.1　外源磁场的一般特点

外源磁场与内源磁场的差别主要表现在以下几个方面。

#### 5.1.1.1　时间变化特征

与地核场和地壳场相比，外源场最明显的特征是它随时间发生快速变化，变化的时间尺度从几十分之一秒(地磁脉动)到 11 年(地磁场的太阳活动周变化)，其中包括日变化、暴时变化、27 日太阳自转周变化、季节变化等。这就是说，变化磁场的时间谱覆盖了$10^{-2}\sim10^{8}$ s 共 10 个数量级。地核主磁场长期变化的时间尺度在 $1\times10^{8}$ s 以上，地壳场变化的时间尺度则更长。图 5－1 为在海面和海底记到的地磁场能谱，它给出了几类变化磁场的时间尺度范围。

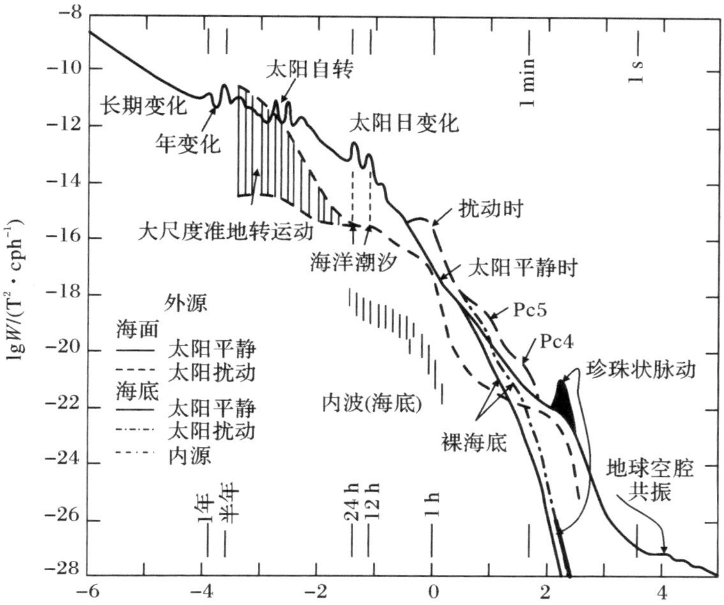


**图 5－1　海面和海底记到的变化磁场能谱**

#### 5.1.1.2　空间分布特征

外源场在空间上的特征是它的全球性和空间相关性，这一点与地核主磁场相似，但与地壳异常场的局部特点明显不同。大多数外源场的变化，如太阳静日变化、磁暴等，具有全球尺度，即使是亚暴极光带电集流和赤道电集流这些空间尺度较小的电流体系，它产生的磁场也有相当大的空间展布，而地壳场异常的空间尺度往往只有百千米量级，甚至更小。

#### 5.1.1.3　物理起源

地壳场起源于岩石磁性，而地核场与外源场则有相似的物理起源，只是场源的位置和性质不同而已：前者起源于地核内部等离子体（磁流体）的动力学过程，而后者起源于空间等离子体动力学过程。太阳风发电机、电离层发电机和地核发电机过程遵循类似的物理方程，只是介质物理参数、边界条件和受力状态不同而已。

#### 5.1.1.4　可观测性

在可观测性方面，外源场与地核场截然不同。外源场除了可以在地面观测外，还可以借助航天器直接进入源区观测，但是地核场只能在地面和空间观测，其源区无法直接到达。地壳场也基本上是这种情况，由此导致了不同的探测和研究方法。

### 5.1.2　变化磁场的分类

检查一个地磁台的连续记录可以发现，有些时候地磁变化平缓而规则，有些时候变化剧烈而不规则，地磁学中分别称为磁静日变化和磁扰日变化。完全平静和剧烈扰动的日子都不多,大多数日子的地磁变化是规则静日变化上叠加一些形态和幅度不同的扰动。变化磁场包含着许多不同的成分,有的成分呈规则的周期性变化,有的成分则很不规则;有的成分幅度较小而平缓,有的成分幅度很大而剧烈;有的成分变化在全球同时出现,有的成分变化仅限于局部地区;有的成分变化持续存在,有的成分偶然出现。

为了描述和研究的方便,一般按照形态特征,把变化磁场分为平静变化和扰动变化两大类。最主要的平静变化有太阳静日变化(简称 $S_q$)和太阴日变化(简称 $L$),它们都是周期性变化,前者以 24 h 为周期,后者的周期约为 25 h。在过去的文献中,只有太阴日变化一词。考虑到这种太阴日变化是由平静日资料导出的,因此更合理的术语应为"太阴静日变化",而磁扰日的太阴日变化可相应地称为"太阴扰日变化"。在中低纬度地区,只要不是强烈扰动的日子,在截照图上总是可以清楚地分辨出占优势的 $S_q$ 变化。而太阴日变化由于幅度太小,所以必须用统计方法,才能从大量的记录中提取出来。只有在赤道附近,才能直接从磁照图上看到较大的太阴日变化。

与周期性平静变化形成明显对照的是扰动变化(记作 $D$),它们的主要特点是出现时间不规则,变化形态复杂,缺乏长期连续性。其中,磁暴是最重要的一种扰动类型。在太阳活动低年,磁暴,特别是强烈磁暴很少出现。但在太阳活动高年,磁暴频繁发生,而且强度很大,变化剧烈。在中低纬度台站,磁暴变化在 $H$(或 $X$)分量上表现最明显。

地磁亚暴是另一种重要的扰动变化,它主要表现在极区和高纬度区。在极光带,亚暴有极其复杂的变化形态,在中低纬度,亚暴表现为变化平缓的湾扰。亚暴通常持续几十分钟到一两个小时,有时一个接一个连续发生,有时孤立发生。亚暴的发生与日冕物质抛射和耀斑爆发等太阳活动过程有密切关系。

钩扰是偶尔能观测到的一种扰动类型,出现的范围限于中低纬度白天一侧。其形态规则呈钩状,幅度一般也不大。

比上述磁扰周期更短的是地磁脉动,这是最经常出现的一种地磁扰动,幅度不大,周期范围很宽。在常规地磁台只能看到长周期脉动,而短周期脉动要用快速记录才可得到。根据形态特征,脉动可分成持续性(规则)脉动和不规则脉动两大类,每大类又根据周期分为若干类。

值得注意的是,地磁扰动的形态学分类与物理成因分类并不一一对应。同一物理过程可以产生不同类型的扰动,不同物理过程也可产生类似的扰动。对磁扰现象的观测总是在物理解释之前,后来更多的观测(特别是卫星观测)和物理研究会发现先前的形态学分类不完全合适,并试图重新分类,于是对同一现象会有不同的分类和名称。出于历史原因和约定俗成的习惯,一些老的分类名称还在使用,但往往具有新的含义。

## 5.2 变化磁场的分析方法

为了认识变化磁场的空间分布和时间演化特征,并为进一步的物理成因研究提供观测基础,人们使用了单台、双台、台链、局域台网、全球台网、卫星等各种观测系统,从地面、低空、海底到空间各个区域获得资料。针对不同情况,使用相应的描述和分析方法。例如,单台资料的时序叠加法、傅里叶分析、本征模分析，双台资料的对比分析，台链资料的相关分析，局域台网的冠谐、矩谐和双调和分析，全球台网的球谐分析，等等。

### 5.2.1　单台记录的分析方法

单台资料是台链、区域台网和全球台网的基础，变化磁场的许多时变特征是由单台资料首先发现的。在已经建立全球台网的今天，虽然单台资料对描述一个地球物理场来说作用有限，但是，在某些特定的场合，如仅随地方时变化的 $S_q$ 场、$L$ 场以及随世界时变化的 $D_{st}$ 场，单台资料仍有一定用处。单台记录由于没有空间变量而使其分析变得较为简单，关于时间序列的各种统计分析方法，基本上都适用于单台地磁变化的研究。

#### 5.2.1.1　时序叠加法(克利叠加法)

这是分析单台资料最常用的老方法。实际的地磁记录包含多种周期的和非周期的成分，也包含许多随机变化，如果想从中提取出周期为 $T$ 的成分 $F(t)$，则有

$$F(t+nT)=F(t),\quad n=0,1,2,\cdots \tag{5.1}$$

先将连续的资料按相等的时间长度 $T$ 分为若干样本，然后将各样本对应时刻的值相加，再除以样本数。这样一来，其他非 $T$ 周期成分和随机变化被压制，而得到 $F(t)$ 日成分的平均变化。变化磁场中最重要的 $S_q$、$L$ 等周期变化就是这样得到的。地磁活动的 27 日重现性也是用这种方法得到的，如图 5-2 所示。这里使用了 1906—1924 年每天的磁情记数(一种描述全天地磁活动性的指数，每天一个，0 表示平静，2 表示扰动，1 表示介于二者之间)，分别以扰日和静日为参考日，每个样本的长度为 35 天。

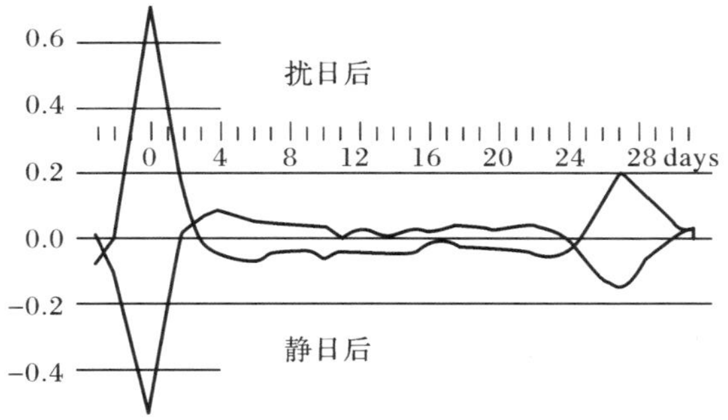


**图 5-2　用时序叠加法求得的磁扰和磁静 27 日周期变化(1906—1924 年)**

时序叠加法也可用于非连续现象(如磁暴)。在此情况下，选取样本时必须注意时间的起点。以磁暴为例，我们可以把磁暴开始的时刻作为样本的起点，并选取类型相同、长度相近的磁暴作为样本进行统计分析。

#### 5.2.1.2　频谱分析

变化磁场包含许多成因不同、周期不同、形态不同、强度不同的成分，一个台站记到的地磁场变化是所有这些成分的叠加，表现为一列具有随机性的、前后互相关联的、随时间变化的观测数据，称为随机时间序列。它可以是连续的(如用感光纸记录的磁照图)，也可以是离散的(如等间隔采样的分钟值、小时值)。为了探讨序列的内在统计规律，得到组成序列的各

种成分的形态、强度、相位等特征，发展出许多分析方法和统计模型。在变化磁场分析中最常使用的是各种频谱分析方法，如傅里叶谱、动态谱等。

1. 傅里叶谱分析

傅里叶谱分析是使用最广的时间序列分析法，它可以把满足一定条件的周期函数分解为组成它的各种谐波成分，其周期分别为 $T$（基波或一次波）、$T/2$（二次波）、$T/3$（三次波）等等。也就是说，把函数在正弦、余弦函数组成的正交基（函数系）上展开，写成如下形式：

$$S(t)=A_0+\sum_{m=1}^{M}(A_m\cos mt+B_m\sin mt)=A_0+\sum_{m=1}^{M}C_m\sin(mt+\alpha_m) \tag{5.2}$$

整个时间序列可以看成是这些正弦函数和余弦函数的“加权和”，系数 $A_m$、$B_m$、$C_m$ 是权重因子，表示每一个基函数对总序列的贡献。

式(5.2)所表示的是离散谱的傅里叶分析，即频谱由离散的谱线所组成。作为一种自然的延伸，傅里叶分析可以扩展到连续谱，从而得到傅里叶变换公式，即

$$\left.\begin{aligned}f(t)&=\int_{-\alpha}^{\alpha}\hat{f}(\omega)\mathrm{e}^{\mathrm{i}\omega t}\mathrm{d}\omega\\ \hat{f}(\omega)&=\int_{-\alpha}^{\alpha}f(t)\mathrm{e}^{-\mathrm{i}\omega t}\mathrm{d}t\end{aligned}\right\} \tag{5.3}$$

函数 $f(t)$ 可以理解为简单波形 $\mathrm{e}^{\mathrm{i}\omega t}$ 的加权和，而特定频率 $\omega$ 的权重是 $\hat{f}(\omega)$。

图 5－3 为用一天的地磁记录所做的磁静日傅里叶谱分析以及合成后的日变化曲线。可以看出，磁静日变化主要由 1～4 次谐波组成，它们的周期分别是 24 h、12 h、8 h、6 h，其振幅依次减小。我们也可以用更长的时间序列进行同样的分析，图 5－4 为 1965 年 3 月美国图森地磁台磁静日的傅里叶分析结果，除了上述的主要谐波外，还可看到 27 日谱线和其他一些次要的谱线。

对于长的时间序列，快速傅里叶分析（FFT）是一种有效的方法，这是传统傅里叶分析方法与计算技术相结合后的一种发展。

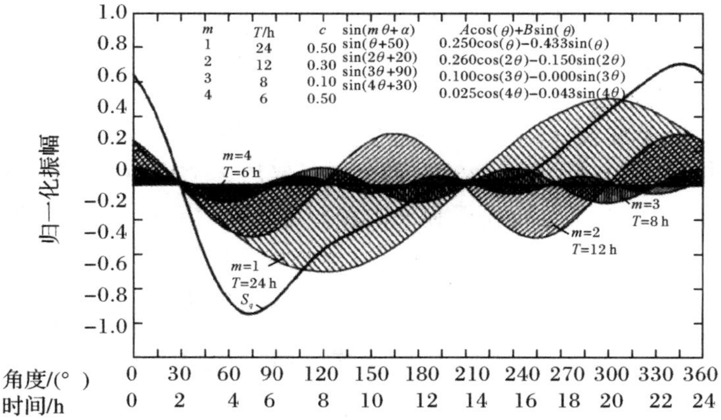


**图 5－3　用一天的地磁记录所做的磁静日傅里叶谱分析**

**（粗实线表示 $S_q$ 原始记录，带阴影的曲线表示前 4 次波）**

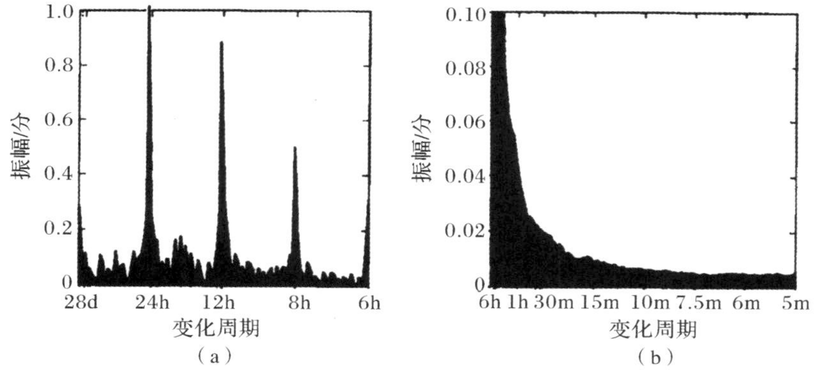


**图 5－4　用一月的地磁记录所做的磁静日傅里叶分析**

2. 动态谱分析(时间–频率分析)

一个时间序列中的各种谐波不一定从头到尾始终如一，不同成分的强度可能随时间变化，而且，变化的规律往往彼此相异。有时，我们需要追踪序列的各种谱成分是如何随时间演变的，这就需要把整个序列按时间先后分为若干子序列，这些子序列可以是首尾相接的，也可以中间有空隙，也可以部分重叠。将各个子序列的谱按照时间顺序排列起来，就得到了整个序列的动态谱。图 5－5 为地磁脉动动态谱的一个例子，横坐标表示时间，纵坐标表示频率，灰度等级表示强度。

近年来发展起来的小波分析方法也开始用于变化磁场的动态谱分析。

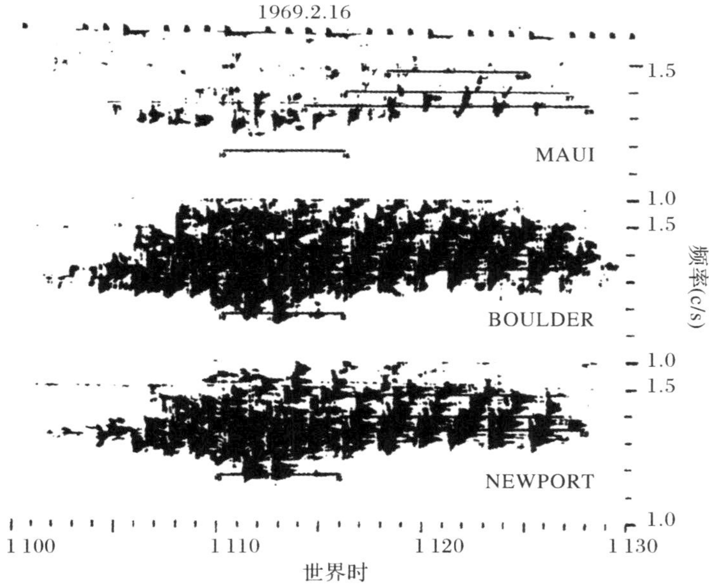


**图 5－5　地磁脉动的动态谱**

### 5.2.1.3　本征模分析

在上述频谱分析中，基本函数系是事先人为选定的，谱分析的目的就是把函数(或时间序列)表达成这些基函数的加权和。从数学上讲，只要满足一定条件，这种表达总可以实现的。但是，对于一个具体的时间序列，所用的基函数是否有明确的物理意义就需要物理学家来回答了。

一种合理的办法是对具体的物理问题选定适合于该问题的、有物理意义的基函数，但这样的函数系一般事先并不知道。应该说，在原始的时间序列中隐藏着关于基函数的信息。因此，最理想的方法是直接从时间序列中同时求出基函数及其谱强度。本征模分析为这一问题的解决提供了有效的途径，“自然正交分量法”(MNOC)就是本征模分析的一种常用方法。它的物理依据在于利用时间序列本身包含的基函数信息来确定合理的基函数。

下面以一个台站的地磁记录为例来说明 MNOC 的基本原理。

取台站某地磁要素 $m$ 天(每天有 $n$ 个观测值，如 24 个时均值)的记录为原始资料，并把这一时间序列写成矩阵形式：

$$\boldsymbol{X}=(x_{ij}),\quad i=1,2,\cdots,m,\quad j=1,2,\cdots,n \tag{5.4}$$

矩阵的每一个行向量代表一天的记录，是一个统计样本，每个样本包括 $n$ 个元素，$m$ 天的记录提供了 $m$ 个样本。假定有 $p$ 种因素对变化磁场有贡献，其中第 $k$ 种因素的贡献可以写为

$$\boldsymbol{F}^k\equiv(f_{ij}^k)=\boldsymbol{A}^k(\boldsymbol{\Phi}^k)^{\mathrm{T}},\quad i=1,2,\cdots,m,\quad j=1,2,\cdots,n,\quad k=1,2,\cdots,p \tag{5.5}$$

式中：$\boldsymbol{\Phi}^k=(\varphi_1^k,\varphi_2^k,\cdots,\varphi_n^k)^{\mathrm{T}}$ 表示第 $k$ 种因素贡献的归一化“振型”，即假定

$$\sum_{i=1}^{n}\varphi_i^{k2}=1,\quad k=1,2,\cdots,p \tag{5.6}$$

$\boldsymbol{A}^k=(a_1^k,a_2^k,\cdots,a_m^k)^{\mathrm{T}}$ 表示第 $k$ 种因素对各个样本的贡献大小(即“振幅”)所组成的列向量。于是，总的变化磁场可以写成 $p$ 种因素贡献之和：

$$\boldsymbol{X}=\sum_{k=1}^{p}\boldsymbol{F}^k=\sum_{k=1}^{p}\boldsymbol{A}^k(\boldsymbol{\Phi}^k)^{\mathrm{T}} \tag{5.7}$$

由矩阵 $\boldsymbol{X}$ 可以构造下面的协方差矩阵：

$$\boldsymbol{V}\equiv(v_{ij})=\boldsymbol{X}^{\mathrm{T}}\boldsymbol{X}=\sum_{k=1}^{P}\sum_{l=1}^{P}\boldsymbol{\Phi}^k(\boldsymbol{A}^k)^{\mathrm{T}}\boldsymbol{A}^l(\boldsymbol{\Phi}^l)^{\mathrm{T}} \tag{5.8}$$

如果上述因素是相互独立的，那么可以假定

$$\left.\begin{aligned}(\boldsymbol{\Phi}^k)^{\mathrm{T}}\boldsymbol{\Phi}^l&=\begin{cases}1, & k=l\\0, & k\neq l\end{cases}\\(\boldsymbol{A}^k)^{\mathrm{T}}\boldsymbol{A}^l&=\begin{cases}\lambda_k, & k=l\\0, & k\neq l\end{cases}\end{aligned}\right\} \tag{5.9}$$

由式(5.8)和式(5.9)得

$$\boldsymbol{V}\cdot\boldsymbol{\Phi}^k=\lambda_k\boldsymbol{\Phi}^k \tag{5.10}$$

$$\boldsymbol{A}^k=\boldsymbol{X}\boldsymbol{\Phi}^k \tag{5.11}$$

由此可见，协方差矩阵 $\boldsymbol{V}$ 的特征向量 $\boldsymbol{\Phi}^k(k=1,2,\cdots,p)$ 表示各种独立因素的“振型”，它的特征值 $\lambda_k(k=1,2,\cdots,p)$ 则表示各种因素“振幅”的二次方和。如果 $p<n$，那么 $\boldsymbol{V}$ 是退化的。由于矩阵 $\boldsymbol{X}$ 和 $\boldsymbol{V}$ 的秩相等，所以我们可以用 $p$ 个变量描述原来要用 $n$ 个变量描述的原始数据 $\boldsymbol{X}$。在一般实例中，$p\ll n$，这样就大大简化了变化磁场的分析和描述。

这样，我们就可以从原始数据 $\boldsymbol{X}$ 出发，同时得到了基函数及其各自对过程的贡献。第 $k$ 种因素的相对贡献可由下式表示：

$$w^k = \lambda_k / \sum_{i=1}^{P} \lambda_i \tag{5.12}$$

应该指出的是，如果影响变化磁场的某些因素完全相关，那么这些因素的贡献不能用 MNOC 方法分离，在分析结果中，它们将作为一种因素表现出来。如果几种因素部分相关，那么 MNOC 只能给出相互独立的那一部分，这是 MNOC 分析的一个缺陷。此外，原始资料的样本长度决定了能够分离出的影响因素的时间尺度。选择不同的样本长度，可以研究时间尺度不同的各类变化。

### 5.2.2　双台记录的分析方法

一对台站所包含的变化磁场信息比一个台站多得多，由此可以得到更多的物理推断。例如，两台变化相同或相似的部分，其场源要么远离台站，要么场源尺度远大于台站距离；两台变化不同的部分可能起源于靠近一个台站的局部场源；两台变化相似，但时间相位不同的部分，暗示有传播(或行进)的变化存在。

针对不同的问题和不同的磁场成分，应该使用不同的处理方法。上述单台分析方法同样可以用于双台，此外，相关谱分析和差值法也是常用的方法。

图 5-6 为北京和广州两个地磁台 $X$ 分量的日变记录及其差值曲线，分别记作 $S1$、$S2$ 和 $\Delta S$。可以看出，$S1$ 和 $S2$ 两条曲线包含许多不规则的扰动变化，但在 $\Delta S$ 曲线上，这些扰动变化成分基本上消失了，剩下的是规则而平滑的太阳静日变化。事实上，两台基本相同的扰动变化部分起源于远离两台的高纬电流或磁层电流体系。这样，我们就从复杂的时间序列中分离出了 $S_q$ 变化。

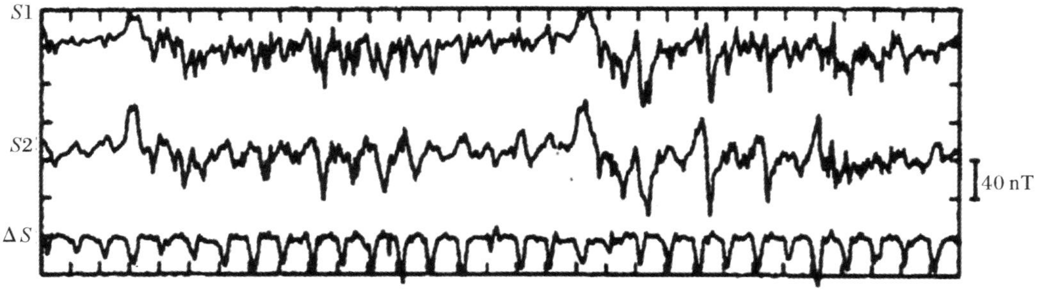


**图 5-6　1973 年 1 月北京和广州地磁台 $X$ 分量日变记录($S1$、$S2$)及其差值曲线($\Delta S$)**

### 5.2.3　台链资料分析方法

台链是沿某一特定方向布设的一系列设备相同、观测内容和规范相同的台站，这种观测系统对于研究磁场的空间分布、传播特征以及监视空间环境变化极为有用。南北向的台链叫“子午链”，东西向的台链叫“纬圈链”。子午链随地球自转连续扫描地球空间环境，适用于研究随地方时变化的过程，也适用于研究地磁变化的纬度差异及高中低纬的能量传输和耦合过程。纬圈链多用于地磁脉动等东西方向传播现象的检测和研究。

单台和双台资料的分析方法同样可用于台链资料，其中多台对比和相关分析可以给出地磁事件的空间分布特点。除此以外，一个更为有用的方法是根据台链资料计算高空等效电流矢量，这对研究地磁变化的起源是非常重要的。这里我们可以采用一个非常简化的假设，即认为每一点的磁场是由该点上空的一个无限延伸的水平均匀电流板产生的。这样，电流强度与它产生的地面磁场强度成正比，电流方向垂直于该磁场方向，由地磁变化的水平矢量顺时针旋转 90°即得等效电流方向。

对于稳定的电流体系，如 $S_q$ 电流体系，可以利用子午台链随地球自转的特点，连续得到从西到东的扫描图。

### 5.2.4 局域台网资料分析方法

二维台网是比一维台链更有用的一种台站布局，它可提供一定平面范围内的变化磁场分布。比较理想的布局是台网可以覆盖地磁事件的展布范围。

第 4 章介绍的区域地磁异常的分析方法，如冠谐分析、矩谐分析、双调和分析等方法，原则上均可以用于局域台网的变化磁场分析。但是由于变化磁场起源于高空电流及其在地球内部的感应电流，所以标量磁位的拉普拉斯方程解必须同时包括内、外源场两部分。下面在内源磁场矩谐分析的基础上，导出既包括内源场，又包括外源场的矩谐级数表达式（坐标系参考图 4-3）。

在地磁场源区以外的空间（如地面附近），磁位 $U(\xi,\eta,\zeta)$ 满足拉普拉斯方程。如果磁场既有内源部分，又有外源部分，则拉普拉斯方程的一般解可以写为

$$U(\xi,\eta,\zeta)=A\xi+B\eta+C\zeta+\sum_{\alpha}\sum_{\beta}\left[P_{\alpha\beta}^{e}(\xi,\eta)\mathrm{e}^{-\sqrt{\alpha^2+\beta^2}\zeta}+P_{\alpha\beta}^{i}(\xi,\eta)\mathrm{e}^{\sqrt{\alpha^2+\beta^2}\zeta}\right] \tag{5.13}$$

式中

$$P_{\alpha\beta}^{e,i}(\xi,\eta)=A_{\alpha\beta}^{e,i}\cos\alpha\xi\cos\beta\eta+B_{\alpha\beta}^{e,i}\cos\alpha\xi\sin\beta\eta+C_{\alpha\beta}^{e,i}\sin\alpha\xi\cos\beta\eta+D_{\alpha\beta}^{e,i}\sin\alpha\xi\sin\beta\eta \tag{5.14}$$

上标 e 和 i 分别表示磁场的外源部分和内源部分。磁场分量可由磁位的负梯度 $B=-\nabla U$ 求出，即

$$\left.\begin{aligned}
B_{\xi}&=-A+\sum_{\alpha}\sum_{\beta}\left[Q_{\alpha\beta}^{e}(\xi,\eta)\mathrm{e}^{-\sqrt{\alpha^2+\beta^2}\zeta}+Q_{\alpha\beta}^{i(\xi,\eta)\mathrm{e}^{\sqrt{\alpha^2+\beta^2}\zeta}}\right]\\
B_{\eta}&=-B+\sum_{\alpha}\sum_{\beta}\left[R_{\alpha\beta}^{e}(\xi,\eta)\mathrm{e}^{-\sqrt{\alpha^2+\beta^2}\zeta}+R_{\alpha\beta}^{i}(\xi,\eta)\mathrm{e}^{\sqrt{\alpha^2+\beta^2}\zeta}\right]\\
B_{\zeta}&=-C+\sum_{\alpha}\sum_{\beta}\left[S_{\alpha\beta}^{e}(\xi,\eta)\mathrm{e}^{-\sqrt{\alpha^2+\beta^2}\zeta}+S_{\alpha\beta}^{i}(\xi,\eta)\mathrm{e}^{\sqrt{\alpha^2+\beta^2}\zeta}\right]
\end{aligned}\right\} \tag{5.15}$$

式中

$$\left.\begin{aligned}
Q_{\alpha\beta}^{e,i}(\xi,\eta)&=\alpha(A_{\alpha\beta}^{e,i}\sin\alpha\xi\cos\beta\eta+B_{\alpha\beta}^{e,i}\sin\alpha\xi\sin\beta\eta-C_{\alpha\beta}^{e,i}\cos\alpha\xi\cos\beta\eta-D_{\alpha\beta}^{e,i}\cos\alpha\xi\sin\beta\eta)\\
R_{\alpha\beta}^{e,i}(\xi,\eta)&=\beta(A_{\alpha\beta}^{e,i}\cos\alpha\xi\sin\beta\eta-B_{\alpha\beta}^{e,i}\cos\alpha\xi\cos\beta\eta+C_{\alpha\beta}^{e,i}\sin\alpha\xi\sin\beta\eta-D_{\alpha\beta}^{e,i}\sin\alpha\xi\cos\beta\eta)\\
S_{\alpha\beta}^{e,i}(\xi,\eta)&=\sqrt{\alpha^2+\beta^2P_{\alpha\beta}^{e,i}(\xi,\eta)}
\end{aligned}\right\} \tag{5.16}$$

在选定一定的截断水平后，磁场和磁位是包含有限个待定系数的已知函数，可以用所研究区域内观测点上的磁场值确定这些系数。容易看出，除了系数 $A$、$B$、$C$ 表示的均匀磁场部分之外，其余磁场部分可以区分为内源和外源两部分。

假定观测点分布在边长为 $L_{\xi}$、$L_{\eta}$ 的矩形区域内，则可做下述变换：

$$\alpha=\frac{2\pi m}{L_{\xi}}=mv,\quad \beta=\frac{2\pi n}{L_{\eta}}=nw \tag{5.17}$$

式中：$m$ 和 $n$ 是非负整数。于是上述磁位和磁场分量公式可改写成便于数值计算的形式：

$$U(\xi,\eta,\zeta)=A\xi+B\eta+C\zeta+\sum_{\substack{q=0\\n=q-m}}^{N}\sum_{m=0}^{q}[P_{mn}^{\mathrm{e}}(\xi,\eta)\mathrm{e}^{-\sqrt{(mv)^2+(nw)^2}\zeta}+P_{mn}^{\mathrm{i}}(\xi,\eta)\mathrm{e}^{\sqrt{(mv)^2+(nw)^2}\zeta}] \tag{5.18}$$

$$\left.\begin{aligned}B_\xi&=-A+\sum_{\substack{q=0\\n=q-m}}^{N}\sum_{m=0}^{q}[Q_{mn}^{\mathrm{e}}(\xi,\eta)\mathrm{e}^{-\sqrt{(mv)^2+(nw)^2}\zeta}+Q_{mn}^{\mathrm{i}}(\xi,\eta)\mathrm{e}^{\sqrt{(mv)^2+(nw)^2}\zeta}]\\B_\eta&=-B+\sum_{\substack{q=0\\m-m}}^{N}\sum_{m=0}^{q}[R_{mn}^{\mathrm{e}}(\xi,\eta)\mathrm{e}^{-\sqrt{(mv)^2+(nw)^2}\zeta}+R_{mn}^{\mathrm{i}}(\xi,\eta)\mathrm{e}^{\sqrt{(mv)^2+(nw)^2}\zeta}]\\B_\zeta&=-C+\sum_{\substack{q=0\\m=0}}^{N}\sum_{m=0}^{q}[S_{mn}^{\mathrm{e}}(\xi,\eta)\mathrm{e}^{-\sqrt{(mv)^2+(nw)^2}\zeta}+S_{mn}^{\mathrm{i}}(\xi,\eta)\mathrm{e}^{\sqrt{(mv)^2+(nw)^2}\zeta}]\end{aligned}\right\} \tag{5.19}$$

式中

$$\left.\begin{aligned}P_{mn}^{\mathrm{e,i}}(\xi,\eta)&=A_{mn}^{\mathrm{e,i}}\cos mv\xi\cos nw\eta+B_{mn}^{\mathrm{e,i}}\cos mv\xi\sin nw\eta+\\&\quad C_{mn}^{\mathrm{e,i}}\sin mv\xi\cos nw\eta+D_{mn}^{\mathrm{e,i}}\sin mv\xi\sin nw\eta\\Q_{mn}^{\mathrm{e,i}}(\xi,\eta)&=mv(A_{mn}^{\mathrm{e,i}}\sin mv\xi\cos nw\eta+B_{mn}^{\mathrm{e,i}}\sin mw\xi\sin nw\eta-\\&\quad C_{mn}^{\mathrm{e,i}}\cos mv\xi\cos nw\eta-D_{mn}^{\mathrm{e,i}}\cos mw\xi\sin nw\eta)\\R_{m}^{\mathrm{e,i}}(\xi,\eta)&=nw(A_{m}^{\mathrm{e,i}}\cos mw\xi\sin mw\eta-B_{mn}^{\mathrm{e,i}}\cos mw\xi\cos nw\eta+\\&\quad C_{\alpha\beta}^{\mathrm{e,i}}\sin\alpha\xi\sin\beta\eta-D_{\alpha\beta}^{\mathrm{e,i}}\sin\alpha\xi\cos\beta\eta)\\S_{mn}^{\mathrm{e}}(\xi,\eta)&=\sqrt{(mv)^2+(nw)^2}\,P_{mn}^{\mathrm{e,i}}(\xi,\eta)\end{aligned}\right\} \tag{5.20}$$

如果级数最高阶数(截断水平)为 $N$,那么式(5.18)共包含 $4N(N+1)+3$ 个待定系数。

### 5.2.5　全球台网资料分析方法

全球台网资料的分析一般使用高斯球谐分析法(参见第 2 章的有关部分)。用球谐分析方法可以分别得到变化磁场的外源场部分和内源场部分。对于 $S_q$ 这类变化磁场来说,还可进一步分离这两部分磁场中随地方时变化的部分和随世界时变化部分。

在球坐标系中,源外空间磁场位函数的一般表达式为

$$U(r,\theta,\lambda)=a\sum_{n=1}^{\infty}\left[\left(\frac{r}{a}\right)^{n}U_n^{\mathrm{e}}+\left(\frac{a}{r}\right)^{n+1}U_n^{\mathrm{i}}\right] \tag{5.21}$$

略去表示外源场和内源场的上标 e 和 i,球面谐和函数 $U_n^{\mathrm{e}}$ 和 $U_n^{\mathrm{i}}$ 有如下表达式:

$$U_n=\sum_{m=0}^{n}(g_n^m\cos m\lambda+h_n^m\sin m\lambda)P_n^m(\theta) \tag{5.22}$$

在主磁场情况下,$g_n^m$、$h_n^m$ 随时间的缓慢变化反映了长期变。在 $S_q$ 变化中,它们是时间的周期函数,可以表达成世界时(UT)$t'$的傅里叶级数:

$$\left.\begin{aligned}g_n^m(t')&=\sum_{s=1}^{\infty}(g_{n,a}^{m,s}\cos st'+g_{n,b}^{m,s}\sin st')\\h_n^m(t')&=\sum_{s=1}^{\infty}(h_{n,a}^{m,s}\cos st'+h_{n,b}^{m,s}\sin st')\end{aligned}\right\} \tag{5.23}$$

式中:角标 $n$ 和 $m$ 与球谐级数的意义相同;下角标 $a$ 和 $b$ 分别表示 $\cos st'$和 $\sin st'$的系数;上

角标 $s$ 表示周期。将式(5.23)代入式(5.22)得

$$U_n=\sum_{m=0}^{n}\sum_{s=1}^{\infty}[(g_{n,a}^{m,s}\cos st'+g_{n,b}^{m,s}\sin st')\cos m\lambda+(h_{n,a}^{m,s}\cos st'+h_{n,b}^{m,s}\sin st')\sin m\lambda]P_n^m(\theta) \tag{5.24}$$

利用世界时 $t'$、地方时(LT)$t$ 与经度 $\lambda$ 的关系

$$t'=t-\lambda \tag{5.25}$$

可以得到以下的变换关系：

$$\left.\begin{aligned}\cos st'&=\cos st\cos s\lambda+\sin st\sin s\lambda\\ \sin st'&=\sin st\cos s\lambda-\cos st\sin s\lambda\end{aligned}\right\} \tag{5.26}$$

代入式(5.24)，得

$$U_n=\sum_{s=1}^{\infty}\sum_{m=0}^{n}\{[p_{n,a}^{m,s}\cos(m+s)\lambda+q_{n,a}^{m,s}\sin(m+s)\lambda+r_{n,a}^{m,s}\cos(m-s)\lambda+s_{n,a}^{m,s}\sin(m-s)\lambda]\cos st+[p_{n,b}^{m,s}\cos(m+s)\lambda+q_{n,b}^{m,s}\sin(m+s)\lambda+r_{n,b}^{m,s}\cos(m-s)\lambda+s_{n,b}^{m,s}\sin(m-s)\lambda]\sin st\}p_n^m(\theta) \tag{5.27}$$

这是 $S_q$ 标量磁位最一般的球谐级数表达式，描述了 $S_q$ 随经度、纬度和地方时变化的特点。在一次近似下，$S_q$ 变化仅与地方时有关，而与经度无关。这要求式(5.27)中除 $r_{n,a}^{m,m}$ 和 $r_{n,b}^{m,m}$ 外，其余系数均为零。于是式(5.27)变成习惯使用的最简表达式：

$$U_n=\sum_{m=0}^{n}(r_{n,a}^{m}\cos mt+r_{n,b}^{m}\sin mt)P_n^m(\theta) \tag{5.28}$$

代入式(5.21)得

$$U=a\sum_{n=1}^{\infty}\sum_{m=0}^{n}\left\{\left(\frac{r}{a}\right)^n[r_{n,a}^{m(e)}\cos mt+r_{n,b}^{m(e)}\sin mt]+\left(\frac{a}{r}\right)^{n+1}[r_{n,a}^{m(i)}\cos mt+r_{n,b}^{m(i)}\sin mt]\right\}P_n^m(\theta) \tag{5.29}$$

或者略微改换一下表达形式：

$$\begin{aligned}U&=a\sum_{n=1}^{\infty}\sum_{m=0}^{n}\left\{\left[e_{n,a}^{m}\left(\frac{r}{a}\right)^n+i_{n,a}^{m}\left(\frac{a}{r}\right)^{n+1}\right]\cos mt+\left[e_{n,b}^{m}\left(\frac{r}{a}\right)^n+i_{n,b}^{m}\left(\frac{a}{r}\right)^{n+1}\right]\sin mt\right\}P_n^m(\theta)\\&=a\sum_{n=1}^{\infty}\sum_{m=0}^{n}\left[e_n^m\left(\frac{r}{a}\right)^n\cos(mt+c_n^m)+i_n^m\left(\frac{a}{r}\right)^{n+1}\cos(mt+c_n^m)\right]P_n^m(\theta)\end{aligned} \tag{5.30}$$

磁场强度是磁位的负梯度，因此在地球表面，磁场分量可写为

$$\left.\begin{aligned}X(\theta,t)&=\frac{\partial U}{a\partial\theta}=\sum_{n=1}^{\infty}\sum_{m=0}^{n}[(e_{n,a}^{m}+i_{n,a}^{m})\cos mt+(e_{n,b}^{m}+i_{n,b}^{m})\sin mt]\frac{\partial P_n^m(\theta)}{\partial\theta}\\Y(\theta,t)&=-\frac{1}{a\sin\theta}\frac{\partial U}{\partial\lambda}=\sum_{n=1}^{\infty}\sum_{m=0}^{n}[(e_{n,a}^{m}+i_{n,a}^{m})\sin mt-(e_{n,b}^{m}+i_{n,b}^{m})\cos mt]\frac{m}{\sin\theta}P_n^m(\theta)\\Z(\theta,t)&=\frac{\partial U}{\partial r}=\sum_{n=1}^{\infty}\sum_{m=0}^{n}\{[ne_{n,a}^{m}-(n+1)i_{n,a}^{m}]\cos mt+[ne_{n,b}^{m}-(n+1)i_{n,b}^{m}]\sin mt\}P_n^m(\theta)\end{aligned}\right\} \tag{5.31}$$

在用地磁台站资料进行计算时，式(5.31)改写成地磁学中习惯采用施密特形式：

$$
\left.\begin{aligned}
X &= \sum\sum (a_n^m \cos mt + b_n^m \sin mt) X_n^m(\theta) = \sum\sum C_n^m X_n^m \cos(mt+\alpha_n^m) \\
Y &= \sum\sum (-b_n^m \cos mt + a_n^m \sin mt) Y_n^m(\theta) = \sum\sum C_n^m Y_n^m \sin(mt+\alpha_n^m) \\
Z &= \sum\sum (a_n^m \cos mt + b_n^m \sin mt) Z_n^m(\theta) = \sum\sum C_n^m \cos(mt+\beta_n^m) Z_n^m(\theta)
\end{aligned}\right\} \tag{5.32}
$$

式中

$$
\left.\begin{aligned}
& a_n^m = n(e_{n,a}^m + i_{n,a}^m), \quad b_n^m = n(e_{n,b}^m + i_{n,b}^m) \\
& a_n^m = n e_{n,a}^m - (n+1) i_{n,a}^m, \quad b_n^m = n e_{n,b}^m - (n+1) i_{n,b}^m \\
& X_n^m(\theta) = \frac{1}{n}\frac{\partial P_n^m(\theta)}{\partial\theta}, \quad Y_n^m(\theta) = \frac{m}{n\sin\theta} P_n^m(\theta), \quad Z_n^m(\theta) = P_n^m(\theta)
\end{aligned}\right\} \tag{5.33}
$$

我们在前面讲过，一个余纬为 $\theta$ 的台站，其 $S_q$ 可以展开成傅里叶级数：

$$
\left.\begin{aligned}
X(\theta,t) &= \sum_{m=1}^{\infty} (x_{ma} \cos mt + x_{mb} \sin mt) \\
Y(\theta,t) &= \sum_{m=1}^{\infty} (y_{ma} \cos mt + y_{mb} \sin mt) \\
Z(\theta,t) &= \sum_{m=1}^{\infty} (z_{ma} \cos mt + z_{mb} \sin mt)
\end{aligned}\right\} \tag{5.34}
$$

对比式(5.32)和式(5.34)，立即可以得到

$$
\left.\begin{aligned}
x_{ma} &= \sum_{n=m}^{\infty} a_n^m X_n^m(\theta), \quad x_{mb} = \sum_{n=m}^{\infty} b_n^m X_n^m(\theta) \\
y_{ma} &= -\sum_{n=m}^{\infty} b_n^m Y_n^m(\theta), \quad y_{mb} = \sum_{n=m}^{\infty} a_n^m Y_n^m(\theta) \\
z_{ma} &= \sum_{n=m}^{\infty} a_n^m Z_n^m(\theta), \quad z_{mb} = \sum_{n=m}^{\infty} b_n^m Z_n^m(\theta)
\end{aligned}\right\} \tag{5.35}
$$

如果有足够数量的地磁台分布在不同纬度上，我们就可以由每个地磁台的傅里叶系数 $x_{ma}$、$x_{mb}$、$y_{ma}$、$y_{mb}$、$z_{ma}$、$z_{mb}$ 求出 $a_n^m$、$b_n^m$、$a_n^m$、$b_n^m$，进而用式(5.33)求出内、外源场系数 $e_{n,a}^m$、$e_{n,b}^m$、$i_{n,a}^m$、$i_{n,b}^m$。

系数 $a_n^m$、$b_n^m$ 只与 $X$ 和 $Y$ 分量有关，而且可单由 $X$ 分量或单由 $Y$ 分量确定。但实际上，单由 $X$ 求出的 $a_n^m$、$b_n^m$ 与单由 $Y$ 求出的并不相同，其原因可能是：①$S_q$ 磁场中存在非位势部分；②$S_q$ 与经度有关；③傅里叶级数的截断给计算带来的误差；④球谐函数的正交性在实际场合下几乎是从不满足的。

## 5.3　变化磁场的等效电流体系

即使是最简单的变化磁场类型，要想直观地表示其空间分布和时间变化也绝非易事。首先，地磁场是矢量场，要在三维空间画出这个矢量场或者等价的磁力线图是十分烦琐的。其次，地磁场的形态学特点取决于经度、纬度、地方时、世界时、季节、太阳活动等诸多因素，

我们固然可以用全球地磁台资料来一一描述这些特点，但这需要罗列不同经纬度台站、不同季节、7个地磁要素的全部资料，不仅烦琐，而且不易得到清晰的概念。用等值线图虽然可以方便地描述平面和曲面上场的分布，但对三维空间的场则需要一系列面上的等值线图。

一种简明而有效的方法是用电流来表示磁场。我们知道，磁场源于电流，因此，给出产生磁场的电流体系，也就等于给出了磁场本身。电流体系的全球图案可以清楚地显示出磁场的空间分布和电流体系随时间的变化，要比许多台站的连续记录曲线更能表现磁场的时变特征。

但是，一个新的问题产生了：当我们描绘磁场的时空分布等形态学特征时，事先并不知道产生该磁场的电流位于何处以及如何分布，而这正是我们想要通过磁场描绘得到的东西。解决这个问题的一种方法是使用“等效电流体系”。

等效电流体系是一种假想的电流体系，它产生的地面磁场与真实电流体系完全一样。之前讲过，地球变化磁场是由电离层和磁层电流及其在地球内部的感应电流产生的，但仅靠地面磁场资料，往往无法知道电流所处的确切位置，也不知道电流的具体分布。在此情况下，我们可以设想，产生磁场的电流位于某一高度的二维球壳上（如电离层的E区），先用正演方法建立已知电流体系所产生的磁场表达式，然后由地面（或某高度）的磁场实际观测结果反演出等效电流体系。

在得到等效电流体系后，结合其他资料和知识，我们可以进一步得到真实电流体系。因此，等效电流体系不仅仅是描述磁场的一种简便方法，更重要的是，它为研究磁场起源提供了重要的基础。

### 5.3.1 电流磁场和磁荷磁场的等效性

用毕奥-萨伐定律可以直接推导等效电流体系和磁场的关系，但较为复杂。利用简单的磁荷磁场公式，同样可以得到电流与磁场的关系。下面，我们从圆电流与磁偶极子的等效性出发，来逐步说明电流磁场和磁荷磁场的等效性。

我们知道，一个电流强度为$I$、面积为$dS$的圆电流相当于一个磁矩为$IdS$的磁偶极子，$I$是单位面积的磁矩（磁矩密度），磁矩方向沿$dS$。另外，磁偶极子也可以看成是由大小相等、符号相反、相距很近的两个磁荷组成的。于是，磁偶极子的两种表达形式把电流的磁场与磁荷的磁场联系了起来，而磁荷的磁场具有非常简单的形式。

现在，我们转向图5-7所示的电流强度为$I$的闭合电流圈（电流回路）。以回路为边界，作任意曲面，并把曲面划分成许多小块面元$dS$，使电流$I$沿每个面元边界流过，流向与大电流圈相同。由于各电流元内部边界上的电流因流向相反而互相抵消，所以，所有面元电流的合成结果与原来的大电流圈完全等效。每个面元电流圈的等效磁矩为$IdS$，磁矩密度为$I$。这就是说，闭合电流回路等效于一个磁偶极子层，其磁矩密度为$I$，磁矩方向沿回路曲面的正法线方向。一个偶极层可以看成是由相距$\delta$的两个正、负磁荷层组成的磁荷双层，其磁荷密度等于$I/\delta$。这样一来，求电流圈的磁场问题就变成了求磁荷层的磁场问题。

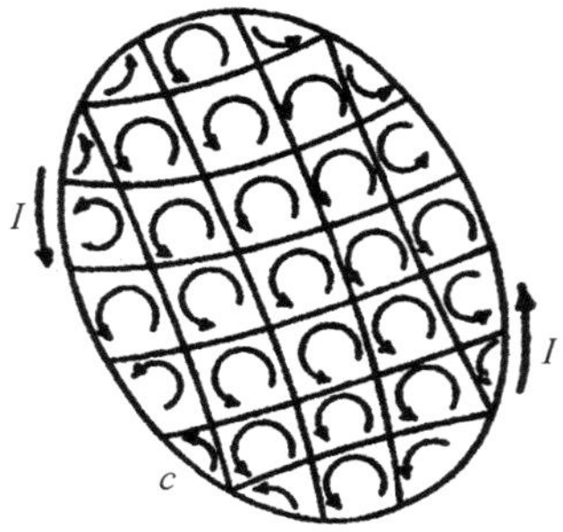


图 5－7　闭合电流回路与电流元的等效性

### 5.3.2　球面磁荷层的磁场

假设在一个球心为 $O$、半径为 $a$ 的球面上分布着密度为 $f(a,\theta,\lambda)$ 的磁荷，这个球面磁荷层在观测点 $P(r,\theta_0,\lambda_0)$ 产生的磁位为

$$V(r,\theta_0,\lambda_0)=\frac{\mu_0}{4\pi}\int_0^{2\pi}\int_0^{\pi}\frac{f(a,\theta,\lambda)}{R}a^2\sin\theta\mathrm{d}\theta\mathrm{d}\lambda \tag{5.36}$$

式中：$R$ 是位于球面上点 $A(a,\theta,\lambda)$ 的磁荷元到观测点 $P(r,\theta_0,\lambda_0)$ 的距离，即

$$R=\sqrt{a^2-2ar\cos\psi+r^2} \tag{5.37}$$

式(5.36)中的 $f(a,\theta,\lambda)$ 可以写成球面谐和函数的形式：

$$f(a,\theta,\lambda)=\sum_{l=0}^{\infty}S_l(\theta,\lambda) \tag{5.38}$$

其中

$$S_l(\theta,\lambda)=\sum_{k=0}^{l}(g_l^k\cos m\lambda+h_l^k\sin m\lambda)P_l^k(\theta) \tag{5.39}$$

式(5.36)中的 $1/R$ 可以按二项式定理，分别对 $r<a$ 和 $r>a$ 两种情况，展开成 $(r/a)^n$ 和 $(a/r)^n$ 的级数：

$$\frac{1}{R}=\begin{cases}\dfrac{1}{a}\displaystyle\sum_{n=0}^{\infty}\left(\frac{r}{a}\right)^nP_n(\psi), & r<a\\ \dfrac{1}{a}\displaystyle\sum_{n=0}^{\infty}\left(\frac{a}{r}\right)^{n+1}P_n(\psi), & r>a\end{cases} \tag{5.40}$$

将式(5.38)和式(5.40)代入式(5.36)，即得点磁位为

$$V=\frac{\mu_0}{4\pi a}\int_0^{2\pi}\int_0^{\pi}\sum_{l=0}^{\infty}(\theta,\lambda)\left\{\begin{matrix}\displaystyle\sum_{n=0}^{\infty}\left(\frac{r}{a}\right)^nP_n(\psi)\\ \displaystyle\sum_{n=0}^{\infty}\left(\frac{a}{r}\right)^{n+1}P_n(\psi)\end{matrix}\right\}a^2\sin\theta\mathrm{d}\theta\mathrm{d}\lambda \tag{5.41}$$

根据球面三角公式，有

$$\cos\psi=\cos\theta\cos\theta_0+\sin\theta\sin\theta_0\cos(\lambda-\lambda_0) \tag{5.42}$$

可以把 $P_n(\psi)$ 写成如下级数形式：

$$P_n(\psi)=\sum_{m=0}^{n}(A_n^m\cos m\lambda+B_n^m\sin m\lambda)P_n^m(\theta) \tag{5.43}$$

式中

$$\begin{Bmatrix}A_n^m\\B_n^m\end{Bmatrix}=\frac{2n+1}{4\pi}\int_0^{2\pi}\int_0^{\pi}P_n(\psi)P_n^m(\theta)\begin{Bmatrix}\cos m\lambda\\\sin m\lambda\end{Bmatrix}\sin\theta\mathrm{d}\theta\mathrm{d}\lambda \tag{5.44}$$

经过一些三角函数运算可以得到

$$\left.\begin{aligned}A_n^m&=P_n^m(\theta_0)\cos m\lambda_0\\B_n^m&=P_n^m(\theta_0)\sin m\lambda_0\end{aligned}\right\} \tag{5.45}$$

根据球面函数的正交性，有

$$\int_0^{2\pi}\int_0^{\pi}P_n^m(\theta)\begin{Bmatrix}\cos m\lambda\\\sin m\lambda\end{Bmatrix}P_n^{m}{}'(\theta)\begin{Bmatrix}\cos m'\lambda\\\sin m'\lambda\end{Bmatrix}\sin\theta\mathrm{d}\theta\mathrm{d}\lambda=\begin{cases}0, & m\neq m'\\\dfrac{4\pi}{2n+1}, & m=m',n=n'\end{cases} \tag{5.46}$$

式(5.41)中只有 $l=n$ 的项的积分不等于零，它们是

$$\int_0^{2\pi}\int_0^{\pi}P_n(\psi)S_n(\theta,\lambda)\sin\theta\mathrm{d}\theta\mathrm{d}\lambda=\frac{4\pi}{2n+1}S_n(\theta_0,\lambda_0) \tag{5.47}$$

于是，球面磁荷层的磁位可以写成

$$\left.\begin{aligned}V(r,\theta_0,\lambda_0)&=\mu_0 a\sum_{n=0}^{\infty}\frac{1}{2n+1}S_n(\theta_0,\lambda_0)\left(\frac{r}{a}\right)^n, \quad r<a\\V(r,\theta_0,\lambda_0)&=\mu_0 a\sum_{n=0}^{\infty}\frac{1}{2n+1}S_n(\theta_0,\lambda_0)\left(\frac{a}{r}\right)^{n+1}, \quad r>a\end{aligned}\right\} \tag{5.48}$$

### 5.3.3 球面磁双层的磁场

前面我们说过，磁偶极层等价于两个相距很近的正、负磁荷层。在球面情况下，这就是所谓的“球面磁双层”(或球面磁壳)。假设有两个半径相近的同心球壳，内壳半径为 $a$，外壳半径为 $a+\delta a$。如果内壳上分布着密度为 $-f(a,\theta,\lambda)$ 的磁荷，为使两壳上总磁荷大小相等、符号相反，外壳上的磁荷密度应为 $f(a,\theta,\lambda)a^2/(a+\delta a)^2$。在这个磁壳的任一点 $(\theta,\lambda)$ 上，磁壳单位面积的磁矩(叫作磁矩密度或磁壳强度)可表示为

$$M(a,\theta,\lambda)=f(a,\theta,\lambda)\delta a=\sum_{n=0}^{a}S_n(\theta,\lambda)\delta a=\sum_{n=0}^{a}M_n(\theta,\lambda) \tag{5.49}$$

整个磁双层在观测点 $P(r,\theta_0,\lambda_0)$ 的磁位 $U(r,\theta_0,\lambda_0)$ 用两个球面磁荷层的磁位之和来表达：

$$U(r,\theta_0,\lambda_0)=\frac{a^2}{(a+\delta a)^2}V(a+\delta a)-V(a)=a^2\left\{\frac{V(a+\delta a)}{(a+\delta a)^2}-\frac{V(a)}{a^2}\right\}=a^2\frac{\partial}{\partial a}\left(\frac{V}{a^2}\right)\delta a \tag{5.50}$$

将式(5.48)代入式(5.50)，即可得到球面磁双层的磁位为

$$\left.\begin{aligned}U(r,\theta_0,\lambda_0)&=-\mu_0\sum_{n=0}^{\infty}\frac{n+1}{2n+1}M_n(\theta_0,\lambda_0)\left(\frac{r}{a}\right)^n, \quad r<a\\U(r,\theta_0,\lambda_0)&=\mu_0\sum_{n=0}^{\infty}\frac{n}{2n+1}M_n(\theta_0,\lambda_0)\left(\frac{a}{r}\right)^{n+1}, \quad r>a\end{aligned}\right\} \tag{5.51}$$

### 5.3.4　球面电流的磁场

考虑一个无限薄的导电球壳，球壳的两边是真空或不导电物质，于是，既无电流流入球壳，也无电流流出球壳，电流只能在球壳上流动，下面我们考虑电流状态不随时间变化的定常情况。

设 $AP$ 是球壳上的一段曲线，我们在球外沿着从 $A$ 到 $P$ 的方向来看电流流动，假设从左向右通过曲线段 $AP$ 的电流强度是 $J$。在定常情况下，对球壳上任何一条闭合曲线来说，流入的电流必须等于流出的电流，因此，流过连接 $A$ 点和 $P$ 点的任何球面曲线的电流 $J$ 必须相等。这也就是说，如果 $A$ 点固定，那么电流 $J$ 仅仅是 $P$ 点位置的函数，我们把这个函数称作“电流函数”。电流沿着 $J$ 等于常数的线(称作电流线)流动，两条相邻电流线 $J=J_0$ 和 $J=J_0+\mathrm{d}J$ 之间的电流强度为 $\mathrm{d}J$。如果两条电流线的距离是 $\mathrm{d}s$，则“电流密度”为 $\mathrm{d}J/\mathrm{d}s$(在一些地磁学书中，称为“电流强度”，而把 $\mathrm{d}J$ 称作“电流”)。可见，电流密度反比于电流线之间的距离。

从物理上来看，电流线的几何形状和电流密度与起点 $A$ 的选择无关，选择另一个起点 $B$，仅使电流函数改变一个常数。

不同的电流线不会相交，各自在球面上形成闭合曲线。从 $J$ 的定义可知，如果从球外看球面上的电流，在极小值 $J_{\min}$ 附近，电流顺时针流动，在极大值 $J_{\max}$ 附近，电流反时针流动。

电流线 $J_0$ 和 $J_0+\mathrm{d}J$ 之间的电流构成了一个闭合电流环，其电流强度为 $\mathrm{d}J$，电流环包围的面积为 $S_c$。根据前面的论述，这个电流环所产生的磁场等于一个以电流环为边界的磁双层(磁壳)所产生的磁场，磁双层的总磁矩为 $S\mathrm{d}J$，磁矩密度为 $\mathrm{d}J$。我们从 $J_{\max}$ 的点开始，把球面电流系划分成由内向外一个接一个的电流环，并分别用相应的磁壳代替，这样一圈套一圈的电流环就变成一层叠一层的磁壳，最后得到一个总的磁壳，其磁矩密度就等于电流函数 $J_c$。

将 $J$ 表示成球面谐和函数的形式：

$$J(a,\theta,\lambda)=\sum_{n=0}^{a}J_n(\theta,\lambda) \tag{5.52}$$

用 $J_n$ 代替式(5.51)中的 $M_n$，就得到球面电流体系的磁位为

$$\left.\begin{aligned}U(r,\theta,\lambda)&=-\mu_0\sum_{n=0}^{\infty}\frac{n+1}{2n+1}J_n(\theta,\lambda)\left(\frac{r}{a}\right)^n,\quad r<a\\U(r,\theta,\lambda)&=\mu_0\sum_{n=0}^{\infty}\frac{n}{2n+1}J_n(\theta,\lambda)\left(\frac{a}{r}\right)^{n+1},\quad r>a\end{aligned}\right\} \tag{5.53}$$

如果磁场观测是在半径为 $r$ 的球面上进行的，那么观测到的磁位可写成球谐级数的形式，即

$$U(r,\theta,\lambda)=\sum_{n=0}^{\infty}U_n(\theta,\lambda) \tag{5.54}$$

对比式(5.53)和式(5.54)，可以得到

$$\left.\begin{aligned} J_n^{\mathrm{e}}(\theta,\lambda) &= -\frac{1}{\mu_0}\frac{2n+1}{n+1}\left(\frac{a}{r}\right)^n U_n^{\mathrm{e}}(\theta,\lambda), \quad r<a \\ J_n^{\mathrm{i}}(\theta,\lambda) &= \frac{1}{\mu_0}\frac{2n+1}{n}\left(\frac{r}{a}\right)^n U_n^{\mathrm{e}}(\theta,\lambda), \quad r>a \end{aligned}\right\} \tag{5.55}$$

这里，我们在电流和磁位的表达符号上加了上标 e 和 i，以分别表示电流体系在观测点之外($r<a$)和观测点之内($r>a$)，并分别称之为外源场和内源场。如果我们由地磁观测资料得到了这两部分磁场的磁位表达式 $U_n^{\mathrm{e}}$ 和 $U_n^{\mathrm{i}}$，代入式(5.55)即可求出相应的外源等效电流体系和内源等效电流体系。如果磁位改用电磁单位 gilbert，电流仍用 A 作单位，由于 1 Tm$=10^{-6}$ gilbert，$\mu_0=4\pi\times10^{-7}$ H/m，那么式(5.55)右端的系数 $1/\mu_0$ 需改为 $10/4\pi$。

## 5.4 平静太阳日变化

地磁平静日的太阳周日变化叫作太阳静日变化，记作 $S_q$，这是最重要的地磁场平静变化类型。在中低纬度地区的磁照图上，只要没有磁暴，$S_q$ 总是最主要的变化成分。极区的 $S_q$(称作 $S_q^p$)经常淹没在亚暴的剧烈扰动中，只有在极其平静的条件下，才可看到规则的 $S_q^p$。为了从各种干扰中提取出 $S_q$，通常选择每月最平静的 5 天磁记录，用时序叠加法计算该月的平均 $S_q$。在高纬地区，要选择特别平静的日子，才能得到较好的结果。

对比分析不同时段全球地磁台的 $S_q$ 变化，可以归纳出 $S_q$ 场的主要特点如下：

(1)$S_q$ 场基本取决于纬度和地方时两个坐标；

(2)$S_q$ 场主要是白天现象，即磁场变化白天大而快速，夜间小而平缓；

(3)$S_q$ 有明显的季节变化，表现出夏季大、冬季小的特点；

(4)$S_q$ 的变化幅度与太阳活动 11 年周期有一定关系；

(5)$S_q$ 场的不同分量关于地磁赤道呈对称或反对称分布；

(6)极区和高纬地区的 $S_q$ 表现出特有的时空特点，表明它的起源与中低纬 $S_q$ 的起源不同。

### 5.4.1 中低纬度区 $S_q$ 场的特点

就全球来讲，$S_q$ 场的主要特点表现在中低纬度区。

#### 5.4.1.1 $S_q$ 的地方时依赖性

对比纬度相同而经度不同的地磁台 $S_q$ 变化可以看出，它们几乎与经度无关，呈现出随地方时平稳变化的特点。图 5-8 就是一个典型的例子，图中给出地理纬度相似，而经度相距近 100°的波茨坦(50°23′N)和伊尔库茨克(52°16′N)地磁台磁偏角和水平强度 $S_q$ 随地方时的变化。从图中还可以看到，下午 8 点到凌晨 4 点，$S_q$ 曲线几乎是平直的，而曲线的白天部分则有较大的变化。

#### 5.4.1.2　$S_q$ 的纬度变化

$S_q$ 变化的纬度差异可以从图 5－9 看得很清楚，该图列出北纬 60°到南纬 60°范围内每隔 10°四个地磁要素（$X$、$Y$、$Z$ 和 $I$）的 $S_q$ 变化。$Y$、$Z$、$I$ 三要素的变化在赤道两边是相反的，$X$ 分量通过赤道时不改变方向，它的反向发生在±30°处，$I$ 的变化形态也在这里发生反向。

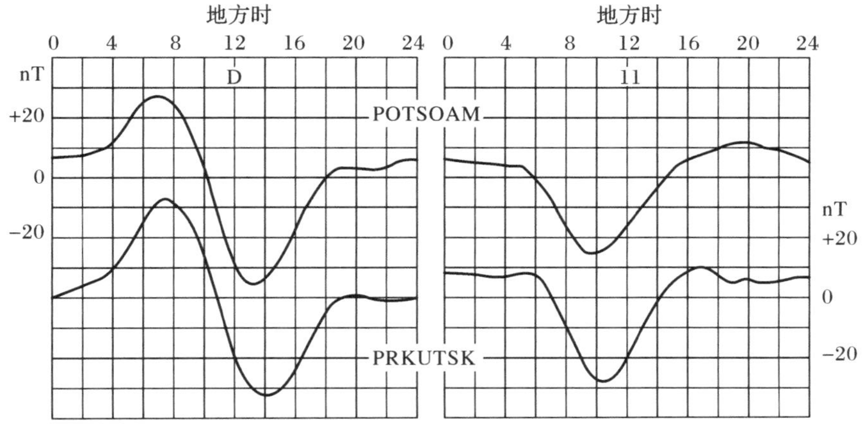


图 5－8　波茨坦（52°23′N）和伊尔库茨克（52°16′N）地磁台磁偏角和水平强度 $S_q$ 变化

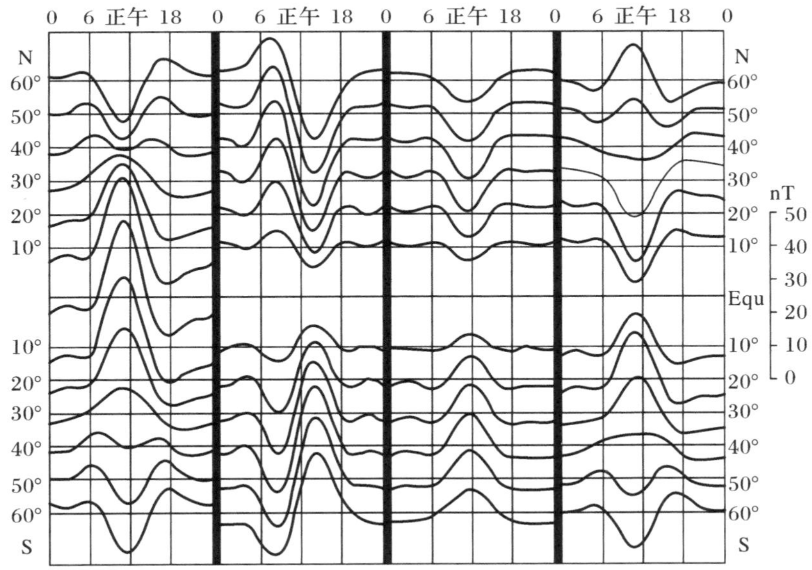


图 5－9　北纬 60°到南纬 60°范围内每隔 10°的 $S_q$ 变化

（从左到右分别是 $X$、$Y$、$Z$、$I$，横坐标是地方时）

使用全球地磁台网的资料，我们可以在地方时-纬度坐标系中作出 $S_q$ 各要素的等值线，如图 5－10 所示，该图清楚而概括地显示出上述两个特点。

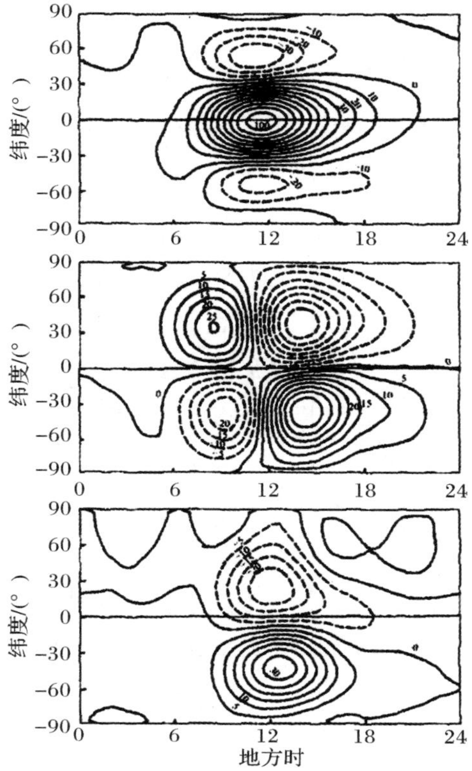


**图 5-10　在地方时-纬度坐标系中 $S_q$ 各要素的等值线**

（从上到下分别是 $X$、$Y$ 和 $Z$ 分量）

#### 5.4.1.3　$S_q$ 的季节变化

$S_q$ 的幅度有显著的季节变化，无论是南半球，还是北半球，都呈现夏季变幅大而冬季变幅小的特点。与变幅不同的是，$S_q$ 的变化形态一年四季几乎保持不变，只是夏季的相位略有前移。图 5-11(a)(b)(c)分别是北半球、赤道、南半球三个台站 $S_q$ 的季节变化。

### 5.4.2　赤道地区的 $S_q$ 变化和洪伽约现象

在地磁赤道附近很窄的纬度带内，水平分量 $H$ 的 $S_q$ 变化幅度非常大。这一特点是在分析秘鲁洪伽约地磁台的日变记录时发现的，因此称之为洪伽约现象。在图 5-11 中可以清楚地看到赤道台站不同于中纬度台站的这一异常特点（注意，图中赤道台站洪伽约 $S_q$ 变化的比例尺是两个中纬度台站的 1/6）。图 5-12 是洪伽约地磁台 1928 年 4 月（平静月）和 7 月（扰动月）地磁水平分量的记录。我们不仅可以看到变幅达到 200 nT 的日变化，而且可以看到夜间值的逐日变化。

$H$ 分量日变化异常增大的现象只存在于赤道附近，离开赤道几度以后就不复存在了。与水平分量形成明显对照的是，赤道台站磁偏角和垂直分量的 $S_q$ 变化却很小。从电流产生磁场的物理观点来看，这意味着，地磁赤道附近存在一个近乎东西方向的高空电流束，它在很窄的纬度带内产生了南北方向的地面磁场。从白天 $H$ 的正向变化还可以进一步推断，该电流是从西向东流动的，这一电流束就叫作“赤道电集流”。

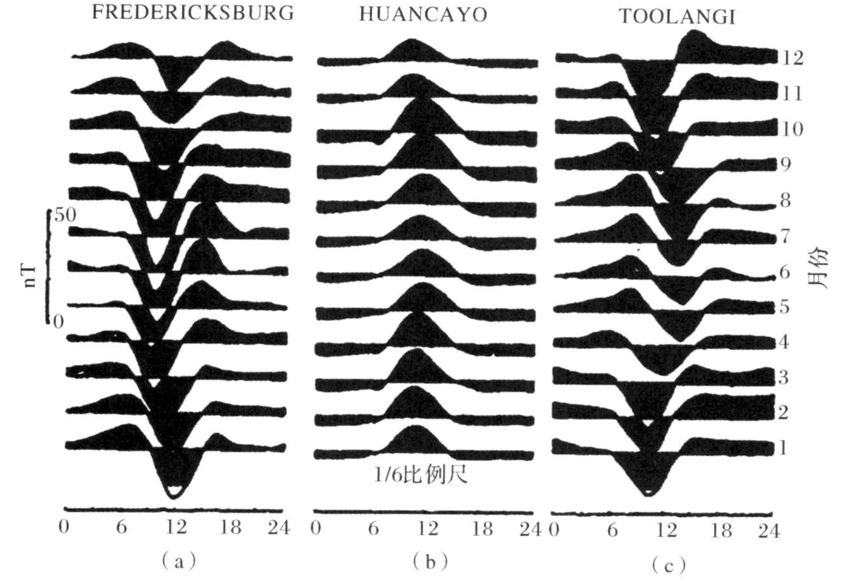


图 5-11　北半球、赤道、南半球三个台站 $S_q$ 的季节变化

(a)北半球；(b)赤道；(c)南半球

(注意：赤道台纵坐标比例尺小)

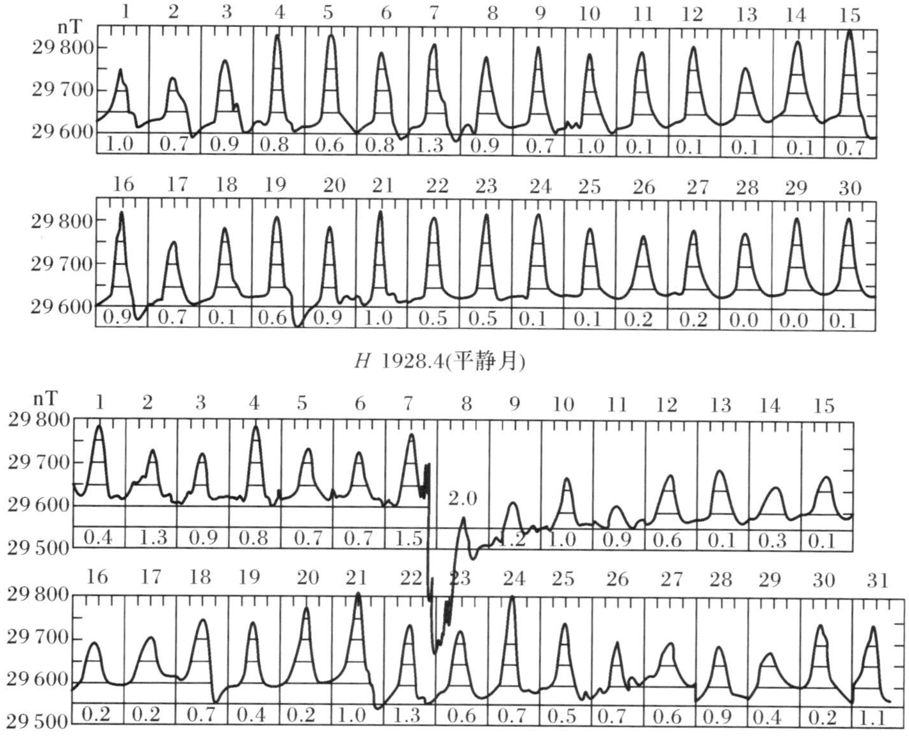


图 5-12　洪伽约地磁台 1928 年 4 月(平静月)和 7 月(扰动月)地磁水平分量的记录

### 5.4.3 极区 $S_q$

极区的地磁平静太阳日变化叫作 $S_q^p$。对 $S_q^p$ 的认识要比中低纬度晚得多，这是因为极区经常发生地磁亚暴这类剧烈的地磁扰动事件，即使在没有亚暴的时段，幅度不大的静日变化也常常被始终存在的地磁扰动所淹没。只有仔细挑选极其平静的日子，才能得到平均的 $S_q^p$ 变化。

在中低纬度地区，太阳静日变化主要发生在白天，而极区太阳静日变化的昼夜差异则不太明显，日变化曲线更接近正弦曲线。图 5－13 是南北两极区 $S_q^p$ 的等效电流体系图，它由两个相反对流的电流涡组成，极盖区的电流基本上是向日流动的，然后由较低纬度返回，在晨昏两侧大约 75°纬度处形成两个电流涡中心。从高空向下看，北半球早晨电流涡顺时针流动，下午电流涡反时针流动，南半球的电流方向刚好相反。冬季[见图 5－13(b)(d)]的电流强度约为夏季[见图 5－13(a)(c)]的 2/3。

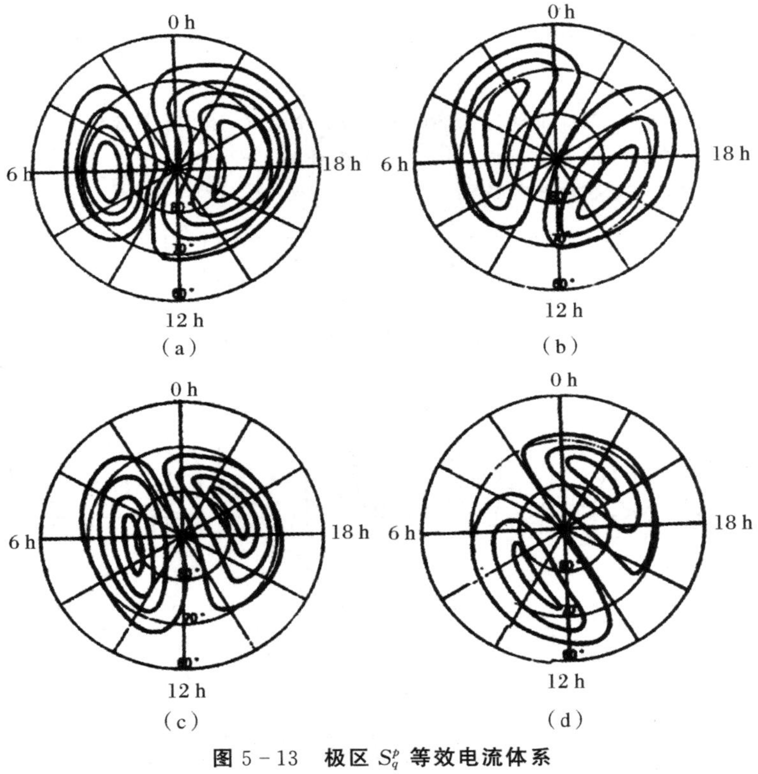


**图 5－13 极区 $S_q^p$ 等效电流体系**

(a)北半球地方夏季；(b)北半球地方冬季；(c)南半球地方夏季；(d)南半球地方冬季

### 5.4.4 $S_q$ 的全球等效电流体系

使用全球地磁台网资料，我们可以得到 $S_q$ 的等效电流体系。由于有明显的季节变化，所以通常对不同季节的资料分别加以处理。应该指出的是，地磁学中通常不采用春夏秋冬的四季划分法，而习惯使用劳埃德季节，即一年分为三个季节：3 月、4 月、9 月、10 月为分点

(春分和秋分)月份,用 E 表示,5 月、6 月、7 月、8 月为夏至点月份,用 J 表示,11 月、12 月、1 月、2 月为冬至点月份,用 D 表示。图 5 - 14 为太阳活动高年(1957—1959 年)D,E,J 三个季节和全年平均(用 Y 表示)的 $S_q$ 外源等效电流体系(图中只画出北半球部分)。电流体系的中低纬度部分主要由两个白天电流涡组成,它们分别位于赤道南北两边,总电流约为 200 kA,北半球电流涡反时针流动,南半球电流涡顺时针流动。电流涡中心大约位于地方时 11 点半和±30°纬度处。夜间的电流很小,电流线很稀。

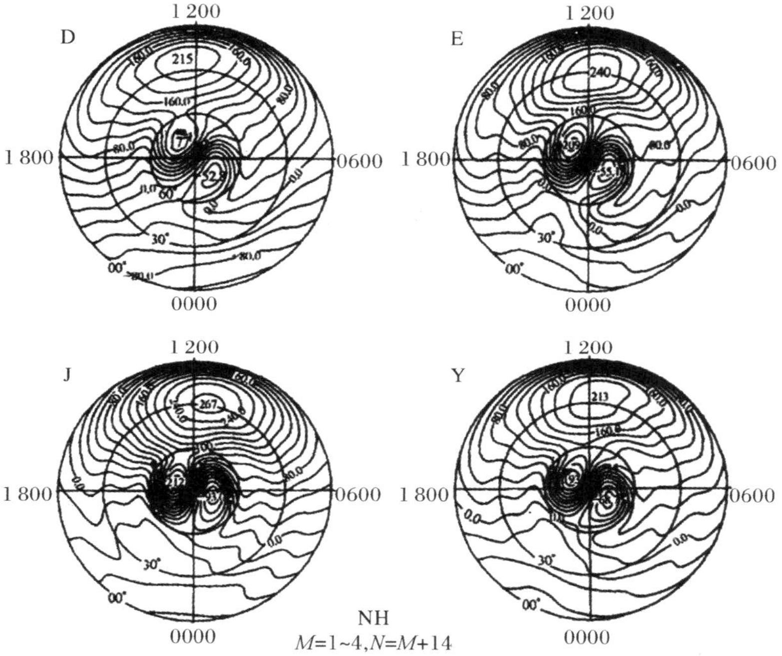


**图 5 - 14　太阳活动高 $S_q$ 年(1957—1959 年)D、E、J 三个季节和全年平均(Y)的外源等效电流体系(图中只画出北半球部分,等值线间隔是 20 kA)**

在赤道附近,电流的主要特点是白天强大的东向电流束。正是这种电流结构,引起了著名的“洪伽约现象”。

极区的双涡电流是很有特点的结构,虽然由于与中纬电流体系的连接而略有变形,但其基本特性与图 5 - 13 一样。极盖区向日流动的总电流约为 260 kA。

$S_q$ 等效电流体系有明显的季节变化。D,E,J 三个季节的中纬度电流涡总强度分别为 215 kA、240 kA、267 kA,电流涡中心由冬季的午后 12:30 逐渐移到午前 11:30;极盖区总电流分别为 229.8 kA、264.1 kA、305 kA,电流涡位置在东西方向上的移动与中纬电流涡正好相反。

### 5.4.5　$S_q$ 的逐日变化

检查连续几天磁静日的记录曲线,我们就会发现,每天的 $S_q$ 变化形态基本相似,但幅度却有显著的差异。这种 $S_q$ 的逐日变化在磁扰日也同样存在。

要想认识 $S_q$ 逐日变化的特点，首先必须设法消除磁扰的影响。由于磁扰主要是由磁层电流（如磁层顶电流、赤道环电流、磁尾电流、场向电流等）和极区电流产生的，它们对中纬度相邻台站的影响大致相等，所以，我们可以选择 $S_q$ 电流涡焦点南北两侧台站的 $X$ 分量（或 $H$ 分量）来进行分析，它们的 $S_q$ 变化形态大致相反。两台磁场变化之差突出了 $S_q$，同时可以消去距离较远的磁层电流和极区电流的磁扰影响。这样得到的差值变化如图 5-6 最下面的曲线所示。图 5-15 是用这种方法得到的 1973 年每天 $S_q$ 幅度的相对变化，可以看到，有时相邻两天的 $S_q$ 幅度可以相差几倍。

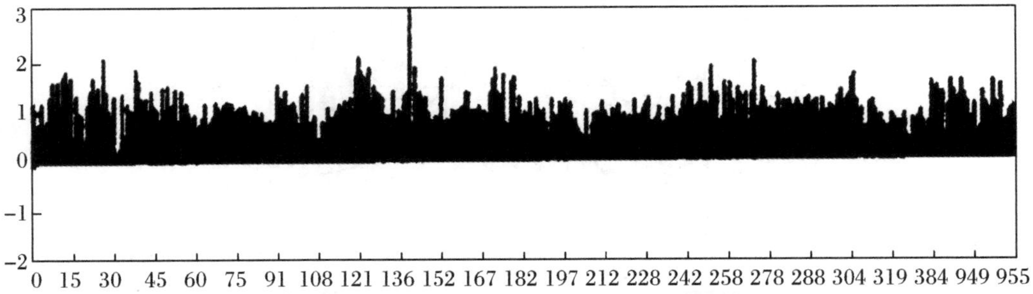


**图 5-15　用北京和广州地磁台资料得到的 $S_q$ 幅度的逐日变化(1973 年)**

### 5.4.6　$S_q$ 的经度差异

仔细对比图 5-8 中两个同纬度但不同经度台站的 $S_q$ 变化曲线，可以发现，虽然二者形态相似，但中午极小值和早晨极大值出现的时间有一些差别，变化幅度也不完全相同。可见，$S_q$ 变化除了与纬度和地方时有关外，与经度也有一定关系。因此，$S_q$ 变化可以写成三部分之和，即

$$S_q(\theta,\lambda,t)=S_t(\theta,t)+S_\lambda(\theta,\lambda)+S_{t\lambda}(\theta,\lambda,t) \tag{5.56}$$

式中：第一项只与余纬 $\theta$ 和地方时 $t$ 有关；第二项只与余纬 $\theta$ 和经度 $\lambda$ 有关；第三项与余纬 $\theta$、经度 $\lambda$ 和地方时 $t$ 都有关系。

由于经度 $\lambda$、地方时 $t$ 和世界时 $t'$ 有 $t'=t-\lambda$ 的简单关系，所以可以用 $t$ 和 $t'$ 代替 $\lambda$ 和 $t$，于是式(5.56)可以写成另一种形式，即

$$S_q(\theta,t',t)=S_{\mathrm{LT}}(\theta,t)+S_{\mathrm{UT}}(\theta,t')+S_{\mathrm{LUT}}(\theta,t,t') \tag{5.57}$$

式(5.57)等号右端三项分别表示与地方时有关、与世界时有关，与地方时和世界时同时有关的三部分。事实上，5.2.5 节关于 $S_q$ 的一般表达式(5.27)已经表明，$S_q$ 磁场包含着这三个不同的部分。

用全球台网资料，可以分离出 $S_q$ 的这三个组成部分。图 5-16 从上到下分别给出了它们随纬度 $\varphi(\varphi=90°-\theta)$ 的分布，每个部分只给出前几阶傅里叶系数。可以看出，$S_{\mathrm{LT}}$ 要比 $S_{\mathrm{UT}}$ 和 $S_{\mathrm{LUT}}$ 大得多，但是在某些地区性差异的研究中，后两部分不可忽略。

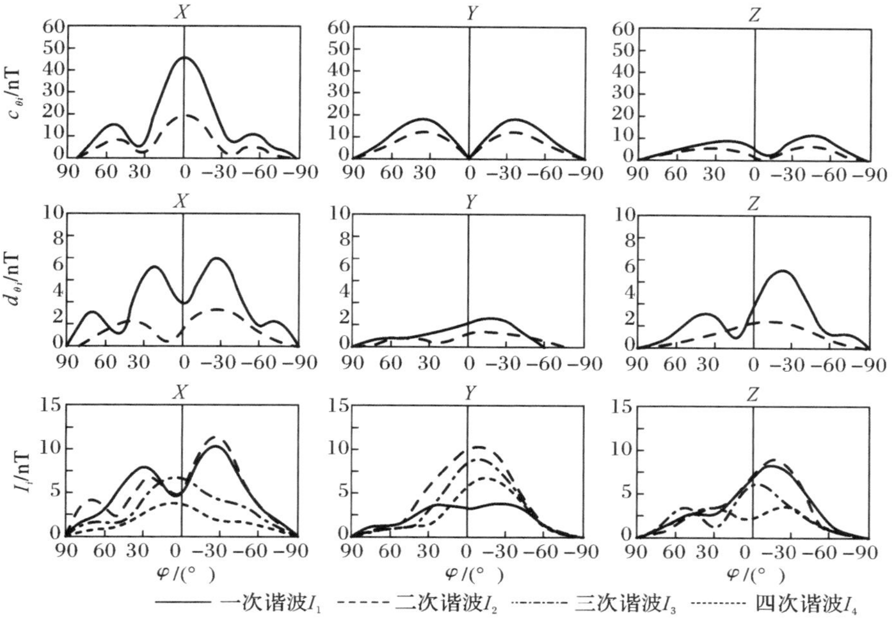


**图 5-16　$S_q$ 变化的三个组成部分(从上到下依次是 $S_{LT}$、$S_{UT}$ 和 $S_{LUT}$，从左到右依次是 X、Y 和 Z 三个分量)**

### 5.4.7　$S_q$ 内、外源场的分离

由于地球介质的导电性，$S_q$ 高空电流体系会在地球内部产生感应电流，所以实际观测到的地磁场变化是内外源磁场的叠加。根据地面台站记录，用 5.2 节的球谐分析方法可以把内源场和外源场分离开来。

图 5-17 是用中低纬度 $S_q$ 资料得到的内、外源场等效电流体系。内源场电流的分布图案与外源场电流非常相似，但电流方向相反，电流中心位置向前移动了约 1 h，强度比外源场约小 50%。这就是说，在 $S_q$ 变化中，大约有 1/3 来自内源场，2/3 来自外源场。与外源场一样，内源场也有类似的季节变化和世界时变化。

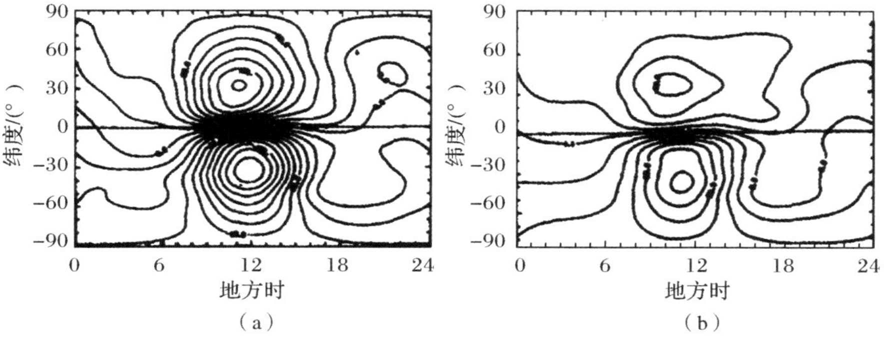


**图 5-17　$S_q$ 内、外源场等效电流体系**

(a)外源场；(b)内源场

### 5.4.8 $S_q$ 的本征模分析

在 5.2 节我们说到,变化磁场有不同的分析方法,但并不是每一种方法都能给出物理意义明确的结果。在地磁学研究中,我们更关心产生地磁场的物理过程,因此与物理过程相联系的成分分析比单纯的谱分析更有意义。下面以上海地磁台 1968 年地磁资料的自然正交分析(MNOC)为例,说明本征模分析的特点。

分析中,我们以一天 24 个时均值为一个样本。对 $m=30,60,90$ 几种不同样本数的分析结果表明,MNOC 分析有比较稳定的本征向量和本征值。图 5-18(a)表示 $Z$ 分量前 5 个归一化本征模的形态,按本征值从大到小的次序排列,图 5-18(b)是 5 个磁静日的日变化观测值与各阶本征模贡献的对比,图 5-18(c)是 5 个磁扰日的日变化观测值与各阶本征模贡献的对比。可以看出,无论是磁静日还是磁扰日,第一阶本征模都占绝对优势。也就是说,要近似地描述地磁日变化,只要一阶模就够了。而在日变化的傅里叶级数表达式中,只取第一项(24 h 谐波),是远远不能表达这个日变化的。从级数收敛性来看,本征模级数收敛得更快。随着阶次的升高,本征值迅速减小,比同样资料的傅里叶级数各次谐波振幅衰减快得多。

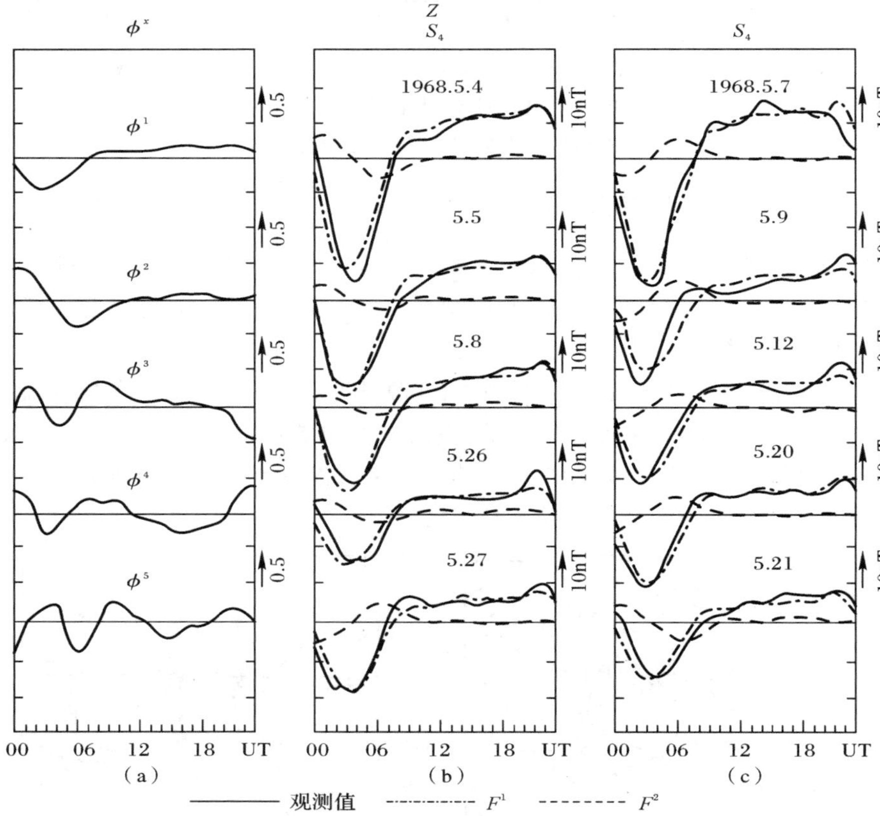


**图 5-18 地磁日变化的本征模分析(上海地磁台,1968 年 5 月)**

(a)前 5 个归一化本征模(按本征值从大到小次序排列);

(b)5 个磁静日的日变化观测值与各阶本征模贡献的对比;

(c)5 个磁扰日的日变化观测值与各阶本征模贡献的对比

## 5.5　太阴日变化

早在 1835 年，克赖尔就已开始探索地磁太阴日变化的问题，但因这种变化太小，而且周期与太阳日周期非常接近，直到 1850 年他才确切地检测出这种变化。

### 5.5.1　太阴日变化 *L* 的提取

从地磁记录中分离 *L* 变化是一件细致而烦琐的工作，并且需要较长的资料序列。资料处理通常分为以下几个步骤。

(1)消除太阳日变化。以某地磁要素 1 个月的时均值序列为原始资料，用时序叠加法求出该月的平均太阳日变化，并将它作为该月每一天的太阳日变化从原始资料中减去，得到小时残差序列。在这个残差序列中，除了太阴日变化外，还包含磁扰、长期变化、剩余的太阳日变化等成分。

(2)将残差序列按太阴日分组。太阴日周期平均为 24 h50 min，近似等于 25 h。以月球通过下中天的时刻(太阴日子夜)为起始点，每 25 h 值作为一行，将上述残差序列排列成一张表(叫作太阴日表)。由于太阴日周期不是刚好 25 h，所以作为每行起点的太阴日子夜通常并不落在整点上，我们可用最接近的整点来代替。此外，在每行最后增加一个后随的小时值，以便计算非周期变化。在太阴日的情况下，非周期变化的大小可与太阴日变化的幅度本身相比拟。

(3)求平均太阴日变化 *L*。对太阴日表数据再次使用时序叠加法，得到月平均变化。最后还要用第 1 个小时值和第 26 个小时值消去非周期变化，才是该月平均的太阴日变化。

### 5.5.2　太阴日变化 *L* 的特点

用上述方法得到的太阴日变化如图 5－19 所示。图中，从上到下依次画出每隔 1/8 月相的太阴日变化曲线，最上面的曲线是朔日(新月)，第三条是上弦日，第五条是望日(满月)，第七条是下弦日。每条曲线的粗线部分表示白天的变化，细线表示夜间的变化。

在图 5－19 的最下面给出一个太阴月(朔望月)平均的太阴日变化曲线。可以看出，太阴日变化 *L* 具有如下特点：

(1)半日波占优势。由图 5－19 可以看出，无论是不同月相的变化，还是全月的平均变化，太阴日变化曲线最显著的特点是半日波占优势，其他谐波成分较小。

(2)与月相有关。太阴日变化随月相有非常规律的变化。在一个太阴月中，不同月相的太阴日变化虽然都有双波形态，但两个波的振幅不同。随着月相的变化，主峰逐渐前移，主要变化总是发生在白天。例如，新月的太阴时零点近似与太阳时零点重合，因此白天的中心大致是太阴时 12 点。从第一条曲线可以看出，最显著的变化发生在太阴时 6—18 点，这正好是白天。

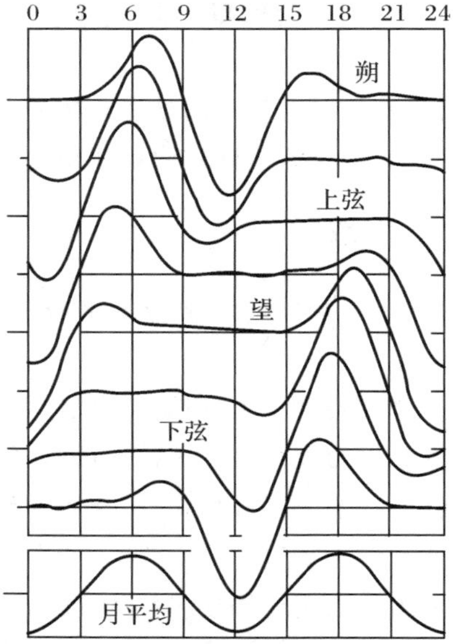


**图 5-19 不同月相及全月平均的太阴日变化**

**(雅加达,地磁偏角,相邻曲线的零线间隔是 4 nT 或 0.37′)**

### 5.5.3 太阴日变化 *L* 的等效电流体系

与太阳日变化一样,我们可以用全球台网的资料分离太阴日变化的内、外源部分,并得到相应的内、外源电流体系,图 5-20 给出 *L* 的外源电流体系。南、北两半球的电流以赤道为轴,对称分布,在每个半球的中低纬度地区,有 4 个电流涡,在极区也有 4 个电流涡。

*L* 电流体系也有季节变化,夏季半球的电流比冬季半球大,而且夏季半球的电流涡会越过赤道向冬季半球扩展。

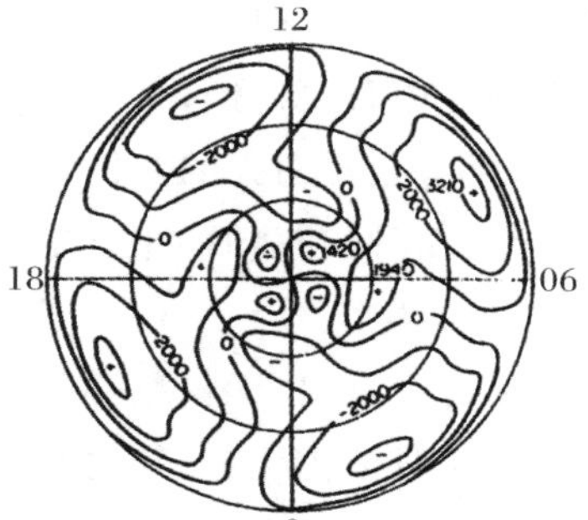


**图 5-20 地磁太阴日变化 G 的等效电流体系(北半球)**

### 5.5.4 赤道地区太阴日变化的特点

在 5.4 节,我们描述了赤道地磁台洪伽约 $S_q$ 变化的异常特点。更加值得注意的是,这个台的 *L* 变化比非赤道台站大得多,甚至可与 $S_q$ 变化相比拟,而且 $L/S_q$ 比值也比其他台站大。

图 5－21 给出该台的 $L$ 变化曲线以及 $L+S_q$ 合成曲线。$L$ 的影响周期性地表现在合成曲线上，它不仅影响曲线上 $S_q$ 主峰以外部分的形态，而且使合成曲线的幅度产生明显的逐日变化。

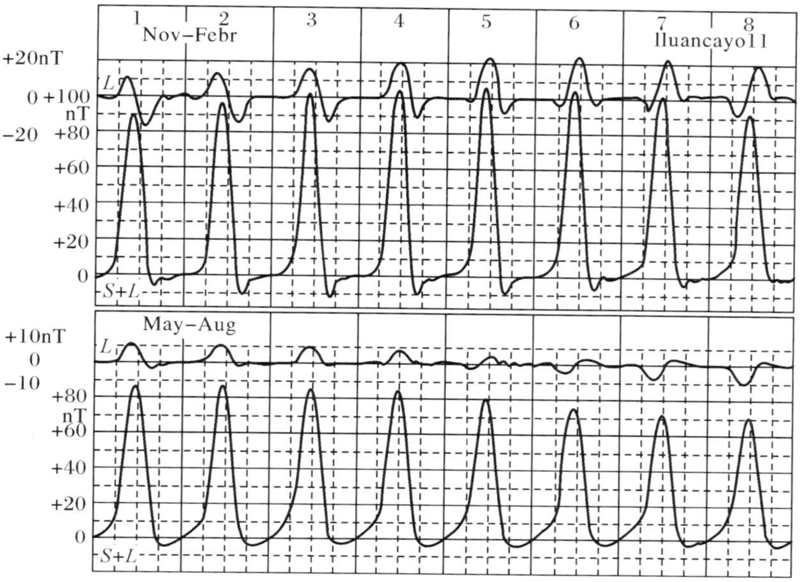


图 5－21　洪伽约地磁台的 $L$ 变化以及 $L+S_q$ 变化

（向上和向下的三角分别指出太阴子夜和正午时刻）

## 5.6　磁暴与太阳扰日变化

磁暴是一种剧烈的全球性地磁扰动现象，是最重要的一种磁扰变化类型。从格雷厄姆 1722 年第一次观测到磁暴变化至今 300 多年来，磁暴一直是地球物理学界热烈探讨的课题，也是地磁和空间物理学中最富挑战性的课题之一。这不仅因为磁暴对全球地磁场形态有重大影响，而且因为磁暴是日地能量耦合链中最重要的环节。此外，由于磁暴对通信系统、电力系统、输油管道、空间飞行器等有严重影响，所以，磁暴研究也有重要的实际应用价值。

磁暴的形态学特点可以概括为：变化幅度大而形态复杂，持续时间长而全球同步性好。

### 5.6.1　典型磁暴过程描述

磁暴发生时，所有地磁要素都发生剧烈的变化，其中，水平分量 $H$（或 $X$ 分量）变化最大，最能代表磁暴过程特点。磁暴期间，$H$ 分量的变化在中低纬度地区表现得最为突出，因此，磁暴的大部分形态学和统计学特征是依据中低纬度 $H$ 分量（或 $X$ 分量）的变化得到的。下面关于磁暴过程的描述主要是针对 $H$ 分量而言的。图 5－22 是一个典型的磁暴期间，中低纬度区不同经度的 6 个地磁台 $H$ 分量的记录，图中，以世界时为横坐标把 6 条曲线画在一起。

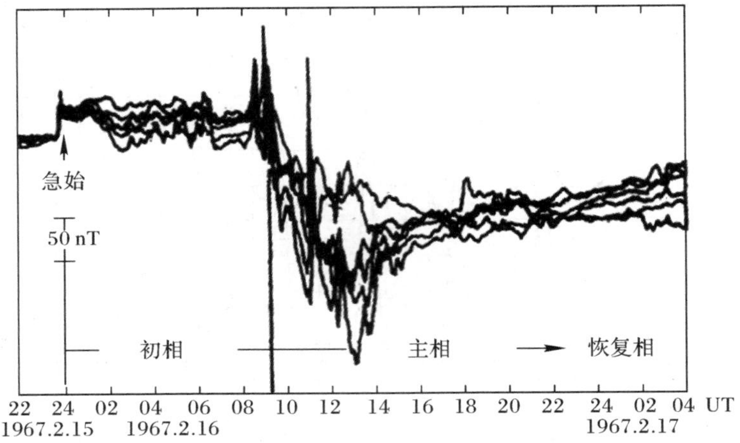


**图 5-22　1967 年 2 月 16—17 日磁暴期间，中低纬度区不同经度的 6 个地磁台 $H$ 分量的记录(横坐标为世界时)**

由图 5-22 可以看出，磁暴几乎同时在全球开始，其典型标志是水平分量突然增加，呈现一种正脉冲变化，变化幅度最大可超过 50 nT(一般磁暴为 10～20 nT)，这个变化称为磁暴急始，记作 ssc 或 sc，相应地把这种磁暴叫作急始磁暴。有时在正脉冲前面有一个小的负脉冲，这种急始记作 sc*。有的磁暴起始变化表现为平缓上升，叫作缓始磁暴，记作 gc。

磁暴开始之后，$H$ 分量保持在高于暴前值的水平上起伏变化，称作初相，持续时间为几十分钟到几个小时。在此阶段，磁场值虽然高于平静值，但扰动变化不太大。

初相之后，磁场迅速大幅度下降，几个小时到半天下降到最低值，并伴随着剧烈的起伏变化，这一个阶段称作主相。主相是磁暴的主要特点，磁暴的大小就是用主相最低点的幅度衡量的，一般磁暴为几十到几百纳特，个别大磁暴可超过 1 000 nT。

主相之后，磁场逐渐向暴前水平恢复，在此期间，磁场仍有扰动起伏，但总扰动强度渐渐减弱，一般需要 2～3 天才能完全恢复平静状态，这一阶段叫作恢复相。

### 5.6.2　磁暴分类及暴时变化的平均特点

为了便于对磁暴进行分类统计和研究，常常按照磁暴的形态特点或者强度大小把磁暴分为不同的类型。在按强度分类时，根据所用地磁指数的不同，又有不同的分类法。

1. 按起始特点分类

上面说过，按照有无急始变化，磁暴分为急始磁暴和缓始磁暴两大类。它们所包括的初相、主相、恢复相三个阶段没有系统的差别。

2. 按 $K$ 指数分类

$K$ 指数是用分级的方法描述地磁活动性的一种数字指标。$K$ 从 0～9 共分为 10 级，$K=0$和 $K=9$ 分别表示最平静和最扰动的情况。把一天按照世界时等分为 8 个时段，由地磁台记录求出每个 3 小时段的地磁变化幅度，进而确定该台该时段的 $K$ 指数，最后综合全球选定的 12 个台站的 $K$ 指数得到行星性 $K_p$ 指数。

按 $K$ 指数的大小，磁暴分为三类：中常磁暴($K=5,6$)、中烈磁暴($K=7,8$)、强烈磁暴($K=9$)。

3. 按 $D_{st}$ 指数分类

在图 5 - 22 中我们看到，虽然磁暴在全球同时开始，同步变化，但仍有明显的经度差异。为了从总体上描述磁暴的大小，我们可按大致均匀的经度间隔选择若干中低纬度台站，从各台 $H$ 分量变化中消去正常日变化，得到所谓的暴时变化，然后将所选台站的变化用时序叠加法进行平均，即得到描述磁暴变化的 $D_{st}$ 指数和 $D_{st}$ 变化。

按照 $D_{st}$ 指数的大小，磁暴可以分为弱磁暴、中等磁暴和大磁暴三类，并以磁暴开始时刻(称作磁暴时间零时)为共同参考点，用时序叠加法求出每类磁暴的平均暴时变化，如图 5 - 23 所示。

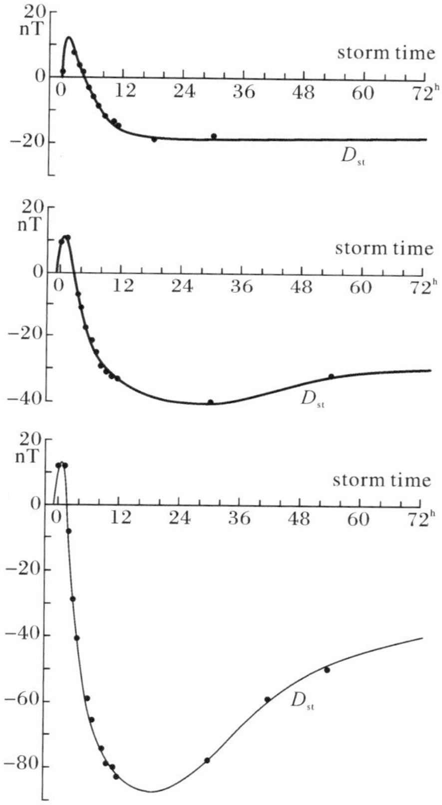


**图 5 - 23　弱磁暴、中等磁暴和大磁暴的平均暴时变化 $D_{st}(H)$**

但是，当我们把这些平均的 $D_{st}$ 曲线与具体磁暴的 $D_{st}$ 变化相比较时，发现有许多矛盾的地方。例如：首先，对于一个具体磁暴而言，即使最小 $D_{st}$ 指数达到 −90 nT，也很难归入大磁暴一类；其次，平均 $D_{st}$ 曲线的低值区比大多数实际磁暴宽得多。另外，它们的恢复相，特别是弱磁暴的恢复相，也显得太长。因此，1997 年又提出了新的磁暴分类标准。

首先，把具有明显初相-主相-恢复相的完整形态，并且最低点的 $D_{st} \leqslant 30$ nT 的磁扰作为磁暴的定义，然后把磁暴分为弱、中、强、烈、巨五类，各类磁暴最低点从 $D_{st}$ 值的下限值分别是 −30 nT、−50 nT、−100 nT、−200 nT、−350 nT。图 5 - 24 按照 $\Delta D_{st} = 10$ nT 的间隔列出 1957—1993 年期间总共 1 085 个磁暴的分类情况，各类磁暴所占比例分别为 44%、

32%、19%、4%、1%，每年平均发生弱磁暴 13 次、中磁暴 9 次、强磁暴 6 次、烈磁暴 1 次，而巨磁暴平均每 6 年才发生一次。

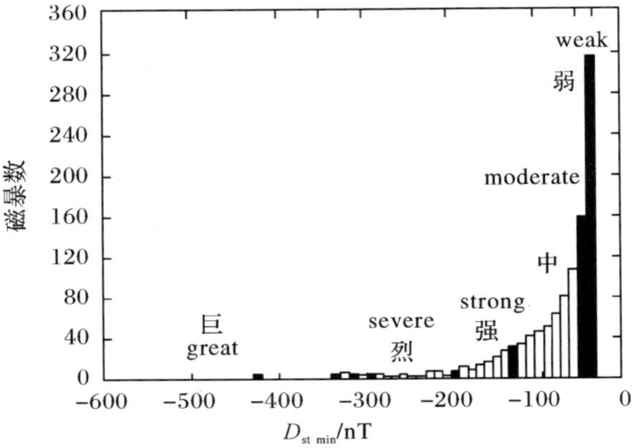


图 5-24　磁暴发生频次随最小 $D_{st}$ 的变化(1957—1993 年)

对每类磁暴用时序叠加法求出 $D_{st}$ 平均变化曲线，如图 5-25 所示。与前面介绍的分类法不同的是，新分类法把 $D_{st}$ 最低点的时刻作为时序叠加的共同参考点，这样可以很好地描述磁暴的主相部分，并且能够正确地确定 $D_{st}$ 的最低值。此外，快速下降和缓慢恢复阶段的形态表现得更为合理，恢复相的时间长度也与实际磁暴比较一致。作为代价，急始和初相部分变得模糊了。显然，造成这种模糊结果的一个原因是不同磁暴的持续时间有时相差较大，另一个原因是不同磁暴的急始与主相之间的间隔也相同。

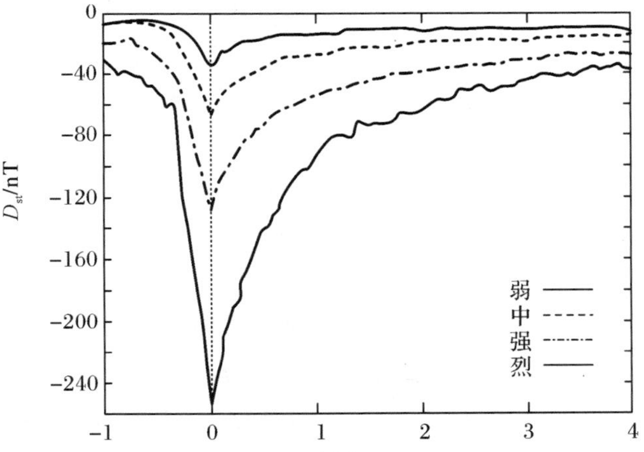


图 5-25　各类磁暴的平均 $D_{st}$ 变化曲线

## 5.6.3　磁暴的成分

除了上面讨论的暴时变化外，每一个磁暴还包含其他许多扰动变化成分，从而使磁暴形态变得极其复杂。这些扰动主要有太阳扰日变化、亚暴变化、脉动以及其他不规则的扰动。

太阳扰日变化(记作 $S_D$)是磁扰期间叠加在 $S_q$ 上的一种太阳日变化,二者周期相同,只是 $S_q$ 每天都有,而 $S_D$ 仅在磁扰日才比较显著。$S_D$ 主要出现在高纬度区,特别是极光带附近,而中低纬度区的 $S_D$ 幅度很小。

图 5-26 为磁暴第一天和第二天水平分量的扰日变化 $S_D(H)$ 随纬度的分布,作为对比,图中也给出所有日的平均日变化(叫作通日变化)$S(H)$,它基本上与 $S_q(H)$ 相同,但包含着不大的 $S_q$ 变化。

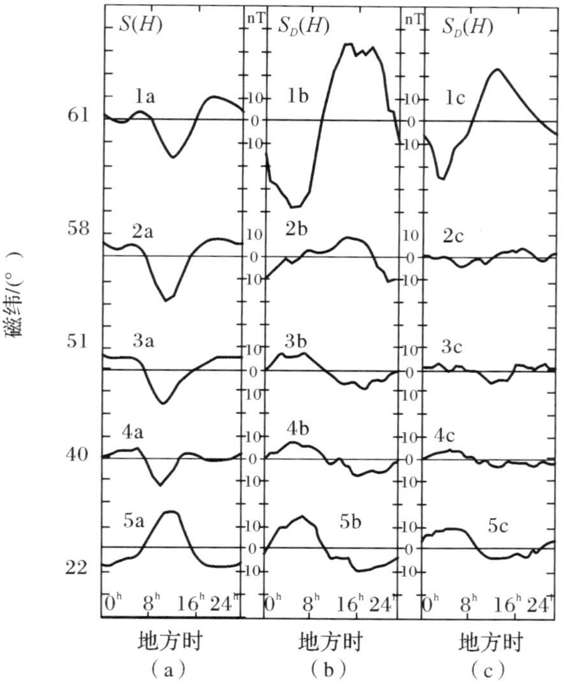


**图 5-26　扰日变化 $S_D(H)$ 与通日变化 $S(H)$ 随纬度分布的对比**

(a)通日变化 $S(H)$;(b)磁暴第一天的 $S_D(H)$;(c)磁暴第二天的 $S_D(H)$

可以看出,$S_D(H)$ 的纬度分布和地方时变化过程与 $S(H)$ 有明显不同,$S(H)$ 的反相点发生在纬度 30°附近(第 4 与第 5 曲线之间),而 $S_D(H)$ 的反相点发生在纬度 55°附近(第 2 与第 3 曲线之间),$S(H)$ 的极值发生在正午附近,而此时与 $S_D(H)$ 曲线却通过零点。

磁暴期间,经常有一些持续几十分钟到几小时的剧烈扰动叠加在暴时变化上,这就是地磁亚暴,有人认为,磁暴就是由一个接一个亚暴组成的。此外,磁暴过程从始至终都有各种类型的脉动和其他磁扰发生。关于亚暴和脉动,我们将在下面几节详细论述。

### 5.6.4　磁暴的等效电流体系

图 5-27 给出了磁暴 $D_{st}$ 变化和 $S_D$ 变化的等效电流体系以及二者合成的电流体系,左列是从太阳向地球看,右列是从北极上空向下看。$D_{st}$ 电流是平行于纬度圈的西向电流,它产生了中低纬度地区地磁水平分量的下降,$S_D$ 电流集中在高纬度地区,特别是极光带。

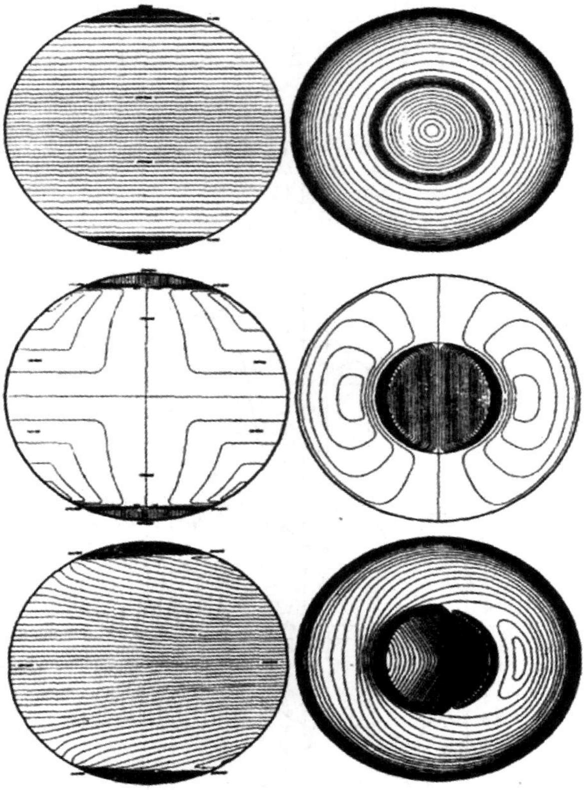

图 5－27　磁暴变化(上图)和 $S_D$ 变化(中图)的等效电流体系以及二者合成的电流体系(下图)(左列是从太阳向地球看,右列是从北极上空向下看)

## 5.7　地磁亚暴与湾扰

地磁亚暴是主要表现在高纬度地区的一种地磁扰动现象。亚暴期间,整个高纬度地区,特别是极光带,磁场发生剧烈扰动。磁扰的方向和大小随地点而变,相距几百千米的两处,变化相位可能完全相反,不同经纬度的扰动幅度,可以从几十纳特变化到几百纳特,有时可以超过 1 000 nT。一次亚暴的持续时间从半小时到几小时不等。亚暴有时单个发生,但更经常的是一个接一个连续发生。在地磁活动高年,亚暴发生非常频繁,即使在活动低年,亚暴也经常发生。

### 5.7.1　典型的亚暴过程

图 5－28 为一次亚暴期间,许多高纬度台站的同时记录。由图可见,亚暴在所有台站上几乎同时开始,但是不同台站族的上、下包络线分别是 AU、AL,而 AE＝AU－AL,AO＝AU＋AL,其中 AE 指数是最常使用的亚暴指数。按 AE 指数的变化,亚暴过程可分为三个阶段,即增长相、膨胀相和恢复相。在增长相期间,AE 指数平缓上升,变化不太显著。在紧

接着的膨胀相期间，AE 指数急剧变大，并且伴随有剧烈起伏，这是亚暴最主要的阶段。此后，扰动起伏减缓，AE 指数逐渐回落到暴前平静水平，这是亚暴的恢复相。这种三阶段发展过程有点像磁暴，这也是“亚暴”名称的由来。

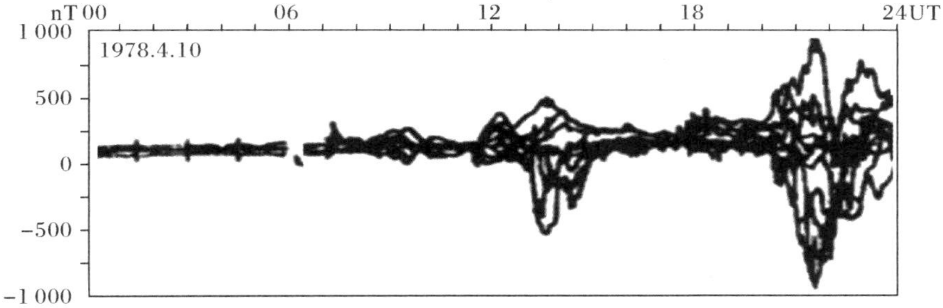


**图 5-28　亚暴期间许多高纬度台站的同时记录**

### 5.7.2　亚暴的等效电流体系

等效电流体系是描述亚暴期间地磁扰动空间分布和时间演化特点的最好形式，它可以全面而形象地反映出亚暴的全部复杂特点。为了对亚暴的复杂磁场分布能有一个清晰的概念，我们先来看比较简单的平均电流体系。图 5-29 为亚暴的两种平均电流体系：图 5-29(a) 描述的主要是膨胀相电流体系的特点，图 5-29(b) 是整个亚暴过程的平均情况。它们的共同特点是在子夜到凌晨时段内，在 70°纬度附近，沿着极光带有一个强大而集中的西向电流束，称作极光带电集流。它们的主要区别是，前者呈单电流涡结构，有一个夜间西向电集流，后者有两个电流涡，在晨昏侧各有一个电集流。

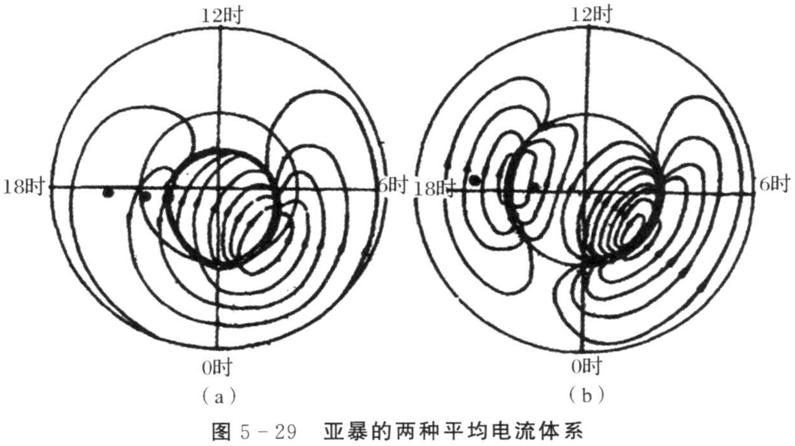


**图 5-29　亚暴的两种平均电流体系**

(a)膨胀相电流体系；(b)整个亚暴过程的平均电流体系

在亚暴研究的历史上，曾有过“单涡电流”和“双涡电流”之争。现在人们普遍接受的观点是，亚暴是由磁层中两个不同过程(称作驱动过程和卸载过程)决定的，它们的等效电流体系分别为单涡和双涡结构。在亚暴的不同阶段，两种过程同时存在，但相对强度不同，因此对总的亚暴电流体系的贡献也不同。在亚暴增长相，驱动过程的双涡电流占优势，在膨胀相，则是卸载过程的单涡电流占优势，在恢复相，后者的优势逐渐让位于前者。因此，使用不同时段的资料作平均，得到的平均电流体系也不相同。

实际的亚暴等效电流体系非常复杂，随时间的变化也十分剧烈。图 5－30 为一次亚暴不同时刻电流体系的演化情况。

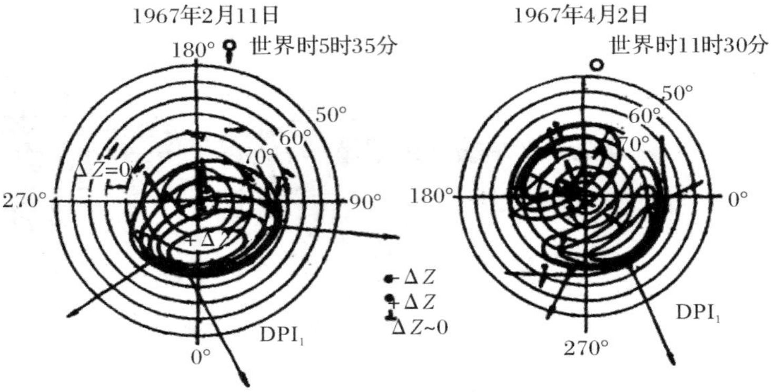


图 5－30　不同时刻亚暴的电流体系

## 5.7.3　亚暴与湾扰

人们很久就注意到，在接近静磁的情况下，有时磁记录出现一些结构简单的小扰动。在 $H$ 分量上，曲线逐渐偏离正常日变化，在达到正的（或负的）极大偏离后，又逐渐恢复到正常变化水平。这种扰动曲线形状类似海湾，因此称之为湾扰。湾扰不仅表现在 $H$ 分量上，而且在其他分量上也有相应的变化。图 5－31 为英国克枚地磁台偏角的湾扰记录。

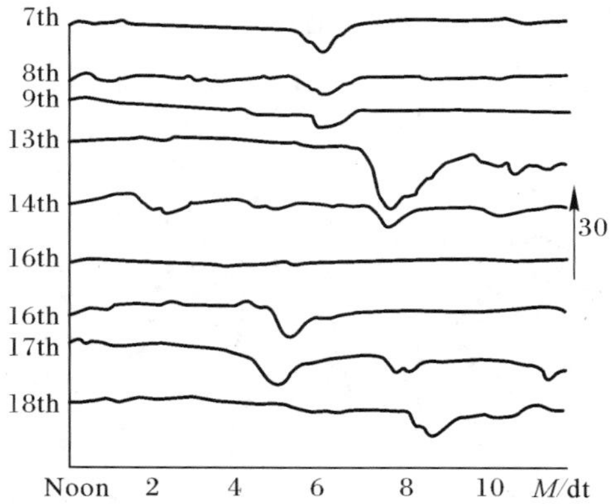


图 5－31　英国克枚地磁台偏角的湾扰记录（1911 年 2 月 7—18 日）

如果用地磁各分量的湾扰变化推断引起该变化的高空电流，就会发现，这些电流是在极光带纬度上向西流动的电流束。由此可见，湾扰与亚暴有同一起源。在一些教科书中（如苏联杨诺夫斯基所著的《地磁学》），径直把亚暴叫作湾扰。

## 5.7.4　亚暴与极光

地磁亚暴与极光活动有密切的关系。早在 20 世纪初，伯克兰就注意到二者的联系，并指出它们与太阳活动以及高空三维电流体系的关系。

地磁亚暴发生时，极光活动明显加强，特别是亚暴膨胀相的开始正好对应着极光的突然增亮，而亚暴的恢复相对应着极光活动的逐渐减弱。这种极光活动增强事件叫作极光亚暴。除此之外，电离层和整个磁层在亚暴期间也同时发生剧烈变化，这些变化总称为磁层亚暴，而地磁亚暴可以看作是磁层亚暴在地磁场变化上的表现。

磁层亚暴是太阳风-磁层-电离层-高层大气能量耦合的重要表现，是地磁与空间物理学的重要课题，也是近地空间环境监测和预报最为关心的问题。

### 5.7.5　亚暴与磁暴的关系

亚暴与磁暴都是剧烈的磁扰变化，一个磁暴过程中总是包含多个亚暴，这说明磁暴和亚暴在物理成因上有密切的关系。有人认为，磁暴就是一系列亚暴连续发生的合成结果。实际上，磁暴与亚暴有着重大的区别，磁暴最主要的标志是主相，主相期间全球中低纬度区的水平分量持续降低，而这一特点不是亚暴所必有的。磁暴发生时必有亚暴，而亚暴发生时却不一定有磁暴。

## 5.8　钩　　扰

在太阳耀斑发生时，常常观测到无线电信号衰落的现象。与此同时，在向日面中低纬度地磁台上，出现一种特殊类型的地磁扰动钩扰，又叫太阳耀斑效应，如图 5－32 所示。

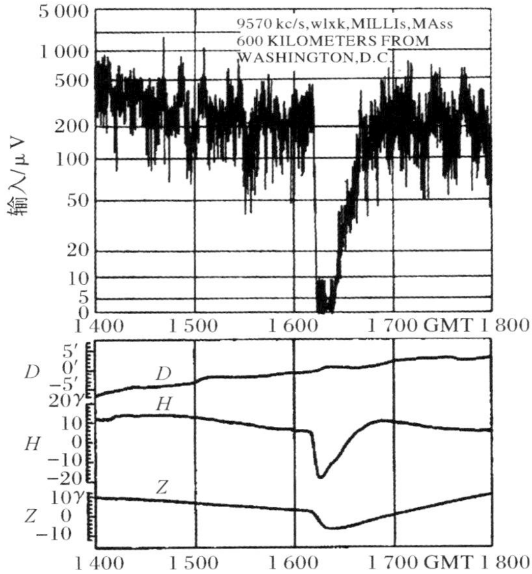


**图 5－32　太阳耀斑发生时无线电衰落(上图，美国华盛顿卫斯理学院)和地磁钩扰变化(下图)**

钩扰的形态有点像湾扰，但起始很急，持续十几分钟到一个小时。这种磁扰只限于日照半球，而不会在夜间发生。如果用全球(或向日半球)磁扰资料做出钩扰的等效电流体系，则可以得知，它与 $S_q$ 电流体系非常相似，因此钩扰也叫作 $S_q$ 增强事件。

## 5.9 地磁脉动

当我们注意观察标准磁照图时就会看到，即使在磁场平静的时段，地磁记录曲线也会有一些短周期的起伏变化。在快速记录中，这些起伏变化类似于一串一串的波动，这种特殊的磁扰类型叫地磁脉动或微脉动。地磁脉动的周期范围为 0.2 s 到十几分钟，振幅为百分之几到百分之几百纳特，持续时间为几分钟到几小时。

### 5.9.1 脉动的分类及其一般特点

按照形态的规则性和连续性，脉动分为两大类：第一类是具有准正弦波形，且能稳定地持续一段时间的连续脉动，用 $P_c$ 表示；第二类是波形不太规则和持续较短的脉动，叫作不规则脉动，用 $P_i$ 表示。每类脉动又按周期 $T$ 分为若干小类：$P_c$ 脉动分为 6 类，即 $P_c1$、$P_c2$、$P_c3$、$P_c4$、$P_c5$ 和 $P_c6$；$P_i$ 脉动分为 3 类，即 $P_i1$、$P_i2$ 和 $P_i3$。各类脉动的周期和振幅如图 5-33 所示。

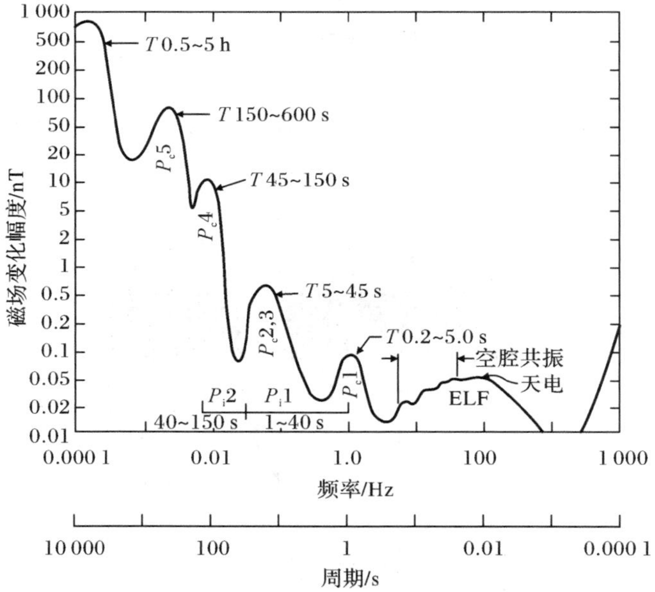


**图 5-33 各类脉动周期范围和平均振幅的关系**

(1)$P_c1$ 脉动。这是一种比较规则的正弦型震荡。在磁照图上，这种短周期脉动经常一串接一串地出现，其包络线类似珍珠，因此又叫珍珠形脉动。$P_c1$ 脉动的周期为 0.2～5 s，振幅一般在 0.01～1 nT 范围内，多出现在极光带和亚极光带，而且几乎只在磁平静时才出现。在一条磁力线的两个共扼点可以记到交替出现的 $P_c1$ 脉动，表现出沿磁力线传播的特点(见图 5-34)。

(2)$P_c2$ 和 $P_c3$ 脉动。它们主要出现在日照半球，是中纬度地区最常看到的脉动类型，$P_c2$ 的周期范围为 5～10 s，$P_c3$ 的周期为 10～45 s，振幅一般在 1 nT 以下。

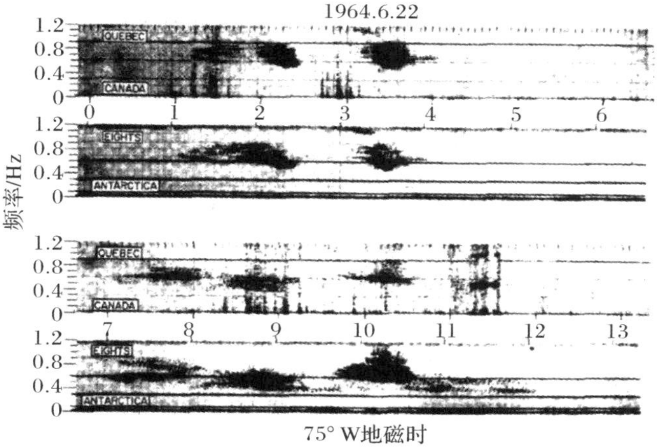


图 5 - 34　磁共轭点记到的 $P_c1$ 脉动动态谱

(3)$P_c4$ 脉动。它主要出现在白天,周期范围为 45～150 s,持续几分钟到几小时。在中低纬度地区振幅最大为几 nT,在高纬度地区振幅可大到 20 nT。$P_c4$ 脉动主要出现在磁平静时期,在太阳活动减弱的年份,出现频次增大。图 5 - 35 为空间(上图)和地面(下图)观测到的 $P_c4$ 脉动。

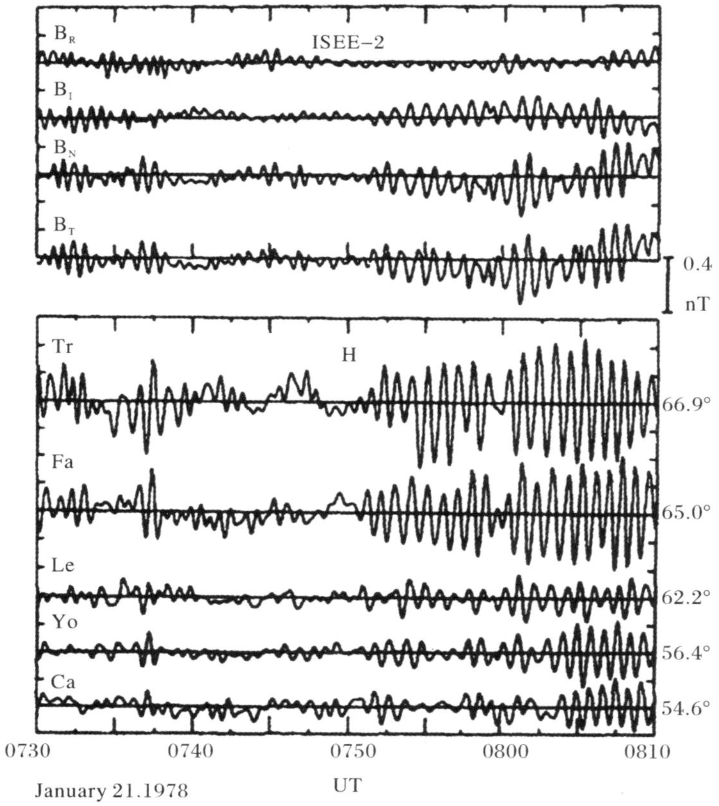


图 5 - 35　卫星和地面同时记到的 $P_c4$ 脉动(1978 年 1 月 21 日)

(4)$P_c5$ 脉动。它主要出现在早晨和午后，周期范围为 150～600 s，振幅可超过 100 nT。早晨 $P_c5$ 出现在极光带西向电集流区，午后 $P_c5$ 脉动常在磁暴和亚暴发生时出现，因此又叫暴时 $P_c5$，其经度范围不超过 15°。

(5)$P_c6$ 脉动。这是周期在 600 s 以上的一种长周期脉动，最大振幅出现在极光带，白天周期较长，夜间周期较短。

(6)$P_i1$ 脉动。这种不规则脉动经常出现在磁暴和亚暴期间，构成磁暴和亚暴的细微结构，其周期范围为 1～40 s。

(7)$P_i2$ 脉动。这是一种重要的脉动类型，可在全球各处观测到，并且总是伴随亚暴而发生，因此被认为是亚暴的"指示器"。这种脉动的周期范围为 40～150 s，持续几分钟，一个脉动序列通常只有几次振荡。低纬度地区 $P_i2$ 脉动振幅很小，一般只有几分之一纳特，但在亚暴电集流下方，其振幅可超过 10 nT。图 5-36 为南极长城站记到的一次 $P_i2$ 脉动。

(8)$P_i3$ 脉动。其周期大于 150 s，主要出现在夜间极光带，并常伴随极光脉动同时出现。

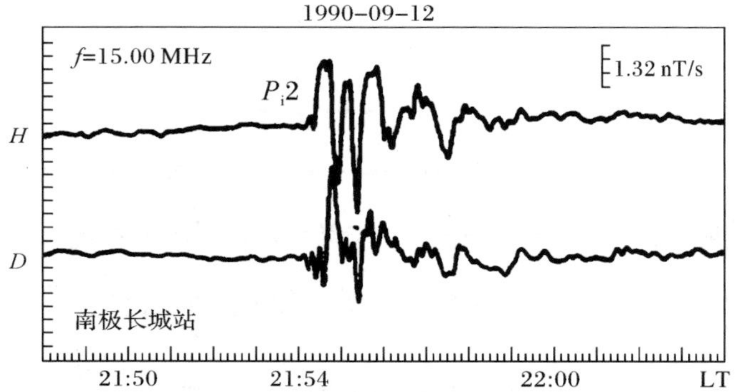

图 5-36　南极长城站记到的一次 $P_i2$ 脉动

## 5.9.2　脉动的频谱特性

为了认识脉动强度随周期变化的规律及其时空分布特点，图 5-37 和图 5-38 分别给出单台地磁变化(包括脉动)的傅里叶谱及这种频谱的纬度分布。图 5-37 为波多黎各圣胡安地磁台地磁 $H$ 分量的日变化曲线(虚线所示)以及由该曲线得到的傅里叶谱(实线所示，周期从 5 min～5 h)，其中(a)(b)(c)三图分别是磁静日、全月平均和磁扰日的情况。我们看到，尽管磁扰日的谱强度整个地高于磁静日，但它们有一个共同的特点，即地磁变化的振幅随周期加长而变大。

图 5-38 为从北极到赤道 16 个地磁台地磁谱的比较。由图可以清楚地看出，各种周期的磁扰(包括 $P_c5$ 和 $P_c6$)随纬度的分布有非常相似的规律：极光带和白天的赤道地区是谱强度明显增大的两个纬度带。其他短周期脉动也有类似的纬度分布，只有 $P_c1$ 脉动是例外，这种脉动在赤道带几乎从不出现。该图还指出，随着地磁活动性的增强(从左到右)，谱振幅也逐渐变大。

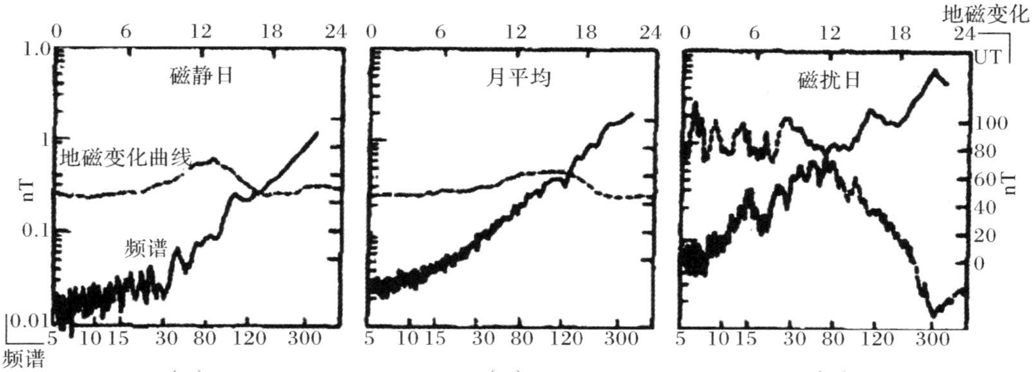


**图 5-37　圣胡安地磁台地磁 $H$ 分量的日变化曲线(虚线和上边与右边的坐标所示)以及由该曲线得到的傅里叶谱(实线由下边与左边的坐标所示,周期从 5 min~5 h)**

(a)磁静日;(b)月平均;(c)磁扰日

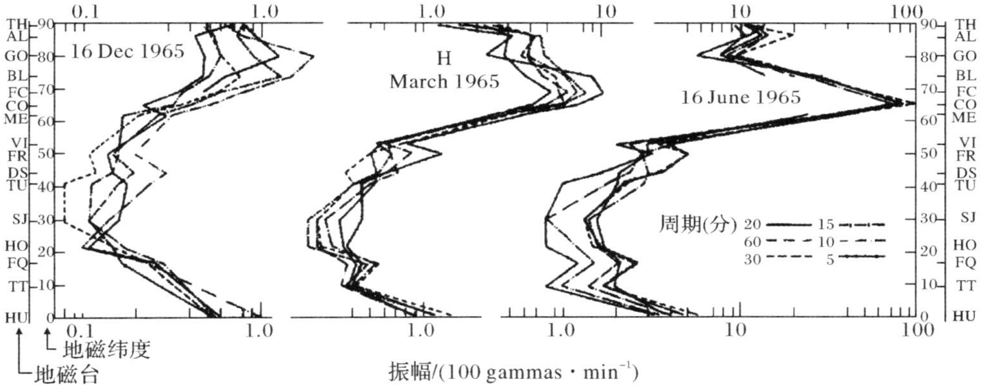


**图 5-38　从北极到赤道 16 个地磁台 6 个周期的地磁谱随纬度的分布**

**(左、中、右三图分别是磁静日、月平均和磁扰日的情况)**

## 5.10　地磁活动性和地磁指数

从以上介绍的几种变化磁场类型,我们已经能够看到变化磁场的复杂性和多样性。为了简洁地描述各类磁扰强度乃至地磁场的整体活动水平,地磁学家陆陆续续设计出几十种地磁活动指数,这些指数为地磁现象和相关现象的研究提供了重要的基础资料。

地磁指数是描述每一时间段内地磁扰动的总体强度或某类磁扰强度的分级指标。最常采用的时间段是 1 天、3 小时和 1 小时,也有采用 1 个月或 1 年的,还有短到 1 分钟的。为了全球指数的统一性和可对比性,一律采用世界时来划分时段。

### 5.10.1　地磁指数分类

几十种地磁指数大多是在研究具体的地磁现象时应运而生的,带有偶然性和随机性,也有很大的人为性和经验性。它们不是根据某个统一思路,按照某种物理模式和标准规范设计出来的,因此缺乏系统性和有机的联系,甚至有一些今天看来不尽合理的地方。当我们总结归纳地磁指数时，就会发现历史留下的这些痕迹。这是因为在一种指数提出的时候，对于它的物理机制往往缺乏了解，甚至一无所知，只有在进行了一系列深入研究之后，才逐渐认识到该指数的物理意义。这时常常会发现，当初的设计（如指数等级的划分、名称的选定等）并不完善。此时可以有三种对策：①完全抛弃原指数，重新设计新指数；②对原来的指数作一些修正；③按照约定俗成的习惯，仍然使用原指数，但须认识其局限性，记住其适用范围，避免误用。对于一些已有长期资料积累，并被地磁界和其他学科广泛使用的指数，经常采用第三种方法。

我们可以从指数的物理意义、指数所描述现象的空间尺度和时间尺度等不同角度对地磁指数进行分类。从指数的物理意义来看，有的指数描述磁场的总体活动水平，有的指数专门描述某一特定类型的磁扰。从空间尺度来看，有的指数只反映单个地磁台的扰动情况，有的指数则反映全球的平均活动水平。从现象的时间尺度来看，有的指数表示 1 天的扰动水平，有的指数表示 3 h 时段内的活动水平，有的指数反映 2.5 min、1 min 的扰动情况，还有的指数反映 1 月甚至 1 年的指数。下面我们按物理意义来叙述两大类地磁指数。

1.第一类地磁指数

这类指数描述地磁活动的总体水平，而不考虑磁扰的具体类型。在中低纬度区，扰动强度通常用地磁场水平分量 $H$ 的变化来确定。在 $D$ 分量扰动比 $H$ 大的时候，也可以用 $D$ 代替 $H$。属于这类指数的有以下几种：

(1)$C$ 和 $C_i$ 指数。$C$ 指数是用来描述单个地磁台每天（有时也用于每小时）地磁扰动强度的指数，称为该台的磁情记数。$C$ 指数分为 0、1、2 三级：0 表示地磁变化无显著扰动的平静情况，1 表示中等扰动，2 表示扰动幅度大而变化剧烈的情况。

不同地磁台同一天所确定的 $C$ 可能不一样，为了描述全球的地磁扰动水平，国际地磁组织选定了一批台站，用这些台站的记数 $C$ 求平均，并取一位小数，得到的指数叫作“国际磁情记数”，记作 $C_i$。$C_i$ 从 0.0～2.0 共分 21 级。

(2)$K$、$K_s$ 和 $K_p$ 指数。$K$ 指数是描述单个地磁台 3 h 时段内地磁扰动强度的指数，称为 3 h 磁情指数。把一天按世界时分为 8 个连续的 3 h 时段，每一时段确定一个 $K$ 值。$K$ 从0～9 共分 10 级，数字越大，表示磁扰越强。磁扰幅度由 $H$ 分量变化减去 $S_q$ 和 $L$ 变化后的纯磁扰曲线来确定。指数大小与 3 h 段磁扰幅度有近似对数的关系。表 5 - 1 给出了尼梅克地磁台的 $K$ 值与 3 h 扰动幅度最小值 $a_{min}$ 的对应关系。由于地磁扰动的强度随纬度升高而增加，为了使各地磁台所确定的 $K$ 值一致，不同纬度的地磁台所用的 $K$-$a_{min}$ 对应关系表也不一样。表 5 - 2 为中国地磁台采用的对应关系。

**表 5 - 1　$K$ 指数与 3 h 扰动幅度最小值 $a_{min}$ 的对应关系**

| $K$ | 0 | 1 | 2 | 3 | 4 | 5 | 6 | 7 | 8 | 9 |
|---|---|---|---|---|---|---|---|---|---|---|
| $a_{min}$/nT | 0 | 5 | 10 | 20 | 40 | 70 | 120 | 200 | 330 | 500 |

**表 5 - 2　中国地磁台 $K$ 指数与 $a_{min}$ 的对应关系**

| $K$ | 0 | 1 | 2 | 3 | 4 | 5 | 6 | 7 | 8 | 9 |
|---|---|---|---|---|---|---|---|---|---|---|
| $a_{min}$/nT | 0 | 3 | 6 | 12 | 24 | 40 | 70 | 120 | 200 | 300 |

各个地磁台的 $K$ 指数有明显的日变化，这种日变化还受季节和纬度的影响。为了得到描述全球地磁活动的指标，从全球地磁台网选择 12 个台站，先求出每个台站的标准化指数

$K_s$，然后用这些 $K_s$ 指数的平均值确定一种新指数，叫作行星性（或国际）3 h 磁情指数，记作 $K_p$，每日 8 个。$K_p$ 指数分为 28 级：$0_0, 0_+, 1_-, 1_0, 1_+, \cdots, 9_-, 9_0$。$K_p$ 指数是使用最广泛的一种地磁指数，除了数值表之外，还用"乐谱图"的形式，给出地磁活动强度及 27 日重现性的直观图像（见图 5－39）。

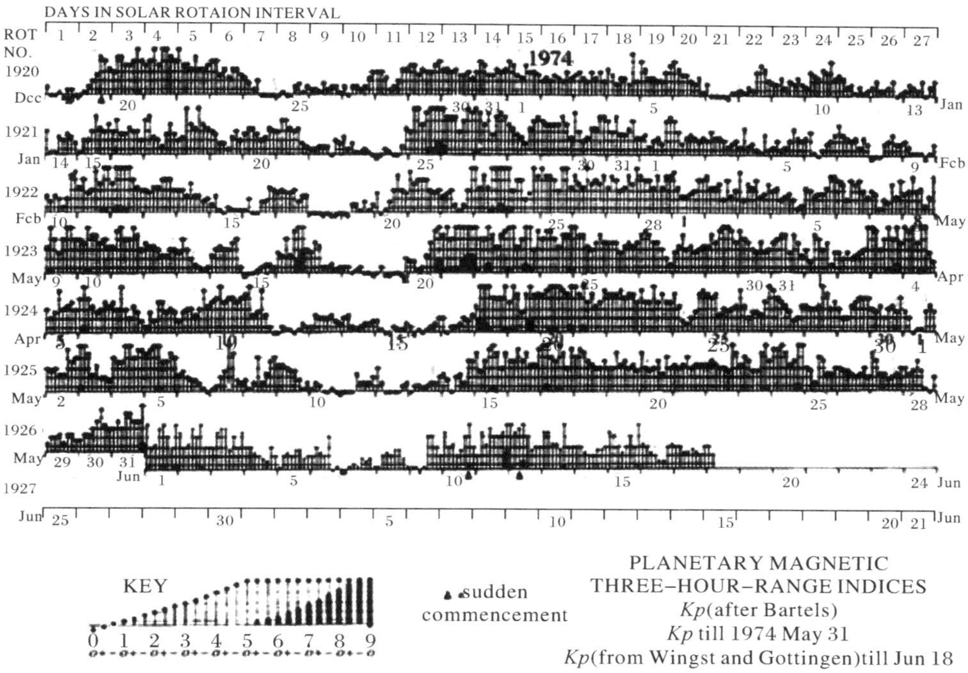


图 5－39　$K_p$ 指数的"乐谱图"

(3)$a_k$ 和 $a_p$ 指数。$K$ 和 $K_p$ 指数与磁扰幅度的非线性关系使得它们的运算很不方便，例如用每天 8 个 $K$ 指数的和表示全天活动水平就不太合理。为此，有必要把它们转换为线性幅度，这样得到的指数分别叫作"等效的 3 h 幅度"$a_k$ 和"等效的行星性 3 h 幅度"$a_p$，它们均以 2 nT 为单位。$a_k$ 与 $K$、$a_p$ 与 $K_p$ 的对应关系见表 5－3 和表 5－4。

表 5－3　$a_k$ 指数与 $K$ 指数的对应关系

| $K$ | 0 | 1 | 2 | 3 | 4 | 5 | 6 | 7 | 8 | 9 |
|---|---|---|---|---|---|---|---|---|---|---|
| $a_k$/2 nT | 0 | 3 | 7 | 15 | 27 | 48 | 80 | 140 | 240 | 400 |

表 5－4　$a_p$ 指数与 $K_p$ 指数的对应关系

| $K_p$ | $0_0$ | $0_+$ | $1_-$ | $1_0$ | $1_+$ | $2_-$ | $2_0$ | $2_+$ | $3_-$ | $3_0$ | $3_+$ | $4_-$ | $4_0$ | $4_+$ |
|---|---|---|---|---|---|---|---|---|---|---|---|---|---|---|
| $a_p$ | 0 | 2 | 3 | 4 | 5 | 6 | 7 | 9 | 12 | 15 | 18 | 22 | 27 | 32 |
| $K_p$ | $5_-$ | $5_0$ | $5_+$ | $6_-$ | $6_0$ | $6_+$ | $7_-$ | $7_0$ | $7_+$ | $8_-$ | $8_0$ | $8_+$ | $9_-$ | $9_0$ |
| $a_p$ | 39 | 48 | 56 | 67 | 80 | 94 | 111 | 132 | 154 | 179 | 207 | 236 | 300 | 400 |

(4)$A_k$ 和 $A_p$ 指数。一天 8 个 $a_k$ 和 $a_p$ 指数的平均值可以作为全天地磁活动水平的量度，这样得到的指数分别叫作单台等效日幅度 $A_k$ 和行星等效日幅度 $A_p$。

(5)$C_p$ 和 $C_9$ 指数。$C_p$ 是一种描述全球全日地磁扰动的分级指数，叫全日行星性磁情记数，是将每日8个$a_p$指数求和，然后按表5-5的对应关系将$\sum a_p$从0.0～2.5分为26级。$C_p$、$C_i$和$A_p$本质上是一样的，它们的对应关系见表5-6。

表5-5　$C_p$与$\sum a_p$的对应关系

| $C_p$ | 0.0 | 0.1 | 0.2 | 0.3 | 0.4 | 0.5 | 0.6 | 0.7 | 0.8 |
|---|---|---|---|---|---|---|---|---|---|
| $\sum a_p$ | 22 | 34 | 44 | 55 | 66 | 78 | 90 | 104 | 120 |
| $C_p$ | 0.9 | 1.0 | 1.1 | 1.2 | 1.3 | 1.4 | 1.5 | 1.6 | 1.7 |
| $\sum a_p$ | 139 | 164 | 190 | 228 | 273 | 320 | 379 | 453 | 561 |
| $C_p$ | 1.8 | 1.9 | 2.0 | 2.1 | 2.2 | 2.3 | 2.4 | 2.5 | |
| $\sum a_p$ | 729 | 1 119 | 1 399 | 1 699 | 1 999 | 2 399 | 3 199 | 3 200 | |

表5-6　$C_p$、$C_i$和$A_p$的对应关系

| $C_i(C_p)$ | 0.0 | 0.1 | 0.2 | 0.3 | 0.4 | 0.5 | 0.6 | 0.7 | 0.8 | 0.9 | 1.0 |
|---|---|---|---|---|---|---|---|---|---|---|---|
| $A_p$ | 2 | 4 | 5 | 6 | 8 | 9 | 11 | 12 | 14 | 16 | 19 |
| $C_i(C_p)$ | 1.1 | 1.2 | 1.3 | 1.4 | 1.5 | 1.6 | 1.7 | 1.8 | 1.9 | 2.0 | |
| $A_p$ | 22 | 26 | 31 | 37 | 44 | 52 | 63 | 80 | 110 | 160 | |

为了图示醒目起见，把$C_i$的21级归并为0～9十级，得到的指数叫$C_9$指数，二者的转换关系见表5-7。经常把$C_9$指数按巴特尔士周(27日一周)排列，在这种图示中，大的数值用大号黑体数字排印，小的数值用小号细体数字排印，以便达到一目了然的效果。

表5-7　$C_i$与$C_9$指数的转换关系

| $C_9$ | 0 | 1 | 2 | 3 | 4 | 5 | 6 | 7 | 8 | 9 |
|---|---|---|---|---|---|---|---|---|---|---|
| $C_i$ | 0.0～0.1 | 0.2～0.3 | 0.4～0.5 | 0.6～0.7 | 0.8～0.9 | 1.0～1.1 | 1.2～1.4 | 1.5～1.8 | 1.9 | 2.0 |

(6)$U$和$U_i$指数。它们是描述1个月和1年地磁扰动强度的指数，主要反映磁暴的暴时变化对地磁场的影响。$U$指数按下式计算：

$$U=\frac{0.1\,\overline{\Delta H}}{\cos(D-D_0)\cos\Phi} \tag{5.58}$$

式中：$\Phi$是台站的地磁纬度；$D$是磁偏角；$D_0$是地磁子午线与地理子午线的夹角；$\overline{\Delta H}$是水平分量日均值的逐日差在1个月或1年内的平均值。$U_i$指数是对$U$指数的一种改进，二者的转换关系见表5-8。

表5-8　$U_i$与$U$指数的转换关系

| $U$ | 0.3 | 0.5 | 0.7 | 0.9 | 1.2 | 1.5 | 1.8 | 2.1 | 2.7 | >3.6 |
|---|---|---|---|---|---|---|---|---|---|---|
| $U_i$ | 0 | 20 | 40 | 57 | 79 | 96 | 108 | 118 | 132 | 140 |

(7)$K_m$、$K_n$、$K_s$和$a_m$、$a_n$、$a_s$指数。在全球地磁台网逐渐形成以后，就可以更加合理地选择台站，于是产生了类似于$K_p$指数的另一个全球性地磁活动指数$K_m$，也产生了分别描述北半球和南半球地磁活动性的$K_n$和$K_s$指数。与这三个指数相对应的幅度指数是$a_m$、$a_n$和$a_s$指数，其转换关系同表5-4，但$a_p$以2 nT为单位，而$a_m$、$a_n$、$a_s$的单位是1 nT。

(8)aa指数。利用格林威治和墨尔本两个老地磁台的$K$指数，经过仔细的校正，得到一种类似于$a_m$的3 h地磁指数——aa指数，这两个台近似位于共扼点位置，又有很长的记录，

因此 aa 指数可以用来研究地磁活动的长期规律。

2. 第二类地磁指数

这类指数是为了描述特定类型磁扰而设计的指数，主要有以下几种：

(1)$D_{st}$和 DS 指数。磁暴期间，暴时变化扰动场 DR 是由赤道环电流引起的。为了描述 DR 磁场的轴对称部分和不对称部分，提出了磁暴环电流指数 $D_{st}$和 DS。在地磁赤道附近，按大致均匀的经度间隔选取 5 个地磁台，这 5 个台每小时水平强度变化的平均值就是指数 $D_{st}$(单位为 nT)，而 5 个台站每小时水平强度变化的最大差值就是 DS 指数(单位 nT)。

(2)AU、AL、AE 和 AO 指数。这是为了描述极区地磁亚暴和极光带电集流而设计的一套指数。沿极光带选择经度间隔大致均匀的若干地磁台，先从这些台站的水平分量变化中消去平静变化，然后按世界时把这些变化曲线重叠地画在一起。曲线族的上、下包络线就是 AU 和 AL，上、下包络线之差是 AE，上、下包络线的平均值是 AO。这些指数有 2.5 分钟值和时均值。

(3)$P$、$B$、$p1-p12$、$P_z$ 指数。这些指数是为描述脉动而设计的。$P$ 指数是一种全日指数，描述 $H$ 和 $D$ 两个分量各 4 个波段($P_c2$、$P_c3$、$P_c4$ 和 $P_c5$)脉动活动情况，因此，$P$ 每天有 8 个值。$P$ 指数是一种 5 级指数，由 $P_c2$ 到 $P_c4$ 脉动确定。$p1-p12$ 指数是描述 0～600 s 周期范围内 12 个频段的脉动活动指数。$P_z$ 指数是按照 $P_z(T)=nA/N$ 计算出的脉动指数，式中，$T$ 是周期，$n$ 是每小时脉动数，$A$ 是平均峰-峰振幅，$N=3\ 600/T$。

除了以上所述的地磁指数外，还有其他许多类型的指数，如描述赤道电集流的 EJ 和 CEJ 指数、描述行星际磁场极性的 A/T 指数、描述高纬度区地磁活动的 $Q$ 和 $R$ 指数，描述极盖区地磁活动的 PC 指数等。

### 5.10.2　国际磁静日和磁扰日

国际地磁指数服务机构按照 $K_p$ 指数的大小，每月挑选出当月最平静的 5 天和最扰动的 5 天，分别叫作国际磁静日和国际磁扰日。这种划分使不同问题的研究者在选用资料时有一个可以依循的统一标准。磁静日资料可用来研究 $S_q$、$L$ 等平静变化，活动程度不同的磁扰日资料可以用来研究各类扰动的强度特点。

# 第6章 地磁辅助组合导航方法研究

惯性导航系统不仅可以为飞行器提供自主定位信息，还可以提供飞行的速度和姿态信息，但其误差会随着时间不断累积，因此需要其他的辅助导航手段来消除或抑制累积误差。传统的地形组合导航、GPS组合导航等方法，虽然可以有效解决惯性导航系统的累积误差，但是受到诸如地形起伏程度、信号接收条件等因素的制约，其所需的参照信息有时难以获取，故它们的应用经常会受到限制。地磁导航避免了地形、图像匹配导航在海洋和平原等环境下，匹配特征缺乏差异而导致导航失效的难题，可以有效地弥补传统组合导航方式的不足。

在地磁/惯性组合导航方法中，基于扩展卡尔曼滤波法来实现地磁场信息与惯性导航输出信息的融合是一种被广泛采纳的方法。事实上，这种方法的工作原理类似于地形/惯性组合导航中的桑迪亚(SITAN)方法，它是将地磁场曲面随机线性化，然后利用地磁场随空间位置发生的变化来进行导航。但是基于扩展卡尔曼滤波的地磁辅助惯性导航方法存在以下问题：

(1)在地磁场变化微弱的区域，将和传统地形辅助惯性导航系统在平原和海洋上空一样面临失效的问题。对于此问题，将在本章给出具体的解决方法。

(2)该方法对初始位置误差较敏感，且需要进行地磁局部线性化处理，因此在地磁斜率变化剧烈的区域，线性化误差过大，将导致地磁匹配/惯性组合导航系统性能下降甚至滤波发散。

(3)由于导航区域的地磁特性变化和测量环境的影响，地磁传感器所受干扰的统计规律也就是测量噪声可能随时发生变化，进而导致地磁匹配/惯性组合导航系统性能下降甚至滤波发散。

## 6.1 地磁匹配/惯性组合导航系统的组成与原理

### 6.1.1 地磁匹配/惯性组合导航系统的组成

地磁匹配/惯性组合导航系统由地磁勘测模块、地磁数据库模块、惯性导航系统及信息处理模块组成，如图6-1所示。

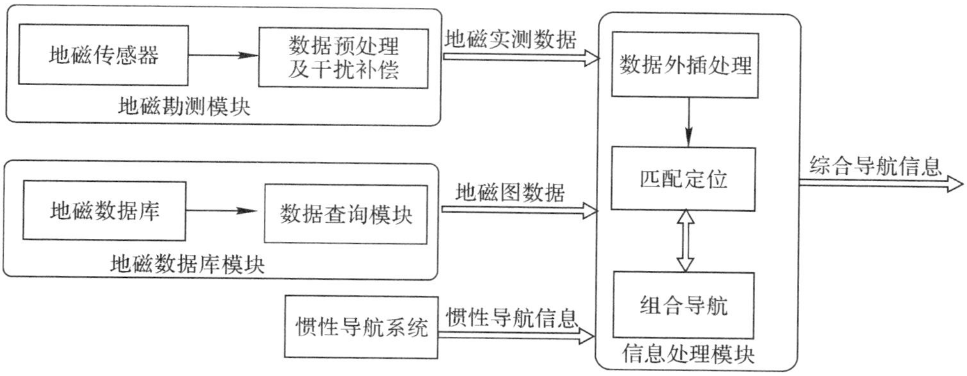


图 6－1　地磁匹配/惯性组合导航系统组成

#### 6.1.1.1　惯性导航系统

在航位推算思想的指导下，惯性导航系统的工作原理是利用惯性元件来测量飞行器的旋转角速度和运动加速度，再经过积分运算，便能确定飞行器的位置和姿态。

目前应用中的惯性导航系统根据其结构可分为平台式惯性导航系统和捷联式惯性导航系统两大类。在平台式惯性导航系统中，陀螺和加速度计被安装在同一物理平台上，利用陀螺通过伺服电机驱动稳定平台，使其始终保持在一个空间直角坐标系（导航坐标系），而敏感轴始终位于该坐标系三轴方向上的三个加速度计，就可以测得三轴方向上的运动加速度值。

在捷联式惯性导航系统（Strapdown Inertial Navigation System，SINS）中，没有实体平台，陀螺和加速度计直接安装在飞行器上，惯性元件的敏感轴安装在飞行器坐标系三轴方向上。运动过程中，陀螺测得飞行器相对于惯性参考系的运动角速度，并由此计算飞行器坐标系至导航坐标系的坐标变换矩阵。通过此矩阵，把加速度计测得的加速度信息变换到导航坐标系，然后进行导航计算，得到所需要的导航参数。

#### 6.1.1.2　地磁传感器

地磁传感器是地磁勘测系统和地磁导航系统不可或缺的部分，其作用是测量地磁场在当地的总强度或者分强度。目前常用的地磁传感器按测量内容可分为主要测量地磁标量强度的标量地磁传感器和主要测量地磁矢量强度的矢量地磁传感器。标量地磁传感器包括质子磁强计、欧弗豪泽磁强计和光泵磁强计，矢量地磁传感器包括超导磁强计和磁通门磁强计。

磁通门磁强计是磁法勘探中发展最早的弱磁测量仪器之一，它的工作原理是：利用某种合金材料的高导磁率和低矫顽力的特征，使外磁场的微小变化能引起磁感应强度的显著变化，通过用这种材料制作的磁芯把外围绕制的线圈中的激励信号调制成一交变信号测量，这一信号的幅度与磁场强度成正比，因此可以制成磁测仪器。磁通门磁强计具有体积小、质量轻、电路简单、功耗低、温度范围宽、稳定性好、方向性强、灵敏度高、可测量磁场的分量、适用于高速运动系统等优点，因此被大量应用于国防军事和航空航天领域中。

例如 ECT－FVM－400，这种地磁传感器体积小、质量轻、性能可靠、功耗低、工作温度范围宽、精度较高。表 6－1 给出了 ECT－FVM－400 的技术规格和磁场测量。

**表 6-1　ECT-FVM-400 的技术规格**

| 分　量 | 范　围 | 分辨率 | 精确度 |
|---|---|---|---|
| $X$、$Y$、$Z$ | ±100 000 nT | 1 nT | ±(读数的 0.25%+5) nT |
| Resultant | 173 205 nT | 1 nT | ±(读数的 0.25%+5) nT |
| Declination | ±180° | 0.1° | 1° |
| Inclination | ±90° | 0.1° | 1° |

注：$X$、$Y$、$Z$ 分别为东向水平分量、北向水平分量和地垂分量；Resultant 为磁场总强度，Declination 为磁偏角，Inclination 为磁倾角。

从表 6-1 可以看到，ECT-FVM-400 矢量磁通门的精确度为±(读数的 0.25%+5) nT，以地磁场的总强度为例，地磁场的总强度在 20 000～70 000 nT，地磁传感器的测量误差＞50 nT。

地磁传感器的测量值误差不是随机的，也就是说，在固定点测量时的误差是相同的(不考虑平台误差)，因此对于做具体的测量实验来说，这种固定的误差不会造成很大的影响。

#### 6.1.1.3　数字地磁基准图

由地磁匹配/惯性组合导航系统的组成可知，任何以地磁为基础的导航系统的前提是必须有所需的和符合精度要求的基准数据库，数据的精度直接影响组合系统的导航精度。

数字地磁基准图就是存储在计算机中数字化后的地图。数字地磁基准图是通过对地磁强度离散采样并量化后得到的，地磁基准图可采用分层网格的形式保存。如图 6-2 所示，该形式是把空间划分为一个个的长方体，其中 $x$ 与 $y$ 轴构成水平面，$z$ 轴表示高度，黑点表示记录的地磁场强度。如果飞行器只在二维平面内运动，那么可以省去 $z$ 轴，成为单层网格图。

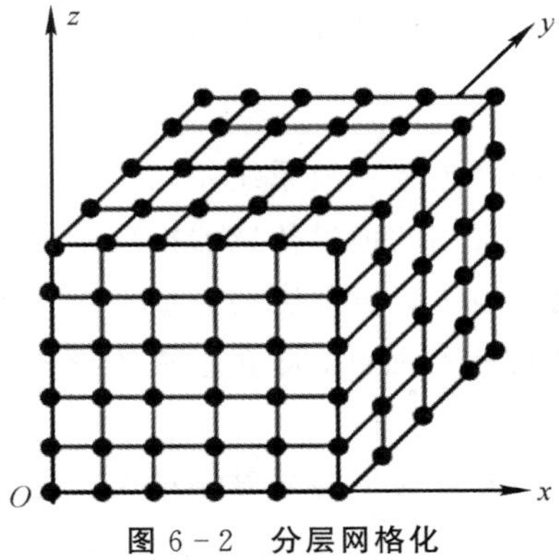


**图 6-2　分层网格化**

地磁基准图的误差主要在制作过程中，不同的地磁基准图制作方法会产生不同的误差源，一般包括测量误差、判读误差和制图误差等。

### 6.1.2　地磁匹配/惯性组合导航系统的原理

地磁匹配/惯性组合导航系统的原理如图 6-3 所示。飞行器在飞越航线上某些特定的区域(地磁匹配区)时，利用地磁传感器测量飞行器的地磁场总强度。飞行器上储存有事先制备的地磁基准图，该基准图本质上是地磁场总强度关于地理经度和纬度的函数。通过对地磁场总强度的实时测量值和基准图上的地磁场总强度进行匹配得出飞行器的位置。在基准图上可能有多个地理位置的地磁场总强度与实测的地磁场总强度相等或相近，在平坦的地磁区域更是如此，这样一个地磁场总强度的实时测量值可能和多个地理位置的地磁总强度值相近。为了从这多个地理位置确定真正的匹配位置，就需要沿着飞行路径连续测量飞行器的地磁场总强度。通过这些地磁场总强度测量序列和来自惯性导航系统的导航信息，就有可能排除错误的地理位置，以确定唯一的飞行器地理位置估计值。这样就可以连续计算出飞行器三维位置估计值。

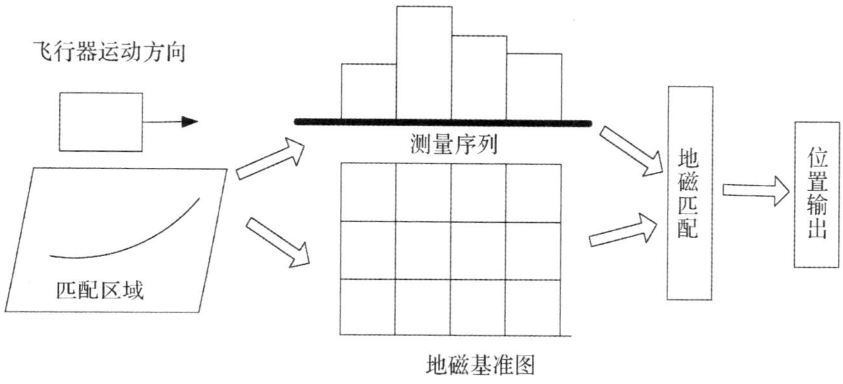


**图 6-3　地磁匹配/惯性组合导航系统的原理**

### 6.1.3　地磁匹配结果对惯性导航系统的修正

地磁匹配/惯性组合导航系统一般按照有无反馈校正分为闭环和开环两种组合方案。其中，闭环组合的原理如图 6-4 所示。这种闭环反馈校正的优点在于将惯性导航系统误差参数的最优估计值反馈回惯性导航系统，并对陀螺漂移、加速度计零偏进行高频反复校正，就可以大大减弱误差传播的影响，保证滤波器线性误差模型的准确性。同时，反馈校正减少了惯性导航系统误差。另外，由于这种设计思想既修正惯性导航系统的定位，又频繁校正惯性导航系统误差参数，所以反过来又改善了地磁匹配/惯性组合导航系统的工作条件，可以使匹配系统的搜索范围减小，提高匹配系统的性能。这种方案的缺点是稳定性差，大误差两侧输入信息容易引起解的不稳定性。

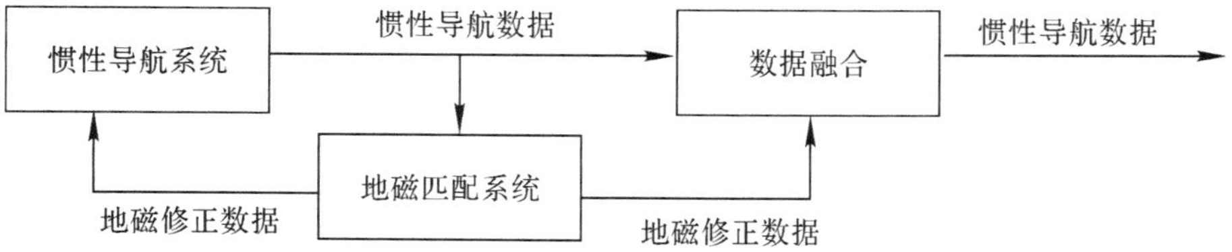


**图 6-4　闭环组合方法**

开环组合的原理如图 6-5 所示。这种开环校正的优点在于实现简单，稳定性高，即使当地磁匹配系统给出的修正信息出错时，惯性导航系统也不会受到影响，能保证算法的稳定性。然而，由于仅仅是采用匹配系统的修正信息修正惯性导航系统的导航定位结果，而并未补偿或重新校正惯性导航系统的误差参数，所以惯性导航系统误差传播较快。

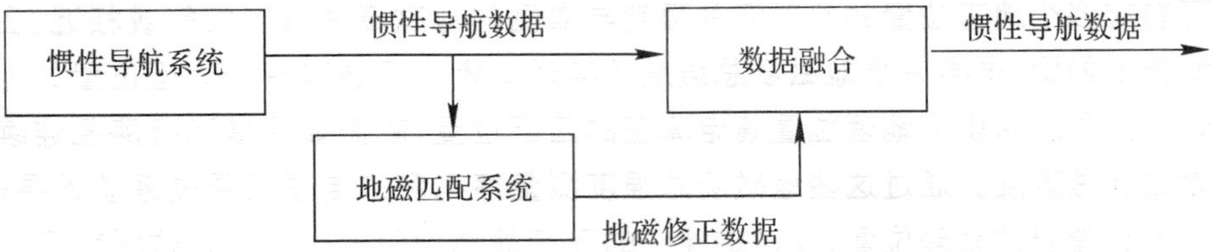


图 6－5　开环组合方法

## 6.2　地磁匹配/惯性组合导航系统模型分析

### 6.2.1　组合导航系统的模型

以惯性导航系统误差为状态变量的地磁匹配/惯性组合导航系统模型为

$$e_{k+1}=f_k(e_k,\omega_k) \tag{6.1}$$

$$y_k=h^*(e_k+x_k)+\upsilon_k \tag{6.2}$$

式(6.1)为状态方程，式中：$e_k$ 是状态变量，表示 $k$ 时刻惯性导航系统的定位误差；$f_k(e_k,\omega_k)$表示$k$ 时刻惯性导航系统误差 $e_k$ 的变化规律；$\omega_k$ 是系统噪声。

式(6.2)为观测方程，式中：$x_k$ 为 $k$ 时刻惯性导航系统输出的飞行器的位置；$h^*(x_k+e_k)$为由地磁基准图得到的 $x_k+e_k$ 位置处的地磁场总强度；$y_k$ 是 $k$ 时刻地磁传感器实时测量的地磁场总强度；$\upsilon_k$ 是地磁传感器的测量噪声。

地磁匹配/惯性组合导航的目的是根据地磁基准图，在获得地磁传感器的测量值 $y_k$ 的情况下，估算飞行器的位置坐标信息 $x_k+e_k$ 或者估计惯性导航系统的误差 $e_k$。

### 6.2.2　影响组合导航系统性能的因素

根据式(6.1)和式(6.2)描述的地磁匹配/惯性组合导航系统模型，可知以下因素影响组合导航系统的性能。

(1)惯性导航系统的性能。惯性导航系统的误差特性决定了式(6.1)中的状态方程。状态方程的特性影响系统的可观测性，从而影响状态估计的结果。

(2)地磁传感器的精度。式(6.2)中地磁传感器测量噪声 $\upsilon_k$ 越小，说明观测误差越小。观测误差小，有助于改善非线性估计的结果，提高组合导航系统的精度。

(3)地磁基准图的精度。地磁匹配/惯性组合导航系统正常使用的前提是要有所需要的和符合质量要求的地磁基准图，否则地磁匹配/惯性组合导航系统就不能正确地使用，而地磁基准图的数据精度将直接影响着组合导航系统的性能。

(4)地磁匹配区的地磁场特性。不同的地磁匹配区域具有不同的地磁场特征，地磁场特征对应于式(6.2)中函数 $h^*(x)$ 的特性,不同的函数 $h^*(x)$ 影响组合导航系统的可观测性,从而影响组合导航系统的结果。通过优化飞行器的飞行航迹,选择适合于组合导航系统的区域,提高地磁匹配/惯性组合导航系统的性能。

(5)地磁匹配/惯性组合导航算法。地磁匹配/惯性组合导航算法的本质是一种状态估计的方法,不同的估计方法使用不同的估计准则,得到最优估计值也不同。

### 6.2.3　提高组合导航系统性能的途径

根据前两节的描述和分析,可以通过以下途径来改善和提高地磁匹配/惯性组合导航系统的性能。

(1)选用高精度的地磁传感器(硬件);

(2)选择适当的惯性导航系统(硬件);

(3)选择适用于导航的高精度的地磁基准图(软件);

(4)通过飞行航迹规划,选择适用于地磁匹配/惯性组合导航系统的导航区(软件);

(5)采用高效、实时的地磁匹配/惯性组合导航算法(软件)。

在以上 5 种提高地磁匹配/惯性组合导航系统性能的途径中,前两种途径都依赖于具体的硬件,使用高性能的硬件将会大大地增加整个组合系统的成本。后三种途径是在不改变系统硬件的情况下,通过软件的方式来提高地磁匹配/惯性组合导航系统的性能,后三种途径也是我们将要重点研究的内容。

## 6.3　地磁匹配/惯性组合导航算法

地磁匹配/惯性组合导航算法是指利用实时测量的地磁场总强度估计飞行器在地磁基准图上的位置坐标。6.2 节中地磁匹配/惯性组合导航系统模型表明,在组合导航系统地磁传感器性能、地磁基准图精度和匹配区域已经确定的情况下,组合导航方法决定了地磁匹配/惯性组合导航系统的性能,改善组合导航算法可以提高组合导航系统的性能。

近年来,地磁匹配/惯性组合导航形成了三种方法:①基于相关极值的地磁轮廓匹配法;②类似于地形/惯性组合导航中的桑迪亚(SITAN)方法;③基于 ICCP 算法的地磁等值线匹配方法。

### 6.3.1　地磁轮廓匹配法

#### 6.3.1.1　地磁轮廓匹配法的原理

轮廓匹配法的原理是:飞行器在飞越某些区域时,利用地磁传感器测得地磁场总强度序列,将测得实时地磁场总强度序列与预存的地磁基准图指示的序列进行相关运算,按最佳相关确定飞行器的地理位置,用这个位置修正惯性导航系统的位置输出。

#### 6.3.1.2 地磁轮廓匹配算法分析

地磁轮廓匹配算法采用的是批处理相关技术，其作用是在存储的地磁基准图中找出一条航迹，这条航迹平行于惯性导航系统输出的航迹并且最接近地磁传感器实测的航迹，匹配过程如图 6-6 所示。地磁轮廓匹配算法按以下几个步骤进行。

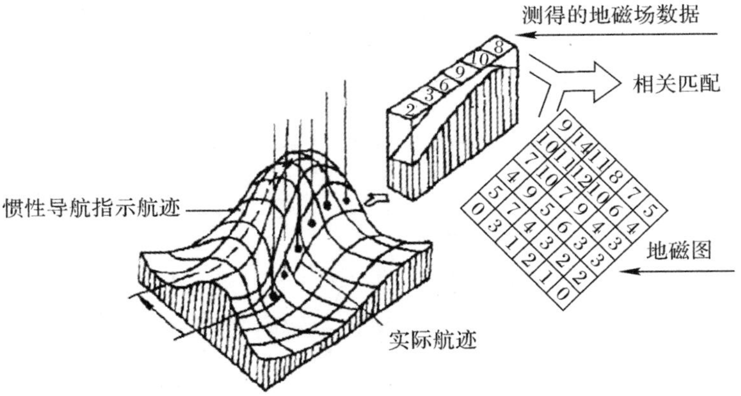


图 6-6　地磁轮廓匹配法过程示意图

1. 实测地磁场总强度序列

飞行器飞行时，地磁传感器按一定间隔采集地磁场总强度，在飞行器飞过一个积累距离 $L$ 之后，即获得一条实测的地磁场总强度序列。积累距离 $L$ 是轮廓匹配系统每次修正所用的飞行航迹的长度，它是轮廓匹配算法的一个重要参数。积累距离要选得足够长，实测序列的特征才会明显，才可能在相关分析中获得一个精确的、唯一的极值点。同时，积累距离又要选得足够短，以便使各次定位之间漂移保持最小，积累距离过长会使惯性导航系统指示的飞行航迹变形。

2. 从地磁基准图中提取图上地磁场总强度序列

在获得实测地磁场总强度序列后，以惯性导航系统估算的最后位置为中心，画出一个选定大小的格网化的不确定区域，不确定区域的大小根据惯性导航系统的 $\pm 3\sigma$ 误差幅度而定，以确保飞行器的真实位置位于该区域之内。依次将不确定区域内的每个格网点视为端点，从地磁基准图中提取一条与惯性导航系统指示位置相平行的地磁场总强度序列，获得地磁场总强度序列的数目等于不确定区域内的格网个数。

3. 相关分析

相关分析就是确定一种性能指标，用以检验从地磁基准图中提取的各地磁场总强度序列与实测地磁场总强度序列的相关程度，从中选择相关程度最高的一条作为最佳匹配序列。目前有 4 种准则可作为性能指标，它们分别是平均绝对差（MAD）准则、平均二次方差准则（MSD）、归一化积相关准则（NPROD）和 Hausdroff 距离准则等，这些相似性度量准则已被广泛应用于地磁匹配、地形匹配、景象匹配等场合中。设 $u$、$v$ 为待做匹配的两个序列，序列的点数为 $N$，$D(u,v)$ 或 $H(u,v)$ 为相关性度量值，各种准则的定义如下：

平均绝对差准则(MAD)为

$$D(u,v)=\frac{1}{N}|u_i-v_i| \tag{6.3}$$

平均二次方差准则(MSD)为

$$D(u,v)=\frac{1}{N}(u_i-v_i)^2 \tag{6.4}$$

这两个准则都由最小值给出最佳匹配,$D(u,v)$越小,则 $u$、$v$ 两序列越匹配。MAD 较容易实现,MSD 实际上是最小二乘法,匹配精度比前者精确些。

归一化积相关准则(NPROD)为

$$D(u,v)=\frac{\sum_{i=1}^{N}u_iv_i}{\sqrt{\sum_{i=1}^{N}u_i^2\sum_{i=1}^{N}v_i^2}} \tag{6.5}$$

该准则由最大值给出最佳匹配。定义信噪比 SNR$=\sigma_M/\sigma_N$,其中 $\sigma_M$ 为地磁基准图制作误差的标准差,$\sigma_N$ 为地磁传感器测量噪声的标准差。当 SNR 较小时,能够获得比 MAD、MSD 更精确的匹配定位,缺点是计算较复杂。NPROD 准则在地形匹配中应用较多,从加快匹配速度方面考虑,有时不适宜采用此准则。

Hausdroff 距离准则为

$$H(u,v)=\max[h(u,v),h(v,u)] \tag{6.6}$$

式中:$h(u,v)=\max_{u_i\subset u}\min_{v_i\subset v}\|u_i-v_i\|$,$h(v,u)=\max_{v_i\subset v}\min_{u_i\subset u}\|v_i-u_i\|$ 分别为点集 $u$ 到 $v$、$v$ 到 $u$ 的有向 Hausdroff 距离;$\|\cdot\|$ 为定义在两个点集 $u$、$v$ 间的某种距离范数。

Hausdroff 距离算法寻求集合间的匹配,不强调点与点间的匹配,$H(u,v)$越小,则 $u$、$v$ 两序列越匹配。此准则的计算量也较大。

4. 修正惯性导航系统

在获得相关定位后,即可对惯性导航系统进行修正,其方法是重新把惯性导航系统的输出位置修正到相关匹配定位点。

#### 6.3.1.3 地磁/惯性轮廓匹配算法的特点

地磁/惯性轮廓匹配系统的特点主要由其算法决定。由于最佳匹配位置是在测得一系列地磁场总强度序列后,通过搜索位置不确定区域内的每个网格位置的办法进行的,所以地磁/惯性轮廓匹配系统具有以下特点:

(1)如果地磁场特征独特,而且搜索范围足够大,那么该系统在任何初始位置误差情况下都能工作;

(2)不必对搜索区域内的地磁场作线性化处理;

(3)相关算法需在获得一系列地磁场总强度测量序列后才能进行,属于后验估计或批处理方法,因此实时性较差;

(4)地磁/惯性轮廓匹配算法对航向误差敏感,同时在匹配过程中不允许飞行器做机动飞行;

(5)存在等于格网间隔一半的量化误差,使用小的格网间隔可以减小这种误差,但会增加计算量。

## 6.3.2 类桑迪亚(SITAN)的信息融合法

### 6.3.2.1 类桑迪亚(SITAN)的信息融合法的基本原理

类桑迪亚(SITAN)的信息融合系统也由惯性导航系统、地磁传感器、地磁基准图和卡尔曼滤波器四部分组成,如图 6-7 所示。地磁匹配/惯性组合导航系统根据惯性导航系统输出的位置,在地磁基准图上读出对应的地磁场总强度,与地磁传感器实测得地磁场总强度值比较,其差值作为卡尔曼滤波器的测量值。由于地磁的非线性导致了测量方程的非线性,所以必须对地磁进行线性化处理,计算地磁斜率,以得到线性化的测量方程。卡尔曼滤波器以惯性导航系统的误差作为状态方程,经卡尔曼滤波递推即可得到惯性导航系统的最佳误差估计,用最佳误差估计值对惯性导航系统进行修正,从而提高惯性导航系统的精度。

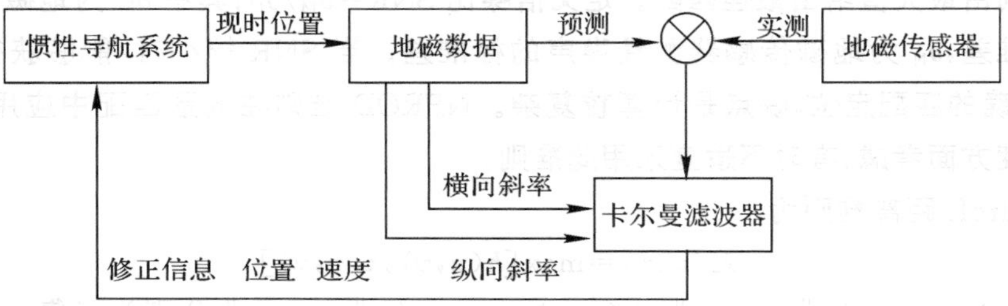


图 6-7 类 SITAN 系统的结构

同理,类桑迪亚(SITAN)的信息融合法的性能也由惯性导航系统的性能、地磁基准图的精度、匹配区域的地磁特征、地磁传感器的测量精度以及所采用的卡尔曼滤波算法几大因素共同决定。而信息融合算法是决定地磁匹配/惯性组合系统性能的一个非常关键因素。

### 6.3.2.2 类桑迪亚(SITAN)的信息融合算法的特点

类桑迪亚(SITAN)的信息融合算法具有以下特点:

(1)算法对惯性导航系统的修正是实时的;

(2)算法不仅可以修正惯性导航系统的位置误差,而且可以对惯性导航系统的速度误差、姿态误差进行修正;

(3)算法容许有较大的速度和航向误差,同时允许飞行器做机动飞行;

(4)算法需要有较精确的初始位置,当初始位置误差过大时,需采用批处理技术或并行卡尔曼滤波技术减小初始位置误差;

(5)算法的主要缺点是需对地磁作线性化处理,当线性化误差较大时,滤波可能发散。

## 6.3.3 基于 ICCP 算法的地磁等值线匹配方法

ICCP(Iterative Closest Contour Point)算法是 ICP(Iterative Closest Point)算法的一个特例,这两种算法都来源于图像匹配。由于 ICCP 算法可以完全基于网格数据来进行处理,所以在导航中其首先被应用于地形匹配中，然后才逐渐被扩大应用于地磁和重力匹配中。ICCP 算法的实质是匹配多边弧，它是通过反复的刚性变换（旋转和平移）减小匹配对象和目标对象之间的距离，使得匹配对象尽可能地接近目标对象从而达到匹配目的。

**6.3.3.1　ICCP 算法匹配基本原理**

图 6-8 为 ICCP 算法的基本原理示意图，飞行器有一实际飞行航迹（如图中粗实线所示的“真实航迹”），由 $P_i'(i=1,2,\cdots,N_x)$ 等点组成，其中 $N_x$ 是估计航迹的长度（点数）；同时，惯性导航系统给出由 $P_i(i=1,2,\cdots,N_x)$ 等点组成的一测量航迹（如图中细实线所示的“INS 航迹”）。另外，地磁传感器测量到当地实际地磁场总强度 $c_i(i=1,2,\cdots,N_x)$，每一个 $c_i$ 对应于地磁基准图中的一条等值线。

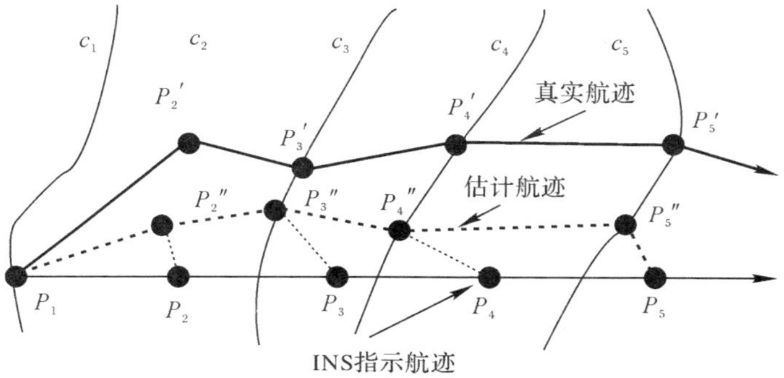


图 6-8　ICCP 的基本原理

ICCP 算法描述如下：

（1）在航迹上测得的 $N_x$ 个测量数据的三维坐标已知，并且从地磁基准图中抽取的等值线集 $C$ 给定；

（2）选择初始对准集，即设置迭代的初值 $\{X_0\}$，假设初始对准集的次数为 $m=m+1$，步骤（3）～（6）循环迭代直至收敛到一个公差 $\tau$；

（3）每一个数据点 $x_n$ 在其等值线上寻找最近点，记这些点为 $y_n$；

（4）寻找变换 $T$，使集合 $Y=\{y_n\}$ 与集合 $X=\{x_n\}$ 之间量测距离最小，即

$$M_k(C,TX)=M(Y,TX)=\sum_{n=1}^{N_x} w_n \parallel y_n-Tx_n \parallel^2 \tag{6.7}$$

（5）将集合 $X$ 变换到集合 $TX$，即 $X_{k+1}=TX_k$；

（6）当测量距离变化低于一个预先设置的门限 $\tau>0$ 时停止迭代，$\tau$ 用以确定收敛到局部最小的变化度，若 $M_k-M_{k+1}>\tau$，返回步骤（3）继续迭代，否则进入步骤（7）；

（7）如果满足最终的收敛条件 $M_{k+1}<T_M$ 或者 $m\leqslant T_m$，那么计算结束，其中，$T_M$ 为 $M_{k+1}$ 的最小值，$T_m$ 为迭代的最大次数，它们是事先给定的门限值；如果不满足，那么返回（2）继续计算。

ICCP 算法的流程图如图 6-9 所示。从图中可以看出，此算法基本遵循“初始对准—寻找对应关系—求最优变换—应用变换”的循环过程。

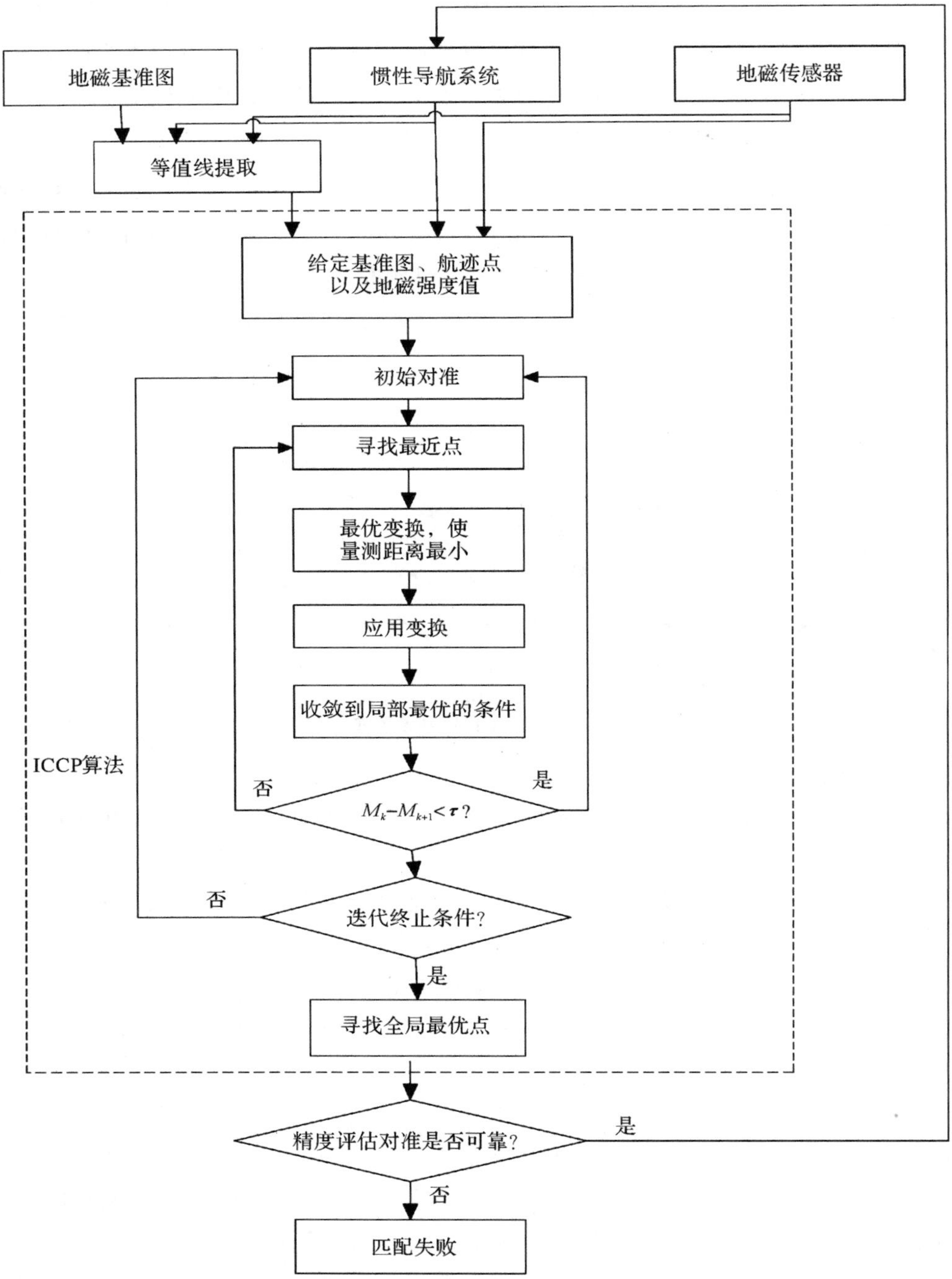


**图 6－9　ICCP 算法流程图**

### 6.3.3.2　基于 ICCP 算法的地磁等值线匹配系统特点

基于 ICCP 算法的地磁等值线匹配系统特点如下：

(1)方法是寻求全局意义下的最优对准方法，理论上该系统在任何初始误差情况下都能工作。也就是说，只要在没有超出地磁基准图范围的情况下，如果地磁特征独特，无论惯性导航系统的初始误差有多大，该匹配做算法都能进行匹配对准。

(2)算法不需要对地磁基准图做预处理，比如平滑等，只要统计的野值点数量趋于零，不需要任何导数估计或局部特征提取。

(3)方法也是一种后验估计或批处理方法，因此实时性较差，相对于地磁轮廓匹配算法来说，定位过程中可以做机动飞行，但因为它是做刚性变换，所以对航向误差也比较敏感。

(4)方法在地磁基准图的特征明显，真实航迹的唯一性体现比较突出的情况下，能快速收敛到最优解。但是地磁场是一种位场，变化规律相对比较缓慢，而且可能存在大面积特征相似的部分，这对 ICCP 算法是致命的。因为理论上，ICCP 算法只能收敛到关于均方误差目标函数的局部最小。

## 6.4 惯性导航系统的原理及其误差方程

### 6.4.1 惯性导航系统的基本原理

惯性导航系统是通过测量飞行器本身的加速度来完成导航任务的，根据牛顿定理，利用陀螺仪、加速度计测量出飞行器的加速度，经过积分运算，便可获得速度和位置，供导航系统使用。

由于惯性导航的基本原理是牛顿定理，所以它是自主式导航系统，具有完全独立工作特性，不受任何自然条件或环境干扰，具有连续长时间工作的特点。惯性导航系统由加速度经过两次积分来定位，是一种推位定位法，因此其缺点是误差随时间积累。

### 6.4.2 惯性导航系统的误差方程

在地磁匹配/惯性组合导航系统中，一般采用惯性导航系统误差传播方程作为组合导航系统的状态方程。惯性导航系统的误差源有很多，但主要的误差源是陀螺漂移和加速度计零偏，两者通常都可以用一阶马尔可夫过程描述。一般来说，惯性导航系统的误差包括位置、速度、姿态和仪表误差。惯性导航系统通常采用指北方位惯性导航平台，该导航平台在东、北、天坐标系下的误差方程如下：

(1)位置误差为

$$\delta\dot{\phi}=\frac{1}{R_N+h}\delta v_y-\frac{V_y}{(R_N+h)^2}\delta h \tag{6.8}$$

$$\delta\dot{\lambda}=\frac{v_x\tan\phi\sec\phi}{(R_N+h)}\delta\phi+\frac{\sec\phi}{(R_N+h)}\delta v_x-\frac{v_x}{(R_N+h)^2\cos\phi}\delta h \tag{6.9}$$

$$\delta\dot{h}=\delta V_z \tag{6.10}$$

(2)速度误差为

$$\delta\dot{v}_x=\left(2\omega_{ie}\cos\phi v_x+\frac{v_xv_y}{R_N+h}\sec^2\phi+2\omega_{ie}\sin\phi v_z\right)\delta\phi+\frac{v_xv_z-v_xv_y\tan\phi}{(R_N+h)^2}\delta h+$$

$$\left(\frac{v_y}{R_M+h}\tan\phi-\frac{v_z}{R_M+h}\right)\delta v_x+\left(2\omega_{ie}\sin\phi+\frac{v_x}{R_N+h}\tan\phi\right)\delta v_y-$$

$$\left(2\omega_{ie}\cos\phi_x+\frac{v_x}{R_N+h}\right)\delta v_z+f_y\phi_z-f_z\phi_y+\nabla_x \tag{6.11}$$

$$\delta\dot{v}_y=-\left(2\omega_{ie}\cos\phi v_x+\frac{v_x^2}{R_N+h}\sec^2\phi\right)\delta\phi+\frac{v_x^2\tan\phi+v_xv_y}{(R_N+h)^2}\delta h-\frac{v_z}{R_M+h}\delta v_y-$$

$$2\left(\omega_{ie}\sin\phi+\frac{v_x}{R_N+h}\tan\phi\right)\delta v_x-\frac{v_y}{R_M+h}\delta v_z+f_z\phi_x-f_x\phi_z+\nabla_y \tag{6.12}$$

$$\delta\dot{v}_z=-2\omega_{ie}v_x\sin\phi\delta\phi+\frac{v_x^2+v_y^2}{(R_N+h)^2}\delta h+2\left(\omega_{ie}\cos\phi+\frac{v_x}{R_N+h}\right)\delta v_x+$$

$$\frac{2v_y}{R_M+h}\delta v_y+f_x\phi_y-f_y\phi_x+\nabla_z \tag{6.13}$$

(3)姿态角误差为

$$\dot{\phi}_x=\frac{v_y}{(R_M+h)^2}\delta h-\frac{1}{R_M+h}\delta v_y+\left(\omega_{ie}\sin\phi+\frac{v_x}{R_N+h}\tan\phi\right)\phi_y-$$

$$\left(\omega_{ie}\cos\phi+\frac{v_x}{R_N+h}\right)\phi_z+\varepsilon_x \tag{6.14}$$

$$\dot{\phi}_y=-\omega_{ie}\sin\phi\delta\phi-\frac{v_x}{(R_N+h)^2}\delta h+\frac{1}{R_N+h}\delta v_x-$$

$$\left(\omega_{ie}\sin\phi+\frac{v_x}{R_N+h}\tan\phi\right)\phi_x-\frac{v_y}{R_M+h}\phi_z+\varepsilon_y \tag{6.15}$$

$$\dot{\phi}_z=\left(\omega_{ie}\cos\phi+\frac{v_x\sec^2\phi}{R_N+h}\right)\delta\phi-\frac{v_x\tan\phi}{(R_M+h)^2}\delta h+\frac{\tan\phi}{R_N+h}\delta v_x+$$

$$\left(\omega_{ie}\cos\phi+\frac{v_x}{R_N+h}\right)\phi_x+\frac{v_y}{R_M+h}\phi_y+\varepsilon_z \tag{6.16}$$

(4)陀螺仪误差模型。从实际工程角度出发,陀螺仪的误差模型取为

$$\varepsilon=\varepsilon_b+\varepsilon_r+\omega_g \tag{6.17}$$

它由随机常值漂移 $\varepsilon_b$、相关一阶马尔可夫过程 $\varepsilon_r$ 和白噪声 $\omega_g$ 构成。而其中 $\varepsilon_b$ 和 $\varepsilon_r$ 可用一阶微分方程表示如下:

$$\dot{\varepsilon}_b=0 \tag{6.18}$$

$$\dot{\varepsilon}_r=-\frac{1}{T_g}\varepsilon_r+\omega_r \tag{6.19}$$

式中:$T_g$ 为陀螺仪漂移相关时间常数;$\omega_r$ 为白噪声。

(5)加速度计误差模型。假定误差模型为一阶马尔可夫过程,可用微分方程描述如下:

$$\dot{\nabla}=-\frac{1}{T_a}\nabla+\omega_a \tag{6.20}$$

式中:$T_a$ 为加速度计相关时间常数;$\omega_a$ 为白噪声。

# 6.5　卡尔曼滤波算法基础

## 6.5.1　卡尔曼滤波问题的提法

在许多实际控制过程中，系统往往受到随机干扰作用。在这种情况下，线性连续系统的控制过程可表示为

$$\dot{\boldsymbol{x}}(t)=\boldsymbol{A}(t)\boldsymbol{x}(t)+\boldsymbol{B}(t)\boldsymbol{u}(t)+\boldsymbol{F}(t)\boldsymbol{w}(t) \tag{6.21}$$

式中：$\boldsymbol{x}(t)$是控制系统的 $n$ 维状态向量；$\boldsymbol{u}(t)$是 $r$ 维控制向量；假定 $\boldsymbol{w}(t)$是均值为零的 $p$ 维白噪声向量；$\boldsymbol{A}(t)$是 $n\times n$ 矩阵；$\boldsymbol{B}(t)$是 $n\times r$ 矩阵；$\boldsymbol{F}(t)$是 $n\times p$ 矩阵。

对于实际控制系统，最优控制律或自适应控制律的形成需要系统的状态变量，而状态变量往往不能直接获得，需要通过测量装置进行观测，根据观测得到的信号来确定状态变量。但测量装置中一般都存在随机干扰。因此在观测得到的信号中夹杂有随机噪声。要从夹杂随机噪声的观测信号中准确地分离出状态变量是不可能的，只有根据观测信号来估计这些状态变量。通常，观测系统的观测方程为

$$\boldsymbol{z}(t)=\boldsymbol{H}(t)\boldsymbol{x}(t)+\boldsymbol{v}(t) \tag{6.22}$$

式中：$\boldsymbol{z}(t)$是 $m$ 维观测向量；$\boldsymbol{H}(t)$是 $m\times n$ 矩阵，称为观测矩阵；假定 $\boldsymbol{v}(t)$是均值为零的 $m$ 维白噪声，若 $\boldsymbol{w}(t)$和 $\boldsymbol{v}(t)$相互独立，它们的协方差阵分别为

$$E[\boldsymbol{w}(t)\boldsymbol{w}^{\mathrm{T}}(\tau)]=\boldsymbol{Q}(t)\delta(t-\tau) \tag{6.23}$$

$$E[\boldsymbol{v}(t)\boldsymbol{v}^{\mathrm{T}}(\tau)]=\boldsymbol{R}(t)\delta(t-\tau) \tag{6.24}$$

$$E[\boldsymbol{w}(t)\boldsymbol{v}^{\mathrm{T}}(\tau)]=\boldsymbol{0} \tag{6.25}$$

式中：$\delta(t-\tau)$是狄拉克(Dirac)$\delta$ 函数，当 $t=\tau$ 时，$\delta(t-\tau)=\infty$；当 $t\neq\tau$ 时，$\delta(t-\tau)=0$；且 $\int_{-\infty}^{\infty}\delta(t-\tau)\mathrm{d}\tau=1$。当 $\boldsymbol{Q}(t)$和 $\boldsymbol{R}(t)$不随时间而变化时，$\boldsymbol{Q}$ 和 $\boldsymbol{R}$ 都是白噪声的谱密度矩阵。$\boldsymbol{Q}(t)$为对称的非负定矩阵，$\boldsymbol{R}(t)$为正定的对称矩阵。正定的物理意义是观测向量 $\boldsymbol{z}(t)$的各分量都附加有随机噪声。$\boldsymbol{Q}(t)$和 $\boldsymbol{R}(t)$都可对 $t$ 微分。$\boldsymbol{x}(t)$的初始状态是一个随机向量，假定 $\boldsymbol{x}(t_0)$的数学期望 $E[\boldsymbol{x}(t_0)]=\boldsymbol{m}_0$，协方差矩阵 $\boldsymbol{P}(t_0)=E\{[\boldsymbol{x}(t_0)-\boldsymbol{m}_0]\cdot[\boldsymbol{x}(t_0)-\boldsymbol{m}_0]^{\mathrm{T}}\}$都为已知。

现在的任务是从观测信号 $\boldsymbol{z}(t)$中估计出状态变量，希望估计出来的 $\hat{\boldsymbol{x}}(t)$值与实际的 $\boldsymbol{x}(t)$值愈接近愈好，因此提出最优估计问题。一般都采用线性最小方差估计。

线性最小方差估计问题可阐述如下：假定线性控制过程如式(6.21)所示，观测方程如式(6.22)所示。从时间 $t=t_0$ 开始得到观测值 $\boldsymbol{z}(t)$，在区间 $t_0\leqslant\sigma\leqslant t$ 内已给出观测值 $\boldsymbol{z}(\sigma)$。要求找出 $\boldsymbol{x}(t_1)$的最优线性估计 $\hat{\boldsymbol{x}}(t_1/t)$。这里记号“$t_1/t$”表示利用 $t$ 时刻以前的观测值 $\boldsymbol{z}(\sigma)$来估计 $t_1$ 时刻的 $\boldsymbol{x}(t_1)$值。所谓最优线性估计有以下三点含义：

(1)估值 $\hat{\boldsymbol{x}}(t_1/t)$是 $\boldsymbol{z}(\sigma)(t_0\leqslant\sigma\leqslant t)$的线性函数。

(2)估值是无偏的，即

$$E[\hat{\boldsymbol{x}}(t_1/t)]=E[\boldsymbol{x}(t_1)]$$

(3)要求估值误差 $\tilde{\boldsymbol{x}}(t_1/t)=\boldsymbol{x}(t_1)-\tilde{\boldsymbol{x}}(t_1/t)$的方差和为最小，即要求

$$E\{[\boldsymbol{x}(t_1)-\hat{\boldsymbol{x}}(t_1/t)]^{\mathrm{T}}[\boldsymbol{x}(t_1)-\hat{\boldsymbol{x}}(t_1/t)]\}=\min$$

根据 $t_1$ 和 $t$ 的大小关系，连续系统估计问题可分为三类：

第一类：$t_1>t$，称为预测（或外推）问题；

第二类：$t_1=t$，称为滤波问题；

第三类：$t_1<t$，称为平滑（或内插）问题。

比较起来，预测问题稍为简单一些，平滑问题最复杂。通常讲的卡尔曼滤波指的是预测和滤波。

下面讨论离散系统的卡尔曼滤波问题。设离散系统的差分方程和观测方程分别为

$$\boldsymbol{x}(k+1)=\boldsymbol{\Phi}(k+1,k)\boldsymbol{x}(k)+\boldsymbol{G}(k+1,k)\boldsymbol{u}(k)+\boldsymbol{\Gamma}(k+1,k)\boldsymbol{w}(k) \tag{6.26}$$

$$\boldsymbol{z}(k)=\boldsymbol{H}(k)\boldsymbol{x}(k)+\boldsymbol{v}(k) \tag{6.27}$$

式中：$\boldsymbol{x}(k)$是 $n$ 维状态向量；$\boldsymbol{u}(k)$是 $r$ 维控制向量；$\boldsymbol{z}(k)$是 $m$ 维观测向量；$\boldsymbol{\Phi}(k+1,k)$是$n\times n$ 转移矩阵；$\boldsymbol{G}(k+1,k)$是 $n\times r$ 矩阵；$\boldsymbol{\Gamma}(k+1,k)$是 $n\times p$ 矩阵；$\boldsymbol{H}(k)$是 $m\times n$ 矩阵。假定$\boldsymbol{w}(k)$是均值为零的 $p$ 维白噪声向量序列，$\boldsymbol{v}(k)$是均值为零的 $m$ 维的白噪声向量序列，若 $\boldsymbol{w}(k)$和 $\boldsymbol{v}(k)$相互独立，在采样间隔内 $\boldsymbol{w}(k)$和 $\boldsymbol{v}(k)$都为常值，其统计特性如下：

$$\left.\begin{aligned}&E[\boldsymbol{w}(k)]=E[\boldsymbol{v}(k)]=\boldsymbol{0}\\&E[\boldsymbol{w}(k)\boldsymbol{w}^{\mathrm{T}}(j)]=\boldsymbol{Q}_k\delta_{kj}\\&E[\boldsymbol{v}(k)\boldsymbol{v}^{\mathrm{T}}(j)]=\boldsymbol{R}_k\delta_{kj}\\&E[\boldsymbol{w}(k)\boldsymbol{v}^{\mathrm{T}}(j)]=\boldsymbol{0}\end{aligned}\right\} \tag{6.28}$$

式中：$\delta_{kj}$为克罗尼克（Kroneker）$\delta$ 函数，其特性为

$$\delta_{kj}=\begin{cases}1, & k=j\\0, & k\neq j\end{cases} \tag{6.29}$$

式中：$\boldsymbol{Q}_k$ 为非负定矩阵；$\boldsymbol{R}_k$ 为正定矩阵。$\boldsymbol{Q}_k$ 和$\boldsymbol{R}_k$ 都是方差阵，而 $\boldsymbol{Q}(t)$和 $\boldsymbol{R}(t)$不是方差阵。当$\boldsymbol{Q}(t)$和 $\boldsymbol{R}(t)$不随时间而变时，都是谱密度矩阵。

可以证明，$\boldsymbol{Q}_k$、$\boldsymbol{R}_k$ 与 $\boldsymbol{Q}(t)$、$\boldsymbol{R}(t)$之间存在下列关系：

$$\left.\begin{aligned}&\boldsymbol{Q}_k=\frac{\boldsymbol{Q}(t)}{\Delta t}\\&\lim_{\Delta t\to 0}\boldsymbol{Q}_k=\infty\end{aligned}\right\} \tag{6.30}$$

$$\left.\begin{aligned}&\boldsymbol{R}_k=\frac{\boldsymbol{R}(t)}{\Delta t}\\&\lim_{\Delta t\to 0}\boldsymbol{R}_k=\infty\end{aligned}\right\} \tag{6.31}$$

在 $\Delta t\to 0$ 的极限条件下，离散噪声序列 $\boldsymbol{w}(k)$和 $\boldsymbol{v}(k)$趋向于持续时间为零、幅值为无穷大的脉冲序列。而“脉冲”自相关函数与横轴所围的面积$\boldsymbol{Q}_k\Delta t$ 和$\boldsymbol{R}_k\Delta t$ 分别等于连续白噪声脉冲自相关函数与横轴所围的面积 $\boldsymbol{Q}(t)$和 $\boldsymbol{R}(t)$。

状态向量 $\boldsymbol{x}(k)$的初始统计特性是给定的，即

$$E[\boldsymbol{x}(0)]=\boldsymbol{m}_0 \tag{6.32}$$

$$E\{[\boldsymbol{x}(0)-\boldsymbol{m}_0][\boldsymbol{x}(0)-\boldsymbol{m}_0]^{\mathrm{T}}\}=\boldsymbol{P}_0 \tag{6.33}$$

给出观测序列 $\boldsymbol{z}(0),\boldsymbol{z}(1),\cdots,\boldsymbol{z}(k)$，要求找出 $\boldsymbol{x}(j)$的线性最优估计 $\hat{\boldsymbol{x}}(j/k)$，使得估值 $\hat{\boldsymbol{x}}(j/k)$与 $\boldsymbol{x}(j)$之间的误差 $\tilde{\boldsymbol{x}}(j/k)=\boldsymbol{x}(j)-\hat{\boldsymbol{x}}(j/k)$的方差和为最小，即

$$E\{[\boldsymbol{x}(j)-\hat{\boldsymbol{x}}(j/k)]^{\mathrm{T}}[\boldsymbol{x}(j)-\hat{\boldsymbol{x}}(j/k)]\}=\min \tag{6.34}$$

也就是要求各状态变量估计误差的方差和为最小。同时要求 $\hat{\boldsymbol{x}}(j/k)$ 是 $\boldsymbol{z}(0),\boldsymbol{z}(1),\cdots,\boldsymbol{z}(k)$ 的线性函数，并且估计是无偏的，即

$$E[\hat{\boldsymbol{x}}(j/k)]=E[\boldsymbol{x}(j)] \tag{6.35}$$

根据 $j$ 和 $k$ 的大小关系，离散系统估计问题也可分成三类：

第一类：$j>k$，称为预测（或外推）问题；

第二类：$j=k$，称为滤波问题；

第三类：$j<k$，称为平滑（或内插）问题。

本章只讨论连续系统和离散系统的最优预测和最优滤波问题。

### 6.5.2　离散系统卡尔曼最优预测基本方程的推导

在推导卡尔曼预测基本方程时，为了简便起见，先不考虑控制信号的作用，这样离散系统的差分方程式(6.26)变为

$$\boldsymbol{x}(k+1)=\boldsymbol{\Phi}(k+1,k)\boldsymbol{x}(k)+\boldsymbol{\Gamma}(k+1,k)\boldsymbol{w}(k) \tag{6.36}$$

观测方程仍为式(6.27)，则

$$\boldsymbol{z}(k)=\boldsymbol{H}(k)\boldsymbol{x}(k)+\boldsymbol{v}(k) \tag{6.37}$$

式中：$\boldsymbol{w}(k)$ 和 $\boldsymbol{v}(k)$ 都是均值为零的白噪声序列，$\boldsymbol{w}(k)$ 和 $\boldsymbol{v}(k)$ 相互独立，在采样间隔内，$\boldsymbol{w}(k)$ 和 $\boldsymbol{v}(k)$ 为常值，其统计特性如式(6.28)所示，即

$$\left.\begin{aligned}&E[\boldsymbol{w}(k)]=E[\boldsymbol{v}(k)]=\boldsymbol{0}\\&E[\boldsymbol{w}(k)\boldsymbol{w}^{\mathrm{T}}(j)]=\boldsymbol{Q}_k\delta_{kj}\\&E[\boldsymbol{v}(k)\boldsymbol{v}^{\mathrm{T}}(j)]=\boldsymbol{R}_k\delta_{kj}\\&E[\boldsymbol{w}(k)\boldsymbol{v}^{\mathrm{T}}(j)]=\boldsymbol{0}\end{aligned}\right\} \tag{6.38}$$

状态向量的初值 $\boldsymbol{x}(0)$，其统计特性是给定的，即

$$E[\boldsymbol{x}(0)]=\boldsymbol{m}_0 \tag{6.39}$$

$$E\{[\boldsymbol{x}(0)-\boldsymbol{m}_0]\;[\boldsymbol{x}(0)-\boldsymbol{m}_0]^{\mathrm{T}}\}=\boldsymbol{P}_0 \tag{6.40}$$

给出观测序列 $\boldsymbol{z}(0),\boldsymbol{z}(1),\cdots,\boldsymbol{z}(k)$，要求找出 $\boldsymbol{x}(k+1)$ 的线性最优估计 $\hat{\boldsymbol{x}}(k+1/k)$，使得估计误差 $\tilde{\boldsymbol{x}}(k+1/k)=\boldsymbol{x}(k+1)-\hat{\boldsymbol{x}}(k+1/k)$ 的方差和为最小，即

$$E\{[\boldsymbol{x}(k+1)-\hat{\boldsymbol{x}}(k+1/k)]^{\mathrm{T}}[\boldsymbol{x}(k+1)-\hat{\boldsymbol{x}}(k+1/k)]\}=\min \tag{6.41}$$

要求估值 $\hat{\boldsymbol{x}}(k+1/k)$ 是 $\boldsymbol{z}(0),\boldsymbol{z}(1),\cdots,\boldsymbol{z}(k)$ 的线性函数，并且要求估计是无偏的，即

$$E[\hat{\boldsymbol{x}}(k+1/k)]=E[\boldsymbol{x}(k+1)] \tag{6.42}$$

下面推导卡尔曼预测基本公式。推导的方法有几种，比较简易的方法是利用正交定理，用数学归纳法推导卡尔曼估计的基本递推估计公式。

在获得观测值 $\boldsymbol{z}(0),\boldsymbol{z}(1),\cdots,\boldsymbol{z}(k-1)$ 之后，假定已经得到状态向量 $\boldsymbol{x}(k)$ 的一步最优线性预测估计 $\hat{\boldsymbol{x}}(k/k-1)$。当还未获得 $k$ 时刻的新观测值 $\boldsymbol{z}(k)$ 时，根据已有的观测值，可得 $k+1$ 时刻的系统状态向量 $\boldsymbol{x}(k+1)$ 的两步预测估值 $\hat{\boldsymbol{x}}(k+1/k-1)$ 为

$$\hat{\boldsymbol{x}}(k+1/k-1)=\boldsymbol{\Phi}(k+1,k)\hat{\boldsymbol{x}}(k/k-1) \tag{6.43}$$

由于 $\hat{\boldsymbol{x}}(k/k-1)$ 是 $\boldsymbol{x}(k)$ 的一步最优线性估计，所以 $\hat{\boldsymbol{x}}(k+1/k-1)$ 也是 $\boldsymbol{x}(k+1)$ 的最优线性预测估计，这可用正交定理来证明。由式(6.36)减式(6.43)，可得

$$
\begin{aligned}
\tilde{\boldsymbol{x}}(k+1/k-1) &= \boldsymbol{x}(k+1)-\hat{\boldsymbol{x}}(k+1/k-1) \\
&= \boldsymbol{\Phi}(k+1,k)[\boldsymbol{x}(k)-\hat{\boldsymbol{x}}(k/k-1)]+\boldsymbol{\Gamma}(k+1,k)\boldsymbol{w}(k) \\
&= \boldsymbol{\Phi}(k+1,k)\tilde{\boldsymbol{x}}(k/k-1)+\boldsymbol{\Gamma}(k+1,k)\boldsymbol{w}(k)
\end{aligned} \tag{6.44}
$$

式中：$\tilde{\boldsymbol{x}}(k/k-1)=\boldsymbol{x}(k)-\hat{\boldsymbol{x}}(k/k-1)$。

因为 $\hat{\boldsymbol{x}}(k/k-1)$ 是 $\boldsymbol{x}(k)$ 的最优线性预测估值，根据正交定理，估计误差 $\tilde{\boldsymbol{x}}(k/k-1)$ 必须正交于 $\boldsymbol{z}(0),\boldsymbol{z}(1),\cdots,\boldsymbol{z}(k-1)$，所以 $\tilde{\boldsymbol{x}}(k/k-1)$ 的线性变换 $\boldsymbol{\Phi}(k+1,k)\tilde{\boldsymbol{x}}(k/k-1)$ 也必须正交于 $\boldsymbol{z}(0),\cdots,\boldsymbol{z}(k-1)$。式(6.44)中的 $\boldsymbol{w}(k)$ 是均值为零的白噪声序列，与 $\boldsymbol{z}(0),\cdots,\boldsymbol{z}(k-1)$ 相互独立，因此 $\boldsymbol{w}(k)$ 正交于 $\boldsymbol{z}(0),\cdots,\boldsymbol{z}(k-1)$。因此在没有获得 $\boldsymbol{z}(k)$ 之前，$\hat{\boldsymbol{x}}(k+1/k-1)$ 是 $\boldsymbol{x}(k+1)$ 的最优两步线性预测。

在新观测值 $\boldsymbol{z}(k)$ 获取之后，可通过修正两步估值 $\hat{\boldsymbol{x}}(k+1/k-1)$ 来得到 $\boldsymbol{x}(k+1)$ 的一步预测估值 $\hat{\boldsymbol{x}}(k+1/k)$。

设 $\boldsymbol{z}(k)$ 的预测估值为

$$
\hat{\boldsymbol{z}}(k/k-1)=\boldsymbol{H}(k)\hat{\boldsymbol{x}}(k/k-1) \tag{6.45}
$$

由式(6.37)，可得

$$
\boldsymbol{z}(k)=\boldsymbol{H}(k)\boldsymbol{x}(k)+\boldsymbol{v}(k) \tag{6.46}
$$

减式(6.45)，得 $\boldsymbol{z}(k)$ 的预测估计误差为

$$
\begin{aligned}
\tilde{\boldsymbol{z}}(k/k-1) &= \boldsymbol{z}(k)-\hat{\boldsymbol{z}}(k/k-1) \\
&= \boldsymbol{H}(k)[\boldsymbol{x}(k)-\hat{\boldsymbol{x}}(k/k-1)]+\boldsymbol{v}(k) \\
&= \boldsymbol{H}(k)\tilde{\boldsymbol{x}}(k/k-1)+\boldsymbol{v}(k)
\end{aligned} \tag{6.47}
$$

造成 $\tilde{\boldsymbol{z}}(k/k-1)$ 的原因有两个：①对 $k$ 时刻状态向量 $\boldsymbol{x}(k)$ 的预测估计有误差；②附加了 $k$ 时刻的观测噪声 $\boldsymbol{v}(k)$。显然，$\tilde{\boldsymbol{z}}(k/k-1)$ 包含修正 $\hat{\boldsymbol{x}}(k+1/k-1)$ 的新信息。这样在获得 $\boldsymbol{z}(k)$ 之后，在两步估值 $\hat{\boldsymbol{x}}(k+1/k-1)$ 的基础上，用 $\tilde{\boldsymbol{z}}(k/k-1)$ 去修正，便可得到 $k+1$ 时刻状态向量 $\boldsymbol{x}(k+1)$ 的一步预测估计 $\hat{\boldsymbol{x}}(k+1/k)$，即

$$
\hat{\boldsymbol{x}}(k+1/k)=\hat{\boldsymbol{x}}(k+1/k-1)+\boldsymbol{K}(k)\tilde{\boldsymbol{z}}(k/k-1) \tag{6.48}
$$

或

$$
\hat{\boldsymbol{x}}(k+1/k)=\boldsymbol{\Phi}(k+1,k)\hat{\boldsymbol{x}}(k/k-1)+\boldsymbol{K}(k)[\boldsymbol{z}(k)-\boldsymbol{H}(k)\hat{\boldsymbol{x}}(k/k-1)] \tag{6.49}
$$

式中：$\boldsymbol{K}(k)$ 是待定矩阵，称为最优增益矩阵或加权矩阵。

式(6.49)可改写成

$$
\hat{\boldsymbol{x}}(k+1/k)=\boldsymbol{\Phi}(k+1,k)\hat{\boldsymbol{x}}(k/k-1)+\boldsymbol{K}(k)\boldsymbol{H}(k)\tilde{\boldsymbol{x}}(k/k-1)+\boldsymbol{K}(k)\boldsymbol{v}(k) \tag{6.50}
$$

$k+1$ 时刻系统状态方程为

$$
\boldsymbol{x}(k+1)=\boldsymbol{\Phi}(k+1,k)\boldsymbol{x}(k)+\boldsymbol{\Gamma}(k+1,k)\boldsymbol{w}(k) \tag{6.51}
$$

由式(6.51)减式(6.50)得 $\boldsymbol{x}(k+1)$ 的估计误差为

$$
\begin{aligned}
\tilde{\boldsymbol{x}}(k+1/k) = {} & [\boldsymbol{\Phi}(k+1,k)-\boldsymbol{K}(k)\boldsymbol{H}(k)]\tilde{\boldsymbol{x}}(k/k-1)+ \\
& \boldsymbol{\Gamma}(k+1,k)\boldsymbol{w}(k)-\boldsymbol{K}(k)\boldsymbol{v}(k)
\end{aligned} \tag{6.52}
$$

观察式(6.52)右边，$\tilde{\boldsymbol{x}}(k/k-1)$，$\boldsymbol{w}(k)$，$\boldsymbol{v}(k)$ 均分别正交于 $\boldsymbol{z}(0),\boldsymbol{z}(1),\cdots,\boldsymbol{z}(k-1)$，因此，$\tilde{\boldsymbol{x}}(k+1/k)$ 正交于 $\boldsymbol{z}(0),\boldsymbol{z}(1),\cdots,\boldsymbol{z}(k-1)$。

若 $\tilde{\boldsymbol{x}}(k+1/k)$ 与 $\boldsymbol{z}(k)$ 正交，则 $\hat{\boldsymbol{x}}(k+1/k)$ 就是 $\boldsymbol{x}(k+1)$ 的一步最优线性预测估值。因此，利用 $\tilde{\boldsymbol{x}}(k+1/k)$ 与 $\boldsymbol{z}(k)$ 的正交条件：

$$E[\tilde{\boldsymbol{x}}(k+1/k)\boldsymbol{z}^{\mathrm{T}}(k)]=\boldsymbol{0} \tag{6.53}$$

来确定最优增益矩阵 $\boldsymbol{K}(k)$。

把式(6.46)、式(6.52)和式(6.37)代入式(6.53),得

$$\begin{aligned}&E(\{[\boldsymbol{\Phi}(k+1,k)-\boldsymbol{K}(k)\boldsymbol{H}(k)]\tilde{\boldsymbol{x}}(k/k-1)+\boldsymbol{\Gamma}(k+1,k)\boldsymbol{w}(k)-\boldsymbol{K}(k)\boldsymbol{v}(k)\}\cdot\\&\quad\{\boldsymbol{H}(k)\hat{\boldsymbol{x}}(k/k-1)+\boldsymbol{H}(k)\tilde{\boldsymbol{x}}(k/k-1)+\boldsymbol{v}(k)\}^{\mathrm{T}})=\boldsymbol{0}\end{aligned} \tag{6.54}$$

考虑到 $\tilde{\boldsymbol{x}}(k/k-1)$、$\hat{\boldsymbol{x}}(k/k-1)$、$\boldsymbol{w}(k)$和 $\boldsymbol{v}(k)$相互都是正交的,因此式(6.54)可简化为

$$\begin{aligned}&E\{[\boldsymbol{\Phi}(k+1,k)-\boldsymbol{K}(k)\boldsymbol{H}(k)]\tilde{\boldsymbol{x}}(k/k-1)\tilde{\boldsymbol{x}}^{\mathrm{T}}(k/k-1)\cdot\\&\quad\boldsymbol{H}^{\mathrm{T}}(k)-\boldsymbol{K}(k)\boldsymbol{v}(k)\boldsymbol{v}^{\mathrm{T}}(k)\}=\boldsymbol{0}\end{aligned} \tag{6.55}$$

即

$$\begin{aligned}&[\boldsymbol{\Phi}(k+1,k)-\boldsymbol{K}(k)\boldsymbol{H}(k)]E[\tilde{\boldsymbol{x}}(k/k-1)\tilde{\boldsymbol{x}}^{\mathrm{T}}(k/k-1)]\cdot\\&\quad\boldsymbol{H}^{\mathrm{T}}(k)-\boldsymbol{K}(k)E[\boldsymbol{v}(k)\boldsymbol{v}^{\mathrm{T}}(k)]=\boldsymbol{0}\end{aligned} \tag{6.56}$$

设 $E[\tilde{\boldsymbol{x}}(k/k-1)\tilde{\boldsymbol{x}}^{\mathrm{T}}(k/k-1)]=\boldsymbol{P}(k/k-1)$,又有 $E[\boldsymbol{v}(k)\boldsymbol{v}^{\mathrm{T}}(k)]=\boldsymbol{R}_k$,代入式(6.56)后可得最优增益矩阵为

$$\boldsymbol{K}(k)=\boldsymbol{\Phi}(k+1,k)\boldsymbol{P}(k/k-1)\boldsymbol{H}^{\mathrm{T}}(k)[\boldsymbol{H}(k)\boldsymbol{P}(k/k-1)\boldsymbol{H}^{\mathrm{T}}(k)+\boldsymbol{R}_k]^{-1} \tag{6.57}$$

现在需确定估计误差方差阵 $\boldsymbol{P}(k+1/k)$的递推关系式。

根据估计误差方差阵的定义,有

$$\boldsymbol{P}(k+1/k)=E[\tilde{\boldsymbol{x}}(k+1/k)\tilde{\boldsymbol{x}}^{\mathrm{T}}(k+1/k)] \tag{6.58}$$

将式(6.52)代入式(6.58)得

$$\begin{aligned}\boldsymbol{P}(k+1/k)=E\big[&\{[\boldsymbol{\Phi}(k+1,k)-\boldsymbol{K}(k)\boldsymbol{H}(k)]\tilde{\boldsymbol{x}}(k/k-1)+\\&\boldsymbol{\Gamma}(k+1,k)\boldsymbol{w}(k)-\boldsymbol{K}(k)\boldsymbol{v}(k)\}\{[\boldsymbol{\Phi}(k+1,k)-\\&\boldsymbol{K}(k)\boldsymbol{H}(k)]\tilde{\boldsymbol{x}}(k/k-1)+\boldsymbol{\Gamma}(k+1,k)\boldsymbol{w}(k)-\boldsymbol{K}(k)\boldsymbol{v}(k)\}^{\mathrm{T}}\big]\end{aligned} \tag{6.59}$$

考虑到 $\tilde{\boldsymbol{x}}(k/k-1)$、$\boldsymbol{w}(k)$和 $\boldsymbol{v}(k)$相互都正交,可得

$$\begin{aligned}\boldsymbol{P}(k+1/k)=&[\boldsymbol{\Phi}(k+1,k)-\boldsymbol{K}(k)\boldsymbol{H}(k)]\boldsymbol{P}(k/k-1)[\boldsymbol{\Phi}(k+1,k)-\boldsymbol{K}(k)\boldsymbol{H}(k)]^{\mathrm{T}}+\\&\boldsymbol{K}(k)\boldsymbol{R}_k\boldsymbol{K}^{\mathrm{T}}(k)+\boldsymbol{\Gamma}(k+1,k)\boldsymbol{Q}_k\boldsymbol{\Gamma}^{\mathrm{T}}(k+1,k)\end{aligned} \tag{6.60}$$

式中:$\boldsymbol{Q}_k=E[\boldsymbol{w}(k)\boldsymbol{w}^{\mathrm{T}}(k)]$。

将式(6.60)展开,经整理后得

$$\begin{aligned}\boldsymbol{P}(k+1/k)=&\boldsymbol{\Phi}(k+1,k)\boldsymbol{P}(k/k-1)\boldsymbol{\Phi}^{\mathrm{T}}(k+1,k)-\boldsymbol{K}(k)\boldsymbol{H}(k)\boldsymbol{P}(k/k-1)\cdot\\&\boldsymbol{\Phi}^{\mathrm{T}}(k+1,k)-\boldsymbol{\Phi}(k+1,k)\boldsymbol{P}(k/k-1)\boldsymbol{H}^{\mathrm{T}}(k)\boldsymbol{K}^{\mathrm{T}}(k)+\\&\boldsymbol{K}(k)\boldsymbol{H}(k)\boldsymbol{P}(k/k-1)\boldsymbol{H}^{\mathrm{T}}(k)\boldsymbol{K}^{\mathrm{T}}(k)+\boldsymbol{K}(k)\boldsymbol{R}_k\boldsymbol{K}^{\mathrm{T}}(k)+\\&\boldsymbol{\Gamma}(k+1,k)\boldsymbol{Q}_k\boldsymbol{\Gamma}^{\mathrm{T}}(k+1,k)\end{aligned} \tag{6.61}$$

式(6.61)右边第四项与第五项之和为

$$\begin{aligned}&\boldsymbol{K}(k)\boldsymbol{H}(k)\boldsymbol{P}(k/k-1)\boldsymbol{H}^{\mathrm{T}}(k)\boldsymbol{K}^{\mathrm{T}}(k)+\boldsymbol{K}(k)\boldsymbol{R}_k\boldsymbol{K}^{\mathrm{T}}(k)\\&\quad=\boldsymbol{K}(k)[\boldsymbol{H}(k)\boldsymbol{P}(k/k-1)\boldsymbol{H}^{\mathrm{T}}(k)+\boldsymbol{R}_k]\boldsymbol{K}^{\mathrm{T}}(k)\\&\quad=\boldsymbol{\Phi}(k+1,k)\boldsymbol{P}(k/k-1)\boldsymbol{H}^{\mathrm{T}}(k)[\boldsymbol{H}(k)\boldsymbol{P}(k/k-1)\boldsymbol{H}^{\mathrm{T}}(k)+\boldsymbol{R}_k]^{-1}\cdot\\&\qquad[\boldsymbol{H}(k)\boldsymbol{P}(k/k-1)\boldsymbol{H}^{\mathrm{T}}(k)+\boldsymbol{R}_k]\boldsymbol{K}^{\mathrm{T}}(k)\\&\quad=\boldsymbol{\Phi}(k+1,k)\boldsymbol{P}(k/k-1)\boldsymbol{H}^{\mathrm{T}}(k)\boldsymbol{K}^{\mathrm{T}}(k)\end{aligned} \tag{6.62}$$

显然,式(6.61)右边第四项与第五项之和在数值上等于第三项,但符号相反。这样,式(6.61)右边第三、第四和第五项之和为零,因此有

$$\boldsymbol{P}(k+1/k)=\boldsymbol{\Phi}(k+1,k)\boldsymbol{P}(k/k-1)\boldsymbol{\Phi}^{\mathrm{T}}(k+1,k)-\boldsymbol{K}(k)\boldsymbol{H}(k)\boldsymbol{P}(k/k-1)\cdot \boldsymbol{\Phi}^{\mathrm{T}}(k+1,k)+\boldsymbol{\Gamma}(k+1,k)\boldsymbol{Q}_k\boldsymbol{\Gamma}^{\mathrm{T}}(k+1,k) \tag{6.63}$$

把式(6.57)的 $\boldsymbol{K}(k)$ 代入式(6.63),可得估计误差方差阵的递推关系式为

$$\boldsymbol{P}(k+1/k)=\boldsymbol{\Phi}(k+1,k)\boldsymbol{P}(k/k-1)\boldsymbol{\Phi}^{\mathrm{T}}(k+1,k)- \boldsymbol{\Phi}(k+1,k)\boldsymbol{P}(k/k-1)\boldsymbol{H}^{\mathrm{T}}(k)[\boldsymbol{H}(k)\boldsymbol{P}(k/k-1)\boldsymbol{H}^{\mathrm{T}}(k)+\boldsymbol{R}_k]^{-1}\cdot \boldsymbol{H}(k)\boldsymbol{P}(k/k-1)\boldsymbol{\Phi}^{\mathrm{T}}(k+1,k)+\boldsymbol{\Gamma}(k+1,k)\boldsymbol{Q}_k\boldsymbol{\Gamma}^{\mathrm{T}}(k+1,k) \tag{6.64}$$

方程式(6.49)、式(6.57)和式(6.64)构成一组完整的最优线性估计方程,现综合如下:

(1)最优预测估计方程为式(6.49),即

$$\hat{\boldsymbol{x}}(k+1/k)=\boldsymbol{\Phi}(k+1,k)\hat{\boldsymbol{x}}(k/k-1)+\boldsymbol{K}(k)[\boldsymbol{z}(k)-\boldsymbol{H}(k)\hat{\boldsymbol{x}}(k/k-1)]$$

(2)最优增益矩阵方程为式(6.57),即

$$\boldsymbol{K}(k)=\boldsymbol{\Phi}(k+1,k)\boldsymbol{P}(k/k-1)\boldsymbol{H}^{\mathrm{T}}(k)[\boldsymbol{H}(k)\boldsymbol{P}(k/k-1)\boldsymbol{H}^{\mathrm{T}}(k)+\boldsymbol{R}_k]^{-1}$$

(3)估计误差方差阵的递推方程为式(6.64),即

$$\boldsymbol{P}(k+1/k)=\boldsymbol{\Phi}(k+1,k)\boldsymbol{P}(k/k-1)\boldsymbol{\Phi}^{\mathrm{T}}(k+1,k)- \boldsymbol{\Phi}(k+1,k)\boldsymbol{P}(k/k-1)\boldsymbol{H}^{\mathrm{T}}(k)[\boldsymbol{H}(k)\boldsymbol{P}(k/k-1)\boldsymbol{H}^{\mathrm{T}}(k)+\boldsymbol{R}_k]^{-1}\cdot \boldsymbol{H}(k)\boldsymbol{P}(k/k-1)\boldsymbol{\Phi}^{\mathrm{T}}(k+1,k)+\boldsymbol{\Gamma}(k+1,k)\boldsymbol{Q}_k\boldsymbol{\Gamma}^{\mathrm{T}}(k+1,k)$$

从式(6.64)可看出,估计误差方差阵与 $\boldsymbol{Q}_k$ 和 $\boldsymbol{R}_k$ 有关,而与观测值 $\boldsymbol{z}(k)$ 无关。因此,可事先估计误差方差阵 $\boldsymbol{P}(k+1/k)$,同时也可算出最优增益矩阵 $\boldsymbol{K}(k)$。

按式(6.46)、式(6.36)和式(6.51)、式(6.37)作出系统模型方块图,如图 6-10 所示。

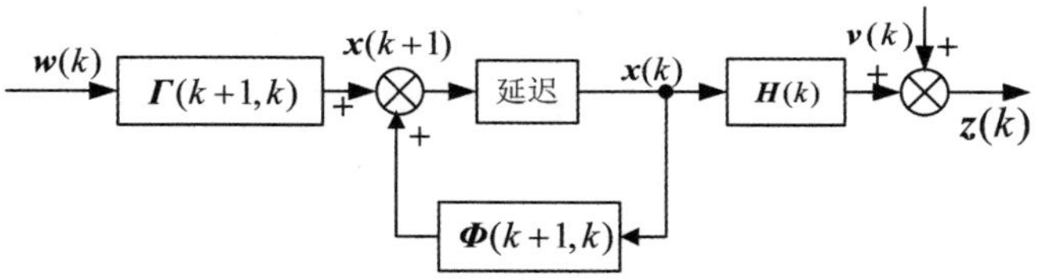


**图 6-10　离散系统方块图**

图 6-11 表示由式(6.49)和式(6.50)所描述的卡尔曼最优预测估计方块图。

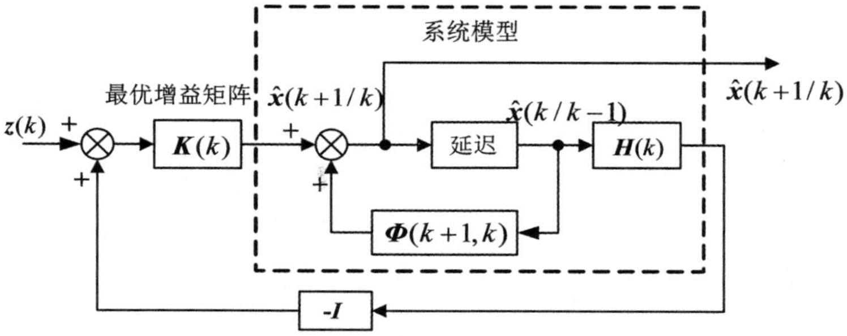


**图 6-11　离散系统卡尔曼最优预测方块图**

从图 6-11 可看出,最优预测估计由三部分组成:①系统模型;②最优增益矩阵 $\boldsymbol{K}(k)$;③单位负反馈回路。

现在需要验证最优估计提出的三项要求:①估值为观测值的线性函数;②估计值误差的方差为最小;③估值是无偏的,即 $E[\hat{\boldsymbol{x}}(k+1/k)]=E[\boldsymbol{x}(k+1)]$。

在上面推导预测估计方程时,是按照①和②两项要求推导的,现只需要说明估值是无偏

的问题。

对式(6.51)和式(6.36)的两端取数学期望，考虑到 $E[\boldsymbol{w}(k)]=\boldsymbol{0}$，可得

$$E[\boldsymbol{x}(k+1)]=\boldsymbol{\Phi}(k+1,k)E[\boldsymbol{x}(k)] \tag{6.65}$$

再对式(6.50)的两端取数学期望，考虑到 $E[\boldsymbol{v}(k)]=\boldsymbol{0}$，可得

$$\begin{aligned}E[\hat{\boldsymbol{x}}(k+1/k)]&=\boldsymbol{\Phi}(k+1,k)E[\hat{\boldsymbol{x}}(k/k-1)]+\boldsymbol{K}(k)\boldsymbol{H}(k)E[\tilde{\boldsymbol{x}}(k/k-1)]\\&=\boldsymbol{\Phi}(k+1,k)E[\hat{\boldsymbol{x}}(k/k-1)]+\boldsymbol{K}(k)\boldsymbol{H}(k)E[\boldsymbol{x}(k)-\hat{\boldsymbol{x}}(k/k-1)]\end{aligned} \tag{6.66}$$

将式(6.65)减式(6.66)，得到

$$\begin{aligned}E[\boldsymbol{x}(k+1)-\hat{\boldsymbol{x}}(k+1/k)]=&\boldsymbol{\Phi}(k+1,k)E[\boldsymbol{x}(k)-\hat{x}(k/k-1)]-\\&\boldsymbol{K}(k)\boldsymbol{H}(k)E[\boldsymbol{x}(k)-\hat{\boldsymbol{x}}(k/k-1)]\end{aligned} \tag{6.67}$$

如果初始条件为

$$E[\hat{\boldsymbol{x}}(0/0)]=E[\boldsymbol{x}(0)]=\boldsymbol{m}_0$$

或

$$\hat{\boldsymbol{x}}(0/0_-)=E[\boldsymbol{x}(0)]=\boldsymbol{m}_0$$

那么

$$E[\tilde{\boldsymbol{x}}(0/0_-)]=E[\boldsymbol{x}(0)]-E[\hat{\boldsymbol{x}}(0/0_-)]=\boldsymbol{0}$$

根据式(6.67)的递推关系，可得

$$\begin{cases}E[\boldsymbol{x}(1)-\hat{\boldsymbol{x}}(1/0)]=\boldsymbol{0}\\E[\boldsymbol{x}(2)-\hat{\boldsymbol{x}}(2/1)]=\boldsymbol{0}\\E[\boldsymbol{x}(k+1)-\hat{\boldsymbol{x}}(k+1/k)]=\boldsymbol{0}\end{cases}$$

因此

$$E[\hat{\boldsymbol{x}}(k+1/k)]=E[\boldsymbol{x}(k+1)],\quad k=0,1,2,\cdots$$

所以，只要初始估计选为 $E[\hat{\boldsymbol{x}}(0/0_-)]=E[\boldsymbol{x}(0)]$，所得估计是无偏的。

卡尔曼预测估计递推方程的计算步骤如下：

(1)在 $t_0$ 时刻给定初值：

$$\hat{\boldsymbol{x}}(0/0_-)=\hat{\boldsymbol{x}}(0)=E[\boldsymbol{x}(0)]=\boldsymbol{m}_0$$

估值误差方差阵初值：

$$\boldsymbol{P}(0/0_-)=\boldsymbol{P}(0)=E\{[\boldsymbol{x}(0)-\hat{\boldsymbol{x}}(0)][\boldsymbol{x}(0)-\hat{\boldsymbol{x}}(0)]^{\mathrm{T}}\}$$

(2)根据式(6.57)计算 $t_0$ 时刻最优增益阵 $\boldsymbol{K}(0)$：

$$\boldsymbol{K}(0)=\boldsymbol{\Phi}(1,0)\boldsymbol{P}(0)\boldsymbol{H}^{\mathrm{T}}(0)[\boldsymbol{H}(0)\boldsymbol{P}(0)\boldsymbol{H}^{\mathrm{T}}(0)+\boldsymbol{R}_0]^{-1}$$

(3)根据式(6.49)计算 $\boldsymbol{x}(1)$ 的最优估值 $\hat{\boldsymbol{x}}(1/0)$：

$$\hat{\boldsymbol{x}}(1/0)=\boldsymbol{\Phi}(1,0)\hat{\boldsymbol{x}}(0)+\boldsymbol{K}(0)[\boldsymbol{z}(0)-\boldsymbol{H}(0)\hat{\boldsymbol{x}}(0)]$$

(4)根据式(6.64)计算 $\boldsymbol{P}(1/0)$：

$$\begin{aligned}\boldsymbol{P}(1/0)=&\boldsymbol{\Phi}(1,0)\boldsymbol{P}(0)\boldsymbol{\Phi}^{\mathrm{T}}(1,0)-\boldsymbol{\Phi}(1,0)\boldsymbol{P}(0)\boldsymbol{H}^{\mathrm{T}}(0)\cdot\\&[\boldsymbol{H}(0)\boldsymbol{P}(0)\boldsymbol{H}^{\mathrm{T}}(0)+\boldsymbol{R}_0]^{-1}\boldsymbol{H}(0)\boldsymbol{P}(0)\boldsymbol{\Phi}^{\mathrm{T}}(1,0)+\boldsymbol{\Gamma}(1,0)\boldsymbol{Q}_0\boldsymbol{\Gamma}^{\mathrm{T}}(1,0)\end{aligned}$$

(5)根据已知的 $\boldsymbol{P}(1/0)$ 计算 $t_1$ 时刻的 $\boldsymbol{K}(1)$。

(6)根据 $\boldsymbol{K}(1)$ 计算 $\boldsymbol{x}(2)$ 的估值 $\hat{\boldsymbol{x}}(2/1)$。

重复上述递推计算步骤，可得 $\boldsymbol{P}(2/1)$，$\boldsymbol{K}(2)$，$\hat{\boldsymbol{x}}(3/2)$，$\cdots$，$\hat{\boldsymbol{x}}(k/k-1)$，$\boldsymbol{P}(k/k-1)$，$\boldsymbol{K}(k)$，$\hat{\boldsymbol{x}}(k+1/k)$。

### 6.5.3 离散系统卡尔曼最优滤波基本方程的推导

系统状态方程、观测方程和噪声特性如式(6.26)、式(6.27)和式(6.28)所示。最优滤波问题简述如下：给出观测序列 $\boldsymbol{z}(0),\boldsymbol{z}(1),\cdots,\boldsymbol{z}(k+1)$，要求找出 $\boldsymbol{x}(k+1)$ 的最优线性估计 $\hat{\boldsymbol{x}}(k+1/k+1)$，使得估计误差 $\tilde{\boldsymbol{x}}(k+1/k+1)=\boldsymbol{x}(k+1)-\hat{\boldsymbol{x}}(k+1/k+1)$ 的方差为最小，并且要求估计是无偏的。采用与6.5.2节类似的推导方法——数学归纳法和正交定理，导出最优滤波估计方程，即离散系统卡尔曼滤波方程。推导的具体步骤如下：

(1)假定由观测值 $\boldsymbol{z}(0),\boldsymbol{z}(1),\cdots,\boldsymbol{z}(k)$ 估计得到状态向量 $\boldsymbol{x}(k+1)$ 的一步最优预测估值 $\hat{\boldsymbol{x}}(k+1/k)$ 和观测向量 $\boldsymbol{z}(k+1)$ 的预测估值 $\hat{\boldsymbol{z}}(k+1/k)$ 为

$$\hat{\boldsymbol{z}}(k+1/k)=\boldsymbol{H}(k+1)\hat{\boldsymbol{x}}(k+1/k) \tag{6.68}$$

(2)在获得 $\boldsymbol{z}(k+1)$ 之后，求得 $\boldsymbol{z}(k+1)$ 与 $\hat{\boldsymbol{z}}(k+1/k)$ 的误差，即

$$\tilde{\boldsymbol{z}}(k+1/k)=\boldsymbol{z}(k+1)-\hat{\boldsymbol{z}}(k+1/k)=\boldsymbol{H}(k+1)\tilde{\boldsymbol{x}}(k+1/k)+\boldsymbol{v}(k+1) \tag{6.69}$$

(3)以 $\tilde{\boldsymbol{z}}(k+1/k)$ 去修正 $\hat{\boldsymbol{x}}(k+1/k)$，得到 $\boldsymbol{x}(k+1)$ 的滤波估值为

$$\hat{\boldsymbol{x}}(k+1/k+1)=\hat{\boldsymbol{x}}(k+1/k)+\boldsymbol{K}(k+1)\tilde{\boldsymbol{z}}(k+1/k)$$

或

$$\hat{\boldsymbol{x}}(k+1/k+1)=\hat{\boldsymbol{x}}(k+1/k)+\boldsymbol{K}(k+1)[\boldsymbol{z}(k+1)-\boldsymbol{H}(k+1)\hat{\boldsymbol{x}}(k+1/k)] \tag{6.70}$$

式中：$\boldsymbol{K}(k+1)$ 为待定的最优增益矩阵。

(4)求估计误差 $\tilde{\boldsymbol{x}}(k+1/k+1)$。式(6.70)可改写为

$$\hat{\boldsymbol{x}}(k+1/k+1)=\hat{\boldsymbol{x}}(k+1/k)+\boldsymbol{K}(k+1)[\boldsymbol{H}(k+1)\tilde{\boldsymbol{x}}(k+1/k)+\boldsymbol{v}(k+1)] \tag{6.71}$$

则滤波估计误差为

$$\begin{aligned}\tilde{\boldsymbol{x}}(k+1/k+1)&=\boldsymbol{x}(k+1)-\hat{\boldsymbol{x}}(k+1/k+1)\\&=\boldsymbol{x}(k+1)-\hat{\boldsymbol{x}}(k+1/k)-\boldsymbol{K}(k+1)[\boldsymbol{H}(k+1)\tilde{\boldsymbol{x}}(k+1/k)+\boldsymbol{v}(k+1)]\\&=\tilde{\boldsymbol{x}}(k+1/k)-\boldsymbol{K}(k+1)[\boldsymbol{H}(k+1)\tilde{\boldsymbol{x}}(k+1/k)+\boldsymbol{v}(k+1)]\end{aligned} \tag{6.72}$$

(5)由于 $\hat{\boldsymbol{x}}(k+1/k+1)$ 是 $\boldsymbol{x}(k+1)$ 的最优估值，估计误差 $\tilde{\boldsymbol{x}}(k+1/k+1)$ 必须正交于 $\boldsymbol{z}(k+1)$，利用 $\tilde{\boldsymbol{x}}(k+1/k+1)$ 与 $\boldsymbol{z}(k+1)$ 正交求 $\boldsymbol{K}(k+1)$。

$$E[\tilde{\boldsymbol{x}}(k+1/k+1)\boldsymbol{z}^{\mathrm{T}}(k+1)]=\boldsymbol{0} \tag{6.73}$$

把 $\tilde{\boldsymbol{x}}(k+1/k+1)$ 和 $\boldsymbol{z}(k+1)$ 的表示式代入式(6.73)，并考虑到 $\tilde{\boldsymbol{x}}(k+1/k)$，$\hat{\boldsymbol{x}}(k+1/k)$，$\boldsymbol{v}(k+1)$ 之间正交，可得

$$\begin{aligned}&E[\tilde{\boldsymbol{x}}(k+1/k+1)\boldsymbol{z}^{\mathrm{T}}(k+1)]\\&=E\{[\tilde{\boldsymbol{x}}(k+1/k)-\boldsymbol{K}(k+1)\boldsymbol{H}(k+1)\tilde{\boldsymbol{x}}(k+1/k)-\boldsymbol{K}(k+1)\boldsymbol{v}(k+1)]\cdot\\&\quad[\boldsymbol{H}(k+1)\hat{\boldsymbol{x}}(k+1/k)+\boldsymbol{H}(k+1)\tilde{\boldsymbol{x}}(k+1/k)+\boldsymbol{v}(k+1)]^{\mathrm{T}}\}\\&=E[\tilde{\boldsymbol{x}}(k+1/k)\tilde{\boldsymbol{x}}^{\mathrm{T}}(k+1/k)]\boldsymbol{H}^{\mathrm{T}}(k+1)-\boldsymbol{K}(k+1)\boldsymbol{H}(k+1)\cdot\\&\quad E[\tilde{\boldsymbol{x}}(k+1/k)\tilde{\boldsymbol{x}}^{\mathrm{T}}(k+1/k)]\boldsymbol{H}^{\mathrm{T}}(k+1)-\boldsymbol{K}(k+1)E[\boldsymbol{v}(k+1)\boldsymbol{v}^{\mathrm{T}}(k+1)]\\&=\boldsymbol{P}(k+1/k)\boldsymbol{H}^{\mathrm{T}}(k+1)-\boldsymbol{K}(k+1)\boldsymbol{H}(k+1)\boldsymbol{P}(k+1/k)\boldsymbol{H}^{\mathrm{T}}(k+1)-\boldsymbol{K}(k+1)\boldsymbol{R}_{k+1}\\&=0\end{aligned} \tag{6.74}$$

由式(6.74)直接得到最优增益矩阵为

$$\boldsymbol{K}(k+1)=\boldsymbol{P}(k+1/k)\boldsymbol{H}^{\mathrm{T}}(k+1)[\boldsymbol{H}(k+1)\boldsymbol{P}(k+1/k)\boldsymbol{H}^{\mathrm{T}}(k+1)+\boldsymbol{R}_{k+1}]^{-1} \tag{6.75}$$

(6)按照估值误差方差阵定义推导 $\boldsymbol{P}(k+1/k+1)$ 的递推计算公式：

$$\begin{aligned}\boldsymbol{P}(k+1/k+1)&=E[\tilde{\boldsymbol{x}}(k+1/k+1)\tilde{\boldsymbol{x}}^{\mathrm{T}}(k+1/k+1)]\\&=E\{[\tilde{\boldsymbol{x}}(k+1/k)-\boldsymbol{K}(k+1)\boldsymbol{H}(k+1)\tilde{\boldsymbol{x}}(k+1/k)-\\&\quad\boldsymbol{K}(k+1)\boldsymbol{v}(k+1)]\cdot[\tilde{\boldsymbol{x}}(k+1/k)-\boldsymbol{K}(k+1)\cdot\\&\quad\boldsymbol{H}(k+1)\tilde{\boldsymbol{x}}(k+1/k)-\boldsymbol{K}(k+1)\boldsymbol{v}(k+1)]^{\mathrm{T}}\}\end{aligned}\tag{6.76}$$

整理并简化式(6.76),可得滤波估值误差方差阵计算公式为

$$\begin{aligned}\boldsymbol{P}(k+1/k+1)=&\boldsymbol{P}(k+1/k)-\boldsymbol{P}(k+1/k)\boldsymbol{H}^{\mathrm{T}}(k+1)\cdot\\&[\boldsymbol{H}(k+1)\boldsymbol{P}(k+1/k)\boldsymbol{H}^{\mathrm{T}}(k+1)+\\&\boldsymbol{R}_{k+1}]^{-1}\boldsymbol{H}(k+1)\boldsymbol{P}(k+1/k)\end{aligned}\tag{6.77}$$

(7)为了得到 $\boldsymbol{P}(k+1/k+1)$ 与 $\boldsymbol{P}(k/k)$ 之间的递推关系式,将式(6.77)中的 $\boldsymbol{P}(k+1/k)$ 表示成 $\boldsymbol{P}(k/k)$ 的关系式。

由式(6.49)、式(6.80)求得 $\boldsymbol{x}(k+1)$ 的最优预测估值误差为

$$\begin{aligned}\tilde{\boldsymbol{x}}(k+1/k)&=\boldsymbol{x}(k+1)-\hat{\boldsymbol{x}}(k+1/k)\\&=\boldsymbol{\Phi}(k+1,k)\boldsymbol{x}(k)+\boldsymbol{\Gamma}(k+1,k)\boldsymbol{w}(k)-\boldsymbol{\Phi}(k+1,k)\hat{\boldsymbol{x}}(k/k)\\&=\boldsymbol{\Phi}(k+1,k)\tilde{\boldsymbol{x}}(k/k)+\boldsymbol{\Gamma}(k+1,k)\boldsymbol{w}(k)\end{aligned}\tag{6.78}$$

而

$$\begin{aligned}\boldsymbol{P}(k+1/k)&=E[\tilde{\boldsymbol{x}}(k+1/k)\tilde{\boldsymbol{x}}^{\mathrm{T}}(k+1/k)]\\&=E\{[\boldsymbol{\Phi}(k+1,k)\tilde{\boldsymbol{x}}(k/k)+\boldsymbol{\Gamma}(k+1,k)\boldsymbol{w}(k)]\cdot\\&\quad[\boldsymbol{\Phi}(k+1,k)\tilde{\boldsymbol{x}}(k/k)+\boldsymbol{\Gamma}(k+1,k)\boldsymbol{w}(k)]^{\mathrm{T}}\}\\&=\boldsymbol{\Phi}(k+1,k)E[\tilde{\boldsymbol{x}}(k/k)\tilde{\boldsymbol{x}}^{\mathrm{T}}(k/k)]\boldsymbol{\Phi}^{\mathrm{T}}(k+1,k)+\\&\quad\boldsymbol{\Gamma}(k+1,k)E[\boldsymbol{w}(k)\boldsymbol{w}^{\mathrm{T}}(k)]\boldsymbol{\Gamma}^{\mathrm{T}}(k+1,k)\end{aligned}$$

于是

$$\boldsymbol{P}(k+1/k)=\boldsymbol{\Phi}(k+1,k)\boldsymbol{P}(k/k)\boldsymbol{\Phi}^{\mathrm{T}}(k+1,k)+\boldsymbol{\Gamma}(k+1,k)\boldsymbol{Q}_k\boldsymbol{\Gamma}^{\mathrm{T}}(k+1,k)\tag{6.79}$$

(8)为了得到 $\hat{\boldsymbol{x}}(k+1/k+1)$ 与 $\hat{\boldsymbol{x}}(k/k)$ 之间的递推关系,式(6.70)中的 $\hat{\boldsymbol{x}}(k+1/k)$ 可由下式计算得到:

$$\hat{\boldsymbol{x}}(k+1/k)=\boldsymbol{\Phi}(k+1,k)\hat{\boldsymbol{x}}(k/k)\tag{6.80}$$

综上所述,方程式(6.70)、式(6.75)、式(6.80)、式(6.77)和式(6.79)构成卡尔曼最优滤波基本方程组,现综合如下:

(1)$\hat{\boldsymbol{x}}(k+1/k+1)=\hat{\boldsymbol{x}}(k+1/k)+\boldsymbol{K}(k+1)[\boldsymbol{z}(k+1)-\boldsymbol{H}(k+1)\hat{\boldsymbol{x}}(k+1/k)]$。

(2)$\hat{\boldsymbol{x}}(k+1/k)=\boldsymbol{\Phi}(k+1,k)\hat{\boldsymbol{x}}(k/k)$。

(3)$\boldsymbol{K}(k+1)=\boldsymbol{P}(k+1/k)\boldsymbol{H}^{\mathrm{T}}(k+1)[\boldsymbol{H}(k+1)\boldsymbol{P}(k+1/k)\boldsymbol{H}^{\mathrm{T}}(k+1)+\boldsymbol{R}_{k+1}]^{-1}$。

(4)$\boldsymbol{P}(k+1/k+1)=\boldsymbol{P}(k+1/k)-\boldsymbol{P}(k+1/k)\boldsymbol{H}^{\mathrm{T}}(k+1)\cdot$

$[\boldsymbol{H}(k+1)\boldsymbol{P}(k+1/k)\boldsymbol{H}^{\mathrm{T}}(k+1)+\boldsymbol{R}_{k+1}]^{-1}\boldsymbol{H}(k+1)\boldsymbol{P}(k+1/k)$。

(5)$\boldsymbol{P}(k+1/k)=\boldsymbol{\Phi}(k+1,k)\boldsymbol{P}(k/k)\boldsymbol{\Phi}^{\mathrm{T}}(k+1,k)+\boldsymbol{\Gamma}(k+1,k)\boldsymbol{Q}_k\boldsymbol{\Gamma}^{\mathrm{T}}(k+1,k)$。

若给定初始统计特性 $E[\boldsymbol{x}(0)]$ 及 $P(0)$,要得到无偏估计,应取初值

$$\hat{\boldsymbol{x}}(0/0)=E[\boldsymbol{x}(0)]=\boldsymbol{m}_0$$

$$\boldsymbol{P}(0/0)=E\{[\boldsymbol{x}(0)-\hat{\boldsymbol{x}}(0/0)][\boldsymbol{x}(0)-\hat{\boldsymbol{x}}(0/0)]^{\mathrm{T}}\}$$

离散系统卡尔曼最优滤波的方块图如图 6－12 所示。

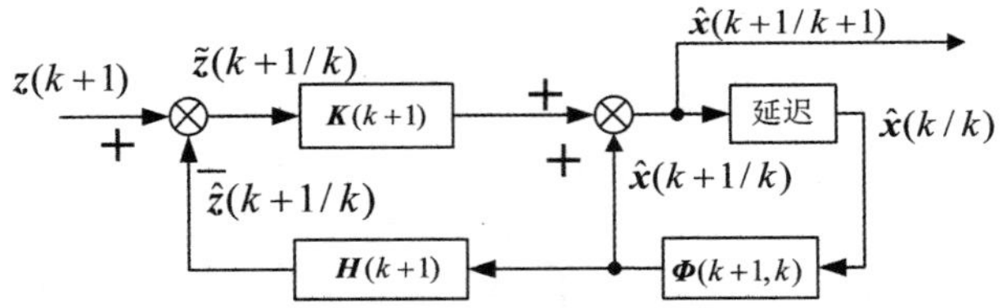


图 6－12　离散系统卡尔曼最优滤波方块图

从式(6.57)、式(6.75)可分析$\boldsymbol{R}_k$ 和$\boldsymbol{Q}_{k-1}$对 $\boldsymbol{K}(k)$的影响。当$\boldsymbol{R}_k$ 增大时，观测噪声大，观测值可靠度低，于是加权阵 $\boldsymbol{K}(k)$应取得小一些，以减弱观测噪声的影响。因此式(6.57)、式(6.75)中 $\boldsymbol{K}(k)$随$\boldsymbol{R}_k$ 的增大而减小。当$\boldsymbol{Q}_{k-1}$增大时，意味着第 $k$ 步转移的随机误差大，对状态预测修正应加强，于是 $\boldsymbol{K}(k)$应增大。从式(6.64)、式(6.75)可知，当$\boldsymbol{Q}_{k-1}$增大时，$\boldsymbol{P}(k+1/k)$增大，$\boldsymbol{K}(k)$也增大，表示对状态预测修正加强。

## 6.6　基于扩展卡尔曼滤波的地磁匹配/惯性组合导航方法

### 6.6.1　组合导航原理

组合导航系统由惯性导航系统、地磁传感器、高度计、地磁基准图和卡尔曼滤波器五部分组成，如图 6－13 所示。组合导航系统根据惯性导航系统输出的位置和高度，在地磁基准图上读出对应的地磁场强度，分别与地磁传感器实测的地磁场强度、高度计实测的海拔高度相比较，将其差值作为卡尔曼滤波器的测量值。由于地磁的非线性导致了测量方程的非线性，所以必须对地磁进行线性化处理，计算地磁斜率，以得到线性化的测量方程。卡尔曼滤波器以惯性导航系统的误差作为状态方程，经卡尔曼滤波递推算法即可得到惯性导航系统误差的最佳估计，用最佳误差估计值对惯性导航系统进行修正，从而提高惯性导航系统的导航精度。

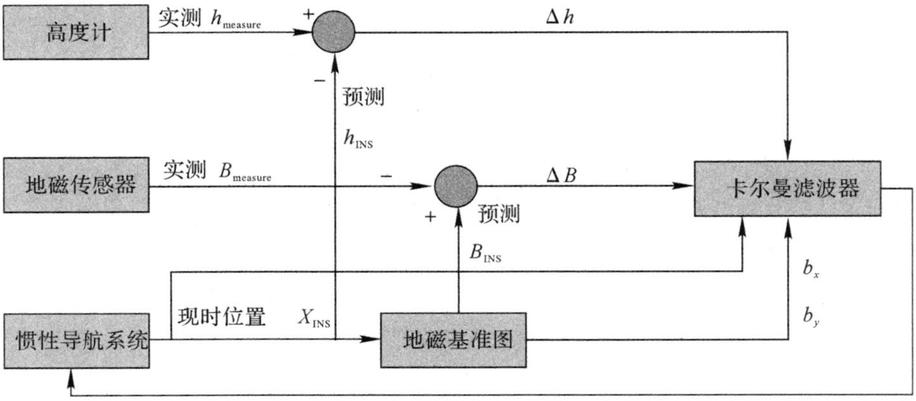


图 6－13　地磁匹配/惯性组合导航原理

### 6.6.2　系统状态方程的建立

卡尔曼滤波器中状态向量和观测量的选择直接影响滤波器的复杂程度和滤波效果。取惯性导航系统的速度误差、位置误差、平台误差角、陀螺漂移和加速度计误差 $\boldsymbol{X}=[\delta v_x \quad \delta v_y \quad \delta v_z \quad \delta\phi \quad \delta\lambda \quad \delta h \quad \phi_x \quad \phi_y \quad \phi_z \quad \varepsilon_{bx} \quad \varepsilon_{by} \quad \varepsilon_{bz} \quad \varepsilon_{rx} \quad \varepsilon_{ry} \quad \varepsilon_{rz} \quad \nabla_x \quad \nabla_y \quad \nabla_z]^{\mathrm{T}}$ 共 18 维变量作为系统的状态向量，$\boldsymbol{W}=[\omega_{gx} \quad \omega_{gy} \quad \omega_{gz} \quad \omega_{rx} \quad \omega_{ry} \quad \omega_{rz} \quad \omega_{ax} \quad \omega_{ay} \quad \omega_{az}]^{\mathrm{T}}$ 为系统噪声，把惯性导航系统的误差方程式(6.8)、式(6.20)写成矩阵形式，即可获得惯性导航系统在地理坐标系下的状态方程为

$$\dot{\boldsymbol{X}}(t)=\boldsymbol{F}(t)\boldsymbol{X}(t)+\boldsymbol{G}(t)\boldsymbol{W}(t) \tag{6.81}$$

式中：$\boldsymbol{F}$ 阵中非零元素为

$$\boldsymbol{F}(1,1)=\frac{v_y}{R_M+h}\tan\phi-\frac{v_z}{R_M+h},\quad \boldsymbol{F}(1,2)=2\omega_{ie}\sin\phi+\frac{v_x}{R_N+h}\tan\phi$$

$$\boldsymbol{F}(1,3)=2\omega_{ie}\cos\phi+\frac{v_x}{R_N+h},\quad \boldsymbol{F}(1,4)=2\omega_{ie}\cos\phi V_y+\frac{v_xv_y}{R_N+h}\sec^2\phi+2\omega_{ie}\sin\phi v_z$$

$$\boldsymbol{F}(1,6)=\frac{v_xv_z-v_xv_y\tan\phi}{(R_N+h)^2},\quad \boldsymbol{F}(1,8)=-f_z$$

$$\boldsymbol{F}(1,9)=f_y,\quad \boldsymbol{F}(1,16)=1$$

$$\boldsymbol{F}(2,1)=-2\left(\omega_{ie}\sin\phi+\frac{v_x\tan\phi}{R}\right),\quad \boldsymbol{F}(2,2)=-\frac{v_z}{R_M+h}$$

$$\boldsymbol{F}(2,3)=-\frac{v_y}{R_M+h},\quad \boldsymbol{F}(2,4)=-\left(2\omega_{ie}\cos L v_x+\frac{v_x^2\ \sec^2\phi}{R_N+h}\right)$$

$$\boldsymbol{F}(2,6)=\frac{v_x^2\tan\phi+v_zv_y}{(R_N+h)^2},\quad \boldsymbol{F}(2,7)=f_z$$

$$\boldsymbol{F}(2,9)=-f_x$$

$$\boldsymbol{F}(3,1)=2\left(\omega_{ie}\cos\phi+\frac{v_x}{R_N+h}\right),\quad \boldsymbol{F}(3,2)=\frac{2v_y}{R_M+h}$$

$$\boldsymbol{F}(3,4)=-2\omega_{ie}v_x\sin\phi,\quad \boldsymbol{F}(3,6)=\frac{v_x^2+v_y^2}{(R_N+h)^2}$$

$$\boldsymbol{F}(3,7)=-f_y,\quad \boldsymbol{F}(3,8)=f_x$$

$$\boldsymbol{F}(3,18)=1,\quad \boldsymbol{F}(4,2)=\frac{1}{R_N+h}$$

$$\boldsymbol{F}(4,6)=-\frac{v_y}{(R_N+h)^2},\quad \boldsymbol{F}(5,1)=\frac{\sec\phi}{(R_N+h)}$$

$$\boldsymbol{F}(5,4)=\frac{\delta v_x\tan\phi}{(R_N+h)\cos\phi},\quad \boldsymbol{F}(5,6)=-\frac{v_x}{(R_N+h)^2\cos\phi}$$

$$\boldsymbol{F}(6,3)=1,\quad \boldsymbol{F}(7,2)=-\frac{1}{R_M+h}$$

$$\boldsymbol{F}(7,8)=\left(\omega_{ie}\sin\phi+\frac{v_x}{R_N+h}\tan\phi\right),\quad \boldsymbol{F}(7,9)=-\left(\omega_{ie}\cos\phi+\frac{v_x}{R_N+h}\right)$$

$$\boldsymbol{F}(7,10)=1,\quad \boldsymbol{F}(7,13)=1$$

$$F(8,1)=\frac{1}{R_N+h},\quad F(8,4)=-\omega_{ie}\sin\phi$$

$$F(8,6)=-\frac{v_x}{(R_N+h)^2},\quad F(8,7)=-\left(\omega_{ie}\sin\phi+\frac{v_x}{R_N+h}\tan\phi\right)$$

$$F(8,9)=-\frac{v_y}{R_M+h},\quad F(8,11)=1$$

$$F(8,14)=1,\quad F(9,1)=\frac{\tan\phi}{R_N+h}$$

$$F(9,4)=\omega_{ie}\cos\phi+\frac{v_x\sec^2\phi}{R_N+h},\quad F(9,6)=-\frac{v_x\tan\phi}{(R_M+h)^2}$$

$$F(9,7)=\omega_{ie}\cos\phi+\frac{v_x}{R_N+h},\quad F(9,8)=\frac{v_y}{R_M+h}$$

$$F(9,12)=1,\quad F(9,15)=1$$

$$F(13,13)=-\frac{1}{T_g},\quad F(14,14)=-\frac{1}{T_g}$$

$$F(15,15)=-\frac{1}{T_g},\quad F(16,16)=-\frac{1}{T_a}$$

$$F(17,17)=-\frac{1}{T_a},\quad F(18,18)=-\frac{1}{T_a}$$

$\boldsymbol{G}$ 阵为

$$\boldsymbol{G}=\begin{bmatrix}\boldsymbol{0}_{6\times3} & \boldsymbol{0}_{6\times3} & \boldsymbol{0}_{6\times3}\\ \boldsymbol{I}_{3\times3} & \boldsymbol{0}_{3\times3} & \boldsymbol{0}_{3\times3}\\ \boldsymbol{0}_{3\times3} & \boldsymbol{0}_{3\times3} & \boldsymbol{0}_{3\times3}\\ \boldsymbol{0}_{3\times3} & \boldsymbol{I}_{3\times3} & \boldsymbol{0}_{3\times3}\\ \boldsymbol{0}_{3\times3} & \boldsymbol{0}_{3\times3} & \boldsymbol{I}_{3\times3}\end{bmatrix}$$

系统噪声 $\boldsymbol{W}=[\omega_{gx}\quad \omega_{gy}\quad \omega_{gz}\quad \omega_{rx}\quad \omega_{ry}\quad \omega_{rz}\quad \omega_{ax}\quad \omega_{ay}\quad \omega_{az}]^{\mathrm{T}}$ 看作是零均值的高斯白噪声。

对方程式(6.81)离散化，得

$$\boldsymbol{X}_k=\boldsymbol{\Phi}_{k,k-1}\boldsymbol{X}_{k-1}+\boldsymbol{\Gamma}_{k-1}\boldsymbol{W}_{k-1} \tag{6.82}$$

式中

$$\boldsymbol{\Phi}_{k,k-1}\approx\boldsymbol{I}+\boldsymbol{F}(t_k)T \tag{6.83}$$

$$\boldsymbol{\Gamma}_{k-1}\approx\left[\boldsymbol{I}+\frac{\boldsymbol{F}(t_k)T}{2}\right]\boldsymbol{G}(t_k)T \tag{6.84}$$

$T$ 为滤波周期。

### 6.6.3 观测方程的建立

取惯性导航系统输出位置处的地磁场总强度和地磁传感器实测的地磁场总强度的差值 $\Delta B=B_{\mathrm{INS}}-B_{\mathrm{measure}}$ 以及惯性导航系统输出的高度和高度计实测的海拔高度差值 $\Delta h=h_{\mathrm{INS}}-h_{\mathrm{measure}}$ 作为观测向量 $\boldsymbol{Z}$，则有

$$
\begin{aligned}
\Delta B &= \hat{B}_m(\hat{\lambda},\hat{\phi}) - B_t(\lambda,\phi) \\
&= [B(\lambda+\delta\lambda,\phi+\delta\phi)+\varepsilon_1] - [B(\lambda,\phi)+\varepsilon_2] \\
&= \left[B(\lambda,\phi)+\frac{\partial \Delta B(\lambda,\phi)}{\partial \phi}\delta\phi+\frac{\partial \Delta B(\lambda,\phi)}{\partial \lambda}\delta\lambda+\varepsilon_3+\varepsilon_1\right] - [B(\lambda,\phi)+\varepsilon_2] \\
&= \frac{\partial \Delta B(\lambda,\phi)}{\partial \phi}\delta\phi+\frac{\partial \Delta B(\lambda,\phi)}{\partial \lambda}\delta\lambda+(\varepsilon_1+\varepsilon_3-\varepsilon_2)
\end{aligned} \tag{6.85}
$$

式中：$\hat{B}_m(\hat{\lambda},\hat{\phi})$为根据惯性导航系统输出位置$(\hat{\lambda},\hat{\phi})$从地磁基准图上读出的地磁场总强度，即 $\hat{B}_m(\hat{\lambda},\hat{\phi})=B(\hat{\lambda},\hat{\phi})+\varepsilon_1$，$\varepsilon_1$ 为地磁基准图制作误差，假设其满足 $\varepsilon_1 \sim N(0,\sigma_1{}^2)$；$B_t(\lambda,\phi)$为地磁传感器实测的地磁场总强度，即 $B_t(\lambda,\phi)=B(\hat{\lambda},\hat{\phi})+\varepsilon_2$；$\varepsilon_2$ 为地磁传感器的测量误差，假设其满足 $\varepsilon_2 \sim N(0,\sigma_2{}^2)$；$\frac{\partial \Delta B(\lambda,\phi)}{\partial \phi}$和$\frac{\partial \Delta B(\lambda,\phi)}{\partial \lambda}$为线性化系数；$\varepsilon_3$ 为线性化误差，满足 $\varepsilon_3 \sim N(0,\sigma_3{}^2)$。

高度差值的表达式为

$$
\Delta h = h_{\mathrm{INS}} - h_{\mathrm{measure}} = h+\delta h-(h+\varepsilon_4)=\delta h-\varepsilon_4 \tag{6.86}
$$

式中：$\varepsilon_4$ 为高度计的测量误差，满足 $\varepsilon_4 \sim N(0,\sigma_4{}^2)$。

根据方程式(6.85)和式(6.86)，得到矩阵形式的观测方程：

$$
\begin{aligned}
\boldsymbol{Z} &= \begin{bmatrix} \boldsymbol{0}_{1\times 3} & \frac{\partial \Delta B(\lambda,\phi)}{\partial \phi} & \frac{\partial \Delta B(\lambda,\phi)}{\partial \lambda} & 0 & \boldsymbol{0}_{1\times 12} \\ \boldsymbol{0}_{1\times 3} & 0 & 0 & 1 & \boldsymbol{0}_{1\times 12} \end{bmatrix}\boldsymbol{X} + \begin{bmatrix} \varepsilon_1+\varepsilon_3-\varepsilon_2 \\ -\varepsilon_4 \end{bmatrix} \\
&= \boldsymbol{H}\boldsymbol{X}+\boldsymbol{V}
\end{aligned} \tag{6.87}
$$

式中：$\boldsymbol{H}$ 为观测矩阵；$\boldsymbol{V}$ 为观测噪声向量(包括地磁线性化误差、地磁基准图制作误差和地磁传感器测量误差以及高度计的测量误差)。将式(6.87)离散化，得

$$
\boldsymbol{Z}_k = \boldsymbol{H}_k\boldsymbol{X}_k + \boldsymbol{V}_k \tag{6.88}
$$

### 6.6.4　观测方程线性化

由于观测方程式(6.87)是非线性的，所以对观测方程的线性化是决定滤波性能的关键因素，我们采用随机线性化技术。随机线性化也叫统计线性化，它是利用函数自变量的概率分布信息，寻找对真实函数在统计意义下的误差最小的线性近似。

设 $B(x,y)$为地磁场在位置$(x,y)$处的真实表达式，对它做随机线性化就是将真实位置$(x,y)$作为随机变量，在$(x,y)$的分布区域内用线性函数 $f(x,y)$去近似 $B(x,y)$，从而使得近似误差取得某种准则下的最小，即

$$
B(x,y)=f(x,y)+\varepsilon \tag{6.89}
$$

式中：$\varepsilon$ 为线性化误差，$\varepsilon \sim N(0,\sigma^2)$。

$f(x,y)$可表示为

$$
f(x,y)=a+B_x(x-\hat{x})+B_y(y-\hat{y}) \tag{6.90}
$$

式中：$(\hat{x},\hat{y})$为惯性导航输出的位置；$a$ 为$(\hat{x},\hat{y})$处的地磁场总强度；$B_x$ 和 $B_y$ 分别为地磁场在 $x$ 和 $y$ 方向上的总磁场强度变化率。

设在直角坐标系中，惯性导航系统的输出位置为$(x_1, y_1)$，飞行器真实位置为$(x_2, y_2)$，则$\hat{B}_m(\hat{\lambda}, \hat{\phi})$和$B_t(\lambda, \phi)$可分别表示为

$$\hat{B}_m(\hat{\lambda}, \hat{\phi}) = B(x_1, y_1) = f(x_1, y_1) + \varepsilon_3 = a + \varepsilon_3 \tag{6.91}$$

$$B_t(\lambda, \phi) = B(x_2, y_2) = f(x_2, y_2) + \varepsilon_5 = a + B_x(x_2 - x_1) + B_y(y_2 - y_1) + \varepsilon_5 \tag{6.92}$$

代入系统的观测方程式(6.87)，整理得

$$\boldsymbol{Z} = \begin{bmatrix} B_x \delta x + B_y \delta y + (\varepsilon_l + \varepsilon_1 - \varepsilon_2) \\ \delta h - \varepsilon_4 \end{bmatrix} \tag{6.93}$$

式中：$\varepsilon_l = \varepsilon_3 - \varepsilon_5$ 为线性化误差，$\delta x = x_2 - x_1$，$\delta y = y_2 - y_1$。

由几何关系可知

$$\delta x = R\cos\phi\delta\lambda \tag{6.94}$$

$$\delta y = R\delta\phi \tag{6.95}$$

因此有

$$\boldsymbol{Z} = \begin{bmatrix} B_x R\cos\phi\delta\lambda + B_y R\delta\phi + (\varepsilon_l + \varepsilon_1 - \varepsilon_2) \\ \delta h - \varepsilon_4 \end{bmatrix} \tag{6.96}$$

综合观测方程式(6.87)得观测方程中的线性化系数为

$$\frac{\partial \Delta B(\lambda, \phi)}{\partial \phi} = B_x R\cos\phi \tag{6.97}$$

$$\frac{\partial \Delta B(\lambda, \phi)}{\partial \lambda} = B_y R \tag{6.98}$$

由以上分析可知，观测方程的线性化，就是地磁场的线性化，其主要任务是计算平面方程 $f(x,y)$的系数 $B_x$ 和 $B_y$。计算 $B_x$ 和 $B_y$ 是利用地磁基准图中惯性导航系统输出位置附近某一小区域 $\Omega$ 内的地磁数据进行的。区域 $\Omega$ 的大小一般与惯性导航系统位置的不确定性成正比，卡尔曼滤波中 $P_{k+1,k}$对角线元素的二次方根即为各个状态估计的一步预测误差，故根据 $P_{k+1,k}$可实时地获得惯性导航系统位置的一步预测误差 $\sigma_x$ 和 $\sigma_y$。因此可将 $\Omega$ 取为边长与 $\sigma_x$ 和 $\sigma_y$ 成正比的矩形区域，使 $\Omega$ 的大小具有自适应性。$\sigma_x$ 和 $\sigma_y$ 的计算方法将在下面给出。

以下为以惯性导航系统输出位置$(\hat{\lambda}, \hat{\phi})$为中心，以 $2.5\sigma_x$ 和 $2.5\sigma_y$ 为半边长的矩形区域作为线性化区域，全平面拟合法地磁场线性化参数的计算为

$$B_x = \frac{1}{2(2M+1)(1^2+2^2+\cdots+N^2)d} \sum_{p=-M}^{M} \sum_{l=-N}^{N} l \cdot \hat{B}_m(i+l, j+p) \tag{6.99}$$

$$B_y = \frac{1}{2(2N+1)(1^2+2^2+\cdots+M^2)d} \sum_{p=-M}^{M} \sum_{l=-N}^{N} p \cdot \hat{B}_m(i+l, j+p) \tag{6.100}$$

式中

$$M = \left[\frac{2.5\sigma_y}{d}\right] \tag{6.101}$$

$$N = \left[\frac{2.5\sigma_x}{d}\right] \tag{6.102}$$

$$\sigma_x = R\sqrt{P_{k+1,k}(4,4)} \tag{6.103}$$

$$\sigma_y = R\cos\phi\sqrt{P_{k+1,k}(5,5)} \tag{6.104}$$

式中：[·]表示取·的整数部分；$d$ 为网格间距；$R$ 为地球的平均半径。

### 6.6.5　滤波算法

设地磁匹配/惯性组合导航系统状态方程为方程式(6.82)，观测方程为方程式(6.88)，则卡尔曼滤波递推方程如下：

状态一步预测方程为

$$\hat{\boldsymbol{X}}_{k,k-1} = \boldsymbol{\Phi}_{k,k-1}\hat{\boldsymbol{X}}_{k-1} \tag{6.105}$$

状态估计值计算方程为

$$\hat{\boldsymbol{X}}_k = \hat{\boldsymbol{X}}_{k,k-1} + \boldsymbol{K}_k(\boldsymbol{Z}_k - \boldsymbol{H}_k\hat{\boldsymbol{X}}_{k,k-1}) \tag{6.106}$$

滤波增益方程为

$$\boldsymbol{K}_k = \boldsymbol{P}_{k,k-1}\boldsymbol{H}_k^{\mathrm{T}}(\boldsymbol{H}_k\boldsymbol{P}_{k,k-1}\boldsymbol{H}_k^{\mathrm{T}} + \boldsymbol{R}_k)^{-1} \tag{6.107}$$

一步预测均方误差方程为

$$\boldsymbol{P}_{k,k-1} = \boldsymbol{\Phi}_{k,k-1}\boldsymbol{P}_{k-1}\boldsymbol{\Phi}_{k,k-1}^{\mathrm{T}} + \boldsymbol{\Gamma}_{k-1}\boldsymbol{Q}_{k-1}\boldsymbol{\Gamma}_{k-1}^{\mathrm{T}} \tag{6.108}$$

估计均方误差方程为

$$\boldsymbol{P}_k = (\boldsymbol{I} - \boldsymbol{K}_k\boldsymbol{H}_k)\boldsymbol{P}_{k,k-1} \tag{6.109}$$

式中：$\boldsymbol{Q}_k$ 为系统噪声序列方差阵，假设为非负定阵；$\boldsymbol{R}_k$ 为测量噪声序列的方差阵，假设为正定阵。

### 6.6.6　数学仿真与结果分析

#### 6.6.6.1　仿真参数的设置

1. 飞行器的运动航迹模拟

仿真中飞行器的运动航迹为一典型的巡航导弹航迹，设飞行器从北纬 $\phi_0=30°$N 和东经 $\lambda_0=100°$E 起始，以 0.8$Ma$ 的速度、$h_0=50$ m 的高度和东偏南45°的方向相对地球匀速平飞1 500 s。

2. 地磁基准图的模拟

地磁匹配/惯性组合导航方法能否取得良好的导航效果，除了由导航算法决定外，还由被匹配的对象——地磁场的分布特性决定。为使地磁匹配/惯性组合导航系统具有好的可观测性：一方面要求地磁变化率不能太小，即局部地磁不能太平坦；另一方面还要求地磁变化率必须随采样时间变化，即地磁必须有起伏，起伏越大，可观测性越好。

地球主磁场的起伏十分平缓，根据 IGRF 模型计算的地磁场每千米的变化只有零点几到几纳特，不符合上述导航方法对地磁场的分布要求，难以用于地磁匹配/惯性组合导航。幸运的是，地磁异常场的存在，使得实际地磁场尤其是低空地磁场的起伏要明显得多。因此，仿真用地磁基准图不采用 IGRF 模型计算，而由计算机模拟。图 6－14 为模拟的地磁基准图，该图将 IGRF 模型描述的全球地磁场当作小区域内的地磁场，但已通过线性变换将模型数据的均方差降低为 381.497 0 nT，均值为 $4.772\,1\times10^4$ nT。

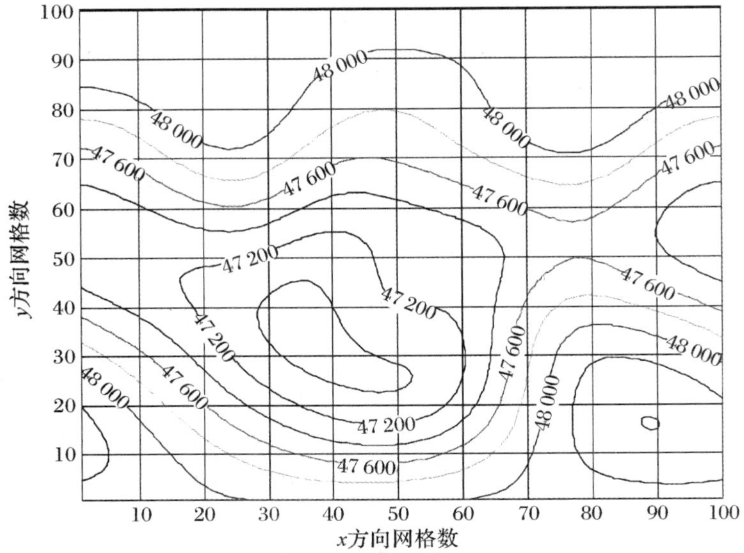


图 6-14 仿真用的局部区域地磁基准图

基准图采用矩阵存储网格点位置的地磁场总强度,网格点之外位置的地磁场总强度采用双线性插值法计算。双线性插值法的原理如图 6-15 所示,计算公式为

$$B(x_i+\Delta x,y_j+\Delta y)=a_1\Delta\tilde{x}\Delta\tilde{y}+a_2\Delta\tilde{x}+a_3\Delta\tilde{y}+a_4 \tag{6.110}$$

式中:$a_1=B_{i,j}-B_{i,j+1}+B_{i+1,j+1}$;$a_2=B_{i+1,j}-B_{i,j}$;$a_3=B_{i,j+1}-B_{i,j}$;$a_4=B_{i,j}$;$\Delta\tilde{x}=\Delta x/l_x$,$\Delta\tilde{y}=\Delta y/l_y$,$l_x$、$l_y$ 为网格在 $x$ 和 $y$ 轴上的间隔。

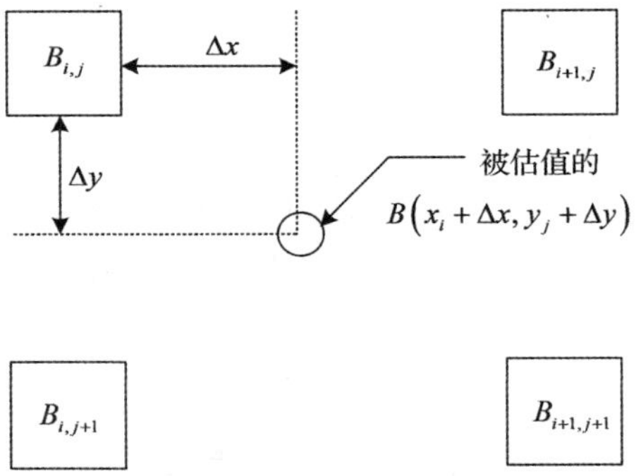


图 6-15 双线性插值法的原理

3.初始参数的设置

仿真中惯性器件采用中等精度,仿真参数见表 6-2,其中,各惯性器件的相关时间都设为 3 600 s。

表 6-2 仿真参数

| 参　数 | 参数值 |
|---|---|
| 陀螺的随机常值漂移 $\varepsilon_b/(^\circ\cdot h^{-1})$ | 0.03 |
| 陀螺的时间相关漂移 $\varepsilon_r/(^\circ\cdot h^{-1})$ | 0.03 |
| 陀螺的白噪声漂移 $w_g/(^\circ\cdot h^{-1})$ | 0.002 |

**续 表**

| 参 数 | 参数值 |
|---|---|
| 加表的时间相关漂移$\nabla/g$ | $10^{-5}$ |
| 初始平台误差角 $\phi_{x\sim z}$/(°) | 0.01 |
| 初始东向位置误差/m | 600 |
| 初始北向位置误差/m | 600 |
| 初始高度误差/m | 10 |
| 初始东向速度误差/(m·$s^{-1}$) | 1 |
| 初始北向速度误差/(m·$s^{-1}$) | 1 |
| 初始天向速度误差/(m·$s^{-1}$) | 1 |
| 基准图网格间距/m | 250 |
| 高度计测量误差/m | 10 |
| 地磁传感器测量误差/nT | 10 |
| 地磁场线性化误差/nT | 5 |
| 惯性器件的采样周期/s | 0.2 |
| 磁强计和高度计的采样周期/s | 1 |

#### 6.6.6.2 仿真结果与分析

本节主要完成地磁匹配/惯性组合导航中的滤波算法的研究与实现，故首先对惯性导航系统航迹和误差进行仿真。

1. 惯性导航系统航迹和误差仿真

根据前面给出的飞行器真实航迹和表 6-2 假定的惯性器件的测量误差，纯惯性导航系统的误差如图 6-16 和图 6-17 所示，其中，终端位置误差为 $\Delta\phi=1.067\times10^4$ m，$\Delta\lambda=-6\ 284$ m 和 $\Delta h=954.8$ m，终端速度误差为 $\Delta v_x=-9.98$ m/s，$\Delta v_y=12.52$ m/s 和 $\Delta v_z=-0.01$ m/s。

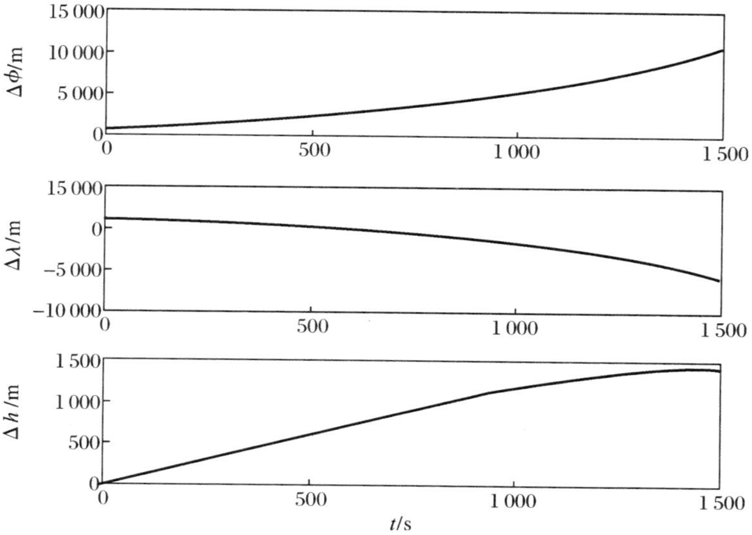


图 6-16 纯惯性导航系统的位置误差

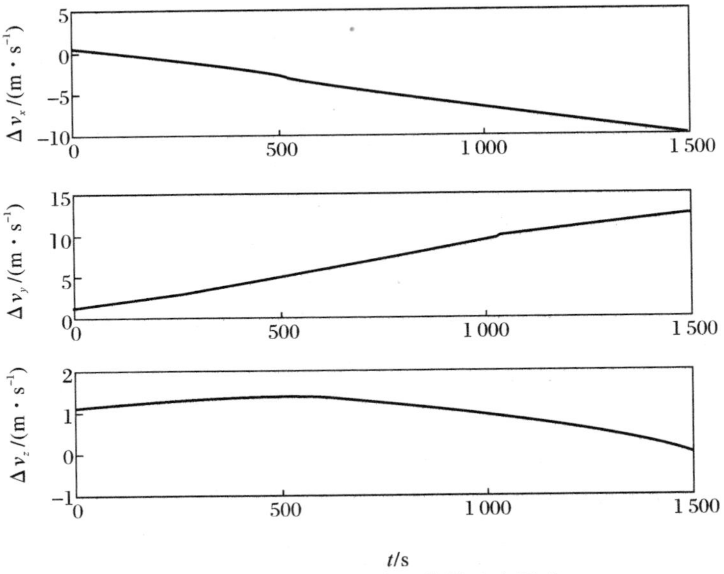


**图 6-17　纯惯性导航系统的速度误差**

从图 6-16 和图 6-17 中可以看出，纯惯性导航系统的误差是随时间逐渐积累的，要得到准确的飞行器信息，需要借助其他信息进行辅助导航。

2. 仿真结果及分析

采用扩展卡尔曼滤波后，组合导航系统的位置和速度误差如图 6-18 和图 6-19 所示。其中，终端位置误差为 $\Delta\phi=10.0$ m，$\Delta\lambda=124.3$ m 和 $\Delta h=-1.6$ m，终端速度误差为 $\Delta v_x=0.28$ m/s，$\Delta v_y=0.47$ m/s 和 $\Delta v_z=0.01$ m/s。

从图 6-18 和图 6-19 中可知，位置和速度的滤波过程没有发散，滤波稳定性比较好；然而，该方法对初始位置误差较敏感，当初始误差较大时，仿真结果如图 6-20 和图 6-21 所示。

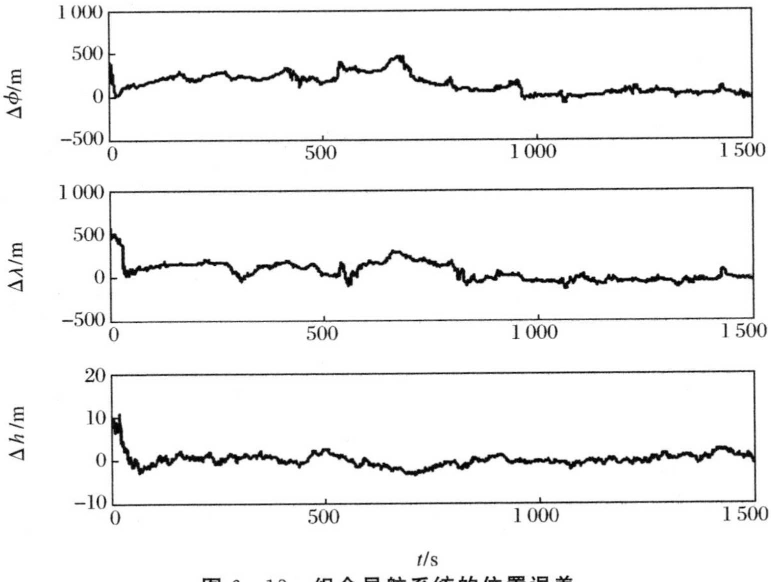


**图 6-18　组合导航系统的位置误差**

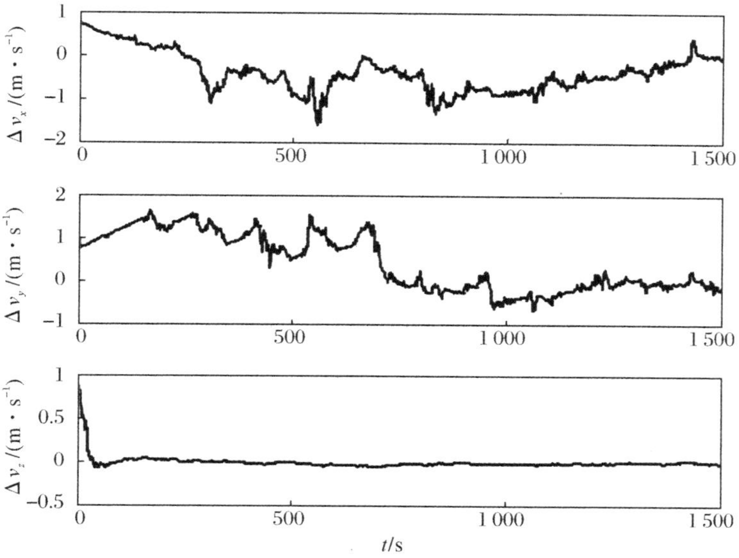


图 6 - 19　组合导航系统的速度误差

图 6 - 20 和图 6 - 21 表明，组合导航系统滤波发散，失去状态估计的作用。将扩展卡尔曼滤波用于地磁匹配/惯性辅助导航系统，在实际的滤波过程中，有以下两个主要的原因导致滤波的发散：

(1)由于测量方程是非线性方程，需要进行地磁局部线性化处理，所以在地磁斜率变化剧烈的区域，线性化误差过大，导致组合导航系统性能下降甚至滤波发散。

(2)由于导航区域的地磁特性变化和测量环境的影响，地磁传感器所受干扰的统计规律也就是测量噪声可能随时发生变化，进而导致组合导航系统性能下降甚至滤波发散。

综合以上分析，将扩展卡尔曼滤波用于地磁匹配/惯性组合导航中，需要对上述方法进行改进。

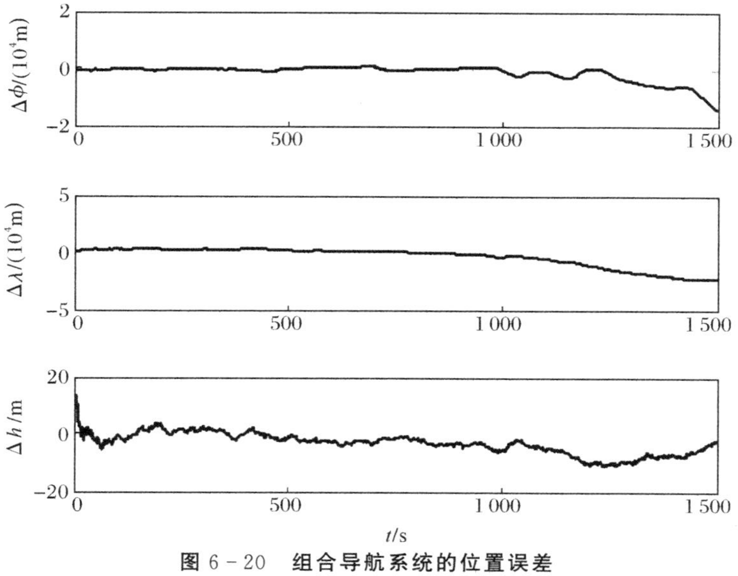


图 6 - 20　组合导航系统的位置误差

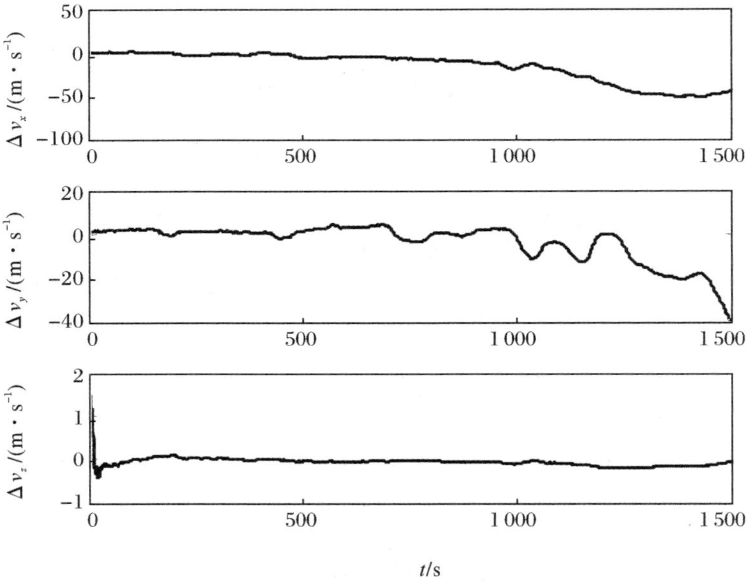


图 6-21 组合导航系统的速度误差

## 6.7 线性化误差引起组合导航性能下降的解决方法

在仿真中发现，基于扩展卡尔曼滤波的地磁匹配/惯性组合导航方法不仅在地磁场变化微弱的区域会导致滤波发散，甚至在地磁场变化显著的区域也可能导致滤波发散。经过仔细的研究发现，由于地磁场是空间位置的非线性函数，观测方程是非线性的，在地磁斜率变化剧烈的区域，线性化误差过大，线性化平面无法真正反映地磁场的变化特征是导致滤波发散的主要原因。与用线性函数来对非线性函数进行近似相比较，对非线性函数的概率密度分布近似是一种更加可行的方法。

粒子滤波(PF)是一种是基于蒙特卡罗采样方法和贝叶斯估计的非线性滤波算法，粒子滤波中每个样本代表系统的一个可能状态，通过状态空间的一组加权样本(粒子)逼近状态变量的最优估计，并且不受模型的线性程度和高斯假设约束，适用于任意非线性、非高斯动态系统。

### 6.7.1 粒子滤波的算法原理及步骤

#### 6.7.1.1 递推贝叶斯估计方法

假定离散系统的状态方程和观测方程可以写为

$$\left.\begin{aligned} \boldsymbol{x}_{k+1} &= f(\boldsymbol{x}_k, \boldsymbol{w}_k) \\ \boldsymbol{y}_k &= h(\boldsymbol{x}_k, \boldsymbol{v}_k) \end{aligned}\right\} \tag{6.111}$$

式中：$\boldsymbol{x}_k$ 为 $n$ 维状态向量；$\boldsymbol{w}_k$ 为与状态无关的零均值白噪声；$\boldsymbol{v}_k$ 为独立于系统噪声的测量噪声，对噪声的分布不做要求。

设 $\boldsymbol{x}_k=[\boldsymbol{x}_0, \boldsymbol{x}_1, \cdots, \boldsymbol{x}_k]$为从 0～$k$ 时刻的所有状态向量集，$\boldsymbol{Y}_k=[\boldsymbol{y}_1, \boldsymbol{y}_2, \cdots, \boldsymbol{y}_k]$为从 1～$k$

时刻的所有观测向量集。对于状态 $\boldsymbol{x}_k$ 的贝叶斯估计，可由如下的条件均值给出：

$$\hat{\boldsymbol{x}}_k = E(\boldsymbol{x}_k | \boldsymbol{Y}_k) = \int \boldsymbol{x}_k p(\boldsymbol{x}_k | \boldsymbol{Y}_k) \mathrm{d}\boldsymbol{x}_k \tag{6.112}$$

用该算法进行估计时须知道在测量为 $\boldsymbol{Y}_k$ 的条件下，状态 $\boldsymbol{x}_k$ 的后验概率密度函数 $p(\boldsymbol{x}_k|\boldsymbol{Y}_k)$。

由贝叶斯估计可知，后验概率密度函数可以通过时间更新和测量更新来获得。假定 $k-1$时刻的后验概率密度函数 $p(\boldsymbol{x}_{k-1}|\boldsymbol{Y}_{k-1})$已知，通过时间更新，可以获得 $k$ 时刻的先验概率密度函数为

$$p(\boldsymbol{x}_k | \boldsymbol{Y}_{k-1}) = \int p(\boldsymbol{x}_k | \boldsymbol{x}_{k-1}) p(\boldsymbol{x}_{k-1} | \boldsymbol{Y}_{k-1}) \mathrm{d}\boldsymbol{x}_{k-1} \tag{6.113}$$

在获得 $k$ 时刻的测量值 $\boldsymbol{y}_k$ 后，就可以根据贝叶斯原理进行测量更新，获得 $k$ 时刻的后验概率密度函数为

$$p(\boldsymbol{x}_k | \boldsymbol{Y}_k) = p(\boldsymbol{x}_k | \boldsymbol{y}_k, \boldsymbol{Y}_{k-1}) = \frac{p(\boldsymbol{y}_k | \boldsymbol{x}_k, \boldsymbol{Y}_{k-1}) p(\boldsymbol{x}_k | \boldsymbol{Y}_{k-1})}{p(\boldsymbol{y}_k | \boldsymbol{Y}_{k-1})} \tag{6.114}$$

$$p(\boldsymbol{y}_k | \boldsymbol{Y}_{k-1}) = \int p(\boldsymbol{y}_k | \boldsymbol{x}_k) p(\boldsymbol{x}_k | \boldsymbol{Y}_{k-1}) \mathrm{d}\boldsymbol{x}_k \tag{6.115}$$

方程式(6.113)和式(6.114)的循环进行就构成了基本的递推贝叶斯估计方法。

#### 6.7.1.2　蒙特卡罗方法

蒙特卡罗方法是一种非常简单的随机模拟方法，可用来计算难解的积分问题，

其基本思想是从条件概率密度函数 $p(\boldsymbol{x}_k|\boldsymbol{Y}_k)$分布中取出 $N$ 个独立同分布的样本 $\{\boldsymbol{x}_k^i\}$，$i=1,2,\cdots,N$，通过下式计算经验近似估计：

$$\hat{p}(\boldsymbol{x}_k | \boldsymbol{Y}_k) \approx \frac{1}{N} \sum_{i=1}^{N} \delta(\boldsymbol{x}_k - \boldsymbol{x}_k{}^i) \tag{6.116}$$

式中：$\delta(\cdot)$表示狄拉克 $\delta$ 函数。如果对 $f(\boldsymbol{x}_k)$的期望进行估计，可得

$$E[f(\boldsymbol{x}_k)] = \int f(\boldsymbol{x}_k) p(\boldsymbol{x}_k | \boldsymbol{Y}_k) \mathrm{d}\boldsymbol{x}_k \tag{6.117}$$

经过随机取样后，可通过下式计算经验估计：

$$E[f(\boldsymbol{x}_k)] \approx \frac{1}{N} \sum_{i=1}^{N} f(\boldsymbol{x}_k^i) \tag{6.118}$$

根据大数定理，当样本趋于无穷时，$E[f(\boldsymbol{x}_k)] \xrightarrow{\text{a. s}} f(\boldsymbol{x}_k^i)$，“$\xrightarrow{\text{a. s}}$”表示几乎处处收敛。

#### 6.7.1.3　序贯重要性采样(Sequential Importance Sampling，SIS)

重要性采样是蒙特卡罗方法中一种常用的采样技术。在采样过程中，如果无法从后验概率密度函数 $p(\boldsymbol{x}_k|\boldsymbol{Y}_k)$中采样，可选择从与后验密度函数 $p(\boldsymbol{x}_k|\boldsymbol{Y}_k)$近似的概率密度函数 $\pi(\boldsymbol{x}_k|\boldsymbol{Y}_k)$中采样。

在重要性采样过程中，式(6.117)可以按下式进行推理：

$$\begin{aligned} E[f(\boldsymbol{x}_k)] &= \int f(\boldsymbol{x}_k) \frac{p(\boldsymbol{x}_k | \boldsymbol{Y}_k)}{\pi(\boldsymbol{x}_k | \boldsymbol{Y}_k)} \pi(\boldsymbol{x}_k | \boldsymbol{Y}_k) \mathrm{d}\boldsymbol{x}_k \\ &= \int f(\boldsymbol{x}_k) \frac{p(\boldsymbol{Y}_k | \boldsymbol{x}_k) p(\boldsymbol{x}_k)}{\pi(\boldsymbol{x}_k | \boldsymbol{Y}_k) p(\boldsymbol{Y}_k)} \pi(\boldsymbol{x}_k | \boldsymbol{Y}_k) \mathrm{d}\boldsymbol{x}_k \\ &= \int f(\boldsymbol{x}_k) \frac{\boldsymbol{w}_k(\boldsymbol{x}_k)}{p(\boldsymbol{Y}_k)} \pi(\boldsymbol{x}_k | \boldsymbol{Y}_k) \mathrm{d}\boldsymbol{x}_k \end{aligned} \tag{6.119}$$

由式(6.119)可以看出，可以通过从 $\pi(\boldsymbol{x}_k|\boldsymbol{Y}_k)$取得的样本对与 $f(\boldsymbol{x}_k)$有关的各种量进行估计，概率密度函数 $\pi(\boldsymbol{x}_k|\boldsymbol{Y}_k)$称为重要性函数，其中 $\boldsymbol{w}_k(\boldsymbol{x}_k)$称为重要性权值，其表达式为

$$\boldsymbol{w}_k(\boldsymbol{x}_k)=\frac{p(\boldsymbol{Y}_k|\boldsymbol{x}_k)p(\boldsymbol{x}_k)}{\pi(\boldsymbol{x}_k|\boldsymbol{Y}_k)} \tag{6.120}$$

对式(6.119)继续推理，得到

$$\begin{aligned}E[f(\boldsymbol{x}_k)]&=\frac{1}{p(\boldsymbol{Y}_k)}\int \boldsymbol{w}_k(\boldsymbol{x}_k)f(\boldsymbol{x}_k)\pi(\boldsymbol{x}_k|\boldsymbol{Y}_k)\mathrm{d}\boldsymbol{x}_k\\&=\frac{\int \boldsymbol{w}_k(\boldsymbol{x}_k)f(\boldsymbol{x}_k)\pi(\boldsymbol{x}_k|\boldsymbol{Y}_k)\mathrm{d}\boldsymbol{x}_k}{\int \frac{p(\boldsymbol{Y}_k|\boldsymbol{x}_k)p(\boldsymbol{x}_k)}{\pi(\boldsymbol{x}_k|\boldsymbol{Y}_k)}\pi(\boldsymbol{x}_k|\boldsymbol{Y}_k)\mathrm{d}\boldsymbol{x}_k}\\&=\frac{\int \boldsymbol{w}_k(\boldsymbol{x}_k)f(\boldsymbol{x}_k)\pi(\boldsymbol{x}_k|\boldsymbol{Y}_k)\mathrm{d}\boldsymbol{x}_k}{\int \boldsymbol{w}_k(\boldsymbol{x}_k)\pi(\boldsymbol{x}_k|\boldsymbol{Y}_k)\mathrm{d}\boldsymbol{x}_t}\\&=\frac{E_{\pi(\boldsymbol{x}_k|\boldsymbol{Y}_k)}[\boldsymbol{w}_k(\boldsymbol{x}_k)f(\boldsymbol{x}_k)]}{E_{\pi(\boldsymbol{x}_k|\boldsymbol{Y}_k)}[\boldsymbol{w}_k(\boldsymbol{x}_k)]}\end{aligned} \tag{6.121}$$

由式(6.121)可以看出，通过从重要性函数 $\pi(\boldsymbol{x}_k|\boldsymbol{Y}_k)$中采样，$E[f(\boldsymbol{x}_k)]$可以通过下式来近似：

$$E[f(\boldsymbol{x}_k)]\approx\frac{\frac{1}{N}\sum_{i=1}^{N}\boldsymbol{w}_k^i(\boldsymbol{x}_k^i)f(\boldsymbol{x}_k^i)}{\frac{1}{N}\sum_{i=1}^{N}\boldsymbol{w}_k^i(\boldsymbol{x}_k^i)}\approx\sum_{i=1}^{N}\tilde{\boldsymbol{w}}_k^i(\boldsymbol{x}_k^i)f(\boldsymbol{x}_k^i) \tag{6.122}$$

其中，归一化权值：

$$\tilde{\boldsymbol{w}}_k^i(\boldsymbol{x}_k^i)=\frac{\boldsymbol{w}_k^i(\boldsymbol{x}_k^i)}{\sum_{i=1}^{N}\boldsymbol{w}_k^i(\boldsymbol{x}_k^i)} \tag{6.123}$$

为了对状态 $\boldsymbol{x}$ 的概率密度序贯式估计，选择下式所示的重要性函数：

$$\pi(\boldsymbol{x}_k|\boldsymbol{Y}_k)=\pi(\boldsymbol{x}_k|\boldsymbol{x}_{k-1},\boldsymbol{Y}_k)\pi(\boldsymbol{x}_{k-1}|\boldsymbol{Y}_{k-1}) \tag{6.124}$$

由于状态空间模型满足马尔可夫过程以及式(6.120)、式(6.124)，容易得到 $\boldsymbol{w}_k(\boldsymbol{x}_k)$的递推形式为

$$\boldsymbol{w}_k(\boldsymbol{x}_k)=\boldsymbol{w}_{k-1}(\boldsymbol{x}_k)\frac{p(\boldsymbol{y}_k|\boldsymbol{x}_k)p(\boldsymbol{x}_k|\boldsymbol{x}_{k-1})}{\pi(\boldsymbol{x}_k|\boldsymbol{x}_{k-1},\boldsymbol{Y}_k)} \tag{6.125}$$

由式(6.125)可知，SIS 解决了经重要性采样之后粒子权值的递推问题。

序贯重要性采样算法的退化现象是不可避免的，对于粒子集的退化程度，可用通过定义如下的一个被称为有效粒子数的量来衡量：

$$N_{\mathrm{eff}}=\frac{1}{\sum_{j=1}^{N}\tilde{\boldsymbol{w}}_k^j(\boldsymbol{x}_k)} \tag{6.126}$$

式中：$\tilde{\boldsymbol{w}}_k^j(\boldsymbol{x}_k)$为归一化权重，$1\leqslant N_{\mathrm{eff}}\leqslant N$，$N_{\mathrm{eff}}$越小，退化现象越严重。

目前减小退化现象主要从两个方面进行：适当选取重要性函数和进行再采样，下面就此

进行介绍。

#### 6.7.1.4　选取重要性函数

选取重要性函数的准则是使重要性权重方差最小。可以证明，最优重要性函数为 $\pi(\boldsymbol{x}_k|\boldsymbol{x}_{k-1},\boldsymbol{Y}_k)=p(\boldsymbol{x}_k|\boldsymbol{x}_{k-1},\boldsymbol{Y}_k)$，这仅当 $\boldsymbol{x}_k$ 为有限集或 $p(\boldsymbol{x}_k|\boldsymbol{x}_{k-1},\boldsymbol{Y}_k)$ 为高斯函数时，才有可能实现。通常的做法是选取重要性函数为先验密度，即

$$p(\boldsymbol{x}_k|\boldsymbol{x}_{k-1},\boldsymbol{Y})=p(\boldsymbol{x}_k|\boldsymbol{x}_{k-1}) \tag{6.127}$$

此时

$$\boldsymbol{w}_k(\boldsymbol{x}_k)=\boldsymbol{w}_{k-1}(\boldsymbol{x}_k)p(\boldsymbol{x}_k|\boldsymbol{x}_{k-1}) \tag{6.128}$$

这种方法直观且易于实现却没有使用最新的观测值，因此只是一种次优算法。

#### 6.7.1.5　重采样(Resampling)

重采样的目的在于减少权值较小的粒子，把重点放在具有大权值的粒子上。重采样过程将原来的带权粒子集 $\{\boldsymbol{x}_k^i,\tilde{\boldsymbol{w}}_k^i\}$ 映射到具有相等权值的新粒子集 $\{\boldsymbol{x}_k^{i*},1/N\}$ 上，其基本思路是，通过对粒子集 $\{\boldsymbol{x}_k^i\}$ 重新采样 $N$ 次，产生新的粒子集 $\{\boldsymbol{x}_k^{i*}\}_{i=1}^N$，使得对于所有的 $i=1,2,\cdots,N$，第 $j$ 个粒子满足下面的条件：

$$p(\boldsymbol{x}_k^{j*}=\boldsymbol{x}_k^i)=\tilde{\boldsymbol{w}}_k^i \tag{6.129}$$

重采样后的 $N$ 个粒子是独立同分布的，因此权值被重新设定为

$$\tilde{\boldsymbol{w}}_k^{i*}=\frac{1}{N} \tag{6.130}$$

一般地，可以根据各粒子的权值将(0,1)区间划分成 $N$ 个子区间，第 $i$ 个子区间长度就是 $\tilde{\boldsymbol{w}}_k^i$，然后产生 $N$ 个服从(0,1)均匀分布的随机数，统计这些随机数落入第 $i$ 个子区间的数目 $N_\tau$，最后将对应的 $\boldsymbol{x}_k^i$ 复制 $N_\tau$ 次即可。

#### 6.7.1.6　粒子滤波算法

选择重要性密度函数为先验密度 $p(\boldsymbol{x}_k|\boldsymbol{x}_{k-1}^i)$，并将重采样步骤引入序贯重要性采样算法中，就形成了经典粒子滤波算法。粒子滤波是一种随机抽样方法，具体算法步骤描述如下：

(1)初始化粒子。根据先验条件 $p(x_0)$ 随机选取粒子 $x_0^1,x_0^2,\cdots,x_0^N$，初始权值 $\omega_0^i=1/N$，$N$ 为粒子数目。

(2)递推计算。由方程式(6.111)和随机粒子 $\boldsymbol{x}_{k-1}^1,\boldsymbol{x}_{k-1}^2,\cdots,\boldsymbol{x}_{k-1}^N$，计算得到预测粒子 $\boldsymbol{x}_k^1,\boldsymbol{x}_k^2,\cdots,\boldsymbol{x}_k^N$。

(3)观测更新。根据测量更新 $\boldsymbol{Y}_k$ 和预测粒子 $\boldsymbol{x}_k^1,\boldsymbol{x}_k^2,\cdots,\boldsymbol{x}_k^N$，进行权值更新并将其归一化，得到后验密度函数 $p(\boldsymbol{x}_k|\boldsymbol{Y}_k)$ 的近似离散形式：$\{\boldsymbol{x}_k^i,\tilde{\boldsymbol{\omega}}_k^i\}_{i=1}^N$。

(4)状态估计：$\hat{\boldsymbol{x}}_k=\sum_{i=1}^N \boldsymbol{x}_k^i\tilde{\boldsymbol{\omega}}_k^i$。

(5)计算有效粒子数：$N_{\text{eff}}=\dfrac{1}{\sum_{i=1}^N(\tilde{\boldsymbol{w}}_k^i)^2}$，若 $N_{\text{eff}}<N_{\text{thr}}$，则转到(6)；否则返回(2)。

(6)重采样：对$\{\boldsymbol{x}_k^i\}_{i=1}^N$进行$N$次重采样，得到在采样后的近似离散形式：$\{\hat{\boldsymbol{x}}_k^i,\hat{\boldsymbol{w}}_k^i\}_{i=1}^N$，其中$\tilde{\boldsymbol{\omega}}_k^i=1/N$。

(7)将$\{\hat{\boldsymbol{x}}_k^i\}_{i=1}^N$作为新的随机粒子，并令$k\leftarrow k+1$，返回(2)。

### 6.7.2 基于粒子滤波的地磁匹配/惯性组合导航方法

粒子滤波算法应用于地磁匹配/惯性组合导航中，跟扩展卡尔曼滤波一样，选取惯性导航系统的误差向量作为滤波器的状态向量，惯性导航系统的误差方程式(6.82)为状态方程，即

$$\boldsymbol{X}_k=\boldsymbol{\Phi}_{k,k-1}\boldsymbol{X}_{k-1}+\boldsymbol{\Gamma}_{k-1}\boldsymbol{W}_{k-1} \tag{6.131}$$

式中：状态转移矩阵$\boldsymbol{\Phi}_{k,k-1}$和误差传递矩阵$\boldsymbol{\Gamma}_{k-1}$的计算见式(6.83)和式(6.84)；$\boldsymbol{W}_{k-1}$为系统噪声。

将地磁传感器测得的地磁场总强度$B_t(\lambda,\phi)$和高度计测量值$h_{\text{measure}}$作为滤波器的观测量，观测方程为

$$\boldsymbol{Z}=\begin{bmatrix}B_t\\h_{\text{measure}}\end{bmatrix}=\begin{bmatrix}B(\hat{\lambda}+\delta\lambda,\hat{\phi}+\delta\phi)+\varepsilon_1\\\hat{h}+\delta h+\varepsilon_2\end{bmatrix} \tag{6.132}$$

将其离散化，得

$$\boldsymbol{Z}_k=\begin{bmatrix}B(\hat{\lambda},\hat{\phi},X(k))\\\hat{h}+X(k)\end{bmatrix}+\boldsymbol{V}_k=\boldsymbol{H}(X(k))+\boldsymbol{V}_k \tag{6.133}$$

式中：$\hat{\lambda},\hat{\phi},\hat{h}$分别为惯性导航系统输出的经度、纬度和高度；$B(\lambda,\phi)$为地磁场总强度；$\boldsymbol{V}_k$为测量噪声。假定式(6.131)和式(6.133)中的噪声$\boldsymbol{W}_k$和$\boldsymbol{V}_k$相互独立，且满足下列条件：

$$E(\boldsymbol{W}_k)=\boldsymbol{0} \tag{6.134}$$

$$E(\boldsymbol{W}_k\boldsymbol{W}_k^{\mathrm{T}})=\boldsymbol{Q} \tag{6.135}$$

$$p(\boldsymbol{W}_k)=N(\boldsymbol{W}_k;\boldsymbol{0},\boldsymbol{Q}) \tag{6.136}$$

$$E(\boldsymbol{V}_k)=\boldsymbol{0} \tag{6.137}$$

$$E(\boldsymbol{V}_k\boldsymbol{V}_k^{\mathrm{T}})=\boldsymbol{R} \tag{6.138}$$

$$p(\boldsymbol{V}_k)=N(\boldsymbol{V}_k;\boldsymbol{0},\boldsymbol{R}) \tag{6.139}$$

基于粒子滤波的地磁匹配/惯性组合导航算法如下：

(1)初始化。对$p(\boldsymbol{X}_0)$进行抽样，生成$N$个服从$p(\boldsymbol{X}_0)$分布的随机粒子$\boldsymbol{X}_0^1,\boldsymbol{X}_0^2,\cdots,\boldsymbol{X}_0^N$，初始权值$\omega_0^i=1/N$。

(2)预测。首先生成$N$个服从$p(\boldsymbol{W}_k)$分布的随机粒子$\boldsymbol{W}_{k-1}^1,\boldsymbol{W}_{k-1}^2,\cdots,\boldsymbol{W}_{k-1}^N$，然后按下式进行预测：

$$\boldsymbol{X}_k^i=\boldsymbol{\Phi}_{k,k-1}\boldsymbol{X}_{k-1}^i+\boldsymbol{\Gamma}_{k-1}\boldsymbol{W}_{k-1}^i \tag{6.140}$$

(3)更新。在得到新的观测值$\boldsymbol{Z}_k$后，计算粒子的似然比，从而获得归一化权值：

$$w_k^i=\frac{p(\boldsymbol{Z}_k\mid\boldsymbol{X}_k^i)}{\sum_{i=1}^N p(\boldsymbol{Z}_k\mid\boldsymbol{X}_k^i)} \tag{6.141}$$

似然函数$p(\boldsymbol{Z}_k\mid\boldsymbol{X}_k^i)$可以按如下的方式计算：

$$p(\boldsymbol{Z}_k|\boldsymbol{X}_k^i)=\frac{1}{\sqrt{(2\pi)^N|\boldsymbol{R}|}}\exp\left\{-\frac{1}{2}[\boldsymbol{Z}_k-\boldsymbol{H}(\boldsymbol{X}_k^i)]^{\mathrm{T}}\boldsymbol{R}^{-1}[\boldsymbol{Z}_k-\boldsymbol{H}(\boldsymbol{X}_k^i)]\right\} \tag{6.142}$$

从而获得状态最小方差估计：

$$\hat{\boldsymbol{X}}_k=\sum_{i=1}^{N}w_k^i\boldsymbol{X}_k^i \tag{6.143}$$

(4)计算有效粒子数：$N_{\mathrm{eff}}=\dfrac{1}{\sum_{i=1}^{N}(\tilde{w}_k^i)^2}$，若 $N_{\mathrm{eff}}<N_{\mathrm{thr}}$，则转到下一步；否则返回(2)。

(5)重采样。对 $\boldsymbol{X}_k^i,i=1,2,\cdots,N$ 进行 $N$ 次重采样，得到在采样后的新的随机粒子 $\{\boldsymbol{X}_k^i\}_{i=1}^N$，并令 $k\leftarrow k+1$，返回(2)。

图 6－22 为该算法的流程图。

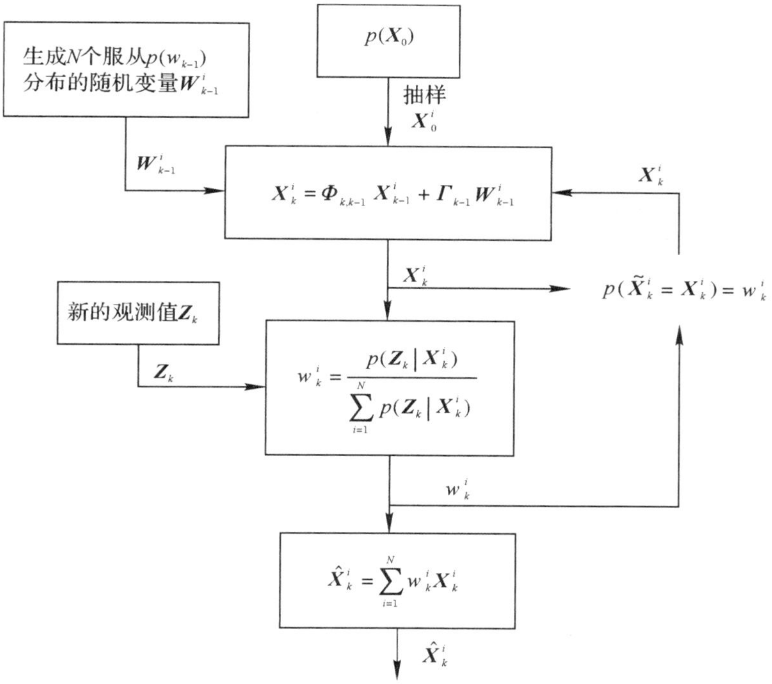


**图 6－22　基于粒子滤波的地磁组合导航算法流程图**

### 6.7.3　数学仿真与结果分析

本节对粒子滤波用于地磁匹配/惯性组合导航进行仿真验证。仿真中，由于基于扩展卡尔曼滤波的地磁匹配/惯性组合导航方法对初始位置误差较敏感，在地磁斜率变化剧烈的区域，线性化误差过大，状态估计误差会下降甚至滤波发散，所以在仿真中选择东向位置误差 1 000 m，北向位置误差 1 000 m，高度 10 m，而飞行器运动航迹、惯性导航系统参数以及地磁基准图均与 6.6.6 节中相同。在相同的仿真条件下，分别采用扩展卡尔曼滤波和粒子滤波进行地磁匹配/惯性组合导航，仿真结果如图 6－23～图 6－26 所示。

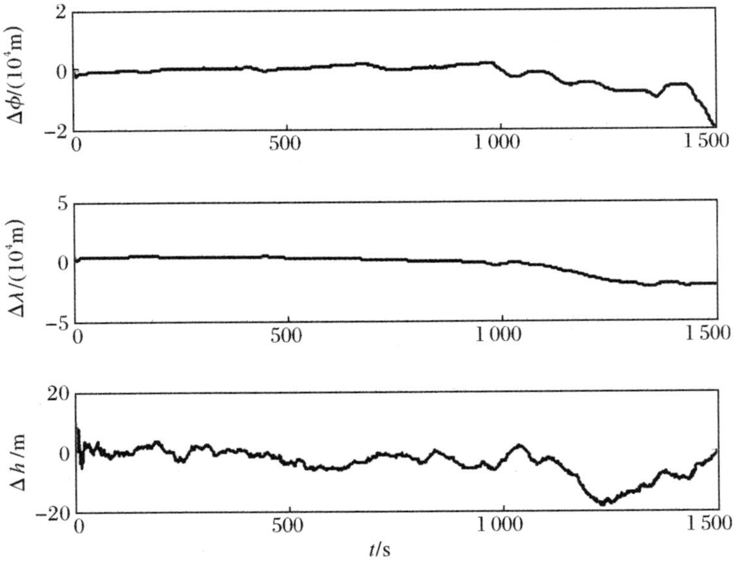


图 6-23　扩展卡尔曼滤波的地磁匹配/惯性组合导航位置误差

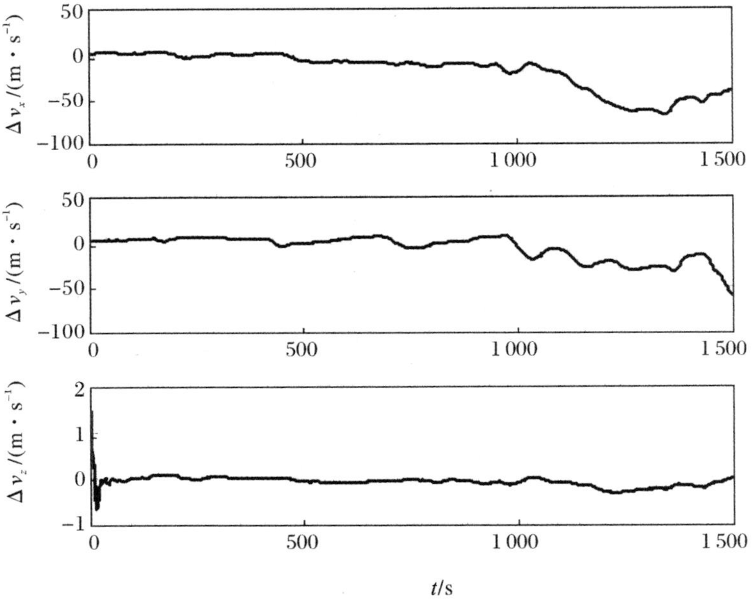


图 6-24　扩展卡尔曼滤波的地磁匹配/惯性组合导航速度误差

从图 6-23 和图 6-24 中可以看出，采用扩展卡尔曼滤波的地磁匹配/惯性组合导航，其终端位置误差为 $\Delta\phi=10\ 890.2$ m，$\Delta\lambda=2\ 015.1$ m 和 $\Delta h=1.4$ m，终端速度误差为 $\Delta v_x=-3.29$ m/s，$\Delta v_y=26.27$ m/s 和 $\Delta v_z=-0.02$ m/s。在仿真进行到 1 000 s 时，滤波开始发散，这是因为初始位置误差较大，随着时间的推移，扩展卡尔曼滤波的地磁线性化误差越来越大，进而导致经度 $\phi$、纬度 $L$、东向速度 $v_x$ 和北向速度 $v_y$ 在仿真后期逐渐发散。由于高度计的存在，高度 $h$ 和天向速度 $v_z$ 的结果是稳定的。

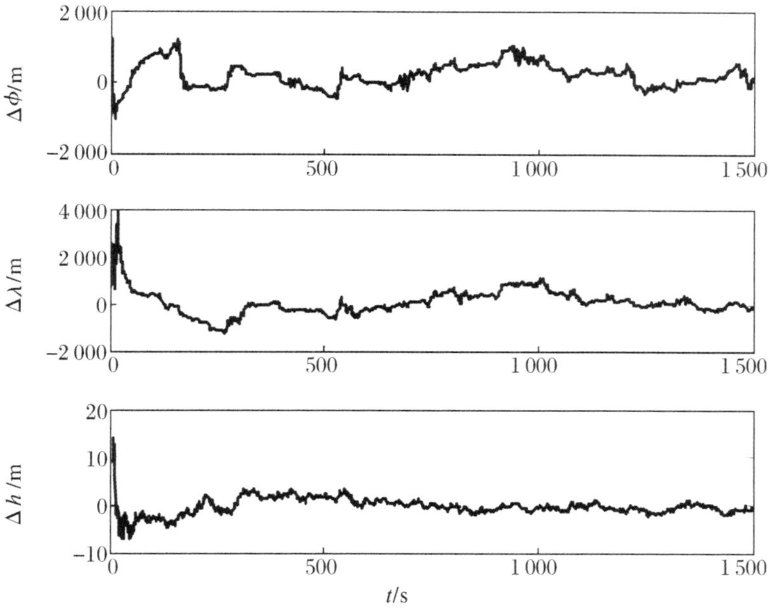


图 6－25　粒子滤波的地磁匹配/惯性组合导航位置误差

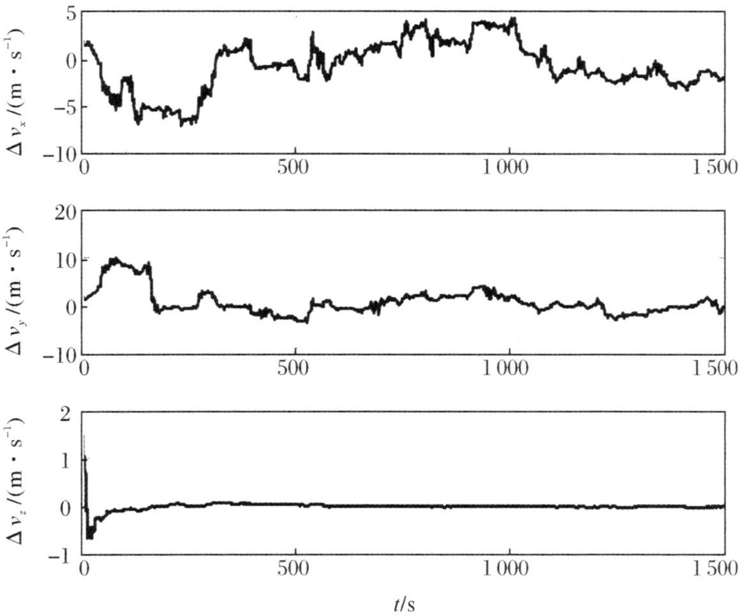


图 6－26　粒子滤波的地磁匹配/惯性组合导航速度误差

从图 6－25 和图 6－26 可知，当采用粒子滤波的地磁匹配/惯性组合导航，其终端位置误差为 $\Delta\phi=22.4$ m，$\Delta\lambda=13.7$ m 和 $\Delta h=-0.7$ m，终端速度误差为 $\Delta v_x=-1.72$ m/s，$\Delta v_y=0.19$ m/s和 $\Delta v_z=0.02$ m/s，滤波是稳定的。显然，粒子滤波算法克服了扩展卡尔曼滤波的发散问题，这是因为粒子滤波算法不需要对地磁场进行线性化，对于非线性的磁场曲面有更好的适应性，这也验证了该算法的优越性。

# 6.8 测量误差变化引起组合导航性能下降的解决方法

在地磁匹配/惯性组合导航系统中，标准卡尔曼滤波算法要求所用到的关于地磁传感器测量噪声的统计信息——噪声方差，是已知值。然而，在实际应用中，从 6.6.3 节的分析中可知，测量误差 $V$ 由地磁基准图的制作误差 $\varepsilon_1$、地磁传感器的测量误差 $\varepsilon_2$ 和地磁线性化误差 $\varepsilon_l$ 三部分构成，基准图的制作误差 $\varepsilon_1$ 和地磁传感器的测量误差 $\varepsilon_2$ 可以看作是固定值，而地磁场线性化误差 $\varepsilon_l$ 的方差 $\sigma_l^2$ 随线性化区域及地磁场变化而改变，这将导致地磁场测量噪声方差是时变的，根本不能建立正确的测量误差，因此必须采用其他方法来解决这个问题。另外，由式(6.57)、式(6.107)可知，噪声方差 $\boldsymbol{R}_k$ 直接影响到整个系统对于观测量的置信度。一旦测量噪声的统计特性时变而导致估计偏离实际情况较远时，则可能导致以下两种情况：①对 $\boldsymbol{R}_k$ 的估计值远小于真实值，此时将导致系统观测量的误差较大时，反而更信任新息的调整，从而令状态量的估计值产生偏差；②对 $\boldsymbol{R}_k$ 的估计值远大于真实值，此时将导致系统在观测误差较小时，却降低了对新息的置信度，从而降低了滤波器的收敛速度。显然，不论发生哪种情况，对整个导航系统的性能都是有害的。本节将采用基于协方差理论的简化 Sage-Husa自适应滤波方法来解决这个问题。

## 6.8.1 基于协方差判据的简化 Sage-Husa 自适应滤波方法

### 6.8.1.1 简化的 Sage-Husa 自适应滤波算法

针对因系统测量噪声的统计特性变化而导致组合导航系统滤波精度降低甚至滤波发散的问题，Sage 和 Husa 提出了一种自适应滤波算法，可以在线估计系统噪声 $\boldsymbol{Q}_k$ 和量测噪声 $\boldsymbol{R}_k$。事实上，Sage-Husa 自适应滤波算法并不能同时估计系统噪声 $\boldsymbol{Q}_k$ 和量测噪声 $\boldsymbol{R}_k$。由于地磁匹配/惯性组合导航系统状态变量的维数比较高，而 Sage-Husa 自适应滤波算法中又增加了对系统噪声统计特性的计算，所以使计算量大大增加，实时性变差。除此之外，Sage-Husa 算法有可能随着系统噪声方差阵 $\boldsymbol{Q}_k$ 和量测噪声方差阵 $\boldsymbol{R}_k$ 失去半正定性和正定性导致滤波发散，稳定性无法得到保证。

一般认为，地磁匹配/惯性组合导航中系统噪声具有稳定性，从滤波方法的分析中可知，系统的测量噪声方差阵 $\boldsymbol{R}_k$ 在滤波中的地位非常重要，它反映了和测量值直接相关的新息序列的变化程度，以及增益矩阵 $\boldsymbol{K}_k$ 的变化受 $\boldsymbol{R}_k$ 的影响。测量噪声方差阵 $\boldsymbol{R}_k$ 对滤波的影响最为明显，简化 Sage-Husa 的结果，用 $\hat{\boldsymbol{X}}_{i,i}$ 近似代替 $\hat{\boldsymbol{X}}_{i,k}$，将会提高估计值的精度，得到 $\boldsymbol{R}_k$ 的极大后验估计为

$$\hat{\boldsymbol{R}}_k=(1-d_k)\hat{\boldsymbol{R}}_{k-1}+d_k\left[(\boldsymbol{I}-\boldsymbol{H}_k\boldsymbol{K}_{k-1})\widetilde{\boldsymbol{Z}}_k\widetilde{\boldsymbol{Z}}_k^{\mathrm{T}}(\boldsymbol{I}-\boldsymbol{H}_k\boldsymbol{K}_{k-1})^{\mathrm{T}}+\boldsymbol{H}_k\boldsymbol{P}_{k,k}\boldsymbol{H}_k{}^{\mathrm{T}}\right] \tag{6.144}$$

$$d_k=\frac{1-b}{1-b^{k+1}} \tag{6.145}$$

式中：$b$ 为遗忘因子。

将式(6.144)和式(6.145)与卡尔曼滤波方程联立，得到简化的 Sage-Husa 自适应滤波算法：

$$d_k=\frac{1-b}{1-b^{k+1}} \tag{6.146}$$

$$\boldsymbol{P}_{k,k-1}=\boldsymbol{\Phi}_{k,k-1}\boldsymbol{P}_{k-1}\boldsymbol{\Phi}_{k,k-1}^{\mathrm{T}}+\boldsymbol{\Gamma}_{k-1}\boldsymbol{Q}_{k-1}\boldsymbol{\Gamma}_{k-1}^{\mathrm{T}} \tag{6.147}$$

$$\hat{\boldsymbol{X}}_{k,k-1}=\boldsymbol{\Phi}_{k,k-1}\hat{\boldsymbol{X}}_{k-1} \tag{6.148}$$

$$\widetilde{\boldsymbol{Z}}_k=\boldsymbol{Z}_k-\boldsymbol{H}_k\hat{\boldsymbol{X}}_{k,k-1} \tag{6.149}$$

$$\hat{\boldsymbol{R}}_k=(1-d_k)\hat{\boldsymbol{R}}_{k-1}+d_k[(\boldsymbol{I}-\boldsymbol{H}_k\boldsymbol{K}_{k-1})\widetilde{\boldsymbol{Z}}_k\widetilde{\boldsymbol{Z}}_k^{\mathrm{T}}(\boldsymbol{I}-\boldsymbol{H}_k\boldsymbol{K}_{k-1})^{\mathrm{T}}+\boldsymbol{H}_k\boldsymbol{P}_{k,k}\boldsymbol{H}_k^{\mathrm{T}}] \tag{6.150}$$

$$\boldsymbol{K}_k=\boldsymbol{P}_{k,k-1}\boldsymbol{H}_k^{\mathrm{T}}(\boldsymbol{H}_k\boldsymbol{P}_{k,k-1}\boldsymbol{H}_k^{\mathrm{T}}+\hat{\boldsymbol{R}}_k)^{-1} \tag{6.151}$$

$$\hat{\boldsymbol{X}}_k=\hat{\boldsymbol{X}}_{k,k-1}+\boldsymbol{K}_k\widetilde{\boldsymbol{Z}}_k \tag{6.152}$$

$$\boldsymbol{P}_k=(\boldsymbol{I}-\boldsymbol{K}_k\boldsymbol{H}_k)\boldsymbol{P}_{k,k-1} \tag{6.153}$$

简化的 Sage-Husa 自适应算法减小了原算法的复杂度，但在每次滤波过程中都要计算系统测量噪声的统计特性，而地磁匹配/惯性组合导航中，系统状态变量维数较高，计算量增加，尤其在系统采样周期较短的情况下，无法满足系统对实时性的要求。

#### 6.8.1.2　基于协方差理论的滤波发散判据

协方差理论的的基本思想是：正常情况下，实际的误差应该与理论估计值接近一致。具体地说，在滤波的过程中，检验实际的误差，并判断滤波是否出现异常，当实际的误差与原假设 $\boldsymbol{R}_{k-1}$ 不一致时，则根据实际误差应与它的理论估计值相一致的原则，对 $\boldsymbol{R}_k$ 进行估计来代替原假设的 $\boldsymbol{R}_{k-1}$。

由发散的定义，判断滤波异常的判据为

$$\widetilde{\boldsymbol{Z}}_k^{\mathrm{T}}\widetilde{\boldsymbol{Z}}_k>\gamma\mathrm{tr}[E(\widetilde{\boldsymbol{Z}}_k^{\mathrm{T}}\widetilde{\boldsymbol{Z}}_k)] \tag{6.154}$$

式中：$\gamma>1$ 为储备系数；tr 表示矩阵的迹；$\widetilde{\boldsymbol{Z}}_k$ 为新息序列，其定义由式(6.149)给出。

如果式(6.154)成立，则表明实际误差将超过理论估计值的 $\gamma$ 倍，滤波发散。当 $\gamma=1$ 时，式(6.154)为最严格的收敛判据条件。

假设 $\boldsymbol{R}_k=\boldsymbol{R}_{k-1}$，$\widetilde{\boldsymbol{Z}}_k$ 理论上的统计特性为

$$E(\widetilde{\boldsymbol{Z}}_k)=\boldsymbol{0} \tag{6.155}$$

$$E(\widetilde{\boldsymbol{Z}}_k^{\mathrm{T}}\widetilde{\boldsymbol{Z}}_k)=\boldsymbol{H}_k\boldsymbol{P}_{k,k-1}\boldsymbol{H}_k^{\mathrm{T}}+\boldsymbol{R}_k \tag{6.156}$$

因此，由式(6.154)和式(6.156)可以得到判断滤波发散的判据为

$$\widetilde{\boldsymbol{Z}}_k\widetilde{\boldsymbol{Z}}_k^{\mathrm{T}}>\boldsymbol{H}_k\boldsymbol{P}_{k,k-1}\boldsymbol{H}_k^{\mathrm{T}}+\boldsymbol{R}_k \tag{6.157}$$

#### 6.8.1.3　基于协方差判据的简化 Sage-Husa 自适应滤波算法

由式(6.151)、式(6.57)可以看出，滤波增益 $\boldsymbol{K}_k$ 和量测噪声协方差 $\boldsymbol{R}_k$ 有关，实际应用中量测噪声协方差 $\boldsymbol{R}_k$ 对滤波的影响更重要一些，因此提出基于协方差判据的简化 Sage-Husa 自适应滤波算法。该算法利用协方差判据，对简化的 Sage-Husa 自适应滤波算法进行改进，可以减少计算量，提高算法的实时性。

在滤波的过程中，利用式(6.157)对滤波的状态进行判断，若式(6.157)成立，则说明滤

波发散，需要对 $\boldsymbol{R}_k$ 进行重新估计，使其适应当前的滤波；反之，若式(6.157)不成立，则说明滤波是正常的，原来的假设 $\boldsymbol{R}_k$ 是正确的，不需要对 $\boldsymbol{R}_k$ 进行重新估计。

### 6.8.2 数学仿真与结果分析

本节对基于协方差判据的简化 Sage-Husa 自适应滤波算法用于地磁匹配/惯性组合导航系统进行仿真验证。

仿真中，飞行器运动航迹、惯性导航系统参数以及地磁基准图均与 6.6.6 节中相同。仿真的总时间为 1 500 s，在此期间，磁场测量噪声发生多次变化，具体见表 6-3。

**表 6-3 磁场测量噪声变化**

| 时间范围/s | 测量噪声标准差/nT |
|---|---|
| 0～400 | 10 |
| 401～800 | 20 |
| 801～1 200 | 30 |
| 1 201～1 500 | 40 |

在相同的仿真条件下，分别采用扩展卡尔曼滤波和基于协方差判据的简化 Sage-Husa 自适应滤波方法进行地磁匹配/惯性组合导航，仿真结果如图 6-27～图 6-30 所示。

从图 6-27 和图 6-28 中可知，采用扩展卡尔曼滤波，其终端位置误差为 $\Delta\phi=-972.8$ m，$\Delta\lambda=-202.4$ m 和 $\Delta h=-1.74$ m，终端速度误差为 $\Delta v_x=-0.02$ m/s，$\Delta v_y=-2.24$ m/s 和 $\Delta v_z=-0.03$ m/s。还可以看到，随着时间的推移，由于测量噪声的变化，扩展卡尔曼滤波中没有及时调整测量噪声方差值，导致滤波过程中过度信任含有较大扰动的新息量，使状态量的估计值发生较大偏差。

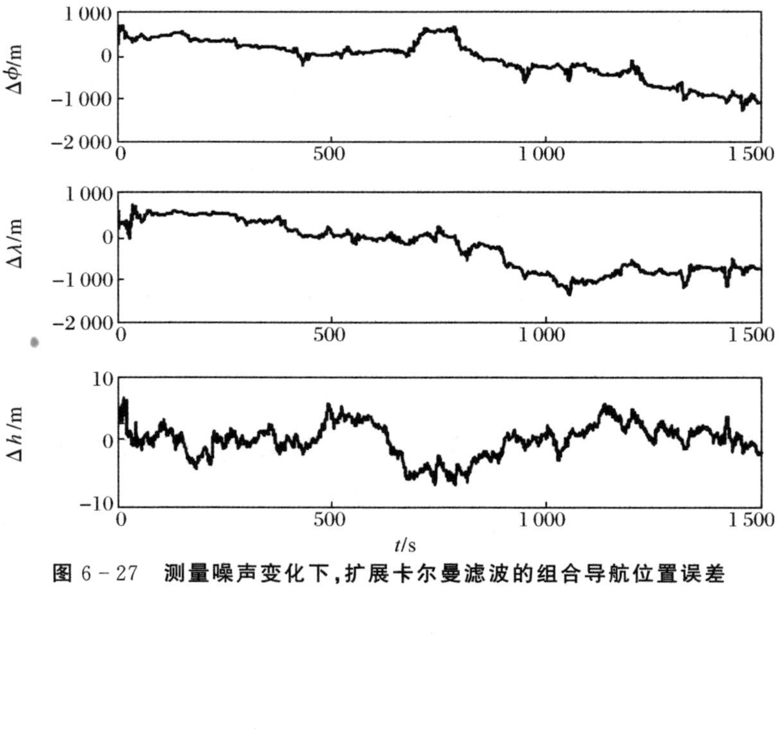


**图 6-27 测量噪声变化下，扩展卡尔曼滤波的组合导航位置误差**

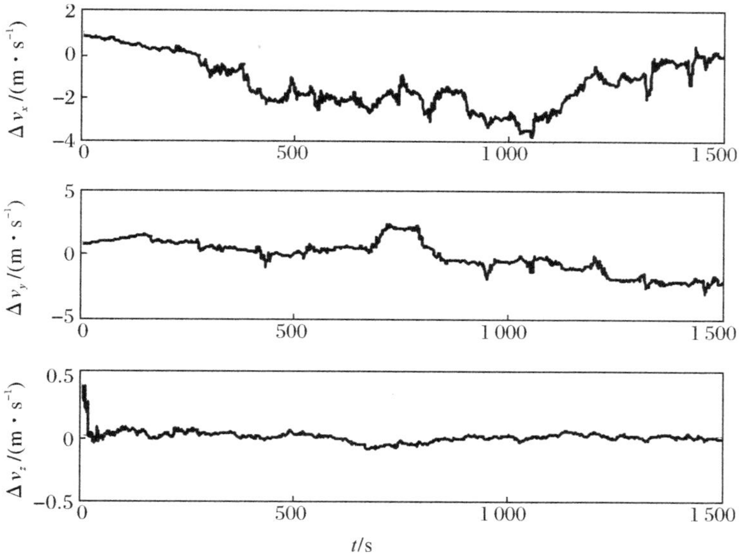


**图 6-28　测量噪声变化下，扩展卡尔曼滤波的组合导航速度误差**

从图 6-29 和图 6-30 可知，当采用基于协方差判据的简化 Sage-Husa 自适应滤波算法时，其终端位置误差为 $\Delta\phi=22.4$ m，$\Delta\lambda=-1.09$ m 和 $\Delta h=-0.07$ m，终端速度误差为 $\Delta v_x=-0.04$ m/s，$\Delta v_y=0.12$ m/s 和 $\Delta v_z=0.02$ m/s，滤波的性能是好的。对比图 6-27～图 6-30 可知，在采用基于协方差判据的简化 Sage-Husa 自适应滤波后，地磁匹配/惯性组合导航系统的性能较采用扩展卡尔曼滤波有了很大程度的提高，这是因为基于协方差判据的简化 Sage-Husa 自适应滤波算法，根据实际情况实时调整测量噪声方差 $\boldsymbol{R}_k$ 所致。

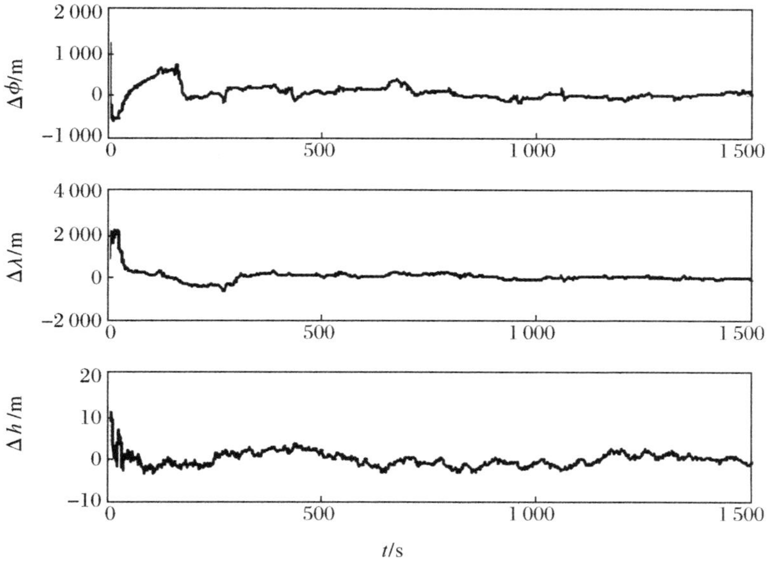


**图 6-29　测量噪声变化下，协方差判据的简化 Sage-Husa 自适应滤波位置误差**

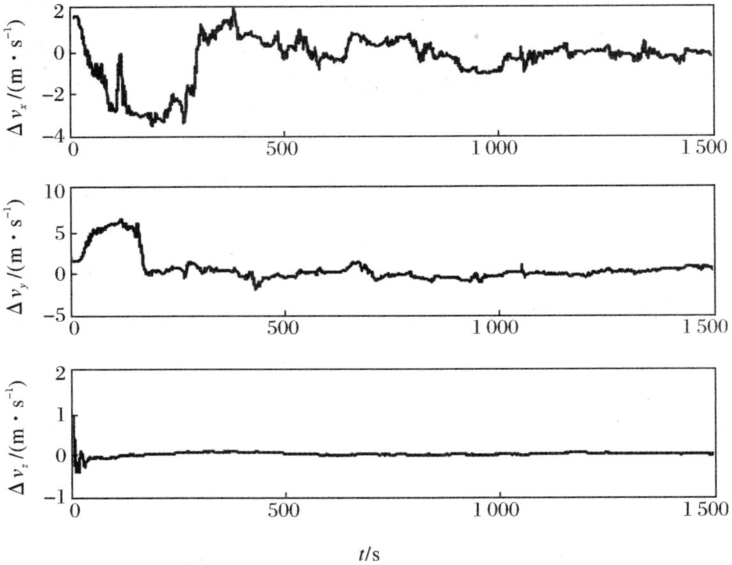


**图 6-30　测量噪声变化下，协方差判据的简化 Sage-Husa 自适应滤波速度误差**

# 第7章　地磁场的测量

地磁敏感器是地磁勘测系统和地磁导航系统不可或缺的部分，其作用是测量地磁场在当地的总强度或者分强度。本章首先讨论可用于地磁场测量的多种传感器的特点和应用情况；然后在对比各地磁敏感器的性能之后，提出采用磁通门磁强计作为地磁导航用磁敏感器；最后详细讨论磁通门磁强计的工作原理。

## 7.1　主要的地磁敏感器

地磁敏感器包括质子旋进磁强计、光泵磁强计、磁通门磁强计和超导磁强计等。另外，磁阻磁传感器和霍尔效应磁传感器等其他类型的磁强计由于测量精度有限，在高精度的地磁场测量中很少应用。磁强计按测量内容可分为测量标量强度的标量磁强计和测量矢量强度的矢量磁强计。下面将讨论这些磁强计的特点和应用。

### 7.1.1　标量地磁敏感器

#### 7.1.1.1　质子磁强计

质子磁强计的工作原理是利用氢质子在磁场中的旋进现象进行测量的。磁测探头内灌注的是煤油、水、酒精和苯等富含氢质子的溶液，这些氢质子在被极化之前，处于无规律的排列状态。在人为加上一个极化信号之后，质子将按照一定的频率做旋进运动，在极化信号消失之后，质子的旋进将受到外界磁场的影响而逐渐消失。氢质子旋进的频率与外界磁场的大小与正比，因此，只要测定旋进频率就可以测得外界磁场的大小。

质子磁强计的优点是测量精度较高、灵敏度较高、结构简便、工作可靠、价格便宜和一般无死区，缺点是有进向误差、功耗较大并且只能进行间断测量。质子旋进磁强计比较适用于地磁场测量，目前质子磁强计仍广泛用于我国的地面磁测，在早期的地磁场测量卫星上也有过应用，例如在20世纪60年代，苏联发射的COSMOS49卫星就采用了两台探头互相正交的质子磁力仪来测量地磁场标量。

严格来说，质子磁强计是标量测量仪，当不存在外部磁干扰时，质子磁强计测量的是地磁场的总强度$F$值。目前，有一些工程人员将质子磁强计设计成既可进行矢量测量又可进行标量测量的分量磁强计。分量质子磁强计的工作原理为：用赫姆霍兹线圈产生局部水平磁场 $H$（或垂直磁场 $Z$），以恰好抵消地磁场的水平分量 $H$（或垂直分量 $Z$），则质子旋进磁强计就可以间接测量地磁场的 $Z$（或 $H$）强度值，通过下式即可计算出 $H$（或 $Z$）的值：

$$\left.\begin{aligned} H &= \sqrt{F^2 - Z^2} \\ Z &= \sqrt{F^2 - H^2} \end{aligned}\right\} \tag{7.1}$$

从严格意义上来说，分量质子磁强计并不是一种成熟的矢量磁测仪。

**7.1.1.2　欧弗豪塞（Overhause）磁强计**

欧弗豪塞磁强计是质子磁强计的改进型产品，它的工作原理仍是基于质子自旋共振原理。欧弗豪塞磁强计与一般的质子磁强计略有不同的地方就是在富含氢质子的液体中加入了一定的特殊化学剂，强化氢质子和电子的相互耦合，使得电子的放射能源可以直接提供给质子旋进，因此不需要很高的人工极化能源就可以获得较高的信号强度，降低了仪器功耗。另外，这种极化源的频率远离质子旋进的频带，保证了发射与接收两个过程的互不干扰和协调性，使得信号的洁净度大大提高，从而极大地提高了仪器的灵敏度和采集精度。

欧弗豪塞磁强计具有质子磁强计的大多数优点，如灵敏度较高、无死区等，还具有质子磁强计所不具备的无进向误差、采样率较高和耗电很低等优点，尤其适合于大多数工程和科研地球物理调查等应用场合。在先进磁测卫星上，欧弗豪塞磁强计已经了取代了质子磁强计，成为主要的地磁标量测量仪之一。例如，从 20 世纪末到 21 世纪初，丹麦和德国先后发射的 Ørsted 和 CHAMP 磁测卫星就采用了欧弗豪塞磁强计。法国的反潜飞机和直升飞机也采用了欧弗豪塞磁强计。

**7.1.1.3　光泵磁强计**

光泵磁强计是以塞曼效应为基础，利用光泵作用（应用光作用使原子磁矩达到定向排列）和磁共振技术研制而成的。塞曼效应就是在外磁场的作用下，元素的原子的能级会分裂为更精细的能级，原子精细能级之间的跃迁频率正比于外加的磁场值。光泵磁强计的工作过程为：利用高频激励源产生光谱并照射在工作物质的样品上，使样品的原子产生光学取向（或极化）；当样品原子能级之间的跃迁频率等于激励源的频率时，样品会产生共振吸收，这个共振频率是与外加磁场强度成正比的，因此通过测量共振频率就可实现对磁场强度的测量。所选用工作物质主要有铯和钾等，对应的磁强计称为铯光泵磁强计和钾光泵磁强计。

光泵磁强计具有灵敏度高、响应频率高、量程宽、无零点漂移、可在快速变化磁场中进行测量等优点，其测量精度可达$10^{-4}$ nT，采样速率达 10 Hz 或更高。但是光泵磁强计存在磁探头结构复杂、造价昂贵、耗电和质量都较大、仪器的元器件易老化和仪器研制条件设备要求高等缺点，且一般存在死区、进向误差和温度漂移等。这些缺点大大限制了光泵磁强计的广泛应用，目前在航天、航空和生物磁学等领域应用较多，但在地磁观测中未能普及。例如，在 20 世纪 60 年代到 21 世纪初，美国发射的 POGO 系列卫星和 MAGSAT、SAC－C 磁测卫星，分别安装了用于测量地磁场标量的铷光泵、铯光泵和氖光泵磁强计。在航空磁测中，光泵磁强计已经基本取代了早期的质子磁强计，成为主要的磁测仪器。

光泵磁强计是一种标量磁强计，它测量的是磁场的模量而对磁场的各个方向的分量不响应。一些工程技术人员对光泵磁强计进行了一些改进，研制了分量光泵磁强计。分量光泵磁强计的矢量磁测的工作原理和分量质子磁强计是一样的，都要通过电流对某方向的磁场进行补偿，因此测量精度受补偿水平影响。分量光泵磁强计要求对所指定方向的磁场补偿误差要足够小，因此并不是一种成熟的矢量磁测仪。

## 7.1.2　矢量地磁敏感器

### 7.1.2.1　磁通门磁强计

磁通门磁强计是磁法勘探中发展最早的弱磁测量仪器之一，也称为磁饱和式磁强计。磁通门磁强计是根据磁饱和原理（将在下一节讨论）制成的，它的敏感元件由具有高导磁率材料的磁芯构成，有两个绕组围绕磁芯：一个是激励线圈，另一个是信号线圈。将频率为 $f$ 的交变激励电流输入激励线圈并使其发生饱和，如果沿磁通门探头方向有外磁场，那么信号线圈会检测到信号，该信号包含 $f$、$2f$ 和其他谐波成分，其中偶次谐波仅含有被测磁场的信息，因此通过检测偶次谐波电压，就可以获知被测磁场的强度。

磁通门磁强计技术比较成熟，具有体积小、质量轻、电路简单、功耗低、温度范围宽、稳定性好、方向性强、灵敏度高、可测量磁场的分量、适用于高速运动系统等优点。目前，磁通门磁强计的主要指标可以做到分辨率为 0.1～10 nT，功耗 0.2 W，使用温度范围宽为 −70～180 ℃，测量范围为$10^{-3}$～$10^{6}$ nT，噪声水平的典型值为 1 nT，测量频率响应的典型值为 1 Hz，频带宽可达 10 Hz。

磁通门磁强计具有的诸多优点，使其被大量应用于国防军事和航空航天领域中，如空间测磁、航天器轨姿确定与姿态控制、舰船的消磁效果测试等。从 1979 年美国发射 MAGSAT 卫星开始，磁通门磁强计作为唯一的矢量磁测仪器被用于 MAGSAT 、Ørsted、CHAMP 和 SAC－C 卫星等上，提供了大量精确的近地空间地磁场矢量数据。在我国，磁通门磁强计已经用于风云一号、风云二号、探索二号等卫星的姿态控制中。国外也有文献提出采用磁通门磁强计作为飞行器地磁导航的磁测仪器。

### 7.1.2.2　超导磁强计

超导磁强计的工作原理是：当有外磁场通过超导环时，加在与超导环耦合的线圈上的射频信号被调制，被调制的信号经放大器放大后送入混频器做相敏检波，检波器输出的直流信号经积分器积分后，得到一个与磁通变化量成比例的电压值，这个电压值经过反馈电路反馈到与超导环耦合的线圈上，在超导环内产生一个与外磁通变化量大小相等、方向相反的磁场，这样使超导环内的磁通变化为零。积分器输出的这个电压值就反映了通过超导环磁通变化量的大小，经过标定，就可得到对应的磁场强度。

超导磁强计分为低温和高温两种。由于液氦的成本过高，低温超导量子干涉磁强计的应用范围受到很大限制；而高温超导体器件可以在液氮温区工作，具有噪声低、频带宽和动态范围大等优点。超导磁强计在液氦温度下的分辨率为$10^{-6}$ nT，可以说在所有磁强计中测量精度是最高的，因此最适合于需要非常小的磁场变化梯度和非常精细的磁测量场合。但是，超导磁强计由于其临界温度低，必须使用昂贵的液氦或液氮，并且系统的体积大、造价高，所以大大限制了其应用。目前，超导磁强计主要应用于需要极高灵敏度的磁测场合，如脑科医学、生物磁学等方面。

#### 7.1.2.3 其他矢量磁强计

霍尔效应磁传感器是根据霍尔效应制造的，霍尔效应就是当给金属薄板通以电流，并将其垂直放置于外磁场中时，金属薄板的两侧就会出现电位差。霍尔效应磁传感器具有体积小、质量轻、功耗小、价格便宜和接口电路简单等优点，特别适用于强磁场的测量。但是，它又有灵敏度低、噪声大和温度性能差等缺点。虽然有些高灵敏度霍尔器件通过采用聚磁措施也能用于测量地磁场，但一般都是用于精度要求不高的场合，霍尔效应磁传感器的探测最好精度是 $1\times10^{-6}$ T。

磁阻效应磁强计是根据磁性材料(通常采用坡莫合金)的磁阻效应制成的，磁阻效应就是磁性材料的电阻在磁场中将会发生变化。磁阻效应磁强计可以很方便地装入插板产品中，具有体积小、成本低、功耗低和可靠性高等优点，它应用于地磁场测量的不足就是测量误差比较大，一般可达几十至几百纳特。另外，磁阻效应磁强计的灵敏度也比不上磁通门磁强计，因此前者主要适用于测量中强磁场。目前，磁阻磁强计作为较低精度的地磁敏感器，主要用于无人机的磁罗盘和姿态角测量系统中。

### 7.1.3 地磁导航用磁强计的选择

对于地磁导航来说，磁强计最重要的性能指标为磁测精度，其次为灵敏度、分辨率、采样频率等。考虑到具体的飞行器应用场合，由于飞行器要求质量轻，并且飞行器的内部空间有限，有时候还存在较大的力、热负荷，所以导航用磁强计的性能指标还要考虑体积、质量、功耗、制造成本和使用温度因素。当前，可用于地磁场测量的磁敏感器种类众多，为地磁导航用磁强计提供了充分的选择余地，因此有必要对这些磁敏感器的性能进行对比：

(1)测量精度。当前，各种弱磁敏感器的测量精度都比较高，都能达到 1 nT 的绝对测量精度，而这样的精度对于地磁导航而言是基本足够了的。超导磁强计的磁测精度远远高于 1 nT，但地磁导航没必要采用这么高的测量精度。目前，市场上一般的磁通门磁强计的测量误差可达几十 nT。

(2)技术成熟程度。经过几十年的发展，磁通门、质子和光泵等磁强计的技术目前是比较成熟的，而最不成熟的是超导磁强计，目前尚未能完全走出实验室，并且对应用条件有比较高的要求。

(3)制造成本。从价格上来比较，磁通门磁强计相对而言是比较便宜的，质子磁强计也便宜，欧弗豪塞磁强计一般是质子磁强计的两倍，而光泵磁强计又要比质子磁强计贵，超导磁强计价格最昂贵，不合适在飞行器中应用。

(4)体积和质量。质子磁强计和光泵磁强计由于所依据的工作原理的特点，其体积和质量都比较大，例如，北京地质仪器厂生产的 CZM-3 型质子磁力仪的主机尺寸为 210 mm×80 mm×200 mm，主机质量为 2 kg。磁通门技术已经向微型化发展，通过封装技术，磁通门磁强计的体积和质量可以做得比前两种磁强计要小，例如，Goodrich 公司生产的 2801 系列磁通门磁强计的质量只有 40～90 g。

(5)功耗。质子磁强计和光泵磁强计的功耗是比较大的，例如，G877 标准质子旋进磁强计工作耗电为 48～64 W，G880 铯光泵磁强计工作耗电为 150 W。欧弗豪塞质子磁强计和磁通门磁强计的功耗要比前两者小得多，例如，SeaSPY 欧弗豪塞质子磁强计的功耗只有

3 W,Goodrich 公司生产的 2801 系列磁通门磁强计的功耗为 0.04～0.3 W。

(6)温度影响。欧弗豪塞质子磁强计没有温度漂移误差,光泵磁强计的温度漂移比较大,较好的可达 0.05 nT/℃,磁通门磁强计的温度漂移仅有 0.031～0.02 nT/℃,使用温度范围为－70～180 ℃。

综合而言,磁通门磁强计在测量精度、价格和体积等各方面具有最好的综合性能,非常适合用于飞行器的实时地磁场测量。

## 7.2　磁通门磁强计的工作原理

磁通门磁强计实际上是一种改进的变压器,其基本工作原理仍然是电磁感应:当存在外界磁场时,铁芯的磁导率随激励磁场强度而变化,因此感应电势中就会出现随外界磁场强度而变化的偶次谐波分量,并且当铁芯处于周期性过饱和状态时,偶次谐波分量显著增大。也就是说,铁芯的磁导率好像是一道"门",外界磁场通过这道"门"即被调制,并产生感应电势。

### 7.2.1　单铁芯磁通门磁强计

如图 7－1(a)所示,单铁芯磁通门磁强计由一根横截面积为 $S$ 的软磁材料铁芯,一个长度为 $l_1$、匝数为 $N_1$ 的激励线圈,以及一个长度为 $l_2$、匝数为 $N_2$ 的测量线圈组成。给激励线圈通以角频率为 $\omega$ 的正弦激励电流 $i_e$,则 $i_e$ 在铁芯中产生的激励磁场强度 $H_e$ 为[见图 7－1(b)]

$$H_e = H_m \sin(\omega t) \tag{7.2}$$

式中:$H_m$ 为激励磁场的振幅。

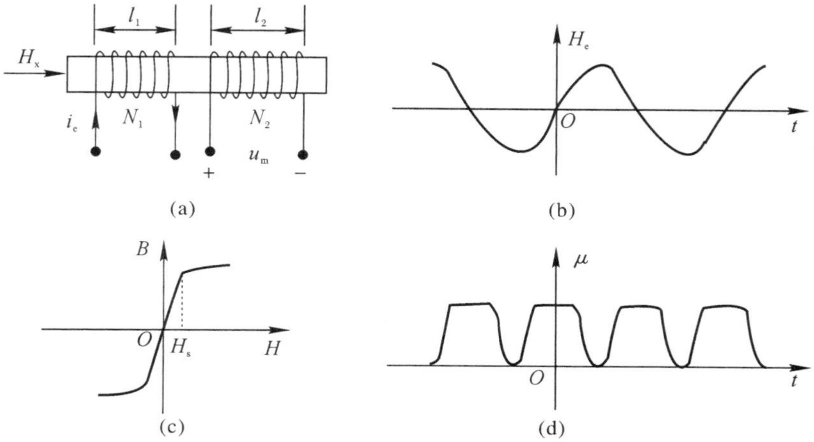


图 7－1　单铁芯磁通门工作原理示意图

下面分两种情况来讨论测量线圈的感应电压 $u_m$ 的大小:

(1)当 $H_m$ 远远小于铁芯的饱和磁场强度 $H_s$,且外界磁场 $H_x$ 又远小于 $H_m$ 时,铁芯材料的磁导率 $\mu$ 为常数,图 7－1(a)实际上相当于一个理想变压器,该变压器工作在铁芯 $B-H$ 曲线的线性区[见图 7－1(c)]。在这种情况下,测量线圈的感应电压等于穿过该线圈的磁通量对时间的导数的负值:

$$u_m = -\frac{d(N_2 \mu H_e S)}{dt} = -\omega N_2 \mu H_m \cos(\omega t) S \tag{7.3}$$

(2)当 $H_m$ 大于铁芯的饱和磁场强度 $H_s$ 时,铁芯材料的磁导率 $\mu$ 不再是一个常数,图 7-1(a)就变成了一个单铁芯磁通门,该磁通门工作在铁芯 $B-H$ 曲线的非线性区[见图 7-1(c)]。在这种情况下,如图 7-1(d)所示,磁导率 $\mu$ 是一个周期信号,它的周期是 $H_e$ 的一半,变化频率是 $\omega$ 的 2 倍。将 $\mu$ 展开成傅里叶级数为

$$\mu=\mu_d+\sum_{i=1}^{\infty}\mu_i\cos(2i\omega t) \tag{7.4}$$

式中:$\mu_d$ 为直流分量;$\mu_i$ 是各谐波分量的幅值。

当外界磁场 $H_x=0$ 时,测量线圈两端的感应电压为

$$\begin{aligned}u_m &=-N_2S\frac{d(\mu H_e)}{dt}=-N_2S\left(\mu\frac{dH_e}{dt}+H_e\frac{d\mu}{dt}\right)\\&=-N_2S\left\{\left[\mu_d+\sum_{i=1}^{\infty}\mu_i\cos(2i\omega t)\right]\omega H_m\cos(\omega t)-\right.\\&\left.H_m\sin(\omega t)\sum_{i=1}^{\infty}2i\omega\mu_i\sin(2i\omega t)\right\}\end{aligned} \tag{7.5}$$

又由于

$$\left.\begin{aligned}\cos(2i\omega t)\cos(\omega t)=\frac{1}{2}[\cos(2i+1)\omega t+\cos(2i-1)\omega t]\\\sin(2i\omega t)\sin(\omega t)=\frac{1}{2}[\cos(2i-1)\omega t-\cos(2i+1)\omega t]\end{aligned}\right\} \tag{7.6}$$

根据式(7.5),单铁芯磁通门在被测磁场 $H_x=0$ 时的感应电压 $u_m$ 只含有激励电流 $i_e$ 的奇次谐波分量。

当外界磁场 $H_x\neq0$ 时,铁芯中的磁场强度为($H_x+H_e$),由于 $H_x\ll H_s$,所以可以忽略 $H_x$ 对磁导率 $\mu$ 的影响,从而测量线圈两端的感应电压可写为

$$\begin{aligned}u_m &=-N_2S\frac{d(\mu H_e)}{dt}=-N_2S\left(\mu\frac{dH_e}{dt}+H_e\frac{d\mu}{dt}\right)\\&=-N_2S\left\{\left[\mu_d+\sum_{i=1}^{\infty}\mu_i\cos(2i\omega t)\right]\omega H_m\cos(\omega t)-H_m\sin(\omega t)\sum_{i=1}^{\infty}2i\omega\mu_i\sin(2i\omega t)\right\}+\\&N_2SH_x\sum_{i=1}^{\infty}2i\omega\mu_i\sin(2i\omega t)\end{aligned} \tag{7.7}$$

式(7.7)比式(7.5)多了一项 $N_2SH_x\sum_{i=1}^{\infty}2i\omega\mu_i\sin(2i\omega t)$,而该项是偶次谐波项,且幅值是被测磁场 $H_x$ 的函数。因此,我们可以通过选频电路,从 $u_m$ 中选出偶次谐波分量,这样便可得到表示被测磁场 $H_x$ 的交流电压信号。

上面就是单铁芯磁通门的工作原理。通常,铁芯材料要选用磁导率 $\mu$ 高、矫顽力小的坡莫合金等铁磁性材料。

### 7.2.2 双铁芯磁通门磁强计

单铁芯磁通门磁强计的变压器效应非常严重,这就是说,感应电压的幅值要比有用信号 $N_2SH_x\sum_{i=1}^{\infty}2i\omega\mu_i\sin(2i\omega t)$ 大得多。这不仅会增加处理电路的设计难度,而且会增大输出噪

声。因此，一般在实际应用中更多的是采用如图 7－2 所示的双铁芯磁通门。

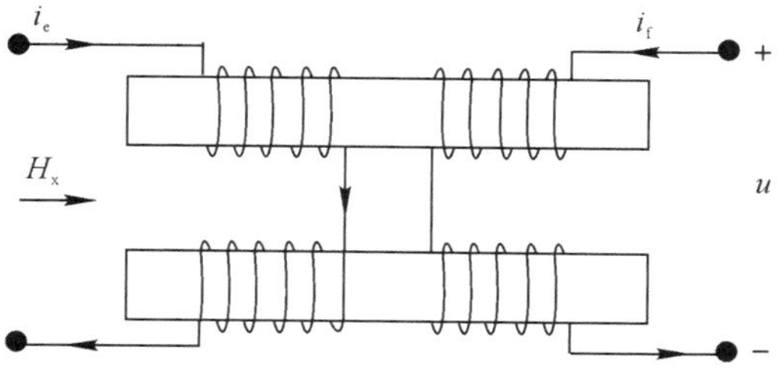


**图 7－2　双铁芯磁通门结构图**

双铁芯磁通门是由两个参数一致的单铁芯磁通门组合而成的。双铁芯磁通门的测量线圈顺接，激励线圈反接，目的是使得在两个铁芯中由激励电流 $i_e$ 产生的激励磁场强度 $H_{e1}$ 和 $H_{e2}$ 反方向相抵消，从而除去感应电压的奇次谐波分量。这样，感应电压中就只包含如下式所示的偶次谐波分量：

$$u=2N_2SH_x\sum_{i=1}^{\infty}2i\omega\mu_i\sin(2i\omega t) \tag{7.8}$$

由此可见，双铁芯磁通门的输出与测量线圈的匝数 $N_2$、铁芯截面积 $S$、激励频率 $\omega$ 和磁导率 $\mu_i$ 有关。在这几个因素中，$N_2$、$S$ 和 $\omega$ 在工艺上可以做得非常稳定，而 $\mu_i$ 受温度和应力的影响很大，从而导致测量误差，该问题可以采用零磁场工作方式加以解决。

### 7.2.3　磁通门的零磁场工作方式

磁通门的零磁场工作方式是采用负反馈控制电路，根据双铁芯磁通门的输出 $u$ 产生一个反馈电流 $i_f$ 通入测量线圈中，并通过调整 $i_f$ 使磁通门的输出电压 $u=0$。此时，$i_f$ 在两个铁芯心中产生的磁场 $H_f$ 正好与被测磁场 $H_x$ 大小相等，而方向相反，即

$$H_x=-H_f=\frac{N_2}{l_2}i_f \tag{7.9}$$

通过测量反馈电流 $i_f$，就可以准确地测出被测磁场 $H_x$。对此，让 $i_f$ 通过一个反馈电阻 $R_f$，则电阻两端的电压为

$$U_R=i_fR_f=\frac{l_2H_x}{N_2}R_f \tag{7.10}$$

由式(7.10)可见，这种工作方式下的传感器的输出与被测磁场之间有很好的线性关系，传感器的灵敏度只取决于反馈电阻 $R_f$、测量线圈匝数 $N_2$ 和长度 $l_2$。通常情况下，$R_f$ 要比铁芯材料的磁导率 $\mu_i$ 稳定得多，因此为了获得高精度和高稳定性，磁通门磁强计多采用这种工作方式。

### 7.2.4　磁通门磁强计的性能指标

由于地磁场变化比较慢，所以在实际地磁导航中，可以只考虑磁通门磁强计的静态性能，一般的静态性能指标包括线性度、重复性、迟滞、灵敏度、带宽、分辨率、零点和灵敏度温度漂移等，这里做以简单介绍。

(1)线性度。在磁通门传感器的应用中，要求磁通门传感器的输出与被测量之间具有很好的线性关系。实际测出的传感器的输入与输出校准曲线与某一规定(理论)直线不吻合的程度，称为该传感器的“非线性误差”或“线性度”。理论上，在开环工作方式下选用二次谐波作为输出时，磁通门传感器输出与输入之间不是直线关系。在采用反馈线圈后，磁通门传感器就具有了很好的线性度。

(2)灵敏度。静态灵敏度一般定义为传感器的输出量的变化量与输入量的变化量之比；动态灵敏度则定义为输出量对输入量的倒数。

(3)带宽。对于宽带低噪声磁通门传感器，传感器的灵敏度随着被测磁场的频率不同而不同。因此为了更合理地确定传感器自身的性能，在灵敏度计算中要考虑频率的作用。带宽的指标就是在确定磁通门传感器各频率点的灵敏度后，衰减 3 dB 的所有的通带范围。

(4)分辨率。如果传感器的输入从非零的任意值缓慢增加，那么只有在超过某一输入增量后输出才显示有变化，这个输入增量就称为传感器的分辨率。它说明了传感器最小可以测出的输入量。

(5)零点温度漂移。零点温度漂移定义为单位温度变化引起传感器零点变化的量与传感器在起始温度下满量程输出的百分比。在磁通门传感器中，磁通门探头和测量电路都有零点误差，因此设法拟制电路中零点变化对输出信号的影响是有必要的。

(6)灵敏度温度漂移。线性传感器的灵敏度温度漂移定义为单位温度变化引起传感器满量程变化的量与传感器在起始温度下满量程输出的百分比。在闭环方式下，磁通门的灵敏度与磁导率无关，随温度变化较小。

## 7.3 磁学与磁性材料

飞行器是各种金属和非金属材料的组合体，从磁性的角度，可以把这些材料划分为磁性材料和无磁材料。磁性材料带有磁性，必然会对飞行器的实时磁测量产生干扰，严重时使得地磁场测量值完全被干扰磁场掩盖。磁学和磁性材料的内容是飞行器磁性分析的基础。

### 7.3.1 磁学的基本概念

空间磁场可以用磁场强度 $\boldsymbol{H}$ 或磁感应强度 $\boldsymbol{B}$ 两个参量来描述。磁场强度的幅值 $H$ 定义为单位强度的磁场对应于 1 Wb 强度的磁极受到 1 N 的力，$H$ 的单位为 A/m。$\boldsymbol{H}$ 由产生它的电流大小和分布唯一决定，与介质无关。与介质有关的磁场大小用磁感应强度 $\boldsymbol{B}$ 来描述，也叫磁通密度，其幅值 $B$ 的单位为 T 或 $\mathrm{Wb/m^2}$。$\boldsymbol{B}$ 和 $\boldsymbol{H}$ 之间的数学关系为

$$\boldsymbol{B}=\mu_0(\boldsymbol{H}+\boldsymbol{M}) \tag{7.11}$$

式中：$\mu_0=4\pi\times10^{-7}$ H/m，为真空中的磁导率；$\boldsymbol{M}$ 代表材料被外界磁场磁化后产生的磁场，称为磁化强度，其幅值 $M$ 的单位为 A/m。

从式(7.11)可以看出，材料的磁场一部分来源于外磁场，另一部分来源于材料自身的感应磁场。地球磁场的磁感应强度为 $B=2\times10^4\sim7\times10^4$ nT，磁场强度只有几十安/米。

对于微小磁极产生的磁场，可以用无限小的平面电流回路来描述，该电流回路称为磁偶极子。磁矩 $\boldsymbol{m}$ 的大小定义为磁偶极子等效的平面回路的电流强度 $I$ 和回路面积 $S$ 的乘积：

$$m=IS \tag{7.12}$$

$\boldsymbol{m}$ 的方向由右手螺旋定则确定，单位为 $\mathrm{A \cdot m^2}$。回到式(7.11)中，磁化强度 $\boldsymbol{M}$ 等于材料的总磁矩 $\sum \boldsymbol{m}$ 与体积 $V$ 之比值，即

$$\boldsymbol{M}=\frac{\sum \boldsymbol{m}}{V} \tag{7.13}$$

$\boldsymbol{M}$ 和 $\boldsymbol{H}$ 之间的数学关系为

$$\boldsymbol{M}=\chi \boldsymbol{H} \tag{7.14}$$

式中：$\chi$ 称为磁化率(无量纲)，表征了材料被磁化的强弱，$\chi$ 越小，材料就越难被磁化。

将式(7.14)代入式(7.11)，得

$$\boldsymbol{B}=\mu_0(\boldsymbol{H}+\chi \boldsymbol{H})=\mu_0(1+\chi)\boldsymbol{H} \tag{7.15}$$

定义 $\mu_r=1+\chi$ 为相对磁导率，$\mu=\mu_r\mu_0$ 为绝对磁导率。磁学中一般不用绝对磁导率 $\mu$，而相对磁导率 $\mu_r$ 用得比较多，一般所说的磁导率均指相对磁导率 $\mu_r$。磁性材料的磁导率并不是一个常值，如图 7-3 所示，在不同的磁化条件下，磁导率具有不同的表达式。

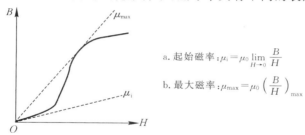

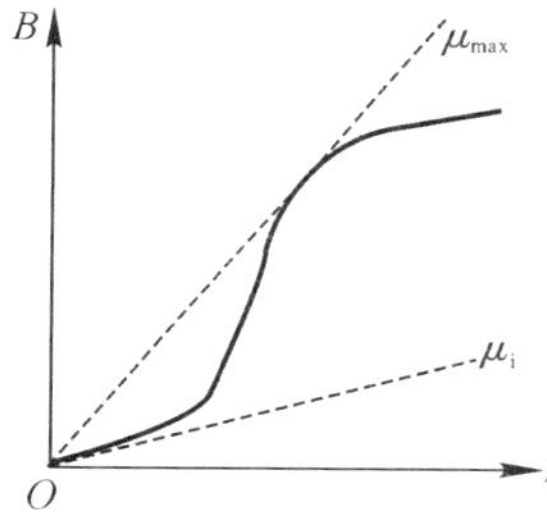


a. 起始磁率：$\mu_i=\mu_0 \lim\limits_{H \to 0} \dfrac{B}{H}$

b. 最大磁率：$\mu_{max}=\mu_0\left(\dfrac{B}{H}\right)_{max}$

**图 7-3　磁化曲线图**

表 7-1 为部分材料的相对磁导率 $\mu_r$ 和磁化率 $\chi$。从表中可以看出，材料之间的 $\mu_r$ 相差比较大，定义 $\mu_r$ 略小于 1 的材料为抗磁材料，$\mu_r$ 略大于 1 的材料为顺磁材料，$\mu_r$ 远大于 1 的材料为铁磁材料。抗磁材料的磁化率 $\chi$ 为很小的负值，典型数值为$10^{-5}$的数量级，顺磁材料的磁化率 $\chi$ 为很小的正值，典型数值为$10^{-6}\sim10^{-3}$的数量级。抗磁材料和顺磁材料的磁性很弱，而铁磁材料能被外磁场磁化而产生很强的磁性。

**表 7-1　部分材料的相对磁导率 $\mu_r$ 和磁化率 $\chi$**

| 分　类 | 材料名 | $\mu_r$ | $\chi$ | 分　类 | 材料名 | $\mu_r$ | $\chi$ |
|---|---|---|---|---|---|---|---|
| 抗磁材料 | 铜 Cu | 0.999 99 | $-0.77\times10^{-6}$ | 材料 | 锰 Mn | 1.000 83 | $66.10\times10^{-6}$ |
| | 金 Au | 0.999 96 | $-2.74\times10^{-6}$ | | 铂 Pt | 1.000 26 | $21.04\times10^{-6}$ |
| | 水 $H_2O$ | 0.999 99 | $-0.9\times10^{-5}$ | 铁磁材料 | 钴 Co | 250 | $\sim10^3$ |
| | 银 Ag | 0.999 97 | $-2.02\times10^{-6}$ | | 镍 Ni | 600 | $\sim10^6$ |
| 顺磁 | 空气 | 1.000 00 | $36\times10^{-8}$ | | 软钢(0.2C) | 2 000 | — |
| | 铝 Al | 1.000 02 | $1.65\times10^{-6}$ | | 铁(0.2 杂质) | 5 000 | — |
| | 钨 W | 1.000 08 | $6.18\times10^{-6}$ | | 纯铁 | 200 000 | — |

### 7.3.2 材料的磁化

具有较强磁性的材料称为磁性材料，磁性材料可分为软磁材料和硬磁材料。传统上认为矫顽力小于 1 000 A/m 的材料其磁性是“软”的，矫顽力大于 10 000 A/m 的材料其磁性是“硬”的。磁性材料对外磁场有明显的响应特性，这种特性可以用磁化曲线和磁滞曲线来表示，如图 7－4 所示，其中，$Oa$ 段表示的是 $B-H$ 磁化曲线，$Ob$ 段表示的是 $M-H$ 磁化曲线，细曲线表示的是 $B-H$ 关系，粗曲线表示的是 $M-H$ 关系，除了曲线 $Oa$ 和 $Ob$ 之外的曲线组成磁滞曲线。结合磁化曲线 $Oa-Ob$，说明磁性材料的磁化过程。当磁场强度 $H$ 从零变大时，$M$ 和 $B$ 随之急剧增大；当 $H$ 增大到一定值时，$M$ 趋向于一个确定的常值 $M_s$。$M_s$ 称为饱和磁化强度，而 $B$ 并不趋向于某一定值，而是以一定的斜率缓慢上升。

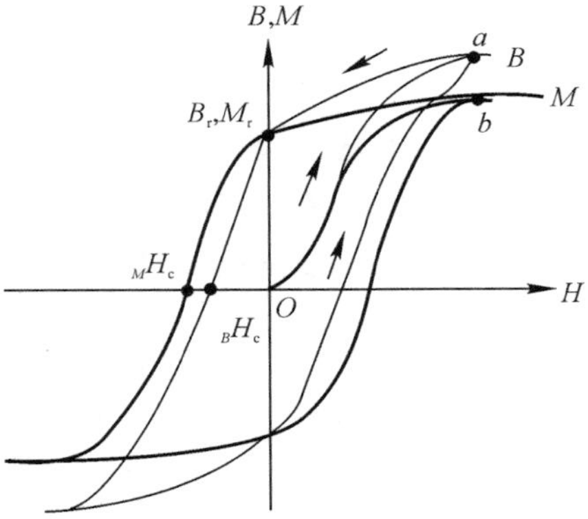


**图 7－4　磁性材料的磁化曲线和磁滞回线**

下面结合图 7－4 说明磁性材料的退磁过程：

(1)在材料达到饱和以后，逐渐减少外磁场 $H$，材料的 $M$ 和 $B$ 沿着 $bM_r$ 和 $aB_r$ 曲线减少，并不是沿着初始磁化曲线 $Oa$ 或 $Ob$ 返回；

(2)当 $H$ 减少到零时，材料仍保留一定大小的 $M$ 和 $B$，称为剩余磁化强度 $M_r$ 和剩余磁感应强度 $B_r$；

(3)继续反方向增加 $H$ 时，$M$ 和 $B$ 也继续减少，当反向的 $H$ 达到某一数值时，满足 $M=0$ 或 $B=0$，则此时的 $H$ 分别称为内禀矫顽力或磁感矫顽力，记作 $_MH_c$ 或 $_BH_c$，矫顽力的物理意义为表征磁性材料在磁化后保持磁化状态的能力；

(4)在 $M$ 或 $B$ 变为零后，进一步增大反向外磁场 $H$，$M$ 或 $B$ 的方向将发生变化，随着 $H$ 的反向增大，$M$ 或 $B$ 在反向达到饱和。

在材料反向饱和后，将 $H$ 从负值向正值增大，则 $M$ 或 $B$ 的变化过程与上述过程相对称，从而 $M-H$ 或 $B-H$ 形成一条闭合曲线，称为磁滞回线。

磁性材料的磁化和温度有重要联系，这种联系可以用居里温度来描述。居里温度也称为居里点，它是指材料可以在铁磁体和顺磁体之间改变的温度。当材料的温度低于居里温度时，该物质成为铁磁材料，而当温度高于居里点温度时，该物质成为顺磁材料。到现在为止，只有铁、钴、镍和钆 4 种金属在室温以上是铁磁材料，它们的居里点为：铁 769 ℃，钴 1 131 ℃，镍 358 ℃，钆约 20 ℃。

### 7.3.3 无磁材料

严格来说，任何物质都具有磁性，只是磁性强弱不同而已。弱磁性材料的特点是相对磁导率 $\mu_r$ 非常接近 1，并且始终保持为常数，$B$ 与 $H$ 是线性关系，因此可以将弱磁性材料看成无磁材料。无磁材料可认为自身不带磁场，也不能被外磁场感应产生磁场，抗磁性和顺磁性材料可认为是无磁材料。

抗磁性是一些物质的原子中电子磁矩互相抵消，合磁矩为零。但是当受到外加磁场作用时，电子轨道运动会发生变化，而且在与外加磁场的相反方向产生很小的合磁矩。这样物质的磁化率便成为很小的负数。抗磁材料包括惰性气体、部分有机化合物、部分金属（铜、锌和金等）和水等。

顺磁材料的原子磁矩在无外磁场状况下随机取向，磁矩总和为零。在这类材料中，晶格对原子磁矩有决定性的影响，在施加外磁场后，虽然原子磁矩发生一定程度的取向排列，但由于晶格震动的强烈干扰，取向排列的程度很低，因此磁导率很低。顺磁材料主要有铝、钠、锂和空气等。

### 7.3.4 软磁材料

软磁材料是指能够迅速响应外磁场的变化，且能低损耗地获得高磁感应强度的一类材料。软磁材料易于被磁化，也易于退磁。以下结合图 7－5 说明软磁材料的基本特点：

（1）具有高的初始磁导率 $\mu_i$ 和最大磁导率 $\mu_{max}$，例如坡莫合金的 $\mu_i$ 为$10^5$ 的数量级；

（2）具有小的矫顽力 $H_c$，例如坡莫合金的矫顽力可以小到 0.4 A/m；

（3）具有高的饱和磁化强度 $M_s$，例如含钴 35％的铁钴合金的最高饱和磁化强度为 2.43 T；

（4）具有低的剩余磁感应强度 $B_r$。

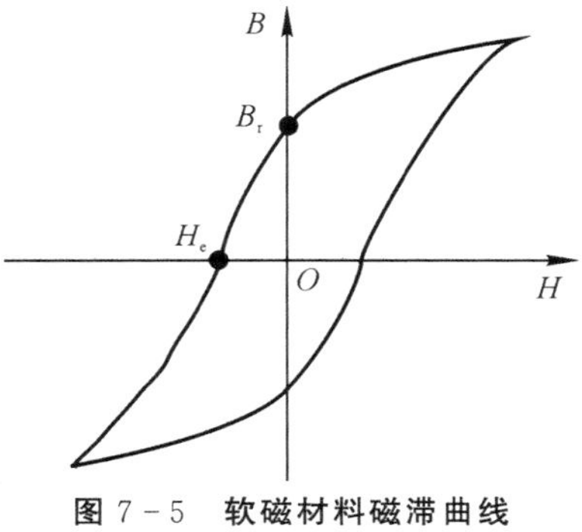


**图 7－5　软磁材料磁滞曲线**

软磁材料种类繁多，通常按成分可分为以下几类：

（1）金属软磁材料，包括电工纯铁、硅钢、坡莫合金、铁铝合金、铁钴合金和铁硅铝合金等；

（2）铁氧体软磁化合物，主要有 Mn－Zn、Ni－Zn、Mg－Zn 等尖晶石型铁氧体以及 $Co_2Y$、$Co_2Z$ 等平面六角型铁氧体；

（3）非晶态软磁合金，包括铁基非晶态合金和铁镍基非晶态合金等；

(4)纳米晶软磁合金，目前主要有 Fe－Cu－M－Si－B、Fe－M－C 和 Fe－M－V 等。

软磁材料是磁性材料研究的重点，用途非常广泛，主要应用于制造电机、变压器、继电器和互感器等的铁芯，也用于制作磁屏蔽罩。表 7－2 给出了常见软磁材料的磁性能。

**表 7－2 常见软磁材料的磁性能**

| 材料 | 组成 | 磁导率 | | 剩余磁感应强度 $B_r$/T | 矫顽力 $H_c$ /(A·$m^{-1}$) |
|---|---|---|---|---|---|
| | | $\mu_i$ | $\mu_{max}$ | | |
| 电工软铁 | Fe | 300 | 800 | 2.15 | 64 |
| 硅钢 | Fe－3Si | 1 000 | 30 000 | 2.0 | 24 |
| 铁铝合金 | Fe－3.5Al | 500 | 19 000 | 1.51 | 24 |
| 78 坡莫合金 | Fe－78.5Ni | 8 000 | 100 000 | 0.86 | 4 |
| 金属玻璃(2605SC) | Fe－3B－2Si－0.5C | 2 500 | 300 000 | 1.61 | 3.2 |
| Mn－Zn 铁氧体 | 32MnO，17ZnO，51$Fe_2O_3$ | 1 000 | 4 250 | 0.425 | 19.5 |
| Cu－Zn 铁氧体 | 22.5CuO，50$Fe_2O_3$，27.5ZnO | 400 | 1 200 | 0.2 | 40 |

### 7.3.5 硬磁材料

硬磁材料也叫永磁材料，它是指被外加磁场磁化以后，除去外磁场，仍能保留很强磁性的一类材料。图 7－6 为硬磁材料的 $B-H$ 磁滞曲线，从图中可以看出，当磁场强度 $H$ 逐渐降低到零时，磁感应强度 $B$ 并没有降低太多，基本保持不变。硬磁材料的主要磁特性如下：

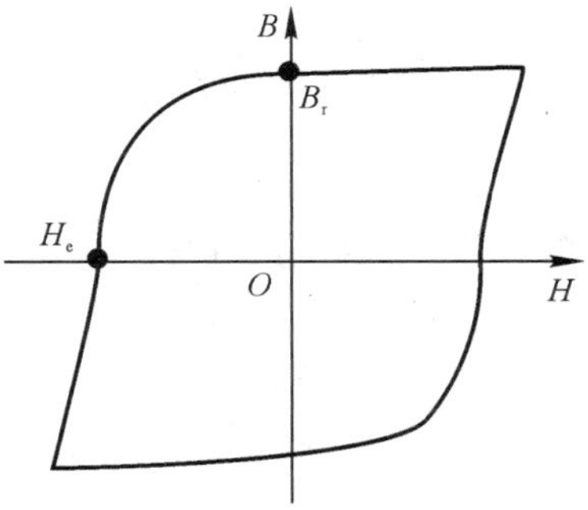

**图 7－6 硬磁材料磁滞曲线**

(1)高的矫顽力 $H_c$。硬磁材料要在没有外加磁场的条件下工作，那么它们抵御退磁的能力就是一个很重要的性能，对此需要有高的矫顽力，一般 $H_c > 10^4$ A/m，因此硬磁材料又称为高矫顽力材料。

(2)高的剩余磁场。无论硬磁材料的矫顽力多大，如果剩余磁化强度很低的话就没有应用意义了，因此与高矫顽力相结合的高剩磁是必不可少的，例如钕铁硼的剩磁通常为 $M_r$＝1.05 MA/m 和 $B_r$＝1.3 T。

(3)高的饱和磁化强度 $M_s$。为了确保高剩磁，要求矩形比 $M_r/M_s$ 达到或接近 1，因此 $M_s$ 也必须随着 $M_r$ 要大，例如铝镍钴合金的 $M_s$＝0.87～0.95 MA/m。

磁铁 $Fe_3O_4$ 是天然存在的硬磁材料，目前重要的硬磁材料基本是人工合成的，主要分为以下几类。

(1)金属硬磁合金：主要包括铝镍钴(Al－Ni－Co)系和铁铬钴(Fe－Cr－Co)系。

(2)铁氧体化合物：主要以 $Fe_2O_3$ 为主要组元的复合氧化物。

(3)稀土硬磁材料：包括 $SmCo_5$ 系、$Sm_2Co_{17}$ 系和 Nd－Fe－B 系。

硬磁材料的主要用途是小型电动机、发电机、扬声器、动圈式仪表、磁分离器、电子束控制装置、无摩擦轴承、磁悬浮系统、核磁共振以及各种形式的吸持磁铁(如门锁)等。表 7－3 给出了部分硬磁材料的磁性能。

**表 7-3　部分硬磁材料的磁性**

| 材料名称 | 矫顽力/(A·m$^{-1}$) | | 剩余磁感应强度 $B_r$/T |
|---|---|---|---|
| | ${}_MH_c$ | ${}_BH_c$ | |
| 马氏体钢(9Co) | 11 | 10 | 0.75 |
| Fe-Cr-Co(各向同性) | 42 | 40 | 0.80 |
| Fe-Cr-Co(各向异性) | 46<br>49 | 45<br>47 | 1.00<br>1.30 |
| 铝镍钴 | — | 62.9 | 1.065 |
| $BaFe_{12}O_{19}$(各向同性) | 255～310 | 143～159 | 0.22～0.24 |
| $Sm_2Co_{17}$ | 5 505 | 520 | 1.12 |

## 7.4　飞行器材料对地磁测量的影响分析

地磁测量很容易受外磁场的干扰，外磁场来源于飞行器的制造材料，因此本章首先分析导弹等飞行器的材料组成，然后在此基础上研究飞行器材料以及飞行器内的电气系统对磁强计的测量误差影响。

### 7.4.1　飞行器材料的组成

飞行器为了能够承受大的力/热负荷并具有远的射程，对制造材料提出了高强度、轻质量和耐高温等要求。据报道，对射程 10 000 km 的导弹来说，弹头质量若减少 1 kg，其射程可增加 25 km。巡航导弹一般由头锥、弹体、弹翼、尾锥、尾翼、发动机等组成，所用材料是比较多的，我们可以把导弹等飞行器用材料概括为合金材料和复合材料两大基本类型，各类材料的磁性相差比较大。

1. 合金材料

导弹等飞行器用合金材料主要有铝合金、镁合金、钛合金和合金钢等，它们具有高强度和轻质的特点，是飞行器的传统材料。

表 7-4 给出了潜射型战斧巡航导弹用材料情况。

**表 7-4　潜射型战斧巡航导弹用材料**

| | 部　件 | 材　料 |
|---|---|---|
| 头锥 | 连接环 | 2219-T851 铝合金、板材 |
| | 天线罩 | 玻璃纤维/环氧树脂 |
| 弹体 | 蒙皮、隔框、框架、容器 | 2219-T6 铝合金、锻件 |
| | 平板 | 2219-T851 铝合金、板材 |
| | 膨胀容器 | 6016-T6 铝合金、薄板 |
| | 进气道及其整流罩 | 玻璃纤维/环氧树脂 |

**续 表**

| | 部 件 | 材 料 |
|---|---|---|
| 弹翼 | 骨架 | 7050－T7365 铝合金 |
| | 蒙皮 | 075－T73 铝合金 |
| | 黏结剂 | 丁腈-环氧树脂 |
| 尾翼 | 翼支柱、折叠接头 | 7050－T736 铝合金、锻件 |
| | 蒙皮及整流罩 | 玻璃纤维/聚碳酸酯 |
| | 展开销及弹簧 | MP35N 钴镍合金、棒材 |
| | 检查口盖 | A356 铝合金、铸件 |
| | 连续护罩 | 2219－T851 铝合金、锻件 |
| 尾锥 | 蒙皮 | 2219－T62 铝合金、板材 |
| | 框架 | 2219－T6 铝合金、锻件 |
| | 助推器安装框架 | 17－4PH 不锈钢、锻件 |
| | 翼隔板 | 7050－T7365 铝合金、板材 |
| | 翼蒙皮 | 7050－T73 铝合金、薄板 |
| 助推发动机 | 壳体、盖 | 4330V 钢、锻件 |

(1)高强度钢。高强度钢主要用于弹体和发电机壳体，不锈钢主要用于结构部件和弹翼。在早期的飞行器中，高强度钢应用得比较多，例如 20 世纪 60 年代，固体火箭发动机壳体普遍采用 M－256 和 D6AC 等低合金高强度钢。但由于它们的比强度低，目前逐渐有被其他材料取代的趋势。高强度钢是磁性材料，不锈钢的磁性很弱，可认为是无磁材料，其他合金钢的磁性视添加金属而定。

(2)铝合金。铝合金具有较高的比强度、比刚度和较好的工艺成型性能，在亚声速巡航导弹中得到了广泛的应用。铝合金中添加的金属一般为铜、镁、锌和硅等，导弹上主要用的有铝锌系合金、铝镁硅系合金和铝铜系合金。铝合金通常用于制造导弹的蒙皮、弹翼和一些受力构件，如翼梁、桁条和翼肋等。美国铝制品公司为波音公司生产的 6.4 m 长的空射巡航导弹(ALCM )AGM－86B，其弹体的 4/5 即由薄壁铝合金铸件构成，仅 4 个壁厚为(3.3±0.76) mm的 A357 铸造铝合金油箱组合件全长就达 4.27 m。铝和铝合金的磁化率极低，是很好的无磁材料。

(3)钛合金。钛合金是目前所有金属中比强度最高的材料，可以在－253～650 ℃(短时间内可以更高)温度范围内工作。与高温合金相比，高温用钛合金的密度大约是高温合金的 1/2，而使用温度与高温合金接近。钛和钛合金具有无磁的优点。目前，钛合金主要用于发动机和导弹弹体中，俄罗斯的“日炙”反舰导弹的弹体全部由钛合金构成，苏联的阿尔法级核动力攻击潜艇全壳体也全部采用钛合金制造。

(4)镁合金。近年来，随着环保措施及成形工艺的不断开发，镁合金在飞行器中的应用有上升趋势。镁合金的密度比铝合金和钛合金要低得多，最常用的是镁铝锌系合金和镁锌锆系合金。镁合金主要分为铸造铝合金(ZM)和变形铝合金(MB)两类，巡航导弹上用的主要有铸造镁合金 ZM5、ZM6 和变形镁合金 MB3、MB8。金属镁没有磁性，多数镁合金(如铝镁合金)也没有磁性。

2. 复合材料

复合材料是由两种或两种以上材料通过一定的制造技术复合而成的，它的组元包括增强体、基体和界面层。树脂基复合材料在导弹用复合材料中应用最多，它也叫纤维增强塑料(Fiber Reinforced Plastics，FRP)，按照它们在成型中的行为，可分为热固性树脂基和热塑性树脂两类，过去导弹多采用热固性树脂基材料，目前热塑性树脂基材料也开始逐渐应用了。树脂基复合材料可以做成非磁性的，若在其中加入磁粉等磁性材料，则复合材料是带磁性的。

树脂基复合材料的增强体材料主要有玻璃纤维、碳纤维、芳纶纤维和超高模量聚乙烯纤维等，因此，根据增强体材料的不同，导弹用树脂基复合材料主要分为 3 类：

(1)玻璃纤维增强塑料(GFRP)。该类材料俗称为玻璃钢，含有的元素包括硅、铝、硼和氧等。玻璃钢有诸多优点，例如具有瞬间耐高温特性、密度小和强度大等，密度只有普通钢材的 1/4～1/16，而机械强度却为钢的 3～4 倍。玻璃钢无磁性，因此英国制造的探雷艇的结构材料就采用了玻璃钢，在导弹上用于制造天线罩、整流罩和发射筒等。

(2)芳纶纤维增强塑料(AFRP)。该类材料的强度是钢丝的 5～6 倍，模量为钢丝或玻璃纤维的 2～3 倍，韧性是钢丝的 2 倍，而质量仅为钢丝的 1/5 左右，在 560 ℃的温度下不分解也不融化。芳纶纤维增强塑料用于制造火箭发动机壳体。

(3)碳纤维增强塑料(CFRP)。该类材料在树脂基复合材料中强度最高，它是一种含碳量在 90%以上不完全石墨结晶化的纤维状碳素材料，主要用于弹体和火箭发动机壳体。

从基体材料来说，树脂基复合材料可分为环氧树脂、双马来酰亚胺树脂、酚醛树脂、氰酸酯树脂和聚芳基乙炔树脂等。其中，环氧树脂是巡航导弹弹体结构所用的最主要的基体材料，但随着超声速巡航导弹研究的日益深入，目前树脂基复合材料的研究重点已由环氧树脂向双马来酰胺、聚酰亚胺和氰酸酯树脂转移。热塑性树脂基复合材料在巡航导弹逐渐得到应用，例如，战斧巡航导弹的低成本热塑性复合材料弹翼、尾翼、进气道和雷达天线罩等结构件已研制成功。目前所用的热塑性树脂的备选材料主要有聚醚醚酮、聚苯撑硫和聚碳酸酯等。

除了树脂基复合材料之外，飞行器上逐渐应用的复合材料还包括金属基复合材料、金属间化合物基复合材料、陶瓷基复合材料和碳/碳基复合材料。复合材料的不足就是成本比较高，因此限制了其在飞行器中的进一步应用，目前该问题已得到材料界的高度重视，并已开展了许多降低造价的研究。

在目前以及未来的先进导弹中，复合材料的应用有逐渐增大的趋势。表 7-5 列出了战斧巡航导弹用先进复合材料的使用情况。

**表 7-5　战斧巡航导弹用先进复合材料**

| 部件名称 | 复合材料名称 |
|---|---|
| 头锥 | 芳纶纤维/聚酞亚胺 |
| 雷达天线罩 | 玻璃纤维/环氧 |
| 进气道 | 玻璃纤维/环氧 |
| 进气道整流罩 | 石墨纤维/聚酞亚胺 |
| 尾翼 | 玻璃纤维/环氧(框架)、芳纶纤维/环氧(蒙皮) |
| 尾锥 | E-玻璃粗纱/环氧 |
| 发射容器 | 30%短碳纤维/环氧 |

总体来说，导弹等飞行器的制造材料在以金属材料为主的基础上，逐渐增大了复合材料的应用范围。表 7－6 根据巡航导弹、防空导弹和战略导弹等多类导弹的用材情况，总结了导弹主要部件的用材情况。

**表 7－6　导弹主要部件的可用材料**

| 部件名称 | 用　　材 |
|---|---|
| 头锥(天线罩) | 玻璃钢、有机玻璃微晶玻璃、陶瓷 |
| 弹头 | 铝合金、钢、树脂基材料、碳/碳基材料 |
| 仪器舱 | 铝合金、树脂基材料(石墨/环氧等) |
| 发动机 | 高强度钢、树脂基材料(石墨/环氧、玻璃纤维/环氧等) |
| 弹体 | 树脂基材料[碳(石墨)纤维/改性环氧、双马来酰亚胺等]、锻铝 |
| 各类翼 | 铝合金、树脂基材料(玻璃/聚碳酸酯等) |
| 燃料存储箱 | 铝合金、合金钢 |

表 7－7 对导弹常用材料进行了磁性归类，从表中可以看出，带铁元素的大部分钢材料是磁性的，而其他金属及其合金的磁性很弱，可认为是无磁材料。在选择导弹建造材料时，在成本和质量等要求允许下，尽量采用铝合金、钛合金、镁合金和树脂基复合材料等无磁材料以代替镍合金、合金刚等磁性材料。

**表 7－7　导弹常用材料的磁性**

| 磁　性 | 材　料 |
|---|---|
| 有磁性 | 钢和部分合金钢、电子线路 |
| 无磁性 | 铝合金、钛合金、镁合金、不锈钢、大部分树脂基材料(玻璃钢等)、锻铝、陶瓷 |

## 7.4.2　飞行器干扰磁场的分类

从上面对飞行器材料的归纳可知，飞行器并不是一个完全的无磁系统，部分材料尤其是钢材料的应用使得飞行器产生了额外磁场。额外磁场也叫载体磁场，它是叠加到地磁场上的干扰磁场，使得地磁测量仪带有误差。另外，飞行器电气设备也会产生干扰磁场。载体磁场的组成可用下式表示：

$$B_{\mathrm{Disturb}}=B_{\mathrm{H}}+B_{\mathrm{S}}+B_{\mathrm{I}} \tag{7.16}$$

式中：$B_{\mathrm{H}}$ 为飞行器硬磁材料的剩余磁场；$B_{\mathrm{S}}$ 为飞行器软磁性材料的感应磁场；$B_{\mathrm{I}}$ 为飞行器的电气系统产生的电流磁场。下面分别对这三种磁场的磁特性做以归纳。

1. *飞行器硬磁材料的剩余磁场* $B_{\mathrm{H}}$

硬磁材料由于矫顽磁力较大，磁性难以消除而形成剩余磁场。导弹的弹体、弹翼等结构材料很少采用硬磁材料制造，因此剩余磁场 $B_{\mathrm{H}}$ 主要来源于机电系统中的电动机磁铁、磁分离器、存储器、电子管、变压器等。$B_{\mathrm{H}}$ 的强度大小和方向在较长时间内相对飞行器固定不变，因此可以看作是一个常值稳定磁场。对于三轴磁强计而言，剩余磁场 $B_{\mathrm{H}}$ 相当于给地磁场沿 $x$、$y$ 和 $z$ 三个敏感轴分别加上三个常值。

2. *飞行器软磁性材料的感应磁场* $B_{\mathrm{S}}$

感应磁场 $B_{\mathrm{S}}$ 是软磁材料被地磁场或硬磁材料磁场磁化而感生出来的磁场。飞行器用到的软磁性材料主要为合金钢，因此导弹的感应磁场 $B_S$ 主要来源于弹体、弹翼和发动机壳等采用合金钢制造的部件。由于软磁材料有迅速响应外磁场的特点，$B_S$ 的强度大小和方向是随着导弹的姿态变化和地磁场的强度、方向变化而变化的，所以导弹的感应磁场要比剩余磁场复杂。

3. 飞行器电气系统产生的电流磁场 $B_I$

在导弹的飞行期间，各种用电设备在不断工作，而根据电磁感应理论，电流存在就必然会产生磁场，在此将这种磁场称为电流磁场 $B_I$。导弹上的电流磁场 $B_I$ 主要来源于电源配电系统和 GNC 系统，包括蓄电池、电缆、电动机、发电机、电流/电压放大器、惯测组合件和弹载计算机等输出或使用交、直流电的仪器设备。电流磁场 $B_I$ 对地磁测量仪的干扰程度取决于导弹的电子装备情况，它随电气系统的启动和停止而存在和消失，但是存在时的强度大小和方向相对飞行器可认为是常值稳定的。

上述三种类型的干扰磁场由于各自的磁性特性，所以对地磁测量的的影响是不一样的：剩余磁场 $B_H$ 和电流磁场 $B_I$ 可看作是稳定磁场，因此这种磁场对地磁测量仪的影响可以比较容易地通过飞行前试验测定，进而加以补偿的办法得到消除，也可以通过加装磁屏蔽罩的措施来进行屏蔽；而感应磁场 $B_S$ 是一个随时间和地点不断变化的磁场，对地磁测量的影响比较复杂，因此对这种磁场的补偿就显得十分重要和棘手。

## 7.4.3 飞行器材料对地磁测量的影响分析

### 7.4.3.1 磁偶极子空间磁场计算模型

如图 7-7 所示，磁偶极子就是微小圆环的电流。设回路中的电流为 $I$，半径为 $R$，回路所围成的面积为 $S$，则可以用一个矢量来表示磁偶极子，这个矢量叫作磁偶极矩 $\boldsymbol{m}$，且

$$m=IS \tag{7.17}$$

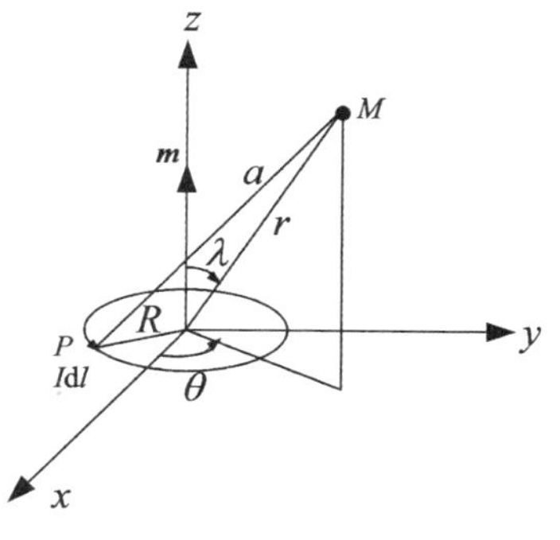


图 7-7 磁偶极子计算模型

设磁偶极子所在空间充满磁导率为 $\mu$ 的介质，在圆周上任意一点 $P\left(R,\frac{\pi}{2},\theta_0\right)$ 处截取电流元 $I\mathrm{d}l$，根据毕奥-萨伐尔定律，得到电流元在空间一点 $M(r,\lambda,\theta)$ 处所产生的磁感应强度矢量为

$$\mathrm{d}\boldsymbol{B}=\frac{\mu}{4\pi}\frac{I\mathrm{d}l\times\boldsymbol{e}_a}{a^2}=\frac{\mu}{4\pi}\frac{I\mathrm{d}l\times\boldsymbol{a}}{a^3} \tag{7.18}$$

式中：$\mathrm{d}l$ 为 $P$ 点处的圆周切向量；$\boldsymbol{e}_a$ 为 $\boldsymbol{a}$ 的单位矢量；$\boldsymbol{a}$ 为向量$\overrightarrow{PM}$，由几何关系得

$$a=|\boldsymbol{a}|=\sqrt{r^2+R^2-2rR\sin\lambda\cos(\theta_0-\theta)} \tag{7.19}$$

圆周切向量为

$$\mathrm{d}\boldsymbol{l}=(-R\sin\theta_0\,\mathrm{d}\theta_0,R\cos\theta_0\,\mathrm{d}\theta_0,0) \tag{7.20}$$

$\overrightarrow{OM}$和$\overrightarrow{OP}$向量分别为

$$\overrightarrow{OM}=(r\sin\lambda\cos\theta,R\sin\lambda\sin\theta,r\cos\lambda) \tag{7.21}$$

$$\overrightarrow{OP}=(R\cos\theta_0,R\sin\theta_0,0) \tag{7.22}$$

因此向量

$$\boldsymbol{a}=\overrightarrow{PM}=\overrightarrow{OM}-\overrightarrow{OP}=\begin{bmatrix}r\sin\lambda\cos\theta-R\cos\theta_0\\R\sin\lambda\sin\theta-R\sin\theta_0\\r\cos\lambda\end{bmatrix} \tag{7.23}$$

则

$$\mathrm{d}\boldsymbol{l}\times\boldsymbol{a}=\begin{vmatrix}\boldsymbol{i}&\boldsymbol{j}&\boldsymbol{k}\\-R\sin\theta_0\,\mathrm{d}\theta_0&R\cos\theta_0\,\mathrm{d}\theta_0&0\\r\sin\lambda\cos\theta-R\cos\theta_0&R\sin\lambda\sin\theta-R\sin\theta_0&r\cos\lambda\end{vmatrix} \tag{7.24}$$

设磁感应强度 $\boldsymbol{B}=B_x\boldsymbol{i}+B_y\boldsymbol{j}+B_z\boldsymbol{k}$，将式(7.24)和式(7.19)代入式(7.18)，得到 $\boldsymbol{B}$ 的分量表达式为

$$\left.\begin{aligned}B_x&=\frac{\mu IRr\cos\lambda}{4\pi}\int_0^{2\pi}\frac{\cos\theta}{a^3}\mathrm{d}\theta\\B_y&=\frac{\mu IRr\cos\lambda}{4\pi}\int_0^{2\pi}\frac{\sin\theta}{a^3}\mathrm{d}\theta\\B_z&=\frac{\mu IR}{4\pi}\int_0^{2\pi}\frac{R-r\sin\lambda\cos(\theta_0-\theta)}{a^3}\mathrm{d}\theta\end{aligned}\right\} \tag{7.25}$$

由式(7.23)和式(7.19)得

$$\frac{1}{a^3}=\frac{1}{(R^2+r^2)^{3/2}}[1+A\cos(\theta_0-\theta)]^{-3/2} \tag{7.26}$$

式中：$A=-\dfrac{2Rr\sin\lambda}{R^2+r^2}$，当 $\theta\neq\theta_0$ 时，有 $|A\cos(\theta_0-\theta)|<1$。由于

$$(1+x)^m=1+mx+\frac{m(m-1)}{2!}x^2+\frac{m(m-1)(m-2)}{3!}x^3+\cdots,\quad |x|<1 \tag{7.27}$$

所以式(7.26)变为

$$\frac{1}{a^3}=\frac{1}{(R^2+r^2)^{3/2}}[1+B_1\cos(\theta_0-\theta)+B_2\cos^2(\theta_0-\theta)+\cdots] \tag{7.28}$$

式中：$B_1=-\dfrac{3}{2}A$，$B_2=\dfrac{-3\cdot-5}{2^2\cdot 2!}A^2$，…。将式(7.28)只取 $B_1$ 项并代入式(7.25)，积分整理可得

$$\left.\begin{aligned}B_x&=\frac{3\mu}{8\pi}\frac{IR^2}{(\sqrt{R^2+r^2})^3}\frac{r^2\sin2\lambda\cos\theta}{(R^2+r^2)}\\B_y&=\frac{3\mu}{8\pi}\frac{IR^2}{(\sqrt{R^2+r^2})^3}\frac{r^2\sin2\lambda\sin\theta}{(R^2+r^2)}\\B_z&=\frac{\mu}{2\pi}\frac{IR^2}{(\sqrt{R^2+r^2})^3}\left[1-\frac{3}{2}\frac{r^2\sin^2\lambda}{(R^2+r^2)}\right]\end{aligned}\right\} \tag{7.29}$$

利用式(7.17)将磁化强度幅值 $m$ 代入式(7.29)，得

$$\left.\begin{aligned} B_x &= \frac{3\mu}{8\pi}\frac{m}{(\sqrt{R^2+r^2})^3}\frac{r^2\sin2\lambda\cos\theta}{(R^2+r^2)} \\ B_y &= \frac{3\mu}{8\pi}\frac{m}{(\sqrt{R^2+r^2})^3}\frac{r^2\sin2\lambda\sin\theta}{(R^2+r^2)} \\ B_z &= \frac{\mu}{2\pi}\frac{m}{(\sqrt{R^2+r^2})^3}\left[1-\frac{3}{2}\frac{r^2\sin^2\lambda}{(R^2+r^2)}\right] \end{aligned}\right\} \tag{7.30}$$

式(7.30)便是求解空间一点 $M(r,\lambda,\theta)$ 处的磁感应强度三分量表达式。考虑到 $R\ll r$，式(7.30)还可简化为

$$\left.\begin{aligned} B_x &= \frac{3\mu}{8\pi}\frac{m}{r^3}\sin2\lambda\cos\theta \\ B_y &= \frac{3\mu}{8\pi}\frac{m}{r^3}\sin2\lambda\sin\theta \\ B_z &= \frac{\mu}{2\pi}\frac{m}{r^3}\left(1-\frac{3}{2}\sin^2\lambda\right) \end{aligned}\right\} \tag{7.31}$$

从式(7.31)可计算水平方向的磁场感应强度为

$$H=\sqrt{B_x^2+B_y^2}=\frac{3\mu}{8\pi}\frac{m}{r^3}\sin2\lambda \tag{7.32}$$

磁场总强度为

$$F=\sqrt{B_x^2+B_y^2+B_z^2} \tag{7.33}$$

从式(7.31)和式(7.32)可以看出，磁性材料的磁感应强度随着距离的三次方迅速减少。当 $M$ 点位于 $z$ 轴($\lambda=0°$)时，有

$$\left.\begin{aligned} H &= 0 \\ B_z &= \frac{\mu}{2\pi}\frac{m}{r^3} \end{aligned}\right\} \tag{7.34}$$

当 $M$ 点位于磁偶极子平面内($\lambda=90°$)时，有

$$\left.\begin{aligned} H &= 0 \\ B_z &= -\frac{\mu}{4\pi}\frac{m}{r^3} \end{aligned}\right\} \tag{7.35}$$

比较式(7.34)和式(7.35)，可知 $M$ 点在 $z$ 轴时的磁场总强度是位于磁偶极子平面内的 2 倍。

在地磁导航中，介质就是空气，空气的磁导率和真空中的磁导率相差不大，因此以纳特($1\ \mathrm{nT}=10^{-9}\ \mathrm{T}$)为单位，式(7.31)还可进一步简化为

$$\left.\begin{aligned} B_x &= 150\,\frac{m}{r^3}\sin2\lambda\cos\theta \\ B_y &= 150\,\frac{m}{r^3}\sin2\lambda\sin\theta \\ B_z &= 200\,\frac{m}{r^3}\left(1-\frac{3}{2}\sin^2\lambda\right) \end{aligned}\right\} \tag{7.36}$$

在式(7.36)中，磁化强度的幅值 $m$ 为单位体积($1\ \mathrm{m}^3$)的磁化强度，可由式(7.14)计算得到，任意体积的材料的总磁化强度为

$$m_{\mathrm{Total}}=mV \tag{7.37}$$

式中：$V$ 为材料的体积。将 $m$ 替换为 $m_{\text{Total}}$，代入式(7.36)，便可计算得到指定体积的磁性材料在空气中的磁场感应强度 $B$。从式(7.36)和式(7.37)可以看出，磁感应强度还与磁性材料的体积成正比。

上面详细推导了磁偶极子的磁场计算公式，在实际应用中，可以把飞行器当作一个大的或多个小的磁偶极子来看待，由于磁场服从矢量叠加法则，所以将几个磁偶极子的磁场矢量叠加，即可计算得到飞行器自身材料的磁场分布情况。

#### 7.4.3.2 飞行器材料磁场的计算结果

取地磁场的磁场强度 $H=40$ A/m，将飞行器材料看作为一个磁偶极子，利用式(7.36)和式(7.37)分别计算铝金属、铁磁体和钴金属被地磁场磁化后在不同距离的磁化感应强度 $B$，这三种材料分别代表了微弱磁性、一般磁性和较高磁性三类材料。

1.铝的磁化感应强度

铝的磁化率 $\chi_{\text{Al}}=2\times10^{-5}$，则磁化强度 $m=\chi_{\text{Al}}H=8\times10^{-4}$ A/m。令 $\lambda=45°$ 和 $\theta=60°$，分别取铝块的体积为$(1\times1\times1)$ m³和$(0.5\times0.5\times0.5)$ m³，计算得到它们的磁化感应强度 $B$ 如图 7-8 和图 7-9 所示。

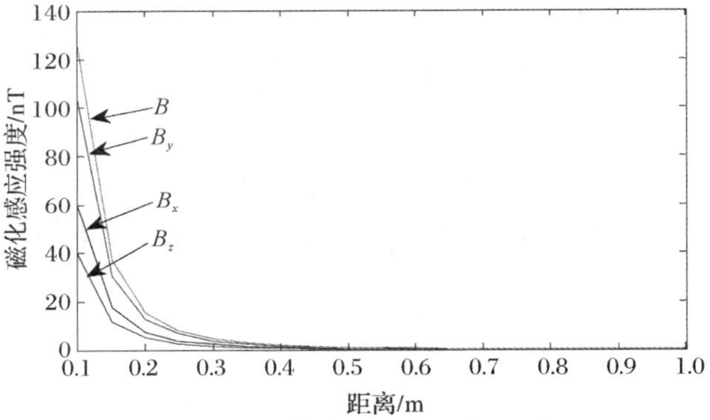


图 7-8 铝的磁化感应强度(1 m³)

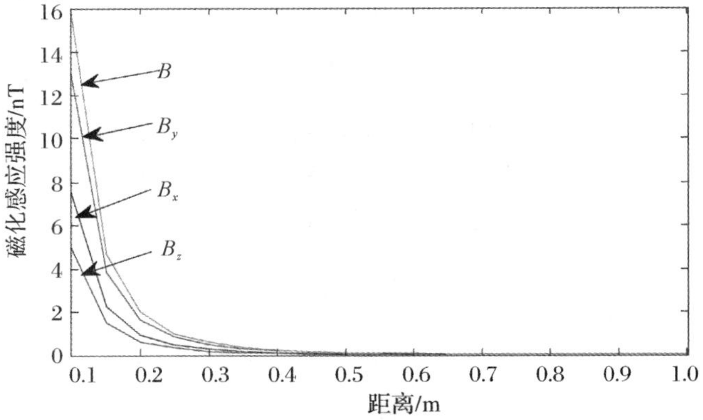


图 7-9 铝的磁化感应强度(0.125 m³)

2.铁磁体的磁化感应强度

自然状态下铁磁体的磁化强度 $m=73.6$ A/m。令 $\lambda=45°$ 和 $\theta=60°$，分别取铁磁体的体积为$(1\times1\times1)$m³和$(0.5\times0.5\times0.5)$m³，计算得到它们的磁化感应强度 $B$ 如图 7-10 和

图 7－11 所示。

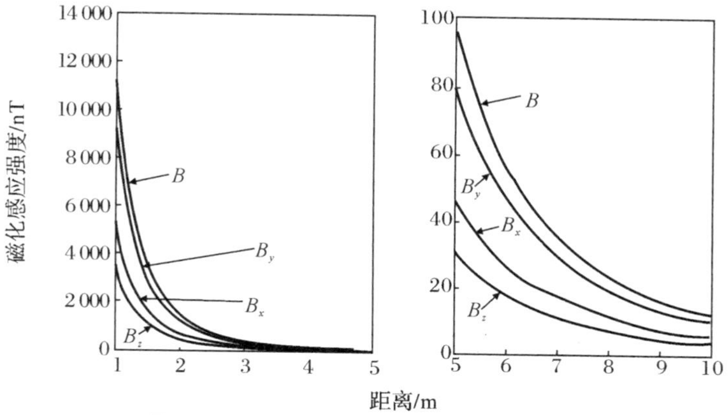


图 7－10　铁磁体的磁化感应强度($1\ m^3$)

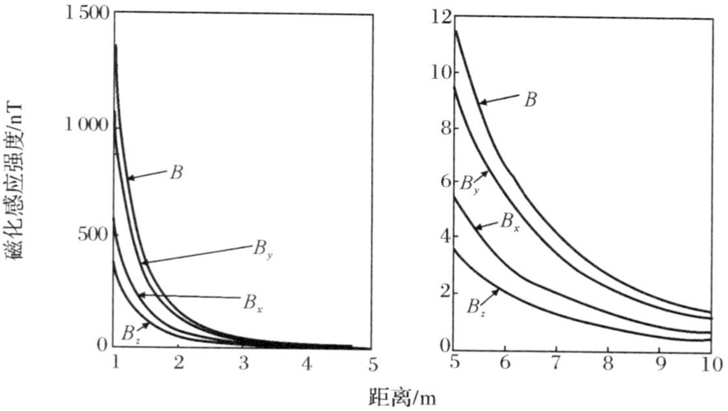


图 7－11　铁磁体的磁化感应强度($0.125\ m^3$)

3. 钴的磁化感应强度

钴的磁化率 $\chi_{Co}=249$，则磁化强度 $m=\chi_{Co}H=9\ 960\ A/m$。令 $\lambda=45°$和 $\theta=60°$，分别取铝块的体积为$(1\times1\times1)m^3$和$(0.1\times0.1\times0.1)m^3$，计算得到它们的磁化感应强度 $B$ 如图 7－12和图 7－13 所示。

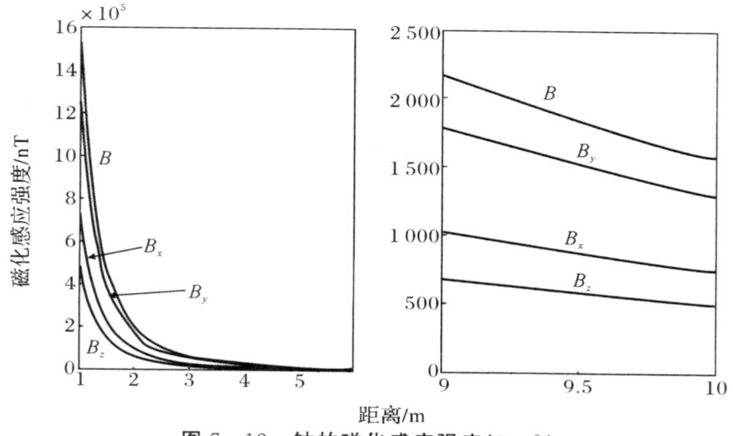


图 7－12　钴的磁化感应强度($1\ m^3$)

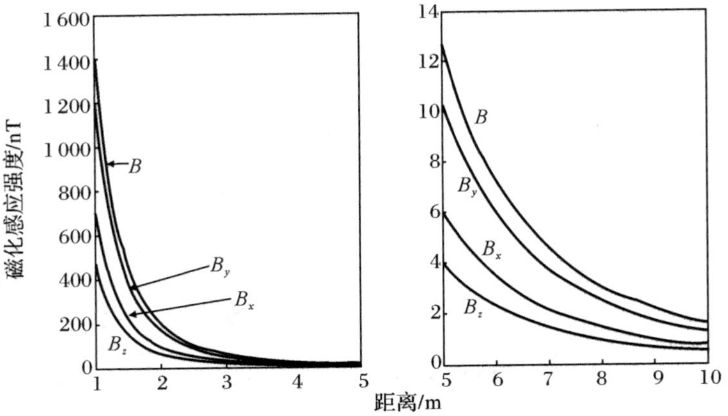


**图 7-13　钴的磁化感应强度(0.001 m³)**

从以上各图可以看出，材料被地磁场磁化后在某点处的磁感应强度 $B$ 与材料的磁化率、距离和物质体积有主要联系：①磁导率越小，则磁化强度越小；②该点与被磁化物质的距离越远，则磁化强度越小；③同种磁性材料的体积越少，相当于质量越轻，则磁化强度越小。

### 7.4.4　飞行器电磁特性对地磁测量的影响分析

只要有运动的电荷便能产生磁场，根据毕奥-萨伐定律，通以电流 $I$ 的线圈 $l$ 在 $P$ 点所产生的恒定磁场的磁感应强度为

$$\boldsymbol{B}=\frac{\mu}{4\pi}\oint_{l}\frac{I\mathrm{d}l\times\boldsymbol{e}_R}{R^2}\tag{7.38}$$

式中：$R$ 为从电流元 $I\mathrm{d}l$ 到 $P$ 点的距离；$\boldsymbol{e}_R$ 为从电流元 $I\mathrm{d}l$ 到 $P$ 点的单位矢量；$\mu$ 为介质的磁化率。电流元 $I\mathrm{d}l$ 产生的磁场的磁感应强度为

$$\mathrm{d}\boldsymbol{B}=\frac{\mu}{4\pi}\frac{I\mathrm{d}l\times\boldsymbol{e}_R}{R^2}\tag{7.39}$$

式(7.39)和式(7.38)虽然给出了计算磁场感应强度分布的计算公式，但在很多情况下往往难以得到解析解，因此只能采用有限元法、有限差分法等数值解法。下面利用式(7.38)和式(7.39)计算一些规则形状电流回路产生的磁感应强度解析解。

1. 直线电流的磁感应强度分布

如图 7-14 所示，假设通以电流 $I$ 的直电流线段长为 $l$，采用圆柱坐标系，场点 $P$ 的坐标为 $(r,\alpha,z)$。取坐标为 $(0,\alpha',z')$ 的电流元 $I\mathrm{d}z$，由式(7.39)计算该电流元在 $P$ 点产生的磁感应强度为

$$\mathrm{d}\boldsymbol{B}=\frac{\mu I\mathrm{d}z\,\boldsymbol{e}_z\times\boldsymbol{e}_R}{4\pi R^2}=\frac{\mu I\mathrm{d}z\,\boldsymbol{e}_\alpha\sin\theta}{4\pi R^2}\tag{7.40}$$

将 $R=\frac{r}{\sin\theta}$，$z'=z-r\cot\theta$，$\mathrm{d}z=\frac{r}{\sin^2\theta}\mathrm{d}\theta$ 代入式(7.40)，得

$$\mathrm{d}\boldsymbol{B}=\frac{\mu I\sin\theta\,\boldsymbol{e}_\alpha}{4\pi r}\mathrm{d}\theta\tag{7.41}$$

将式(7.41)积分得，整段直电流在 $P$ 点产生的磁场感应强度为

$$\boldsymbol{B}=\int_{\theta_1}^{\theta_2}\frac{\mu I\sin\theta\,\boldsymbol{e}_\alpha}{4\pi r}\mathrm{d}\theta=\frac{-\mu I}{4\pi r}(\cos\theta_2-\cos\theta_1)\boldsymbol{e}_\alpha \tag{7.42}$$

式中：$\cos\theta_1=\dfrac{l/2+z}{\sqrt{r^2+(l/2+z)^2}}$；$\cos\theta_2=-\dfrac{l/2-z}{\sqrt{r^2+(l/2-z)^2}}$。

若线段为无穷长，则 $\theta_1=0$，$\theta_2=\pi$，式(7.42)还可进一步简化为

$$\boldsymbol{B}=\frac{\mu I}{2\pi r}\boldsymbol{e}_\alpha \tag{7.43}$$

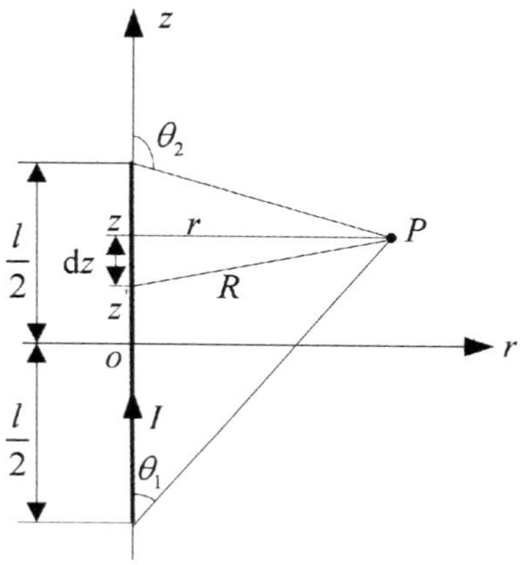


图 7-14　**直线电流的磁感应强度**

2. 圆形线圈电流的磁感应强度分布

如图 7-15 所示，假设通以电流 $I$ 的圆形线圈的半径为 $a$，为简化推导过程，在此只研究场点 $P$ 位于 $z$ 轴上的情况，对此取 $P$ 点的坐标为$(0,\alpha,z)$。取坐标为$(a,\alpha',0)$的电流元 $Ia\mathrm{d}\alpha$，由式(7.39)计算该电流元在 $P$ 点产生的磁感应强度为

$$\mathrm{d}\boldsymbol{B}=\frac{\mu Ia\mathrm{d}\alpha\,\boldsymbol{e}_\alpha\times\boldsymbol{e}_R}{4\pi R^2} \tag{7.44}$$

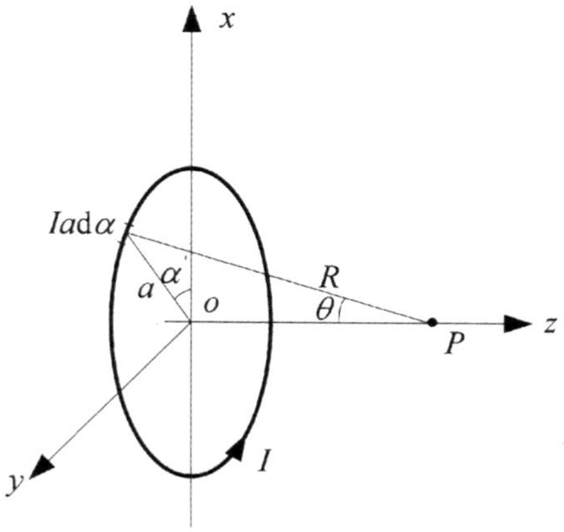


图 7-15　**圆环电流的磁感应强度**

将 $\boldsymbol{e}_R=\frac{\boldsymbol{R}}{R}=\frac{z\boldsymbol{e}_z-a\boldsymbol{e}_r}{R}=\cos\theta\boldsymbol{e}_z-\sin\theta\boldsymbol{e}_r$ 代入式(7.44),得

$$\mathrm{d}\boldsymbol{B}=\frac{\mu Ia\mathrm{d}\alpha\,\boldsymbol{e}_\alpha\times(\cos\theta\,\boldsymbol{e}_z-\sin\theta\,\boldsymbol{e}_r)}{4\pi R^2}=\frac{\mu Ia\mathrm{d}\alpha\cos\theta\,\boldsymbol{e}_r}{4\pi R^2}+\frac{\mu Ia\mathrm{d}\alpha\sin\theta\,\boldsymbol{e}_z}{4\pi R^2} \tag{7.45}$$

由对称性,线圈在$\boldsymbol{e}_r$ 方向的磁感应分量相互抵消,只有$\boldsymbol{e}_z$ 方向的分量,所以有

$$\begin{aligned}\boldsymbol{B}&=\int_0^{2\pi}\frac{\mu Ia\sin\theta\,\boldsymbol{e}_z}{4\pi R^2}\mathrm{d}\alpha=\int_0^{2\pi}\frac{\mu Ia\dfrac{a}{\sqrt{a^2+z^2}}\boldsymbol{e}_z}{4\pi(a^2+z^2)}\mathrm{d}\alpha\\&=\frac{\mu Ia^2\boldsymbol{e}_z}{4\pi\,(a^2+z^2)^{3/2}}\int_0^{2\pi}\mathrm{d}\alpha=\frac{\mu Ia^2\boldsymbol{e}_z}{2\,(a^2+z^2)^{3/2}}\end{aligned} \tag{7.46}$$

当 $z=0$ 时,圆形线圈在圆心处产生的磁感应强度为 $\boldsymbol{B}=\frac{\mu I}{2a}\boldsymbol{e}_z$。

直线电流和圆环电流是两种最基本的电流形式,从式(7.42)、式(7.43)、式(7.46)可以看出,电流产生的磁场感应强度与电流强度成正比,与距离成反比。因此为了减少电流对地磁测量的磁干扰程度,一方面需要降低电流强度,另一方面还可以让磁强计远离电流源。

飞行器电气系统的电线路比较多,在此只对简单形状的电线产生的磁场进行计算,从而获得大概的磁场强度情况。复杂情况下的磁场分布需要根据线路的具体规则形状和布局,应用有限元等数值方法和磁场专用计算软件来计算。

在导弹中,舵机系统的电流是比较大的,可在十几安培左右,而其他电气设备的工作电流的数量级在$10^{-1}\sim10^{-3}$ A 之间。对此,利用式(7.46),计算电流 $I=10$ A 和 $I=0.02$ A 时圆环电流产生的磁感应强度,结果如图 7-16 和图 7-17 所示。其中圆环电流的半径 $a=0.2$ m,场点 $P$ 位于过圆环圆心并垂直于圆环平面的直线上。

从图 7-16 和图 7-17 可知,电流产生的磁感应强度的大小主要和场点到电流的距离,以及电流大小有关,即场点到电流的距离越小,磁感应强度越小,电流越小,磁感应强度越小。因此,为了减少电流磁场对地磁测量仪器的影响,一方面尽量降低电气设备的工作电流,另一方面要将磁强计尽量远离电缆、电线和耗电设备等。

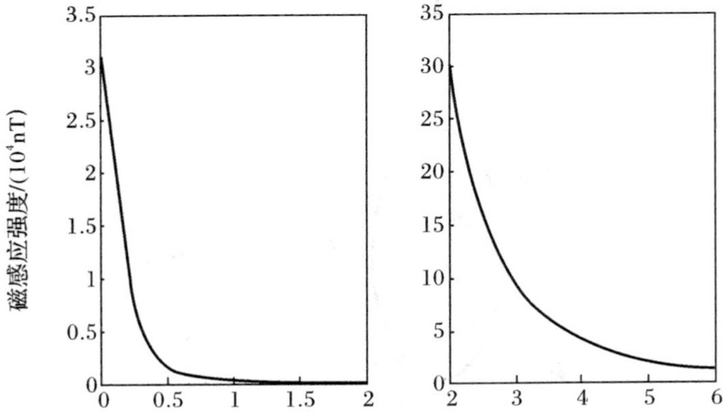


**图 7-16　圆环电流产生的磁场($I=10$ A)**

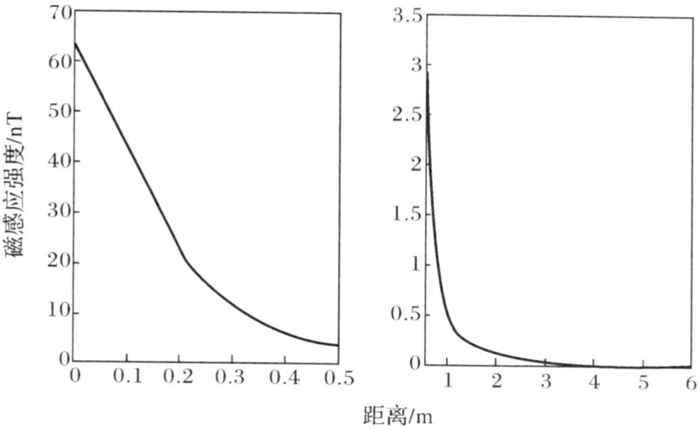


图 7-17　圆环电流产生的磁场($I$=0.02 A)

## 7.5　飞行器磁场的屏蔽技术

将磁强计远离干扰磁源是一个减小磁干扰的最有效措施，但在导弹的狭小空间内难以采用这一措施，因此对干扰磁场进行硬件屏蔽或软件修正就显得十分必要了。磁场屏蔽用于屏蔽敏感部件或设备，防止磁场干扰设备或系统的正常工作。在飞行器上，磁场屏蔽方法主要用于对中小部件或设备产生的磁场进行屏蔽处理，如屏蔽电气系统的电流磁场、小铁磁设备的感应/固有磁场等。

磁场屏蔽包括被动屏蔽(抗磁场干扰)和主动屏蔽(防磁场泄露)两类，被动屏蔽是将需要保护的灵敏测量仪器用屏蔽体罩起来，主动屏蔽是将磁干扰源用屏蔽体罩起来。对于磁强计，如果采用被动屏蔽，那么会把地磁场也一块屏蔽掉，因此只能采用主动屏蔽，将干扰磁力线封闭在屏蔽体内部。根据屏蔽原理和方法的不同，磁场屏蔽可分为低频磁场屏蔽和高频磁场屏蔽两类。

### 7.5.1　低频磁场屏蔽

低频磁场(0～100 kHz)屏蔽是利用高磁导率 $\mu$ 的材料做成屏蔽罩以屏蔽外磁场，包括静磁场屏蔽(由稳恒电流或硬磁体产生的磁场)和低频交变磁场屏蔽。低频磁场屏蔽的干扰源有变压器、电力线、电动机和电抗器等产生的磁场。

#### 7.5.1.1　低频磁场屏蔽的原理

如图 7-18(a)所示，低频磁场屏蔽的原理可用磁感线在分界面上的“折射”来解释，即把磁导率不同的两种磁介质放到磁场中，在它们的交界面上磁场要发生突变，这时磁感应强度 $\boldsymbol{B}$ 的大小和方向都要发生变化。

由磁场的分界面条件，有

$$\boldsymbol{e}_n \cdot (\boldsymbol{B}_2 - \boldsymbol{B}_1) = 0，即\ B_{2n} = B_{1n} \tag{7.47}$$

和

$$\boldsymbol{e}_n \times (\boldsymbol{H}_2 - \boldsymbol{H}_1) = 0，即\ H_{2t} = H_{1t} \tag{7.48}$$

又由几何关系，得

$$\left.\begin{aligned} B_{1n} &= B_1\cos\theta_1 \\ B_{2n} &= B_2\cos\theta_2 \\ H_{1t} &= H_1\sin\theta_1 \\ H_{2t} &= H_2\sin\theta_2 \end{aligned}\right\} \tag{7.49}$$

将式(7.49)代入式(7.47)和式(7.48)，得

$$H_1\tan\theta_1/B_1 = H_2\tan\theta_2/B_2 \tag{7.50}$$

将 $B_1=\mu_1 H_1$ 和 $B_2=\mu_2 H_2$ 代入式(7.50)，得

$$\frac{\tan\theta_1}{\tan\theta_2}=\frac{\mu_1}{\mu_2} \tag{7.51}$$

即分界面两侧的磁感线与法线夹角的正切之比等于两侧介质的磁导率之比。

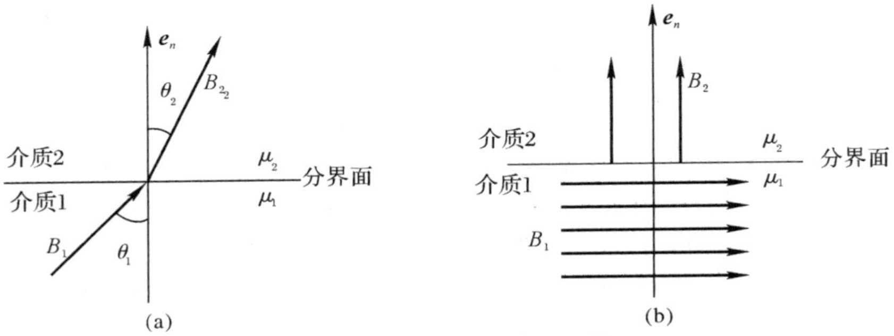


图 7-18　低频磁屏蔽原理图

如果 $\mu_2=1$(真空或空气)，$\mu_1\gg1$(铁磁物质，屏蔽材料)，有 $\theta_1\approx90°$和 $\theta_2\approx0°$，如图 7-18(b)所示，这时在介质 1 内磁感线几乎与分界面平行，而透到介质 2 的磁感线很少并与分界面垂直。介质 1 的磁导率 $\mu_1$ 越大，则 $\theta_1$ 越接近90°，磁感线就越接近于与分界面平行，从而漏到介质 1 的磁通量越少，这样高磁导率的介质 1 就把大部分的磁通量集中到自己的内部了。

图 7-19 表示高磁导率材料制成的屏蔽体对低频线圈进行磁屏蔽的磁力线分布情况，从图中可以看出，磁力线被集中于屏蔽体中，从而使低频线圈产生的磁场不越出屏蔽层。

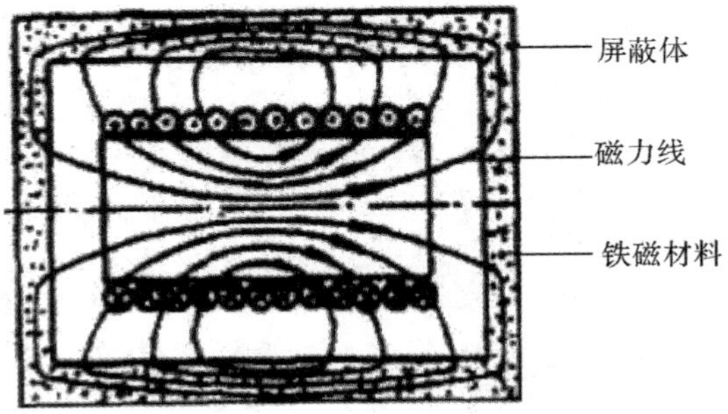


图 7-19　低频磁场屏蔽效果

#### 7.5.1.2　低频磁场屏蔽的方法

从上面的理论推导可知，屏蔽材料的磁导率 $\mu$ 越高，对低频磁场的屏蔽效果就越显著，因此常用磁导率高的软磁材料(如软铁、硅钢、坡莫合金)作屏蔽层。低频磁场屏蔽材料有低

频磁场屏蔽箔片和低频磁场屏蔽薄板两类，箔片的厚度为 0.051～0.254 mm，薄板厚度为 0.356～1.58 mm。由于低频磁场屏蔽是利用高磁导率屏蔽体对磁通进行分流，所以屏蔽体一般不宜采用板状结构，而应采用盒状、筒状或柱状结构。低频磁场屏蔽材料除了箔片和薄板之外，近几年非晶磁性合金粉、镍粉等的磁屏蔽涂层材料也得到了发展。

由于铁磁物质与空气的磁导率相差只有几个数量级，通常大几千倍，所以低频磁场屏蔽多少总会有些漏磁。对于磁强计，为了达到更好的屏蔽效果，可采用双层屏蔽的方法，如图 7－20 所示，即先用磁导率较低、不易饱和(例如硅钢)的屏蔽体将磁场强度衰减到较低的程度，然后用高磁导率(例如坡莫合金)的屏蔽体提供足够的屏蔽，从而达到把漏出的残余磁通量一次次屏蔽掉的目的。

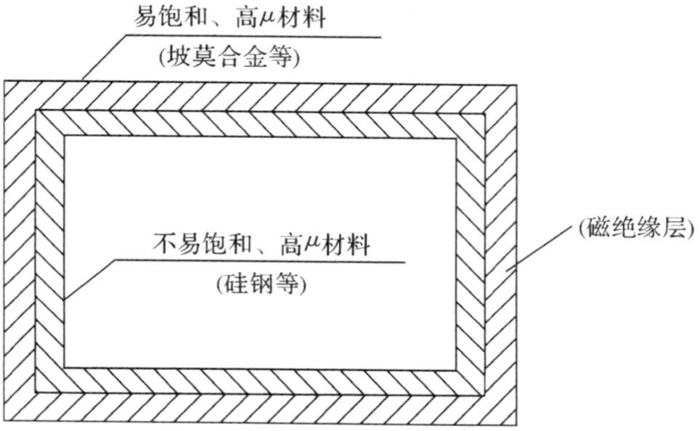


**图 7－20　双层主动屏蔽结构图**

低频磁场屏蔽在电子器件中有着广泛的应用。例如，变压器或其他线圈产生的漏磁通会对电子的运动产生作用，影响示波管或显像管中电子束的聚焦，为了提高仪器或产品的质量，必须将产生漏磁通的部件实行磁屏蔽。又比如，在手表制造中，在机芯外罩以软铁薄壳就可以起防磁作用。

#### 7.5.1.3　低频磁场屏蔽的效能

为了定量说明屏蔽性能的好坏，通常引入屏蔽因子 $S$，它是在同一点处，无屏蔽体时磁场强度 $H_{\text{initial}}$ 与罩上屏蔽体后的磁场强度 $H_{\text{shield}}$ 的比值：

$$S=\frac{H_{\text{initial}}}{H_{\text{shield}}} \tag{7.52}$$

屏蔽因子 $S$ 越大，屏蔽效果越好。

一般只能对简单的几何体给出 $S$ 的解析式，因此，为了定量评价屏蔽效能，屏蔽体最好做成规则的几何体。对空心球型屏蔽体而言，其屏蔽因子为

$$S=\frac{4}{3}\frac{\mu_r d}{D} \tag{7.53}$$

式中：$d$ 为屏蔽体的厚度；$D$ 为球的直径；$\mu_r$ 为屏蔽体的相对磁导率。对于一个边长为 $a$ 的立方盒屏蔽体，其屏蔽因子为

$$S=\frac{4}{5}\frac{\mu_r d}{a} \tag{7.54}$$

对于一个很长的直径为 $D$、垂直于外磁场的空心圆筒屏蔽体，其屏蔽因子为

$$S=\frac{\mu_r d}{D} \tag{7.55}$$

从式(7.53)～式(7.55)可知，屏蔽体的厚度 $d$ 越大，屏蔽因子 $S$ 越大，屏蔽效果就越好。增大屏蔽层数，也相当于增大屏蔽体的厚度。定义屏蔽率 $S_2$ 为被屏蔽磁量与总磁量之比值：

$$S_2=\frac{H_{\text{initial}}-H_{\text{shield}}}{H_{\text{initial}}}=1-\frac{1}{S} \tag{7.56}$$

本书利用式(7.53)～式(7.56)对常见磁屏蔽材料的屏蔽率进行了计算(见表 7－8)。其中，空心球的直径 $D$、立方盒的边长 $a$ 和空心圆筒的直径 $D$ 都为 20 cm，厚度 $d$=0.2 mm。在实际应用时，屏蔽体的形状和大小要根据磁干扰源的形状和大小具体而定。

**表 7－8　常用磁屏蔽材料的屏蔽率**

| 材　料 | 铁(0.2 杂质) | 硅钢(4Si) | 坡莫合金(78.5Ni) | 纯铁(0.05 杂质) | 导磁合金(5Mo、79Ni) |
|---|---|---|---|---|---|
| 磁导率 $\mu_r$ | 5 000 | 7 000 | 100 000 | 200 000 | 1 000 000 |
| 空心球体 | 85.00% | 89.29% | 99.25% | 99.63% | 99.88% |
| 立方盒 | 75.00% | 82.14% | 98.75% | 99.38% | 99.87% |
| 空心圆筒 | 80.00% | 85.71% | 99.00% | 99.50% | 99.90% |

## 7.5.2　高频磁场屏蔽

高频磁场的屏蔽采用的是铝、铜等低电阻率的良导体材料。如图 7－21 所示，其屏蔽原理是根据电磁感应原理，高频磁场会在屏蔽壳体表面产生涡流，从而产生反磁场来抵消穿过屏蔽体的原来磁场。

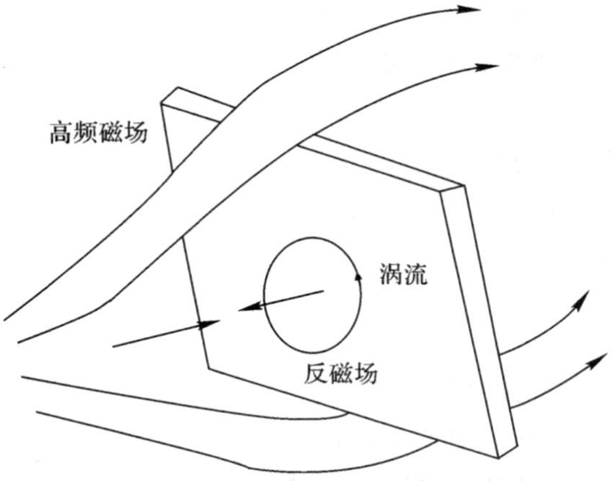


**图 7－21　高频磁场的屏蔽原理**

高频磁场主要靠屏蔽壳体上感生的涡流所产生的反磁场起到排斥原磁场的作用，因此涡流越大，屏蔽效果越好。为了取得较大的涡流，应选用电阻率低的良导体材料，如铜、铝或铜镀银等。随着磁场的频率增大，涡流亦增大，但当涡流产生的反磁场足以完全排斥干扰磁场时，涡流也不再增大，保持为一个常值。此外，由于趋肤效应，涡流只在屏蔽盒的表面产生，所以，屏蔽盒无须做得很厚，只要很小的厚度就足以屏蔽，这一点与低频磁场屏蔽材料有所不同。实际中，屏蔽盒的厚度只和结构强度、加工工艺有关，一般取的厚度为 0.2～0.8 mm。

需要注意的是，如果在垂直于涡流方向上有缝隙或开口时，将切断涡流，这意味着涡流电阻增大，涡流减少，屏蔽的效果变差，因此屏蔽盒在垂直于涡流的方向上不应有缝隙或开口。如果需要开口时，那么开口应沿着涡流方向，尺寸一般不要小于波长的 1/100。

对于电磁场，电场分量和磁场分量总是同时存在的。只是在近场条件下，即当频率较低且在离干扰源不远的地方，随着不同特性的干扰源，其电场分量和磁场分量有很大的差别。对于高电压、小电流的干扰源，近场以电场为主，其磁场分量可以忽略；而对于低电压、大电流的干扰源，近场以磁场为主，其电场分量可以忽略。因此，对上述这两种情况，可以分别按照电屏蔽和磁屏蔽来考虑。在频率较高或在远场条件下，即离干扰源较远的地方，不论干扰源本身特性如何，均可看作平面波电磁场，此时电场和磁场都不可忽略，因此就需要将电场和磁场同时屏蔽，即电磁屏蔽。良导体既是高频磁场屏蔽材料，同时也是电场屏蔽材料。当电磁场的频率在 500 kHz～30 MHz 范围内时，屏蔽材料选用铝；当频率大于 30 MHz 时，选用铝、铜和铜镀银等。

### 7.5.3　高磁导率屏蔽材料在飞行器中的应用

高磁导率材料首先是软磁材料，但并不是任何软磁材料都是高磁导率材料，一般将相对磁导率 $\mu_r > 5\,000$ 的软磁材料称为高磁导率材料，将 $\mu_r > 10\,000$ 的材料称为超高磁导率材料。在地磁导航中，高磁导率材料可用于屏蔽干扰磁场。

#### 7.5.3.1　高磁导率屏蔽材料类型

高磁导率屏蔽材料主要包括以下三类：

(1)高磁导率铁合金。该类材料分为铁系合金和坡莫(Fe－Ni)合金两组。在铁系合金中，硅钢(Fe－3Si)、仙台斯特合金(Fe－9.5Si－5.5Al)和 Alperm 合金(Fe－16Al)的磁导率比较大。其中，硅钢的初始磁导率 $\mu_i$ 为 1 000，最大磁导率 $\mu_{max}$ 为 30 000，仙台斯特合金的 $\mu_i$ 为 30 000，$\mu_{max}$ 为 120 000，Alperm 合金的 $\mu_i$ 为 3 000，$\mu_{max}$ 为 55 000。坡莫合金中 Ni 的质量分数为 30%～90%，根据 Ni 含量的不同，它的初始磁导率 $\mu_i$ 一般为 $10^3$ 的数量级，最大磁导率 $\mu_{max}$ 一般为 $10^4$～$10^5$ 的数量级，磁导率最高的 Ni80 坡莫合金的 $\mu_i$ 高达 $10^5$，$\mu_{max}$ 高达 $6\times10^5$。

(2)铁氧体高磁导率材料。目前，研究和应用最广泛的此类材料有 Mn－Zn 系铁氧体，而 Ni－Zn 系、Cu－Zn 系等其他铁氧体的磁导率都比较低，不能作为高磁导率材料。Mn－Zn 铁氧体的磁导率 $\mu$ 一般在 $10^4$ 的数量级上，近年来又有了很多关于低温烧结超高磁导率 Ni－Cu－Zn铁氧体研究的报道。

(3)非晶/纳米晶高磁导率合金。该类材料是一种新型的磁性材料。非晶高磁导率材料具有磁导率高、饱和磁感应强度高、矫顽力低和机械强度高等优点。目前应用的非晶态高磁导率材料类型有铁基、Fe－Ni 和钴基三种，它们的磁导率都非常高，一般在 $10^4$～$10^6$ 的数量级上。纳米晶高磁导率材料的有效磁导率可高达 $10^6$，饱和磁感应强度高达 1.24～1.71 T。

#### 7.5.3.2　高磁导率屏蔽材料的副作用

低频磁场屏蔽体采用高磁导率材料制作而成，当具体到保护磁强计免遭额外磁场干扰时，对额外磁场的屏蔽就不能采用被动屏蔽方式，而只能采用主动屏蔽方式，即将磁干扰源用屏蔽体罩起来，这样屏蔽腔内的磁场就被封闭在屏蔽腔内。这种做法虽然可以把磁干扰源的干扰磁场屏蔽掉，但由于高磁导率材料本身很容易被地磁场磁化而产生感应磁场，所以这样反而给磁强计增加了一个新的干扰磁场，形成二次磁干扰。

因此，低频磁场屏蔽方法只能适用于对强磁场的屏蔽，并且在选择屏蔽材料时，要保证屏蔽体所产生的感应磁场小于所要屏蔽的干扰磁场，否则屏蔽体就没有应用价值。屏蔽材料的感应磁场是很难再通过其他措施屏蔽掉的，只能通过数学算法来加以修正。

#### 7.5.3.3 飞行器用高磁导率屏蔽材料的选择

目前在工业上，高磁导率材料以 Mn－Zn 铁氧体材料为主，其次是高磁导率铁合金，非晶纳米晶高磁导率合金也开始应用。在选择飞行器中的屏蔽材料时，可以从以下几个方面来考虑。

1. 磁导率 $\mu$

毋容置疑，磁导率越高，屏蔽体的屏蔽性能越好。上述的各种高磁导率材料都具有比较高的磁导率，磁导率按从大到小顺序为：Ni80 坡莫合金（$1.2\times10^6\sim3\times10^6$）＞钴基非晶合金（$1\times10^6\sim1.5\times10^6$）＞铁基微晶纳米晶合金（$5\times10^5\sim8\times10^5$）＞铁基非晶合金（$2\times10^5\sim5\times10^5$）＞Ni50 坡莫合金（$1\times10^5\sim3\times10^5$）＞硅钢（$2\times10^4\sim9\times10^4$）＞锰锌铁氧体（$1\times10^4\sim3\times10^4$）。在选择屏蔽材料时，如果外磁场的强度比较大，应优先选取坡莫合金、非晶合金等更高磁导率的高磁导率材料；如果所屏蔽的外磁场的强度比较小，选取硅钢、锰锌合金等中小磁导率的高磁导率材料即可。

另外，从磁性材料理论可以知道，屏蔽体的磁导率越高，则其被地磁场磁化而产生的感应磁场也就越大，因此在保证能屏蔽掉大部分干扰磁场的前提下，尽量选用磁导率相对低一点的屏蔽材料，以降低屏蔽材料的感应磁场对磁强计的干扰。

2. 饱和磁通密度 $B_s$

材料在磁饱和时往往会产生漏磁现象，因此要求屏蔽材料具有高的饱和磁通密度 $B_s$。各种软磁材料的 $B_s$ 按从大到小的顺序为：铁钴合金（2.3～2.4 T）＞硅钢（1.75～2.2 T）＞铁基非晶合金（1.25～1.75 T）＞铁基微晶纳米晶合金（1.1～1.5 T）＞铁硅铝合金（1.0～1.6 T）＞高磁导铁镍坡莫合金（0.8～1.6 T）＞钴基非晶合金（0.5～1.4 T）＞铁铝合金（0.7～1.3 T）＞铁镍基非晶合金（0.4～0.7 T）＞锰锌铁氧体（0.3～0.7 T）。

3. 质量

飞行器用材讲究质量轻，以便最大限度地增大射程，因此屏蔽材料还要求具有较低的密度。目前的铁氧体和高磁导率合金的密度都比较大，例如 Mn－Zn 合金的密度在 7.6 g/cm³左右，硅钢的密度在 5.0 g/cm³左右，非晶/纳米晶高磁导率材料的密度稍微小点。最近出现了采用高导磁材料 CO NETIC AA（$\mu=450\ 000$）制成的屏蔽箔片和屏蔽胶带也具有较轻的质量。另外，如果屏蔽体的磁导率很高，那么屏蔽体的厚度可以取得比较小，从而降低了质量，因此从轻质量的要求出发，选用很高磁导率材料是必要的。

4. 成本

一般来说，磁导率越高，生产成本就越大。Ni 金属是一种比较贵重的战略性金属，因此高 Ni 含量的坡莫合金的成本是比较高的。新兴的非晶/纳米晶高磁导率材料的成本也比较高，但相对而言，这种材料具有质量轻、体积小、性能高等优点。根据现行的市场价格，每1 kg的高磁导率材料的价格从小到大的顺序为：Mn－Zn 铁氧体＜硅钢＜铁基非晶合金＜Ni50 坡莫合金＜钴基非晶合金＜Ni80 坡莫合金。

5. 使用温度

Mn－Zn 铁氧体和钴基非晶合金的居里点都比较低，只有 200 ℃多一点，因此工作温度一般限制在 100 ℃以下，也就是环境温度为 40 ℃时，温升必须低于 60 ℃。铁基非晶合金的居里点为 370 ℃，可以在 150～180 ℃以下使用。高磁导坡莫合金的居里点为 460～480 ℃，可以在 200～250 ℃以下使用。纳米晶合金的居里点为 600 ℃，取向硅钢居里点为 730 ℃，可以在 300～400 ℃以下使用。

综合上述多个因素：当被屏蔽磁场的强度较小时，可以采用 Mn－Zn 铁氧体和硅钢作为屏蔽材料；当被屏蔽磁场的强度比较大时，可以采用坡莫合金和非晶合金作为屏蔽材料。不管采用哪种屏蔽材料，都要保证屏蔽体所产生的感应磁场小于所要屏蔽的干扰磁场。

# 第8章　地磁场测量误差及修正

地磁辅助导航的关键技术之一就是实时获取高精度、高分辨率的地磁场信息，地磁场信息的实时、准确获取是实现高精度地磁辅助导航的基础和先决条件。要准确获取地磁场信息，一方面要提高测量所用地磁传感器的精度，另一方面要克服来源于飞行器自身的磁场干扰。

目前，磁场测量仪器精度较高，基本能满足地磁辅助导航精度的要求。在地磁辅助导航与地磁测量领域的研究中，普遍将正交三轴地磁传感器作为基本磁测元件。这是因为理想情况下，三轴地磁传感器可在任何情况下，方便地测得地磁场强度，而完全不必考虑飞行器的当前姿态角以及当地磁场矢量的指向。然而，实际应用中，由于地磁传感器本身制造误差和安装误差等因素的影响，这些都将对地磁场的精确测量产生负面影响，甚至造成很大的误差。这就需要对地磁传感器的测量误差进行分析，建立误差模型，通过误差修正的方法，尽可能克服由地磁传感器本身制造误差和安装误差而产生的测量误差。

另外，由于飞行器通常含有铁磁物质，安装在飞行器上的地磁传感器所测量的磁场除了地磁场以外，还有飞行器硬磁材料产生的固有磁场、软磁材料被地磁场磁化后产生的感应磁场以及飞行器内机电设备产生的电流磁场和涡流磁场，这些磁场会对地磁场测量造成直接且持久的负面影响，因此必须采用技术手段进行处理和修正。

目前，关于地磁场修正技术的研究主要集中在地磁定向领域，常用方法有自差修正法、基于 Tolles-lawson 方程的磁修正方法、基于椭圆假设的磁修正方法等。

本章将主要对以上问题进行研究和分析，并提出相应的解决方法。其中：8.2 节～8.4 节针对三轴地磁传感器，在分析测量误差来源的基础上，分别建立地磁传感器本身误差模型、地磁传感器安装误差模型以及飞行器磁场模型，并针对这些误差模型分别建立误差修正方法。8.5 节建立一个综合考虑飞行器磁场和地磁传感器误差影响的地磁测量误差模型，分析各种误差在飞行器运动过程中的特性，然后根据椭球假设原理，提出一种基于轨迹约束的地磁场测量误差修正方法，同时也对该方法的有效性进行分析。该方法首先由地磁传感器的测量数据，根据椭球轨迹的约束，采用最小均方估计作为判断准则，估计 12 个误差参数，然后利用此参数获得准确的地磁矢量信息。

# 8.1 地磁传感器本身误差分析和修正

地磁传感器本身误差主要有传感器灵敏度误差、零点漂移引起的误差、正交误差以及传感器在飞行器上的安装误差等。

## 8.1.1 地磁传感器零位误差模型与修正方法

### 8.1.1.1 零位误差模型

当模拟电路和 A/D 转换的零点不为零时所引起的误差称为零位误差。对于地磁传感器,零位误差相当于给传感器输出值加上一个常值误差,设由零位误差造成的测量误差分别用 $B_{x0}$、$B_{y0}$ 和 $B_{z0}$ 表示,则地磁传感器的测量值$\boldsymbol{B}_{m0}=[B_{xm0} \quad B_{ym0} \quad B_{zm0}]^{T}$ 可表示为

$$\boldsymbol{B}_{m0}=\begin{bmatrix}B_{xm0}\\B_{ym0}\\B_{zm0}\end{bmatrix}=\begin{bmatrix}B_{x}\\B_{y}\\B_{z}\end{bmatrix}+\begin{bmatrix}B_{x0}\\B_{y0}\\B_{z0}\end{bmatrix} \tag{8.1}$$

式中:$\boldsymbol{B}=[B_x \quad B_y \quad B_z]^{T}$ 为真实的地磁场强度。

### 8.1.1.2 $S_x$ 和 $S_y$ 探头的零位误差修正

假设地磁传感器只存在零位误差,下面推导零位误差的修正方法。如图 8-1(a)所示,在进行零位误差的修正时,将三轴地磁传感器的 $S_x$ 和 $S_y$ 探头水平放置,$S_z$ 探头处于垂直方向上。在水平面 $OXY$ 内,地磁场 $\boldsymbol{B}$ 只具有水平强度 $H$。

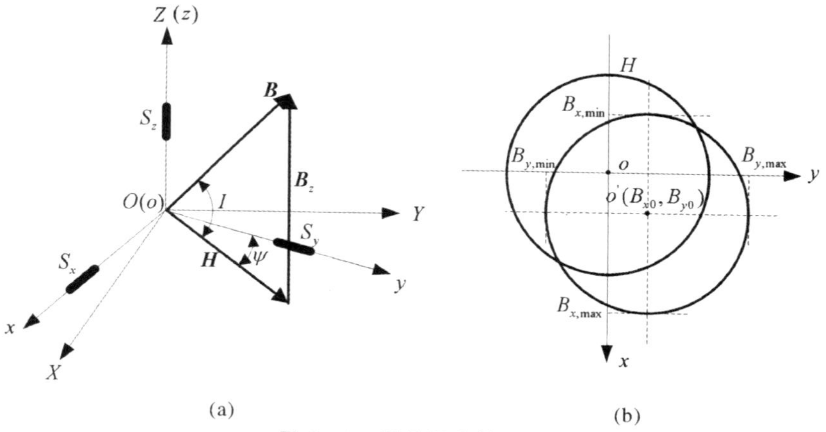


图 8-1 零位误差模型图

假设无磁测误差时,$S_x$ 和 $S_y$ 探头的输出为

$$\begin{bmatrix}B_{xm0}\\B_{ym0}\end{bmatrix}=\begin{bmatrix}\sin\psi\\\cos\psi\end{bmatrix}H \tag{8.2}$$

因为

$$B_{xm0}^2+B_{ym0}^2=(H\sin\psi)^2+(H\cos\psi)^2=H^2 \tag{8.3}$$

由式(8.3)可知,以 $B_{xm0}$(相当于 $ox$ 轴)和 $B_{ym0}$(相当于 $oy$ 轴)为自变量的函数在平面内

的轨迹是一个以原点为圆心、半径为 $H$ 的圆，如图 8－1(b)所示。

当存在零位误差时，$S_x$ 和 $S_y$ 探头的输出则变为

$$\begin{bmatrix} B_{xm0} \\ B_{ym0} \end{bmatrix} = \begin{bmatrix} \sin\psi \\ \cos\psi \end{bmatrix} H + \begin{bmatrix} B_{x0} \\ B_{y0} \end{bmatrix} \tag{8.4}$$

因为

$$(B_{xm0} - B_{x0})^2 + (B_{ym0} - B_{y0})^2 = (H\sin\psi)^2 + (H\cos\psi)^2 = H^2 \tag{8.5}$$

由式(8.5)可知，以 $B_{xm0}$(相当于 $ox$ 轴)和 $B_{ym0}$(相当于 $oy$ 轴)为自变量的函数在平面内的轨迹是一个以点($B_{x0}$，$B_{y0}$)为圆心、半径为 $H$ 的圆。

为了获得零位误差 $B_{x0}$ 和 $B_{y0}$，只要求出新圆的圆心。为此，使地磁传感器在水平面 $OXY$ 内绕原点旋转 360°，记录下 $S_x$ 和 $S_y$ 探头的最大值 $B_{xm0,\max}$ 和 $B_{ym0,\max}$，以及最小值 $B_{xm0,\min}$ 和 $B_{ym0,\min}$，求得 $S_x$ 和 $S_y$ 探头的零位误差为

$$\left.\begin{aligned} B_{x0} &= \frac{B_{xm0,\max} + B_{xm0,\min}}{2} \\ B_{y0} &= \frac{B_{ym0,\max} + B_{ym0,\min}}{2} \end{aligned}\right\} \tag{8.6}$$

在以后的测量过程中，从 $S_x$ 和 $S_y$ 探头的测量值中减去修正值 $B_{x0}$ 和 $B_{y0}$ 便可得到修正后的磁测真实值。

#### 8.1.1.3 $S_z$ 探头的零位误差修正

从式(8.4)可知，在 $\psi=90°$ 和 $\psi=270°$ 的方向上，$S_x$ 探头有最大和最小输出值为

$$\left.\begin{aligned} B_{xm0,\max} &= H + B_{x0} \\ B_{xm0,\min} &= -H + B_{x0} \end{aligned}\right\} \tag{8.7}$$

因此水平强度 $H$ 的真实值为

$$H = \frac{|B_{xm0,\max}| + |B_{xm0,\min}|}{2} \tag{8.8}$$

当没有零位误差时，$S_z$ 探头输出为

$$B_z = H\tan I \tag{8.9}$$

式中：$I$ 为磁倾角，是已知数。

当存在零位误差时，$S_z$ 探头输出则变为

$$B_{zm0} = H\tan I + B_{z0} = \frac{|B_{xm0,\max}| + |B_{xm0,\min}|}{2}\tan I + B_{z0} \tag{8.10}$$

由式(8.10)便得到 $S_z$ 探头的零位误差为

$$B_{z0} = B_{zm0} - \frac{|B_{xm0,\max}| + |B_{xm0,\min}|}{2}\tan I \tag{8.11}$$

在以后的测量过程中，从 $S_z$ 探头的测量值中减去修正值 $B_{z0}$ 便可得到修正后的磁测真实值。

### 8.1.2 地磁传感器灵敏度误差模型与修正方法

#### 8.1.2.1 地磁传感器灵敏度误差模型

地磁传感器的灵敏度不相同引起的测量误差，称为灵敏度误差。灵敏度误差为磁传感器 3 轴的灵敏度与电路放大倍数不等时磁场 3 分量的比例系数。当存在灵敏度引起的误差

时，地磁传感器的测量值$\boldsymbol{B}_{ms}=[B_{xms} \quad B_{yms} \quad B_{yms}]^T$ 表示为

$$\boldsymbol{B}_{ms}=\boldsymbol{C}_s\boldsymbol{B} \tag{8.12}$$

式中：$\boldsymbol{B}=[B_x \quad B_y \quad B_y]^T$ 为真实的地磁场强度，且

$$\boldsymbol{C}_s=\begin{bmatrix}\alpha_x & 0 & 0\\ 0 & \alpha_y & 0\\ 0 & 0 & \alpha_z\end{bmatrix} \tag{8.13}$$

式中：$\boldsymbol{C}_s$ 称为灵敏度误差矩阵，若不存在灵敏度误差时，$\boldsymbol{C}_s$ 为单位矩阵；$\alpha_x$、$\alpha_y$ 和 $\alpha_z$ 分别称为灵敏度误差系数。

#### 8.1.2.2　$S_x$ 和 $S_y$ 探头的灵敏度误差修正方法

将地磁传感器的 $S_x$ 和 $S_y$ 探头水平放置，$S_z$ 探头垂直放置。当只存在灵敏度误差时，$S_x$ 和 $S_y$ 探头的输出为

$$\begin{bmatrix}B_{xms}\\ B_{yms}\end{bmatrix}=\begin{bmatrix}\alpha_x & 0\\ 0 & \alpha_y\end{bmatrix}\begin{bmatrix}B_x\\ B_y\end{bmatrix}=\begin{bmatrix}\alpha_x B_x\\ \alpha_y B_y\end{bmatrix} \tag{8.14}$$

由于不存在灵敏度误差时，有

$$\begin{bmatrix}B_x\\ B_y\end{bmatrix}=\begin{bmatrix}\sin\psi\\ \cos\psi\end{bmatrix}H \tag{8.15}$$

将式(8.15)代入式(8.14)，得

$$\frac{B_{xms}{}^2}{(H\alpha_x)^2}+\frac{B_{yms}{}^2}{(H\alpha_y)^2}=1 \tag{8.16}$$

式(8.16)说明，当只存在灵敏度误差时，$S_x$ 和 $S_y$ 探头的输出值 $B_{xms}$ 和 $B_{yms}$ 的轨迹是一个中心为点(0,0)、两个半轴长度分别为 $H\alpha_x$ 和 $H\alpha_y$ 的标准椭圆方程，因此只要求出该椭圆的两个半轴长度，即可得到 $S_x$ 和 $S_y$ 探头的灵敏度误差系数。

以 $S_x$ 探头的输出值作为基准，令 $\alpha_x=1$。在试验时，使地磁传感器在水平面内绕某固定点旋转一周，记下 $S_x$ 探头的最大、最小测量值 $B_{xms,max}$ 和 $B_{xms,min}$，以及 $S_y$ 探头的最大、最小测量值 $B_{yms,max}$ 和 $B_{yms,min}$。根据椭圆的半轴特点，有

$$\left.\begin{aligned}H\alpha_x&=\frac{B_{xms,max}-B_{xms,min}}{2}\\ H\alpha_y&=\frac{B_{yms,max}-B_{yms,min}}{2}\end{aligned}\right\} \tag{8.17}$$

将 $\alpha_x=1$ 代入式(8.17)，并将式(8.17)的上、下两式相除，得到 $S_y$ 探头的灵敏度误差系数为

$$\alpha_y=\frac{B_{yms,max}-B_{yms,min}}{B_{xms,max}-B_{xms,min}} \tag{8.18}$$

在以后的测量中，利用灵敏度系数 $\alpha_y$ 就可以对 $S_y$ 探头的测量值 $B'_{yms}$ 进行灵敏度误差修正，修正公式为

$$B_y=\frac{B'_{yms}}{\alpha_y} \tag{8.19}$$

#### 8.1.2.3　$S_z$ 探头的灵敏度误差修正方法

在获得 $S_y$ 探头的灵敏度系数之后，地磁场水平强度 $H$ 的幅值为

$$H=\sqrt{{B_{xms}}^2+\left(\frac{B_{yms}}{\alpha_y}\right)^2} \tag{8.20}$$

利用 $H$ 和磁倾角 $I$ 可得 $Z$ 方向的地磁场强度为

$$B_z=\sqrt{{B_{xms}}^2+\left(\frac{B_{yms}}{\alpha_y}\right)^2}\tan I \tag{8.21}$$

但是由于存在灵敏度误差，假设 $S_z$ 探头的实际测量输出值为 $B_{zms}$，则 $S_z$ 探头的灵敏度系数可由下式确定：

$$\alpha_z=\frac{B_{zms}}{\left[\sqrt{{B_{yms}}^2+\left(\frac{B_{yms}}{\alpha_y}\right)^2}\tan I\right]} \tag{8.22}$$

在以后的测量中，同样，利用灵敏度系数 $\alpha_z$ 就可以对 $S_z$ 探头的测量值 $B'_{zms}$ 进行灵敏度误差修正，修正公式为

$$B_z=\frac{B'_{zms}}{\alpha_z} \tag{8.23}$$

### 8.1.3 地磁传感器正交误差模型与修正方法

#### 8.1.3.1 地磁传感器正交误差模型

理想的三轴地磁传感器的探头 $S_x$、$S_y$ 和 $S_z$ 是相互垂直的，当探头的安装方向不相互垂直时，将产生正交测量误差。如图 8-2 所示，$S_x$、$S_y$ 和 $S_z$ 探头分别指向 $ox$、$oy$ 和 $oz$ 轴，对应的理想正交坐标系为 $OXYZ$。令 $ox$ 轴与 $OX$ 轴重合，且坐标面 $xoy$ 与 $XOY$ 共面，定义 $oy$ 轴与 $OY$ 轴的夹角为 $\alpha$，$oz$ 轴与 $OZ$ 轴的夹角为 $\beta$，$oz$ 轴在 $XOY$ 平面上的投影与 $OX$ 轴的夹角为 $\gamma$ 时。$\alpha$、$\beta$ 和 $\gamma$ 称为正交误差角。当存在正交误差时，地磁传感器的测量值 $\boldsymbol{B}_{mc}=[B_{xmc}\quad B_{ymc}\quad B_{zmc}]^{T}$ 可由下式确定：

$$\boldsymbol{B}_{mc}=\boldsymbol{PB} \tag{8.24}$$

其中，$\boldsymbol{P}$ 是一个下三角矩阵，表示从理想的正交坐标系到地磁传感器坐标系的转换，称为正交误差矩阵，且

$$\boldsymbol{P}=\begin{bmatrix}1 & 0 & 0\\ \sin\alpha & \cos\alpha & 0\\ \cos\gamma\sin\beta & \sin\gamma\sin\beta & \cos\beta\end{bmatrix} \tag{8.25}$$

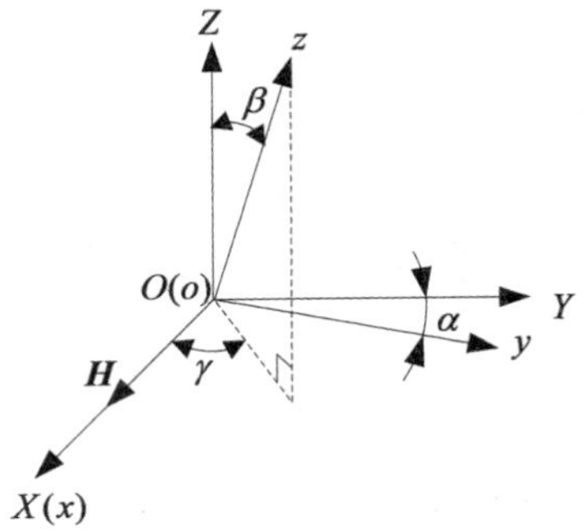


图 8-2 正交误差角

#### 8.1.3.2　正交误差修正方法

正交误差角 $\alpha$、$\beta$ 和 $\gamma$ 都为小量，对式(8.25)进行化简，得到地磁场强度为

$$\boldsymbol{B}=\boldsymbol{P}^{-1}\boldsymbol{B}_{\mathrm{mc}}=\begin{bmatrix}1&0&0\\\alpha&1&0\\\beta&\gamma\beta&1\end{bmatrix}^{-1}\begin{bmatrix}B_{\mathrm{mc}x}\\B_{\mathrm{mc}y}\\B_{\mathrm{mc}z}\end{bmatrix}$$

$$=\begin{bmatrix}1&0&0\\-\alpha&1&0\\\alpha\gamma\beta-\beta&-\gamma\beta&1\end{bmatrix}\begin{bmatrix}B_{\mathrm{mc}x}\\B_{\mathrm{mc}y}\\B_{\mathrm{mc}z}\end{bmatrix}=\begin{bmatrix}1&0&0\\a&1&0\\b&c&1\end{bmatrix}\begin{bmatrix}B_{\mathrm{mc}x}\\B_{\mathrm{mc}y}\\B_{\mathrm{mc}z}\end{bmatrix}\tag{8.26}$$

其中，令 $a=-\alpha$，$b=\alpha\gamma\beta-\beta$，$c=-\gamma\beta$，对正交误差进行修正的关键是求出 $a$、$b$ 和 $c$ 的值。

由于地磁场矢量模值 $\|\boldsymbol{B}\|^2=\boldsymbol{B}^{\mathrm{T}}\boldsymbol{B}$ 为常量，根据式(8.26)，可得

$$\begin{aligned}\|\boldsymbol{B}\|^2&=B_x^2+B_y^2+B_z^2\\&=B_{\mathrm{mc}x}^2+(aB_{\mathrm{mc}x}+B_{\mathrm{mc}y})^2+(bB_{\mathrm{mc}x}+cB_{\mathrm{mc}y}+B_{\mathrm{mc}z})^2\\&=B_{\mathrm{mc}x}^2+(a^2B_{\mathrm{mc}x}^2+2aB_{\mathrm{mc}x}B_{\mathrm{mc}y}+B_{\mathrm{mc}y}^2)+(b^2B_{\mathrm{mc}x}^2+c^2B_{\mathrm{mc}y}^2+\\&\quad 2bcB_{\mathrm{mc}x}B_{\mathrm{mc}y}+2bB_{\mathrm{mc}x}B_{\mathrm{mc}z}+2cB_{\mathrm{mc}y}B_{\mathrm{mc}z}+B_{\mathrm{mc}z}^2)\end{aligned}\tag{8.27}$$

忽略高阶项，式(8.27)进一步简化为

$$\|\boldsymbol{B}\|^2=B_{\mathrm{mc}x}^2+B_{\mathrm{mc}y}^2+B_{\mathrm{mc}z}^2+2(aB_{\mathrm{mc}x}B_{\mathrm{mc}y}+bB_{\mathrm{mc}x}B_{\mathrm{mc}z}+cB_{\mathrm{mc}y}B_{\mathrm{mc}z})\tag{8.28}$$

在式(8.28)中，$a$、$b$ 和 $c$ 相当于未知数，$B_{\mathrm{mc}x}$、$B_{\mathrm{mc}y}$ 和 $B_{\mathrm{mc}z}$ 为三轴地磁传感器的测量值，是已知数，而 $\boldsymbol{B}$ 是未知或不精确的。

因为同一点处地磁场矢量模值 $\|\boldsymbol{B}\|$ 是一个常数，与姿态无关，所以令三轴地磁传感器处于另外一种测量姿态，则三个探头输出值 $B_{\mathrm{mc}x,1}$、$B_{\mathrm{mc}y,1}$ 和 $B_{\mathrm{mc}z,1}$ 也满足式(8.28)，即

$$\|\boldsymbol{B}\|^2=B_{\mathrm{mc}x,1}^2+B_{\mathrm{mc}y,1}^2+B_{\mathrm{mc}z,1}^2+2(aB_{\mathrm{mc}x,1}B_{\mathrm{mc}y,1}+bB_{\mathrm{mc}x,1}B_{\mathrm{mc}z,1}+cB_{\mathrm{mc}y,1}B_{\mathrm{mc}z,1})\tag{8.29}$$

将式(8.29)和式(8.28)相减，得到

$$\begin{aligned}&(B_{\mathrm{mc}x,1}^2-B_{\mathrm{mc}x}^2)+(B_{\mathrm{mc}y,1}^2-B_{\mathrm{mc}y}^2)+(B_{\mathrm{mc}x,1}^2-B_{\mathrm{mc}z}^2)+2a(B_{\mathrm{mc}x,1}B_{\mathrm{mc}y,1}-B_{\mathrm{mc}x}B_{\mathrm{mc}y})+\\&\quad 2b(B_{\mathrm{mc}x,1}B_{\mathrm{mc}y,1}-B_{\mathrm{mc}x}B_{\mathrm{mc}z})+2c(B_{\mathrm{mc}y,1}B_{\mathrm{mc}z,1}-B_{\mathrm{mc}y}B_{\mathrm{mc}z})=0\end{aligned}\tag{8.30}$$

在进行试验时，使地磁传感器在某固定点处，并记录下传感器处于 4 种姿态下的测量数据，把 4 组测量数据代入式(8.30)，得到 3 个方程，就可解出 $a$、$b$ 和 $c$ 的值。

在以后的磁测过程中，将地磁传感器测量值以及 $a$、$b$ 和 $c$ 代入式(8.26)，就可以实现对正交磁测误差的修正。

## 8.2　地磁传感器安装误差模型和修正

### 8.2.1　地磁传感器安装误差模型

原则上讲，三轴地磁传感器的三个磁探头 $S_x$、$S_y$ 和 $S_z$ 与对应的安装轴 $OX$、$OY$ 和 $OZ$ 轴平行。但是，出于工艺安装的原因，要想做到这一点是困难的。通常，把由于 3 个磁探头 $S_x$、$S_y$ 和 $S_z$ 的敏感轴分别与对应的安装轴 $OX$、$OY$ 和 $OZ$ 轴不平行而产生的误差称为安装误差。

假设地磁传感器不存在其他误差，安装不准相当于地磁传感器依次绕 $OY$、$OZ$ 和 $OX$ 轴转动了 3 个微小的欧拉角 $\phi$、$\vartheta$ 和 $\gamma$，这 3 个角称为安装误差角。当存在安装误差时，地磁传感器测量值$\boldsymbol{B}_{\mathrm{ma}}=[B_{x\mathrm{ma}} \quad B_{y\mathrm{ma}} \quad B_{z\mathrm{ma}}]^{\mathrm{T}}$ 可表示为

$$\begin{bmatrix} B_{x\mathrm{ma}} \\ B_{y\mathrm{ma}} \\ B_{z\mathrm{ma}} \end{bmatrix}=\begin{bmatrix} 1 & 0 & 0 \\ 0 & \cos\gamma & \sin\gamma \\ 0 & -\sin\gamma & \cos\gamma \end{bmatrix}\begin{bmatrix} \cos\vartheta & \sin\vartheta & 0 \\ -\sin\vartheta & \cos\vartheta & 0 \\ 0 & 0 & 1 \end{bmatrix}\begin{bmatrix} \cos\phi & 0 & -\sin\phi \\ 0 & 1 & 0 \\ \sin\phi & 0 & \cos\phi \end{bmatrix}\begin{bmatrix} B_x \\ B_y \\ B_z \end{bmatrix} \tag{8.31}$$

由于安装误差角 $\phi$、$\vartheta$ 和 $\gamma$ 很小，式(8.31)可进一步简化为

$$\begin{bmatrix} B_{x\mathrm{ma}} \\ B_{y\mathrm{ma}} \\ B_{z\mathrm{ma}} \end{bmatrix}=\begin{bmatrix} 1 & \vartheta & -\phi \\ -\vartheta & 1 & \gamma \\ \phi & -\gamma & 1 \end{bmatrix}\begin{bmatrix} B_x \\ B_y \\ B_z \end{bmatrix}=\boldsymbol{P}_{\alpha}\begin{bmatrix} B_x \\ B_y \\ B_z \end{bmatrix} \tag{8.32}$$

其中矩阵 $\boldsymbol{P}_{\alpha}=\begin{bmatrix} 1 & \vartheta & -\phi \\ -\vartheta & 1 & \gamma \\ \phi & -\gamma & 1 \end{bmatrix}$称为安装误差矩阵。

### 8.2.2 地磁传感器安装误差修正方法

假设地磁传感器只存在安装误差，一般安装误差角为小角度，并假设进行试验时不知道地磁场的真实强度。由式(8.32)可得地磁场真实强度为

$$\begin{bmatrix} B_x \\ B_y \\ B_z \end{bmatrix}=\begin{bmatrix} 1 & \vartheta & -\phi \\ -\vartheta & 1 & \gamma \\ \phi & -\gamma & 1 \end{bmatrix}^{-1}\begin{bmatrix} B_{x\mathrm{ma}} \\ B_{y\mathrm{ma}} \\ B_{z\mathrm{ma}} \end{bmatrix}\approx\begin{bmatrix} 1 & -\vartheta & \phi \\ \vartheta & 1 & \gamma \\ -\phi & \gamma & 1 \end{bmatrix}\begin{bmatrix} B_{x\mathrm{ma}} \\ B_{y\mathrm{ma}} \\ B_{z\mathrm{ma}} \end{bmatrix} \tag{8.33}$$

其中，约等于号是忽略高阶项所致。从式(8.33)可知，安装误差修正的关键是求出欧拉角 $\phi$、$\vartheta$ 和 $\gamma$ 这 3 个未知数，将式(8.33)和式(8.26)相比发现，这两式的右边都是给地磁传感器的测量值左乘了一个 3×3 阶的反对称矩阵，该矩阵中包含了 3 个未知数。因此，由式(8.33)推导求解 $\phi$、$\vartheta$ 和 $\gamma$ 的原理和过程与式(8.26)是一致的。

在获得安装误差角 $\phi$、$\vartheta$ 和 $\gamma$ 之后，以后的磁测数据就可以根据式(8.33)进行修正。

## 8.3 飞行器磁场模型和修正方法

### 8.3.1 飞行器磁场模型

飞行器并不是一个完全的无磁系统，其中的部分材料尤其是铁磁材料的应用使得飞行器产生了额外磁场，即飞行器磁场。飞行器磁场是安装在飞行器上的地磁传感器周围存在各种磁性材料而造成的测量误差。飞行器磁场主要为飞行器硬磁材料的剩余磁场、飞行器软磁性材料的感应磁场和飞行器导电材料产生的涡流磁场和电流磁场等。

硬磁材料由于矫顽磁力较大，磁性难以消除而形成剩余磁场。飞行器的硬磁材料相当于永久磁铁，它的磁场强度在短时间内可以认为是不变的，在地磁传感器周围可能会有许多硬磁材料，它们产生的磁场大小和方向各不相同，因为这些硬磁材料和传感器都是固联在飞行器上的，所以，不论飞行器姿态怎样变化，硬磁材料所产生的合成磁场在地磁传感器 3 轴

的分量是不变的，相当于给地磁传感器输出值添加了一个常值误差，记为

$$\boldsymbol{B}_{\mathrm{hard}}=[B_{\mathrm{hard},x}\quad B_{\mathrm{hard},y}\quad B_{\mathrm{hard},z}]^{\mathrm{T}} \tag{8.34}$$

感应磁场是软磁材料被地磁场或硬磁材料磁场磁化而感生出来的磁场。感应磁场主要由飞行器发动机、起落架、钢梁以及由软铁磁性材料所组成的器件产生。软磁材料本身不产生磁场，但它被环境磁场磁化后将影响其周围磁场，影响的大小和方向与环境磁场和软磁材料属性有关。由电磁学知识可知，铁磁等材料在外磁场作用下会被磁化产生磁矩，铁磁体单位体积内的磁矩矢量和就是磁化强度的矢量，其磁化磁矩与外磁场的强度成正比。因此，飞行器的感应磁场强度大小和方向是随着飞行器的姿态变化和地磁场的强度、方向变化而变化的。因此，飞行器的感应磁场可表示为

$$\begin{bmatrix} B_{\mathrm{soft},x} \\ B_{\mathrm{soft},y} \\ B_{\mathrm{soft},z} \end{bmatrix}=\begin{bmatrix} l_{11} & l_{12} & l_{13} \\ l_{21} & l_{22} & l_{23} \\ l_{31} & l_{32} & l_{33} \end{bmatrix}\begin{bmatrix} B_x \\ B_y \\ B_z \end{bmatrix}=\boldsymbol{LB} \tag{8.35}$$

式中：$\boldsymbol{B}$ 为飞行器本体坐标系中的地磁场矢量；$\boldsymbol{L}$ 为飞行器软磁材料感应磁场系数矩阵。

在飞行器的飞行期间，各种用电设备在不断工作，而根据电磁感应理论，电流存在就必然会产生磁场，在此将这种磁场称为涡流磁场。飞行器上的涡流磁场主要来源于电源配电系统和弹载计算机等输出或使用交、直流电的仪器设备。涡流磁场$\boldsymbol{B}_{\mathrm{I}}$ 取决于飞行器的电子装备情况，它随电气系统的启动和停止而存在和消失，存在时的强度大小和方向相对飞行器可认为是常值稳定的，记为$\boldsymbol{B}_{\mathrm{I}}=[B_{\mathrm{I}x}\quad B_{\mathrm{I}y}\quad B_{\mathrm{I}z}]^{\mathrm{T}}$。

假设忽略地磁传感器本身误差和安装误差，在飞行器本体坐标系中，地磁传感器的测量值$\boldsymbol{B}_{\mathrm{me}}$可表示为

$$\begin{aligned}\boldsymbol{B}_{\mathrm{me}}&=\boldsymbol{B}+\boldsymbol{B}_{\mathrm{hard}}+\boldsymbol{B}_{\mathrm{soft}}+\boldsymbol{B}_{\mathrm{I}}\\&=(\boldsymbol{I}+\boldsymbol{L})\boldsymbol{B}+\boldsymbol{B}_{\mathrm{hard}}+\boldsymbol{B}_{\mathrm{I}}\\&=\begin{bmatrix} 1+l_{11} & l_{12} & l_{13} \\ l_{21} & 1+l_{22} & l_{23} \\ l_{31} & l_{32} & 1+l_{33} \end{bmatrix}\boldsymbol{B}+\begin{bmatrix} B'_x \\ B'_y \\ B'_z \end{bmatrix}\end{aligned} \tag{8.36}$$

其中，$l_{11}$，$l_{12}$，…，$l_{33}$ 以及 $B'_x$、$B'_y$、$B'_z$ 共 12 个系数称为飞行器磁场修正系数。式(8.36)即是 Denis Poisson 于 1824 年建立的磁罗盘的罗差数学模型，到现在仍是飞行器磁场的主要模型。

### 8.3.2　飞行器磁场误差模型修正方法

式(8.36)包含了 3 个方程和 12 个未知数，因此只要在无磁转台上测得飞行器处于 4 种姿态下的 4 组地磁传感器测量值$\boldsymbol{B}_{\mathrm{me}}=[\boldsymbol{B}_{1\mathrm{me}}\quad \boldsymbol{B}_{2\mathrm{me}}\quad \boldsymbol{B}_{3\mathrm{me}}\quad \boldsymbol{B}_{4\mathrm{me}}]^{\mathrm{T}}$，以及无飞行器时，传感器对应上述 4 种姿态下的测量值（即地磁场真实强度）$\boldsymbol{B}=[\boldsymbol{B}_1\quad \boldsymbol{B}_2\quad \boldsymbol{B}_3\quad \boldsymbol{B}_4]^{\mathrm{T}}$，方程就可解。

由于飞行器磁场要比制造误差和安装误差大得多，而且制造误差和安装误差是可以进行修正的，所以在进行转台试验时可以忽略制造误差和安装误差。试验的过程如下：

(1)先将地磁传感器放置到无磁转台上，记录下传感器在预设 4 种姿态下的测量值（可认为是地磁场的真实强度）；

(2)再将地磁传感器安装到飞行器中，飞行器放置到无磁转台上，记录下传感器对应上

述 4 种姿态下的测量值；

(3)最后将所有测量值代入式(8.36)中，即可解出所有修正系数。

在获得修正系数之后，可用下式进行飞行器磁场修正：

$$\boldsymbol{B}=(\boldsymbol{I}+\boldsymbol{L})^{-1}(\boldsymbol{B}_{\mathrm{me}}-\boldsymbol{B}') \tag{8.37}$$

# 8.4 地磁场矢量测量的误差分析与修正

在上边推导各类磁测误差模型和修正方法时，假设只存在一种类型的测量误差，并不存在其他类型的测量误差，但实际情况却是各种类型的测量误差往往同时存在，因此很难独立区分出各种磁测误差类型。另外，为了建立误差修正方法，需要进行转台试验，而部分转台试验需要知道精确的磁倾角 $I$，但在一些情况下，$I$ 并不是非常精确的，因此有必要建立磁测综合误差模型。

## 8.4.1 三轴地磁传感器综合误差模型

地磁传感器的测量值是地磁场向量在飞行器本体坐标系中的投影，记为 $\boldsymbol{B}_{\mathrm{m}}^{\mathrm{b}}$，其中上标 b 表示飞行器本体坐标系；同时，在无任何干扰下，地磁传感器的测量值，也就是地磁场的真实值，记为 $\boldsymbol{B}^{\mathrm{b}}$。由于地磁传感器本身的误差和外界环境干扰，使得 $\boldsymbol{B}_{\mathrm{m}}^{\mathrm{b}}\neq\boldsymbol{B}^{\mathrm{b}}$。

通过前面对地磁传感器本身误差、安装误差和飞行器磁场误差的分析可知，从数学的角度，由地磁传感器本身误差、安装误差和飞行器磁场误差引起的地磁传感器测量误差可归纳为以下两种情况：

(1)对于由零位误差、硬磁材料和涡流磁场引起的飞行器磁场误差，相当于给真实地磁场矢量 $\boldsymbol{B}^{\mathrm{b}}$ 加了一个常值矢量；

(2)对于由灵敏度误差、正交误差、安装误差和软磁材料引起的飞行器磁场误差，相当于给真实地磁场矢量 $\boldsymbol{B}^{\mathrm{b}}$ 左乘了一个 3×3 阶的矩阵，该矩阵对角线上的元素值接近 1，非对角线上的元素的值在 0 附近。

因此，综合考虑地磁传感器本身误差以及外部环境干扰产生的误差，地磁场的真实值 $\boldsymbol{B}^{\mathrm{b}}$ 与地磁传感器带有误差的测量值 $\boldsymbol{B}_{\mathrm{m}}^{\mathrm{b}}$ 之间的映射 $\boldsymbol{B}^{\mathrm{b}}\mapsto\boldsymbol{B}_{\mathrm{m}}^{\mathrm{b}}$ 可用下列矩阵方程表示：

$$\boldsymbol{B}_{\mathrm{m}}^{\mathrm{b}}=\boldsymbol{C}\boldsymbol{B}^{\mathrm{b}}+\boldsymbol{b}+\boldsymbol{n} \tag{8.38}$$

其中，矩阵 $\boldsymbol{C}$ 是三个独立矩阵的乘积，由下式给出：

$$\boldsymbol{C}=\boldsymbol{C}_s\boldsymbol{C}_\eta\boldsymbol{C}_\alpha=\begin{bmatrix}1+s_x & 0 & 0\\ 0 & 1+s_y & 0\\ 0 & 0 & 1+s_z\end{bmatrix}\begin{bmatrix}1 & \eta_z & -\eta_y\\ -\eta_z & 1 & \eta_x\\ \eta_y & -\eta_x & 1\end{bmatrix}\begin{bmatrix}1+\alpha_{xx} & \alpha_{xy} & \alpha_{xz}\\ \alpha_{yx} & 1+\alpha_{yy} & \alpha_{yz}\\ \alpha_{zx} & \alpha_{zy} & 1+\alpha_{zz}\end{bmatrix} \tag{8.39}$$

常值补偿向量 $\boldsymbol{b}$ 表示地磁传感器的零偏和硬磁偏差以及涡流磁场引起的飞行器磁场；矩阵 $\boldsymbol{C}_s$ 表示传感器标度因数不一致引起的误差；转换矩阵 $\boldsymbol{C}_\eta$ 表示传感器的敏感轴与飞行器本体坐标系不一致引起的安装误差；矩阵 $\boldsymbol{C}_\alpha$ 表示软磁材料引起的误差，其中符号 $\alpha_{ij}$ 为软磁材料引起的感应磁场的感应系数，它描述了飞行器 $i$ 方向的感应磁场作用于地磁传感器 $j$ 方向，因此 $1+\alpha_{ij}$ 表示由于软磁干扰影响，使传感器 $i$ 轴方向地磁场强度增大或减小的系数；

向量 $\boldsymbol{n}$ 表示地磁传感器测量噪声，可以用测量值的平均值来估计；$C_{ij}$ $(i=1,2,3,j=1,2,3)$ 和 $b_x$、$b_y$、$b_z$ 称为修正系数。

在上式中，只要求出 $C_{ij}$ $(i=1,2,3,j=1,2,3)$ 和 $b_x$、$b_y$、$b_z$ 共 12 个系数，就可进行综合误差的修正，因此这 12 个系数是进行综合误差修正的关键。

在不考虑地磁传感器测量噪声时，根据式(8.38)，有

$$\boldsymbol{B}^{\mathrm{b}}=\boldsymbol{C}^{-1}\boldsymbol{B}_{\mathrm{m}}^{\mathrm{b}}-\boldsymbol{C}^{-1}\boldsymbol{b}=\boldsymbol{G}(\boldsymbol{B}_{\mathrm{m}}^{\mathrm{b}}-\boldsymbol{b}) \tag{8.40}$$

式中：$\boldsymbol{G}=\boldsymbol{C}^{-1}$，且矩阵 $\boldsymbol{G}$ 一定存在，通过式(8.40)，使地磁传感器带误差的测量值转换为真正地磁场矢量。

### 8.4.2　地磁场矢量测量的椭球假设

飞行器在地磁场变化较小的区域内运动时，可将地磁场矢量模值 $\|\boldsymbol{B}\|^2=\boldsymbol{B}^{\mathrm{T}}\boldsymbol{B}$ 视为常量，根据式(8.40)，可以得到

$$[\boldsymbol{G}(\boldsymbol{B}_{\mathrm{m}}^{\mathrm{b}}-\boldsymbol{b})]^{\mathrm{T}}[\boldsymbol{G}(\boldsymbol{B}_{\mathrm{m}}^{\mathrm{b}}-\boldsymbol{b})]=\|\boldsymbol{B}^{\mathrm{b}}\|^2 \tag{8.41}$$

即

$$(\boldsymbol{B}_{\mathrm{m}}^{\mathrm{b}})^{\mathrm{T}}\boldsymbol{G}^{\mathrm{T}}\boldsymbol{G}(\boldsymbol{B}_{\mathrm{m}}^{\mathrm{b}})-2\boldsymbol{b}^{\mathrm{T}}\boldsymbol{G}^{\mathrm{T}}\boldsymbol{G}(\boldsymbol{B}_{\mathrm{m}}^{\mathrm{b}})+\boldsymbol{b}^{\mathrm{T}}\boldsymbol{G}^{\mathrm{T}}\boldsymbol{G}\boldsymbol{b}=\|\boldsymbol{B}^{\mathrm{b}}\|^2 \tag{8.42}$$

令 $\boldsymbol{G}^{\mathrm{T}}\boldsymbol{G}=\boldsymbol{\Gamma}$，则式(8.42)变为

$$(\boldsymbol{B}_{\mathrm{m}}^{\mathrm{b}})^{\mathrm{T}}\boldsymbol{\Gamma}(\boldsymbol{B}_{\mathrm{m}}^{\mathrm{b}})-2\boldsymbol{b}^{\mathrm{T}}\boldsymbol{\Gamma}(\boldsymbol{B}_{\mathrm{m}}^{\mathrm{b}})+\boldsymbol{b}^{\mathrm{T}}\boldsymbol{\Gamma}\boldsymbol{b}=\|\boldsymbol{B}^{\mathrm{b}}\|^2 \tag{8.43}$$

式(8.43)是关于 $B_{\mathrm{m}x}^{\mathrm{b}}$、$B_{\mathrm{m}y}^{\mathrm{b}}$ 和 $B_{\mathrm{m}z}^{\mathrm{b}}$ 的二次曲面方程，该曲面方程的系数是关于地磁传感器综合误差修正系数的函数。

若不考虑地磁传感器本身误差、安装误差以及飞行器磁场误差，此时 $\boldsymbol{\Gamma}=\boldsymbol{I}$，$\boldsymbol{b}=\boldsymbol{0}$，式(8.43)变为

$$(\boldsymbol{B}_{\mathrm{m}}^{\mathrm{b}})^{\mathrm{T}}(\boldsymbol{B}_{\mathrm{m}}^{\mathrm{b}})=\|\boldsymbol{B}^{\mathrm{b}}\|^2 \tag{8.44}$$

则地磁场总强度在捷联式三轴地磁传感器上的测量值轨迹就是一个以原点为圆心、地磁场总强度为半径的圆球。

若只考虑由零位误差、硬磁材料和涡流磁场引起的飞行器磁场，此时 $\boldsymbol{\Gamma}=\boldsymbol{I}$，$\boldsymbol{b}\neq\boldsymbol{0}$，式(8.43)变为

$$(\boldsymbol{B}_{\mathrm{m}}^{\mathrm{b}})^{\mathrm{T}}(\boldsymbol{h}_{\mathrm{m}}^{\mathrm{b}})-2\boldsymbol{b}^{\mathrm{T}}(\boldsymbol{B}_{\mathrm{m}}^{\mathrm{b}})+\boldsymbol{b}^{\mathrm{T}}\boldsymbol{b}=\|\boldsymbol{B}^{\mathrm{b}}\|^2 \tag{8.45}$$

式(8.45)进一步化简，得

$$(\boldsymbol{B}_{\mathrm{m}}^{\mathrm{b}}-\boldsymbol{b})^{\mathrm{T}}(\boldsymbol{B}_{\mathrm{m}}^{\mathrm{b}}-\boldsymbol{b})=\|\boldsymbol{B}^{\mathrm{b}}\|^2 \tag{8.46}$$

此时地磁场总强度在捷联式三轴地磁传感器上的测量值轨迹就是一个以 $\boldsymbol{b}$ 为球心、地磁场总强度为半径的圆球。也就是说，由于硬磁材料和涡流磁场引起的飞行器磁场和零位误差的存在，使得球体球心发生偏移。

若只考虑由灵敏度误差、正交误差、安装误差和软磁材料引起的飞行器磁场，此时 $\boldsymbol{\Gamma}$ 是一个与飞行器姿态有关的参数，在不同姿态下，$\boldsymbol{\Gamma}$ 是不相同的，$\boldsymbol{b}=\boldsymbol{0}$，式(8.43)变为

$$(\boldsymbol{B}_{\mathrm{m}}^{\mathrm{b}})^{\mathrm{T}}\boldsymbol{\Gamma}(\boldsymbol{B}_{\mathrm{m}}^{\mathrm{b}})=\|\boldsymbol{B}^{\mathrm{b}}\|^2 \tag{8.47}$$

此时，地磁场总强度在捷联式三轴地磁传感器上的测量值轨迹是一个以原点为圆心的椭球面，这就是说，由于灵敏度误差、正交误差、安装误差和软磁材料引起的飞行器磁场的存在，使得球体发生形变，近似为一个椭球面。

通过上面的分析，可以得到，若同时考虑地磁传感器零位误差、灵敏度误差、正交误差、安装误差、硬磁材料、涡流磁场和软磁材料引起的飞行器磁场，此时 $\boldsymbol{\Gamma}$ 是一个与飞行器姿态有关的参数，在不同姿态下，$\boldsymbol{\Gamma}$ 是不相同的，$\boldsymbol{\Gamma}$ 使得球体在原坐标系中分别沿水平面和 $z$ 轴旋转，偏差向量 $\boldsymbol{b}$ 使得球体的中心发生偏移，这将导致球体模型发生形变，近似为一个椭球，这就是说，从几何角度看，地磁传感器测量误差形成过程是一个由球到椭球的变化过程，因此把这个假设称为椭球假设。

### 8.4.3　地磁场矢量测量的误差修正方法

#### 8.4.3.1　地磁场测量值的轨迹约束

由椭球假设，当飞行器在一个给定的区域运动时，地磁场矢量 $\boldsymbol{B}^{\mathrm{b}}$ 的模是定值，即

$$(\boldsymbol{B}^{\mathrm{b}})^{\mathrm{T}}(\boldsymbol{B}^{\mathrm{b}})=[\boldsymbol{G}(\boldsymbol{B}_{\mathrm{m}}^{\mathrm{b}}-\boldsymbol{b})]^{\mathrm{T}}[\boldsymbol{G}(\boldsymbol{B}_{\mathrm{m}}^{\mathrm{b}}-\boldsymbol{b})]=(\boldsymbol{B}_{\mathrm{m}}^{\mathrm{b}})^{\mathrm{T}}\boldsymbol{\Gamma}(\boldsymbol{B}_{\mathrm{m}}^{\mathrm{b}})-2\boldsymbol{b}^{\mathrm{T}}\boldsymbol{\Gamma}(\boldsymbol{B}_{\mathrm{m}}^{\mathrm{b}})+\boldsymbol{b}^{\mathrm{T}}\boldsymbol{\Gamma}\boldsymbol{b} \quad (8.48)$$

其中：矩阵

$$\boldsymbol{\Gamma}=\boldsymbol{G}^{\mathrm{T}}\boldsymbol{G}=\begin{bmatrix}\gamma_1 & \gamma_2 & \gamma_3\\ \gamma_2 & \gamma_4 & \gamma_5\\ \gamma_3 & \gamma_5 & \gamma_6\end{bmatrix} \quad (8.49)$$

式(8.48)是关于三轴地磁传感器测量值 $\boldsymbol{B}_{\mathrm{m}}^{\mathrm{b}}=[B_{\mathrm{m}x}^{\mathrm{b}} \quad B_{\mathrm{m}y}^{\mathrm{b}} \quad B_{\mathrm{m}z}^{\mathrm{b}}]^{\mathrm{T}}$ 的椭球方程，这表明地磁传感器的测量值被限制在一个椭球轨迹上，利用这种特性，可以估计误差矩阵 $\boldsymbol{G}$ 和向量 $\boldsymbol{b}$。展开式(8.48)，可以得到矩阵 $\boldsymbol{G}$、向量 $\boldsymbol{b}$ 和地磁传感器测量值 $\boldsymbol{B}_{\mathrm{m}}^{\mathrm{b}}$ 之间的关系。如果给定 $N$ 个地磁传感器的矢量测量值 $\boldsymbol{B}_{\mathrm{m}}^{\mathrm{b}}$，这种关系用以下 $N$ 个线性方程组成的方程组来表示：

$$\boldsymbol{r}=\boldsymbol{H}\boldsymbol{\xi} \quad (8.50)$$

式中：$\boldsymbol{r}\in\mathbf{R}^{N\times 1}$ 为残差向量；$\boldsymbol{\xi}=[\gamma_1 \quad \gamma_2 \quad \gamma_3 \quad \cdots \quad \gamma_9 \quad \gamma_{10}]^{\mathrm{T}}\in\mathbf{R}^{10\times 1}$ 为估计向量，式(8.50)的第 $i$ 行为

$$\begin{aligned}r_i=&\gamma_1(B_{\mathrm{m}x}^{\mathrm{b}})_i^2+2\gamma_2(B_{\mathrm{m}x}^{\mathrm{b}}B_{\mathrm{m}y}^{\mathrm{b}})_i+2\gamma_3(B_{\mathrm{m}x}^{\mathrm{b}}B_{\mathrm{m}z}^{\mathrm{b}})_i+\gamma_4(B_{\mathrm{m}y}^{\mathrm{b}})_i^2+\\&2\gamma_5(B_{\mathrm{m}y}^{\mathrm{b}}B_{\mathrm{m}z}^{\mathrm{b}})_i+\gamma_6(B_{\mathrm{m}z}^{\mathrm{b}})_i^2+\gamma_7(B_{\mathrm{m}x}^{\mathrm{b}})_i+\gamma_8(B_{\mathrm{m}y}^{\mathrm{b}})_i+\gamma_9(B_{\mathrm{m}z}^{\mathrm{b}})_i+\gamma_{10}\end{aligned} \quad (8.51)$$

其中，$\gamma_1\sim\gamma_6$ 是矩阵 $\boldsymbol{\Gamma}$ 的元素，$\gamma_7\sim\gamma_{10}$ 由下式给出：

$$\begin{bmatrix}\gamma_7\\ \gamma_8\\ \gamma_9\end{bmatrix}=-2\begin{bmatrix}\gamma_1 & \gamma_2 & \gamma_3\\ \gamma_2 & \gamma_4 & \gamma_5\\ \gamma_3 & \gamma_5 & \gamma_6\end{bmatrix}\begin{bmatrix}b_x\\ b_y\\ b_z\end{bmatrix}=-2\boldsymbol{\Gamma}\boldsymbol{b} \quad (8.52)$$

$$\gamma_{10}=\gamma_1 b_x^2+2\gamma_2 b_x b_y+2\gamma_3 b_x b_z+\gamma_4 b_y^2+2\gamma_5 b_y b_z+\gamma_6 b_z^2-(\boldsymbol{B}^{\mathrm{b}})^{\mathrm{T}}(\boldsymbol{B}^{\mathrm{b}}) \quad (8.53)$$

因此，地磁场测量误差修正的过程转化为以下两个过程：第一个过程为参数估计的过程，即由地磁传感器的矢量测量数据 $\boldsymbol{B}_{\mathrm{m}}^{\mathrm{b}}$，根据椭球轨迹的约束，首先由式(8.50)估计向量 $\boldsymbol{\xi}$，然后利用 $\gamma_1\sim\gamma_{10}$ 来确定地磁传感器的误差矩阵 $\boldsymbol{G}$ 和常值补偿向量 $\boldsymbol{b}$ 的过程。第二个过程为根据估计的误差矩阵 $\boldsymbol{G}$ 和常值补偿向量 $\boldsymbol{b}$ 获得准确的地磁场矢量 $\boldsymbol{B}^{\mathrm{b}}$ 的过程。

#### 8.4.3.2　参数估计的步骤

参数估计的过程按以下三步进行：第一步，运用最小均方估计确定向量 $\boldsymbol{\xi}$ 的归一化估计，记为 $\bar{\boldsymbol{\xi}}$，即 $\bar{\boldsymbol{\xi}}=(\|\boldsymbol{\xi}\|)^{-1}\boldsymbol{\xi}$。第二步，确定向量 $\boldsymbol{b}$，运用 $\boldsymbol{b}$ 来求解 $\|\boldsymbol{\xi}\|$，进而来确定向量

$\boldsymbol{\xi}$。第三步，由向量 $\boldsymbol{\xi}$ 来确定误差矩阵 $\boldsymbol{G}$。

因为对于任何一个满足 $\boldsymbol{R}_G{}^{\mathrm{T}}\boldsymbol{R}_G=\boldsymbol{I}$ 的正交矩阵 $\boldsymbol{R}_G$，都有 $(\boldsymbol{R}_G\boldsymbol{G})^{\mathrm{T}}(\boldsymbol{R}_G\boldsymbol{G})=\boldsymbol{G}^{\mathrm{T}}\boldsymbol{R}_G{}^{\mathrm{T}}\boldsymbol{R}_G\boldsymbol{G}=\boldsymbol{\Gamma}$，所以更准确地说，$\xi$ 用来确定矩阵 $\boldsymbol{K}_G$，$\boldsymbol{K}_G$ 由矩阵 $\boldsymbol{G}$ 的极分解给出，即

$$\boldsymbol{K}_G=(\boldsymbol{R}_G)^{\mathrm{T}}\boldsymbol{G} \tag{8.54}$$

如果矩阵 $\boldsymbol{R}_G$ 是单位矩阵或接近单位矩阵，参数估计过程就结束了。矩阵 $\boldsymbol{R}_G$ 是否是单位矩阵或者接近单位矩阵，可以通过向量 $\boldsymbol{\xi}$ 的耦合项（$\gamma_2,\gamma_3,\gamma_5$）的大小来判断。如果矩阵 $\boldsymbol{R}_G$ 不接近单位矩阵，这说明软磁干扰引起的误差是不可观测的，在这种情况下，须借助外在的信息来估计正交矩阵 $\boldsymbol{R}_G$，矩阵 $\boldsymbol{R}_G$ 的计算可以参考相关文献。

1. 归一化向量 $\bar{\boldsymbol{\xi}}$ 的确定

如果地磁传感器没有噪声干扰，式(8.50)中的残差向量 $\boldsymbol{r}=\boldsymbol{0}$，由于地磁传感器均存在噪声干扰，所以选择残差二次方和最小作为判断总则，求 $\boldsymbol{\xi}$ 的最优估计值 $\hat{\boldsymbol{\xi}}$。数学上，这可以表示为

$$\hat{\boldsymbol{\xi}}=\min_{\xi}\|\boldsymbol{r}\|_2=\min_{\xi}(\boldsymbol{\xi}^{\mathrm{T}}\boldsymbol{H}^{\mathrm{T}}\boldsymbol{H}\boldsymbol{\xi}) \tag{8.55}$$

其中，约束条件是 $\boldsymbol{\xi}\neq\boldsymbol{0}$。

如果将对称矩阵 $\boldsymbol{H}^{\mathrm{T}}\boldsymbol{H}$ 进行奇异值分解，得到

$$\boldsymbol{H}^{\mathrm{T}}\boldsymbol{H}=\boldsymbol{V}_H\boldsymbol{\Sigma}_H^2\boldsymbol{V}_H^{\mathrm{T}} \tag{8.56}$$

那么 $\hat{\boldsymbol{\xi}}=\boldsymbol{v}_{10}$，其中 $\boldsymbol{v}_{10}$ 是正交矩阵 $\boldsymbol{V}_H$ 的第 10 列或者是矩阵 $\boldsymbol{H}$ 的最小奇异值所对应的特征向量。由于 $\|\boldsymbol{v}_{10}\|=1$，所以从矩阵 $\boldsymbol{H}$ 的奇异值分解得到的估计是归一化估计 $\bar{\boldsymbol{\xi}}$，即 $\bar{\boldsymbol{\xi}}=\boldsymbol{v}_{10}$。

2. 向量 $\boldsymbol{b}$ 和向量 $\boldsymbol{\xi}$ 的确定

式(8.49)和式(8.52)表明，如果知道向量 $\boldsymbol{\xi}$，可以获得向量 $\boldsymbol{b}$。然而，现在知道的是 $\bar{\boldsymbol{\xi}}$，不是 $\boldsymbol{\xi}$，庆幸的是，$\boldsymbol{\xi}$ 的范数 $\|\boldsymbol{\xi}\|$ 不影响对向量 $\boldsymbol{b}$ 的估计。从式(8.52)可以得到

$$\boldsymbol{b}=-\frac{1}{2}\begin{bmatrix}\bar{\gamma}_1 & \bar{\gamma}_2 & \bar{\gamma}_3\\ \bar{\gamma}_2 & \bar{\gamma}_4 & \bar{\gamma}_5\\ \bar{\gamma}_3 & \bar{\gamma}_5 & \bar{\gamma}_6\end{bmatrix}^{-1}\begin{bmatrix}\bar{\gamma}_7\\ \bar{\gamma}_8\\ \bar{\gamma}_9\end{bmatrix} \tag{8.57}$$

重新改写式(8.53)，$\|\boldsymbol{\xi}\|$ 可由下式确定：

$$\|\boldsymbol{\xi}\|=(\bar{\gamma}_1 b_x^2+2\bar{\gamma}_2 b_x b_y+2\bar{\gamma}_3 b_x b_z+\bar{\gamma}_4 b_y^2+2\bar{\gamma}_5 b_y b_z+\bar{\gamma}_6 b_z^2-\bar{\gamma}_{10})^{-1}(\boldsymbol{B}^{\mathrm{b}})^{\mathrm{T}}(\boldsymbol{B}^{\mathrm{b}}) \tag{8.58}$$

因此 $\boldsymbol{\xi}$ 由下式确定：

$$\boldsymbol{\xi}=(\|\boldsymbol{\xi}\|)\bar{\boldsymbol{\xi}} \tag{8.59}$$

3. 矩阵 $\boldsymbol{K}_G$ 的确定

从式(8.49)可知，矩阵 $\boldsymbol{\Gamma}$ 和 $\boldsymbol{G}$ 有相同的左特征向量，矩阵 $\boldsymbol{G}$ 的奇异值等同于矩阵 $\boldsymbol{\Gamma}$ 的奇异值的均方根。因此，由矩阵 $\boldsymbol{\Gamma}$ 的奇异值分解，可以得到

$$\boldsymbol{K}_G=\boldsymbol{V}_{\Gamma}\sqrt{\boldsymbol{\Sigma}_{\Gamma}}\,\boldsymbol{V}_{\Gamma}^{\mathrm{T}} \tag{8.60}$$

#### 8.4.3.3　地磁场测量误差的修正

由式(8.48)、式(8.54)、式(8.57)和式(8.60)，根据估计的误差矩阵 $\boldsymbol{G}$ 和向量 $\boldsymbol{b}$，可按式(8.61)获得准确的地磁场矢量 $\boldsymbol{B}^{\mathrm{b}}$：

$$\boldsymbol{B}^{\mathrm{b}}=\boldsymbol{R}_G(\boldsymbol{V}_{\Gamma}\sqrt{\boldsymbol{\Sigma}_{\Gamma}}\boldsymbol{V}_{\Gamma}^{\mathrm{T}})(\boldsymbol{B}_{\mathrm{m}}^{\mathrm{b}}+\boldsymbol{b}) \tag{8.61}$$

### 8.4.4 有效性仿真验证

为验证算法的有效性，评估其修正性能，在 MATLAB 环境下仿真了地磁传感器在两种不同安装情况下的磁测数据，用上述方法对磁测数据进行修正和评估。重点是评估由软磁干扰对地磁传感器测量值的影响。假定地磁传感器的安装参数见表 8－1，两种情况下地磁传感器的区别在于情况 2 地磁传感器受软磁干扰的影响。

在仿真中，假定用图 8－3 中的总磁场强度测量值来修正地磁传感器的误差，图 8－4 和图 8－5 给出了两种不同安装情况下地磁场真实值、测量值和修正后值的比较结果。

**表 8－1 安装数据仿真生成表**

| 误差参数 | 情况 1 | 情况 2 |
|---|---|---|
| $b_x$/Gauss | －0.12 | －0.12 |
| $b_y$/Gauss | 0.17 | 0.17 |
| $b_z$/Gauss | －0.26 | －0.26 |
| $\eta_x$/(°) | －1.281 7 | －1.281 7 |
| $\eta_y$/(°) | 0.630 6 | 0.630 6 |
| $\eta_z$/(°) | 3.254 7 | 3.254 7 |
| $\alpha_{xx}$ | 0 | 0.05 |
| $\alpha_{xy}$ | 0 | 0.10 |
| $\alpha_{xz}$ | 0 | 0.20 |
| $\alpha_{yx}$ | 0 | 0.30 |
| $\alpha_{yy}$ | 0 | 0.03 |
| $\alpha_{yz}$ | 0 | 0.20 |
| $\alpha_{zx}$ | 0 | 0.01 |
| $\alpha_{zy}$ | 0 | 0.20 |
| $\alpha_{zz}$ | 0 | 1.0 |
| $s_x$ | 0.18 | 0.18 |
| $s_y$ | －0.13 | －0.13 |
| $s_z$ | 0.11 | 0.11 |
| $n_x=n_y$/Gauss | 0.001 | 0.001 |

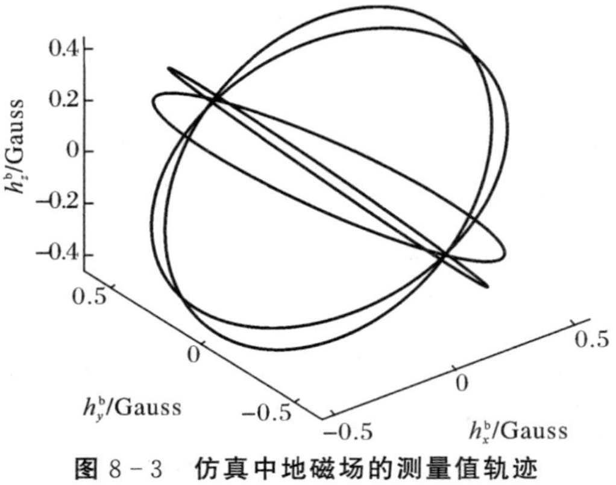


**图 8－3 仿真中地磁场的测量值轨迹**

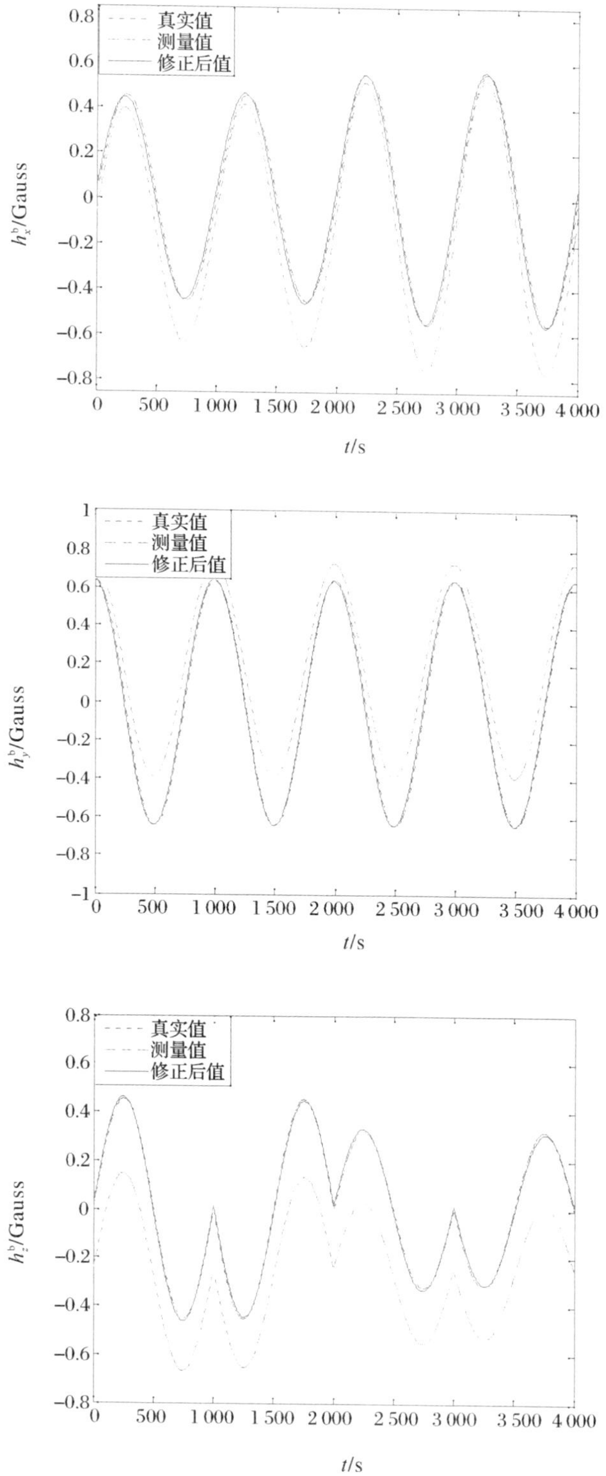


**图 8－4　情况 1:真实值、测量值和修正后值的比较**

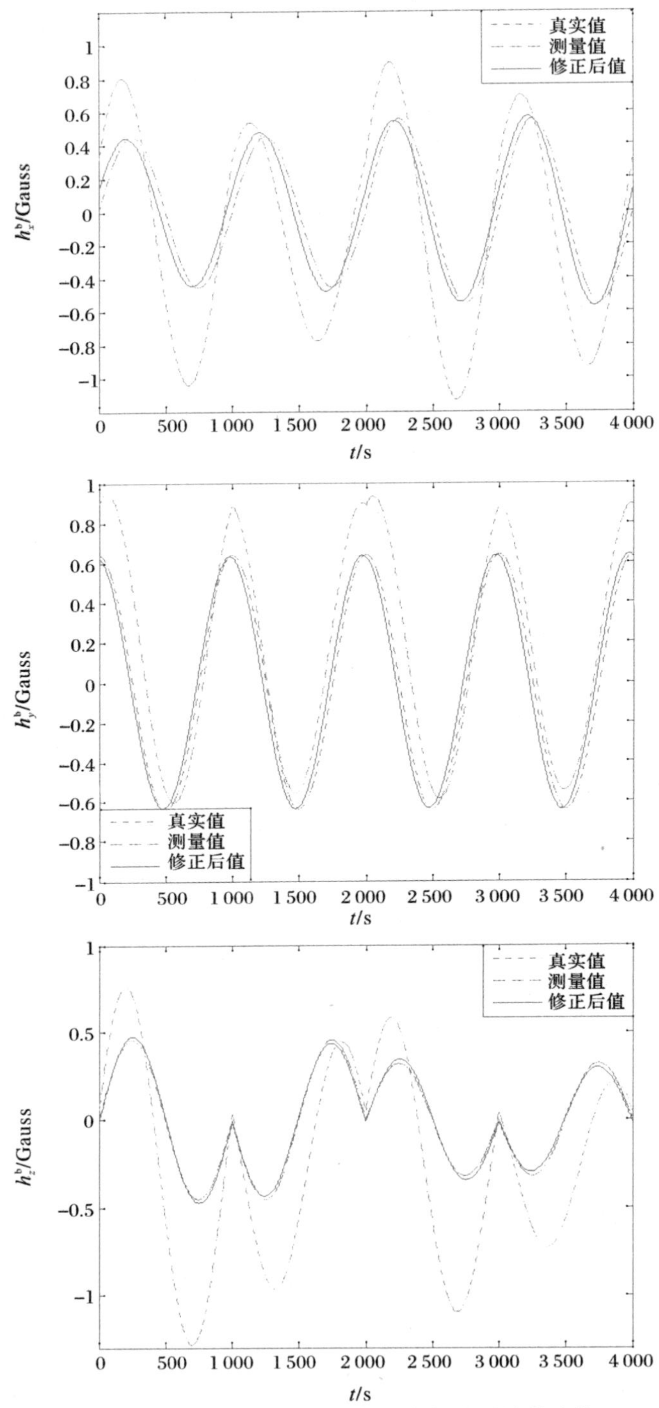


**图 8－5　情况 2:真实值、测量值和修正后值的比较**

图 8－4 和图 8－5 中的虚线表示真实的地磁场值,双画线表示未修正之前地磁传感器的测量值,实线表示用本节提出的方法修正后的值。比较图 8－4 和图 8－5 看到,在图 8－4

中，真实值和修正后的测量值之间完全重合，然而，在图 8－5 中，真实值和修正后的测量值之间有明显的差别。这说明情况 2 中，由于软磁干扰的影响，使得矩阵 $\boldsymbol{R}_G$ 不接近单位矩阵，从而导致轨迹约束修正算法是不可观测的，必须借助外在的信息来估计矩阵 $\boldsymbol{R}_G$。事实上，对于情况 2，真实的误差矩阵 $\boldsymbol{G}$ 和它的极分解由下式给定：

$$\boldsymbol{G}=\boldsymbol{R}_G\boldsymbol{K}_G=\begin{bmatrix}0.8794 & 0.3462 & -0.0867\\ -0.1566 & 1.0853 & 0.0241\\ -0.0186 & 0.0350 & 0.9935\end{bmatrix}\begin{bmatrix}0.7293 & -0.2121 & -0.1091\\ -0.2121 & 1.1001 & -0.2288\\ -0.1091 & -0.2288 & 0.6435\end{bmatrix} \tag{8.62}$$

式(8.62)中，显然矩阵 $\boldsymbol{R}_G$ 不接近单位矩阵，这也进一步验证了文中的分析。使用本节提出的修正算法得到的矩阵 $\boldsymbol{K}_G$ 的估计值 $\hat{\boldsymbol{K}}_G$ 由下式给出：

$$\hat{\boldsymbol{K}}_G=\begin{bmatrix}0.7293 & -0.2122 & -0.1091\\ -0.2122 & 1.1001 & -0.2287\\ -0.1091 & -0.2287 & 0.6435\end{bmatrix} \tag{8.63}$$

从式(8.62)和式(8.63)可以看到，矩阵 $\boldsymbol{K}_G$ 和 $\hat{\boldsymbol{K}}_G$ 的差别是非常小的，因此修正后地磁传感器的测量值和真实的地磁场值的主要差别在于软磁干扰的影响，而这一影响通过正交矩阵 $\boldsymbol{R}_G$ 来体现。

前面已经指出，正交矩阵 $\boldsymbol{R}_G$ 是否等于单位矩阵 $\boldsymbol{I}$，可以通过矩阵 $\boldsymbol{\Gamma}$ 中的耦合参数 $\gamma_2$、$\gamma_3$、$\gamma_5$ 是否等于零来判断。如果矩阵 $\boldsymbol{\Gamma}$ 中的参数 $\gamma_2$、$\gamma_3$、$\gamma_5$ 等于零，那么正交矩阵 $\boldsymbol{R}_G$ 等于 $\boldsymbol{I}$。然而，由于地磁传感器测量噪声 $n$ 的存在，参数 $\gamma_2$、$\gamma_3$、$\gamma_5$ 不可能等于零，所以基于地磁传感器测量噪声 $n$ 的大小，可以给出一个临界值 $\tau$ 来判断。如果参数 $\gamma_2$、$\gamma_3$、$\gamma_5$ 的值超过临界值 $\tau$，那么表明正交矩阵 $\boldsymbol{R}_G$ 不等于或者说不接近于单位矩阵 $\boldsymbol{I}$，软磁干扰是重要的，此时须借助外在的信息来确定正交矩阵 $\boldsymbol{R}_G$。这个结论可以从图 8－6 和图 8－7 中看到。图 8－6 和图 8－7给出了 300 次仿真中参数 $\gamma_2$、$\gamma_3$、$\gamma_5$ 的估计值，很显然，在情况 1 中，这些参数的估计值的均值是 0，然而，在情况 2 中，这些参数的估计值的均值是偏离 0 的。仿真结果说明了通过矩阵 $\boldsymbol{\Gamma}$ 中的参数 $\gamma_2$、$\gamma_3$、$\gamma_5$ 是否等于零来判断正交矩阵 $\boldsymbol{R}_G$ 是否等于或者说接近于单位矩阵 $\boldsymbol{I}$ 的结论的正确性。也就是说，通过矩阵 $\boldsymbol{\Gamma}$ 中的参数 $\gamma_2$、$\gamma_3$、$\gamma_5$ 是否等于零可以用来判断飞行器中软磁干扰是否可以忽略。

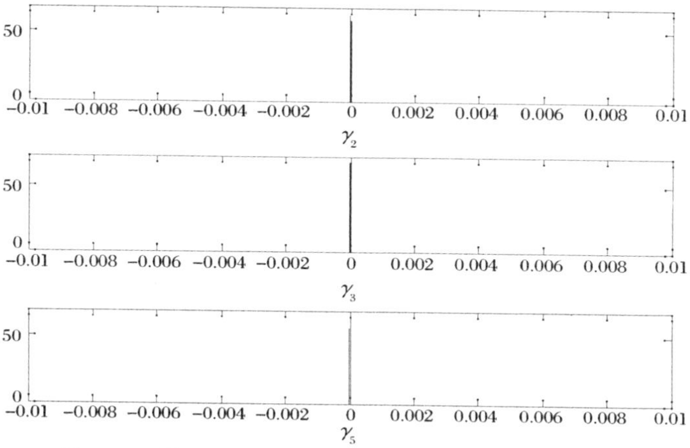


**图 8－6　情况 1:300 次仿真中 $\gamma_2$、$\gamma_3$、$\gamma_5$ 的频数直方图**

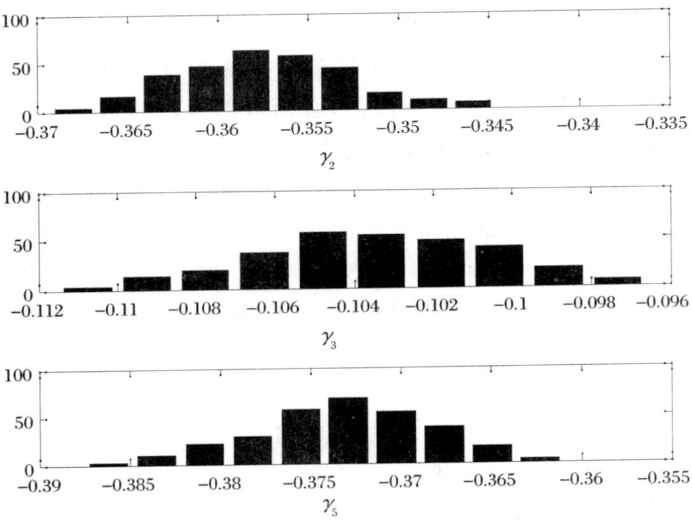


**图 8－7　情况 2:300 次仿真中 $\gamma_2$、$\gamma_3$、$\gamma_5$ 的频数直方图**

## 8.5　低频电磁信号的分离

前面几节中提到的补偿方法针对的都是与飞行器运动姿态有关的干扰磁场，这部分干扰磁场能够被建模，可以通过对模型参数求解的办法进行补偿。但是在飞行器中还有一类与飞行器运行姿态无关的干扰磁场，这部分磁场来源于诸如无线电设备、数字开关、电源及输电线路等电气设备。对于此类干扰场，现今通用的处理方法通常是磁屏蔽、低通或带通滤波技术。磁屏蔽技术可以屏蔽高频磁场，但是对低频干扰却显得无能为力；滤波技术只能屏蔽与地磁场频带不同的低频干扰场，对与地磁场频率比较接近的低频干扰信号也无能为力，因此，低频电磁信号的干扰仍然是地磁导航在实际应用要面临的主要难题之一。针对这一问题，本章将会采用独立分量分析的方法对其进行处理。

### 8.5.1　电气系统衍生的磁场

飞行器中各种电气设备、供电系统在正常工作时将产生磁场，这部分磁场成分十分复杂、变化多端且没有固定的规则。下面将对其做以简单的分类并建立简单电流形式的磁场计算模型。

按照飞行器机载电气设备的种类，可以对这部分干扰场做如下的归类。

(1)无线电发射设备产生的磁场：飞行器上的雷达、导航等无线电设备的功率一般比较大，有些无线电设备的发射功率高达数百瓦且其频率范围在 2～30 MHz 之间，与地磁场频率较为接近。

(2)脉冲数字电路以及开关电路产生的磁场：现今飞行器上的多数电气设备采用的是数字电路，一般情况下，数字脉冲电路以及电压波形的上升前沿是陡峭的，里面蕴含着的丰富的高次谐波分量是一种频谱比较宽的干扰源。

(3)电感性电气设备产生的干扰场：一般情况下，飞行器上存在诸如电动机、电泵等众多的电气元件，此类电气元件中多含有铁芯线圈的电感性负载，当它们进行“通-断”转换时能够产生峰值高达 600 V、振荡频率在 1～10 MHz 内的瞬时电压干扰。

(4)旋转设备和荧光灯等设备产生的干扰场：飞行器中的电动机等设备在旋转过程中会因为电刷与滑环之间的短暂接触而形成频率范围较宽的辐射干扰；飞行器中采用的某些交流供电的荧光灯在放电时会产生频率较高的振荡，其频率范围多在 0.1～5 MHz。

(5)交流电源的输电线路产生的干扰场：一般在交流电源的输电线路周围存在众多的频率较低的电厂或是磁场干扰。例如，100 A 的电流在流经导线时就可以在其周围形成强度值高达$5\times10^{-4}$ $Wb/m^2$的感应磁场，在离导线 30 cm 处的磁感场强度也能达到$0.65\times10^{-4}$ $Wb/m^2$。

电流产生的磁场的大小主要和空间点到电流的距离以及电流的大小有关，随着空间点与电流之间距离的增大，磁场强度会不断地减小。因此，为了尽量减小电流磁场对地磁测量的干扰程度，一方面需要尽可能地降低电流强度，另一方面在布局时应尽量使磁强计远离电流源。但是，考虑到飞行器实际工作的需要及其狭窄的内部空间，传感器对地磁场的测量将不可避免地受到电流磁场的影响。考虑到磁屏蔽以及低通、带通滤波技术在处理频率与地磁场较为接近的低频干扰信号方面的不足，可以采用独立分量分析的方法处理低频干扰磁场。

## 8.5.2　独立分量分析法

### 8.5.2.1　独立分量分析法的原理

独立分量分析法是盲信源分离方法中的一种。这里的术语“盲”有两方面的含义：一方面是指原信号的未知性，另一方面是指混合过程的未知性。作为信号处理、信息理论和人工神经网络等多种技术相互结合的产物，盲信源分离技术发展于 20 世纪末，其模型如下所述：

假设源信号表达式为 $\boldsymbol{s}=[s_1\quad s_2\quad\cdots\quad s_n]^{\mathrm{T}}$，观测得到的混合信号表达式为 $\boldsymbol{x}=[x_1\quad x_2\quad\cdots\quad x_m]^{\mathrm{T}}$，则信号的混合模型可表示为

$$\boldsymbol{x}=F(\boldsymbol{s})+\boldsymbol{v}\tag{8.64}$$

式中：$F(\ )$表示的就是混合系统；$\boldsymbol{v}=[v_1\quad v_2\quad\cdots\quad v_m]^{\mathrm{T}}$ 代表的是噪声矢量。盲信源分离的重点就是在 $F(\ )$与 $\boldsymbol{s}$ 具体内容未知或知之甚少的情况下，寻求一个解混系统 $H(\ )$，使得下面的式子得到满足：

$$\hat{\boldsymbol{s}}=H(\boldsymbol{x})\approx\boldsymbol{s}\tag{8.65}$$

通用的盲信源分离处理的模型如图 8-8 所示。

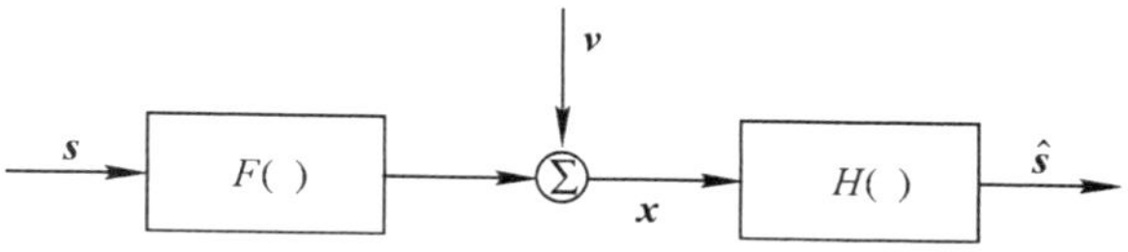


图 8-8　盲信源分离处理模型

在没有任何假设条件以及先验信息的条件下，仅从观测信号出发确定源信号或者是混合系统从数学原理方面来讲是不可行的。但是如果以下条件能够得到满足：

(1)物理源产生的信号的每一个分量都是相互独立的；

(2)允许分离出来的信号在幅值和分量顺序上存在不确定性。

那么上述问题就是可解的，在上述假设存在的条件下进行的盲信源分离方法就是独立分量分析法。

由于经该方法分解出来的信号的各个分量之间能够实现相互独立，独立分量分析法得到了广泛的关注并逐渐成为信号处理领域的“宠儿”。在传统线性独立分量分析方法中，为了能够有效地分离出每一个物理信号源的输出，下述几个条件一定要成立：首先，各个物理信号源的输出必须相互独立，这是实现独立分量分析法的最基本要求；其次，所有物理信号源的输出信号里面没有或者至多只有一个高斯分布，这是因为多个高斯信号的混叠是无法被分离的；最后，混叠矩阵 $\boldsymbol{A}$ 需要满足满秩条件，这也就要求传感器的数目应该等于信号源的数目。

需要指出的是，即使上述几个约束条件能够得到满足，独立分量分析法还是会表现出如下面所述的含混性：

（1）只能分离出每一个物理信号源的输出波形，而无法分析出其对应的幅值：

$$\boldsymbol{x}=\sum_i k_i a_i\left(\frac{\boldsymbol{s}_i}{k_i}\right) \tag{8.66}$$

式(8.66)可以表示出现该问题的原因，即对原始信号乘以一个因子的同时在系数矩阵中对应位置除以这个因子，测量结果将保持不变。

（2）分离出的波形无法正确地与原始信号源在顺序上一一对应，出现该问题的原因可用如下公式表达：

$$\boldsymbol{x}=\boldsymbol{A}\boldsymbol{I}_c^{-1}\boldsymbol{I}_c\boldsymbol{s} \tag{8.67}$$

式中：$\boldsymbol{I}_c$ 可以是单位矩阵在交换了两行之后得到的矩阵，假设最后我们把矩阵 $\boldsymbol{A}/\boldsymbol{I}_c$ 作为解混矩阵 $\boldsymbol{I}_c\boldsymbol{s}$ 分离后的结果，在这种情况下得到结果是错乱的。

#### 8.5.2.2 快速固定点算法的实现

独立分量分析法的具体实现有多种方法，而快速固定点算法是其应用比较广泛的一种。与独立分量分析法中的其余方法类似，快速固定点算法需要先对传感器上得到的物理信号进行白化预处理，其白化预处理方式如下：

对矩阵 $\boldsymbol{R}_{xx}$ 进行特征值分解可以得到

$$\boldsymbol{R}_{xx}=\boldsymbol{U}\boldsymbol{D}\boldsymbol{U}^{\mathrm{T}} \tag{8.68}$$

式中：$\boldsymbol{R}_{xx}=E[\boldsymbol{x}\boldsymbol{x}^{\mathrm{T}}]$；矩阵 $\boldsymbol{U}=[u_1\quad u_2\quad\cdots\quad u_m]$ 表示的是特征向量矩阵；矩阵 $\boldsymbol{D}=\mathrm{diag}(\lambda_1,\cdots,\lambda_m)$ 表示的是特征值构成的对角矩阵。取白化矩阵为

$$\boldsymbol{V}=\boldsymbol{U}\boldsymbol{D}^{-1/2}\boldsymbol{U}^{\mathrm{T}} \tag{8.69}$$

那么相应地得到的白化后的数据即为 $\boldsymbol{z}=\boldsymbol{V}\boldsymbol{x}$，同时满足

$$E[\boldsymbol{z}\boldsymbol{z}^{\mathrm{T}}]=\boldsymbol{I} \tag{8.70}$$

对测量得到的信号数据进行白化预处理可以使独立分量分析的问题得到简化，易知新的混叠矩阵 $\boldsymbol{VA}$ 是一个正交阵，这种情况下可以将等待求解的参数的数目从之前的 $n^2$ 个消减到 $n(n-1)/2$ 个。

在对测量信号进行白化预处理之后的工作是寻找一个向量 $\boldsymbol{w}$，使得信号 $\boldsymbol{y}=\boldsymbol{w}^{\mathrm{T}}\boldsymbol{z}$ 的非高斯特征达到最强，我们将采用负熵作为非高斯性的度量标准，其定义为

$$J(\boldsymbol{x})=H(\boldsymbol{x}_{\mathrm{gauss}})-H(\boldsymbol{x}) \tag{8.71}$$

式中：$\boldsymbol{x}=[x_1 \quad \cdots \quad x_n]^{\mathrm{T}}$ 表示的是被度量的随机变量；$\boldsymbol{x}_{\mathrm{gauss}}$ 表示的是协方差矩阵和 $\boldsymbol{x}$ 相同的高斯随机向量；$H(\boldsymbol{x})$是向量 $\boldsymbol{x}$ 的熵，具体表达式为

$$H(\boldsymbol{x})=-\int P_x(\xi)\log P_x(\xi)\mathrm{d}\xi=-\int f(P_x(\xi))\mathrm{d}\xi \tag{8.72}$$

式中：$P_x$ 为 $\boldsymbol{x}$ 的概率密度函数。通常情况下很难采用式(8.71)所示的方法求解负熵，一般采用的是通过近似的方法对负熵进行估计。有两个定理在负熵的估计过程中有着重要的应用，在这里给出简单的说明。

**定理** 1：对于进行过预处理的信号量 $\boldsymbol{z}$，假设其对应的最优的独立分量分析法的解是 $\boldsymbol{w}$，则一定满足 $\|\boldsymbol{w}\|=1$。

**定理** 2：可以通过合适的奇函数或者是偶函数 $G(\boldsymbol{x})$对负熵 $J(\boldsymbol{x})$按照下面的关系来近似：

$$J(\boldsymbol{x})\propto\{E[G(\boldsymbol{x})]-E[G(\boldsymbol{v})]\}^2 \tag{8.73}$$

显而易见，定理 2 的提出为负熵的估计提供了有效的方式。根据定理 2 来估计负熵 $J(\boldsymbol{x})$，可以通过调整最优解 $\boldsymbol{w}$ 使得负熵 $J(\boldsymbol{x})$的值最大。列出拉格朗日函数，将 $\boldsymbol{x}=\boldsymbol{z}^{\mathrm{T}}\boldsymbol{w}$ 代入得

$$L(\boldsymbol{w},\lambda)=\{E[G(\boldsymbol{w}^{\mathrm{T}}\boldsymbol{z})]-E[G(\boldsymbol{v})]\}^2+\lambda\|\boldsymbol{w}\|^2 \tag{8.74}$$

对式(8.74)两边进行求导，并根据数学知识求极值时导数必为 0 对方程进行求解。得到的最优解满足方程为

$$E[\boldsymbol{z}g(\boldsymbol{w}^{\mathrm{T}}\boldsymbol{z})]+\beta\boldsymbol{w}=0 \tag{8.75}$$

式(8.75)中的 $\beta$ 是一个恒定的常数值，其表达式为 $\beta=E[\boldsymbol{w}_{\circ}^{\mathrm{T}}\boldsymbol{z}g(\boldsymbol{w}_{\circ}^{\mathrm{T}}\boldsymbol{z})]$，其中，$\boldsymbol{w}_{\circ}$ 是最优解 $\boldsymbol{w}$ 优化之后的值，函数 $g(\boldsymbol{x})$是 $G(\boldsymbol{x})$的导数。对于 $\boldsymbol{w}$ 的进一步求解可以采用牛顿迭代的方法，使其最后收敛于函数的极值。将求解过程中的迭代公式简化之后得到的就是快速固定点算法的核心迭代公式：

$$\boldsymbol{w}\leftarrow E[\boldsymbol{z}g(\boldsymbol{w}^{\mathrm{T}}\boldsymbol{z})]-E[g'(\boldsymbol{w}^{\mathrm{T}}\boldsymbol{z})]\boldsymbol{w} \tag{8.76}$$

快速固定点算法的求解步骤描述如下：

(1)令所有的采样数据的均值为 0，通过将所有的数据减去均值的方法；

(2)对从传感器上得到的所有的观测数据进行白化处理获得 $\boldsymbol{z}$；

(3)初始化向量 $\boldsymbol{w}$；

(4)计算式(8.76)更新 $\boldsymbol{w}$ 的值，其中函数 $g(\boldsymbol{x})$是 $G(\boldsymbol{x})$的导数，而 $G(\boldsymbol{x})$可以有下面的三种形式：

$$\left.\begin{aligned} g_1(\boldsymbol{x})&=\tanh(a_1\boldsymbol{x})\\ g_2(\boldsymbol{x})&=\boldsymbol{y}\exp(-\boldsymbol{x}^2/2)\\ g_3(\boldsymbol{x})&=\boldsymbol{x}^3 \end{aligned}\right\} \tag{8.77}$$

(5)对 $\boldsymbol{w}$ 进行标准化操作，令

$$\boldsymbol{w}\leftarrow\boldsymbol{w}/\|\boldsymbol{w}^2\| \tag{8.78}$$

(6)依据 $\boldsymbol{w}$ 的变化幅度判断是否收敛，如果不收敛，那么返回第(4)步。

对于很多个独立分量，上述的过程可以重复地使用。但需要注意的是，在分离出一个独立成分后，就需要从众多的混合信号中除去这一独立成分，如此循环往复直至所有的独立分

量都被分离出去。

#### 8.5.2.3 独立分量分析法在地磁场信号分离中的问题

独立分量分析法可以有效地将满足线性叠加条件同时相互独立的物理信号进行波形分离的工作。然而，磁场是一个矢量，飞行器干扰磁场也不是固定不变的，它们之间并不满足线性叠加的条件，因此不能将独立分量分析法直接应用于飞行磁场信号的分离。具体来讲，独立分量分析法在飞行器磁场信号的分离中的困难可以归结为两个方面：

(1)测量信号的线性化叠加的约束条件得不到满足。为简要说明，假设飞行器内仅存在一个低频的电磁干扰源，再加上导航需要的地磁场信号，这样场源信号共有 2 个，因此需要 2 个传感器，这 2 个传感器需要安置在飞行器内的不同位置。假设在地球周边空间某一位置地磁场强度是 $H$，飞行器内干扰磁场在两个传感器所在的位置产生的干扰磁场分量分别是 $H_1$、$H_2$，那么两个传感器上能够测量得到的地磁场信号的强度依次为

$$\left.\begin{aligned} T_1 &= \sqrt{H^2 + H_1^2 - 2H \cdot H_1 \cos\alpha} \\ T_2 &= \sqrt{H^2 + H_2^2 - 2H \cdot H_2 \cos\beta} \end{aligned}\right\} \tag{8.79}$$

式中：$\alpha$、$\beta$ 分别表示干扰磁场分量与地磁场的夹角。由式(8.79)可知，两个传感器测量值的强度不仅与两处干扰磁场分量的大小有关，还与两者与地磁场之间的夹角有关，属于非线性叠加，故不能直接应用独立分量分析法进行信号分离。

(2)分离出信号的含混性。前文已经提到，独立分量分析法能分离出每一个信号的输出波形却无法分析出对应的幅值，且分离出的波形结果不能在顺序方面做到与原始信号源一一对应。在地磁场信号分离的应用中，上述含混性表现为两个方面：其一，不能确定分离出来的信号中哪一个是导航需要的地磁场信号，以及哪一个是对地磁场的准确测量造成干扰的干扰磁场信号；其二，即使分离出来的波形信号与原始信号能够做到一一对应，如果磁场信号的幅值是不能确定的，那么将无法与地磁图进行精确匹配。

### 8.5.3 磁场分离中障碍的解决方法

在上面的章节中已经提到独立分量分析法在飞行器磁场的分离中会遇到两个方面的障碍，本节则提出具有针对性的解决方案。针对传感器测量信号的线性化模型难以建立的问题，对产生干扰磁场的各个支路电路的特性进行具体的分析：将每一个支路电路进行单独的分组，每一个分组的支路电路都可以看作是一个独立的干扰源，可以产生相对于飞行器固定的干扰源，这样就解决了干扰磁场的时变问题。之后进一步以增加干扰磁场数目为代价，将各个干扰磁场由原来的非线性化叠加转化为在磁传感器测量轴方向的线性叠加。针对含混性障碍，提出相关系数的绝对值的方法，将分离出的波形信号与地磁图进行匹配。

#### 8.5.3.1 干扰磁场信号的线性化叠加

为了简化分析，取三轴传感器某一轴向为标准，假设在某一时刻传感器的标准轴向与地磁场以及干扰磁场方向夹角分别为 $\alpha_1$、$\beta_1$ 以及 $\alpha_2$、$\beta_2$，则有

$$\begin{bmatrix} T_1 \\ T_2 \end{bmatrix} = \begin{bmatrix} \cos\alpha_1 & \cos\beta_1 \\ \cos\alpha_2 & \cos\beta_2 \end{bmatrix} \begin{bmatrix} H \\ H_1 \end{bmatrix} \tag{8.80}$$

从式(8.80)中可得，此刻地磁场与干扰磁场虽然是线性叠加的形式，但其中的系数矩阵

是会随时间而变化的。根据前面章节中提到的条件：每一个独立的测量信号在传感器上的比例必须是固定不变的。假设 $M_1=\cos\alpha_1/\cos\alpha_2$，$M_2=\cos\beta_1/\cos\beta_2$，那么就要求比例系数 $M_1$、$M_2$ 不能随着时间的变化而变化。假设文中有这样的角度关系 $\beta_1=\beta_2+\gamma$，由三角函数的知识可以得知：

$$M_2=\frac{\cos\beta_2\cos\gamma-\sin\beta_2\sin\gamma}{\cos\beta_2}=\cos\gamma-\tan\beta_2\sin\gamma \tag{8.81}$$

由式(8.81)可知，只有在保证角度 $\beta_2$、$\gamma$ 等都固定不变的前提下才能保证 $M_2$ 的值不随时间改变，这样也就要求干扰磁场的方向相对于传感器的位置固定不变。同样的情况也适用于 $M_1$。由于传感器一般是捷联安装于飞行器中的，干扰磁场的方向相对于传感器的位置不变也就相当于相对于飞行器是固定的。下面将从串联、并联电路出发，具体分析其形成的不同的干扰磁场相对于飞行器是否固定。

依据毕奥-萨伐尔定律可知，串联电路中的电流单元在飞行器内部空间任意一点 $P$ 产生的磁场可以表达为

$$\mathrm{d}\boldsymbol{B}=\frac{\mu_0}{4\pi}\frac{I\mathrm{d}\boldsymbol{l}\times\boldsymbol{r}}{r^3} \tag{8.82}$$

式中：$\boldsymbol{r}$ 表示的是电流源到空间点 $P$ 处的矢量距离；$\mathrm{d}\boldsymbol{l}$ 表示的是导线的微元对应的矢量；$\mu_0$ 表示的是真空中的磁导率；$I$ 表示的是导线中的电流的强度。将式(8.82)进行进一步的展开，可以得到电流单元形成的磁场的大小，即幅值为

$$\mathrm{d}B=\frac{\mu_0}{4\pi}\frac{I\mathrm{d}l\sin\theta(l)}{r^3} \tag{8.83}$$

式(8.83)中磁场的方向可以通过右手定则来确定，角度 $\theta(l)$ 表示的是导线 $l$ 处导线微元 $\mathrm{d}l$ 与电流源到 $P$ 的矢量距离 $\boldsymbol{r}$ 之间的夹角。截取串联电路上的任意 $n$ 个点处的电流单元，由式(8.83)可知它们在空间点 $P$ 处产生的磁场的总磁场可表达为

$$\mathrm{d}\boldsymbol{B}_1+\mathrm{d}\boldsymbol{B}_2+\cdots+\mathrm{d}\boldsymbol{B}_n=\frac{I\mu_0}{4\pi}\left(\frac{\mathrm{d}\boldsymbol{l}_1\times\boldsymbol{r}_1}{r_1^3}+\frac{\mathrm{d}\boldsymbol{l}_2\times\boldsymbol{r}_2}{r_2^3}+\cdots+\frac{\mathrm{d}\boldsymbol{l}_n\times\boldsymbol{r}_n}{r_n^3}\right) \tag{8.84}$$

对式(8.84)进行具体的分析：等号右边的任意一项 $\mathrm{d}\boldsymbol{l}_i\times\boldsymbol{r}_i/r_i^3\ (i=1,2,\cdots,n)$ 都是一个矢量，而且它们的幅值与大小都是仅仅只与空间点 $P$ 的相对位置有关，那么当空间点 $P$ 相对于飞行器中各电路的位置固定不变时，该矢量的大小与方向也一定是固定不变的。那么由这些矢量叠加而成的矢量也具有这个特殊的性质。依次推断，所有的串联电路在空间点 $P$ 处所形成的总的磁场可以表达为

$$\boldsymbol{B}=\frac{\mu_0 I}{4\pi}\oint_L\frac{\mathrm{d}\boldsymbol{l}\times\boldsymbol{r}}{r^3} \tag{8.85}$$

且该磁场的大小与方向也是固定不变的。

对于复杂的含有多个支路的并联电路来说，假设在只有一个电源的情况下，所有的支路在飞行器内空间点 $P$ 处的磁场强度可以表示为

$$\boldsymbol{B}_1+\cdots\boldsymbol{B}_n=\frac{\mu_0 I(t)}{4\pi}\left\{a_1(t)\int_{L1}\frac{\mathrm{d}\boldsymbol{l}\times\boldsymbol{r}}{r^3}+\cdots+a_n(t)\int_{Ln}\frac{\mathrm{d}\boldsymbol{l}\times\boldsymbol{r}}{r^3}\right\} \tag{8.86}$$

式中：$I(t)$ 表示的是电源的总的输出电流；系数 $a_i(t)$ 表示的是每一个支路电流与总的电流的比例。此时需要对下面的几种情况做出具体的分析：

(1)当每一个支路中都不含电感、电抗元件的时候,比例系数 $a_i(t)$ 是一个不随时间改变的固定的值。由前面章节对串联电路的分析,得知式(8.86)中每一个积分项都是幅值以及方向都固定不变的矢量。那么,它们以固定的比例系数进行的线性的叠加得到的矢量的大小与方向也是不变的,只与空间点 $P$ 的位置有关。至于括号之外的系数项,易知其只与电流的总强度有关。此时,电路的干扰磁场与串联电路的干扰磁场一样,具有方向上的确定性。

(2)当有的支路电路中含有电感或者电抗元件,而且总的电流强度 $I(t)$ 是频率较低的变化值时,整个电路由于电阻或者是电抗元件的作用相当于处于断路或者是通路的状态,电路产生的磁场仍然相当于具有方向上的确定性。

(3)当有的支路电路中含有电感或者电抗元件,而且总的电流强度 $I(t)$ 是频率较高的变化值时,式(8.86)中的比例系数 $a_i(t)$ 将会是一个随时间改变的值,由电路产生的总磁场在方向上将是不确定的。然而,对于每一个支路电路来说,其产生的磁场在方向上仍然是具有确定性的,因此,可以把每一个支路电路都当作是一个个相互独立的且方向上具有确定性的干扰源进行处理。

通过以上内容的分析可以知道,有部分的电路产生的磁场是具有方向上的确定性的。至于其余部分的电路,可以将它们的每一个支路按照其特性进行分组,看作是一个个独立的干扰源来对待。对于飞行器中可能含有的更复杂的电路系统产生的磁场,可依照上述的思路与方法进行具体的分析与处理。

与电气系统产生的磁场不一样,地磁场的处理相对比较简单。根据对已经建立的地磁场模型进行分析可以知道:在飞行器在地球表面空间相对较短的路径内进行平飞时,地球主磁场的方向上的变化是很微小的,这时对式(8.80)进行泰勒展开并取一阶近似则地磁场在传感器敏感轴上的投影可以表达为

$$\Delta T_1 = H\cos(\alpha_1+\Delta\alpha) - H\cos\alpha_1 \approx H\left.\frac{\mathrm{d}\cos\alpha}{\mathrm{d}\alpha}\right|_{\alpha=\alpha_1} = -H\Delta\alpha\sin\alpha_1 \tag{8.87}$$

式中:$\Delta\alpha$ 表示的是地磁场矢量的变化量,其值较小。

通过对前面章节内容的分析可以得知当存在串联电路的干扰时,飞行器磁场的叠加公式可以表达为

$$\begin{bmatrix} T_1 \\ T_2 \end{bmatrix} = \begin{bmatrix} \cos\alpha_1 & \left(\dfrac{\mu_0}{4\pi}\displaystyle\int_L \dfrac{\sin\theta_1(l)}{r_1^2}\right)\cos\beta_1 \\ \cos\alpha_2 & \left(\dfrac{\mu_0}{4\pi}\displaystyle\int_L \dfrac{\sin\theta_2(l)}{r_2^2}\right)\cos\beta_2 \end{bmatrix} \begin{bmatrix} H \\ I(t) \end{bmatrix} \tag{8.88}$$

当存在并联电路时,多个电路支路的每一分支都可以被当作独立的干扰源,此时磁场的叠加可以表达为

$$\begin{bmatrix} T_1 \\ T_2 \\ \vdots \\ T_n \end{bmatrix} = \begin{bmatrix} M_{(n+1)\times 1} & N_{(n+1)\times 1} \end{bmatrix} \begin{bmatrix} H \\ I_1(t) \\ \vdots \\ I_n(t) \end{bmatrix} \tag{8.89}$$

式中：$N_{i,1}=\cos\alpha_i$，$M_{i,j}=\left(\dfrac{\mu_0}{4\pi}\int_{L_j}\dfrac{\sin\theta_{ij}(l)}{r_{ij}^2}\mathrm{d}l\right)\cos\beta_{ij}(t)$，$i=1,2,\cdots,n+1$；$j=1,2,\cdots,n$。这时磁场信号源有 $n+1$ 个，$\alpha_i$ 表示的是第 $i$ 个传感器的敏感轴与地磁场矢量之间的夹角，它在数值上是接近于 0 的，$\beta_{ij}$ 表示的是第 $i$ 个传感器的敏感轴与第 $j$ 个磁场干扰源之间的夹角，它是一个由传感器的空间位置与磁场干扰源的位置共同决定的常值，$r_{ij}$ 表示的是第 $i$ 个传感器的位置与第 $j$ 个磁场干扰源导线的单元之间的距离矢量，$\theta_{ij}$ 表示的是第 $j$ 个磁场干扰源的导线单元与距离矢量 $r_{ij}$ 之间的夹角。

#### 8.5.3.2　含混性问题的解决

上面的章节叙述了独立分量分析法在地磁信号分离中遇到的线性化模型难以建立的问题，本节主要介绍含混性问题的解决办法。含混性问题主要表现在以下两个方面：

(1)无法直接判断分离出来的众多信号中哪一个是导航需要的地磁场信号；

(2)即使寻找到了地磁场信号，但是由于信号分离过程中存在信号的伸缩或者是平移的过程，这也就使得分离出来的地磁场信号与真实地磁场信号之间存在着幅值方面的不确定性。

这里需要引入一个新的概念——相关系数的绝对值：

$$R(y,s)=\left|\frac{\mathrm{cov}(y,s)}{\sqrt{\mathrm{cov}(y,y)\mathrm{cov}(s,s)}}\right| \tag{8.90}$$

式中：函数 $\mathrm{cov}(x,x)$ 表示的是协方差函数；相关系数的绝对值 $R(y,s)$ 的取值范围是 $[0,1]$。需要注意的是，如果变量 $y$、$s$ 分别表示的是两个不同的波形的幅值，那么 $R(y,s)$ 的值越大，表示两个图像的相似度越大，相反则相似度越小。利用相关系数的绝对值概念，对分离出来的信号进行匹配，可以匹配分辨出地磁场信息，以解决独立分量分析法的含混性问题。

这里采用数值仿真试验的方法验证补偿算法的有效性。第一步，模拟一组地磁场数据；第二步，设计一个干扰源电路，如图 8－9 所示，采集磁场信号。在前两步的基础之上，对收到的信号进行分离。电路中采用频率低于 2 Hz 的电源，总共含有 3 个电路，相应的电流标记为 $i_1$、$i_2$、$i_3$，在数据的收集阶段采集到的地磁场信号以及电路的中电流衍生的电磁场如图 8－10 所示。考虑到设计的电路中含有阻抗性的元件，那么可将电路的干扰源认为是独立的干扰源来对待，摆放在不同位置的 4 个磁传感器分别测量得到的磁场的信号如图 8－11 所示。

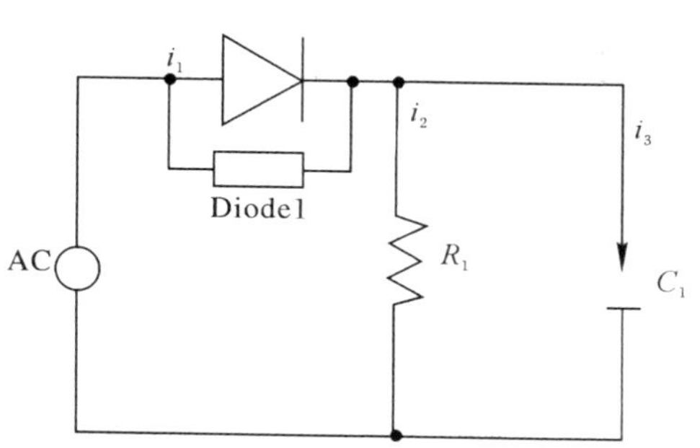


图 8－9　设计的干扰电路

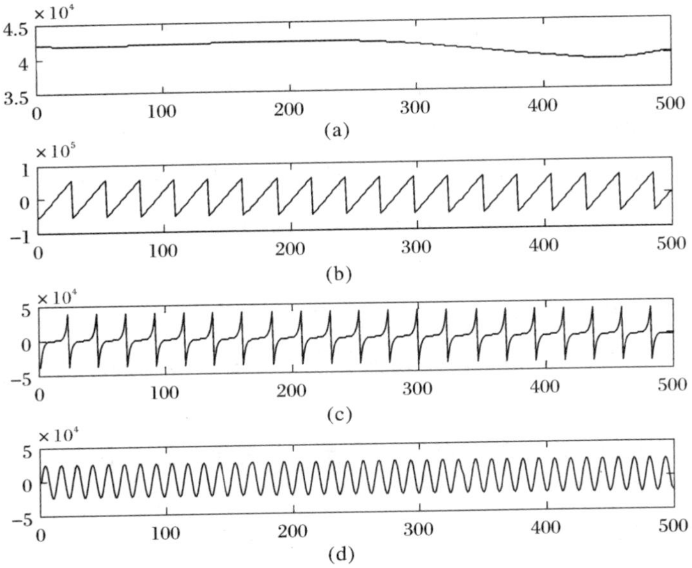


**图 8-10 地磁场和各电路电流磁场波形信号**

(a)地磁场变化信号;(b)干路电流磁场信号;
(c)支路电流磁场信号;(d)支路电流磁场信号

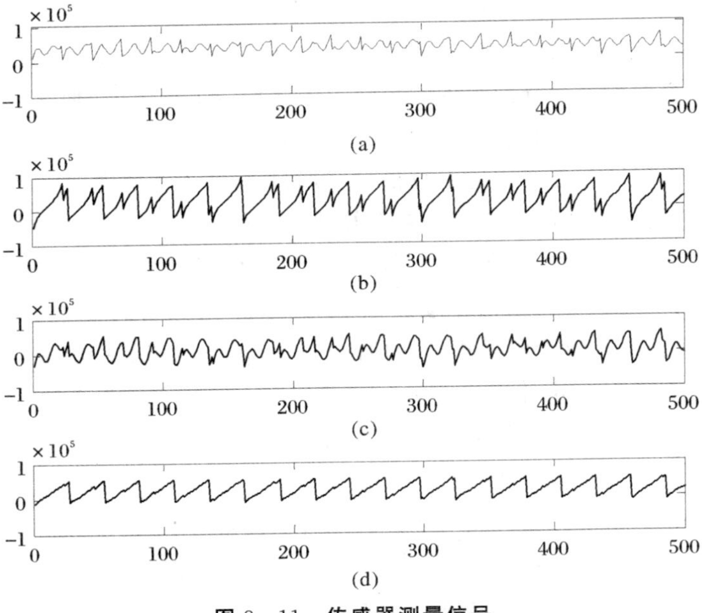


**图 8-11 传感器测量信号**

(a)混合信号 1;(b)混合信号 2;(c)混合信号 3;(d)混合信号 4

为了能够更加直观地了解快速固定点算法在信号分离方面的效果,用主成分分析法来进行对比。图 8-12 表示的是快速固定点算法信号分离的结果,图 8-13 表示的是主成分分析法信号分离的结果。如图 8-12 所示,快速固定点算法分离的信号在幅值方面与原始信号有可能相差较大,然而却能较完整地保留原始信号的波形特征,通过肉眼观察就可以找到分离出来的信号与原始信号的一一对应关系。对比之下，主成分分析法分离出来的信号虽然在幅值方面与原始信号比较接近，但是原始信号的波形特征却没有被保留下来，正如图 8-13表现出来的结果一样，无法通过肉眼的观察直接找到波形信号间的一一对应关系。

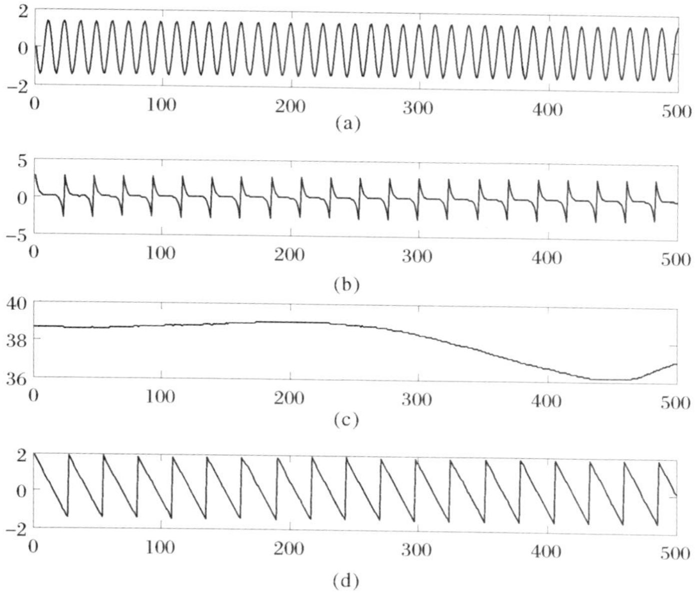


**图** 8-12　FPICA **分离之后的信号**

(a)FPICA 输出信号 Sig1；(b)FPICA 输出信号 Sig2；

(c)FPICA 输出信号 Sig3；(d)FPICA 输出信号 Sig4

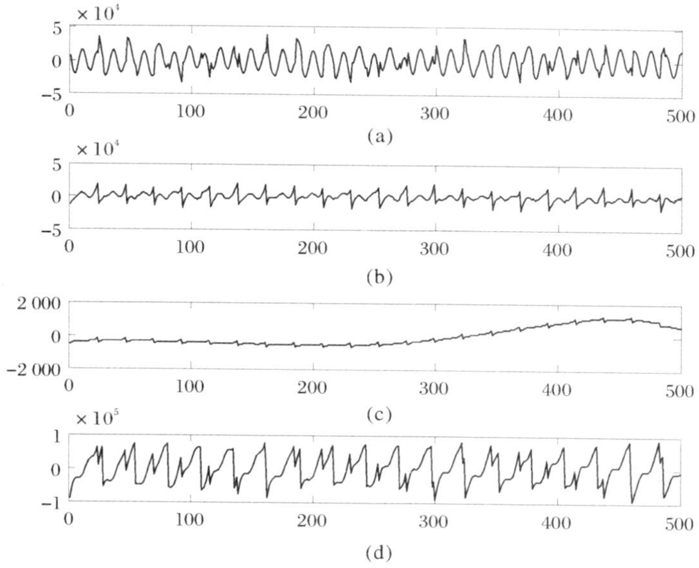


**图** 8-13　PCA **分离后的信号**

(a)PCA 输出信号 1；(b)PCA 输出信号 2；

(c)PCA 输出信号 3；(d)PCA 输出信号 4

在得到分离出来的波形信号之后，将会引用相关系数的绝对值的概念来检验信号的相似度，这里采用快速固定算法分离得到的波形信号与测量得到的地磁场的原始信号做相关程度的检验。这里采用 $H$ 表示采集得到的原始地磁场信号，由式(8.90)计算得到波形信号的相似度分别为

$$\begin{cases} R(H,\mathrm{Sig1})=0.003\,7 \\ R(H,\mathrm{Sig2})=0.006\,2 \\ R(H,\mathrm{Sig3})=0.999\,9 \\ R(H,\mathrm{Sig4})=0.007\,0 \end{cases}$$

由相关度系数可知，分离出来的信号 Sig3 与原始地磁场信号相关度最高，可认为该信号就是地磁场信号。

# 参考文献


[1] 徐文耀. 地磁学[M]. 北京：地震出版社，2003.

[2] 周军，施桂国，葛致磊. 地球物理导航中位场下延的迭代正则化方法研究[J]. 宇航学报，2011，32(4)：787 - 794.

[3] 刘玉霞，周军，葛致磊. 基于轨迹约束的地磁场测量误差修正方法[J]. 中国惯性技术学报，2012，20(2)：205 - 210.

[4] 刘玉霞，周军，葛致磊. 基于隐马尔可夫模型的地磁匹配算法[J]. 中国惯性技术学报，2011，19(2)：224 - 228.

[5] 刘玉霞，周军，葛致磊. 基于投影寻踪的地磁匹配区选取方法[J]. 宇航学报，2010，31(12)：2677 - 2682.

[6] 刘玉霞，周军，葛致磊. 基于概率数据关联的地磁匹配算法[J]. 飞行力学，2010，28(6)：83 - 86.

[7] 周军，葛致磊，施桂国，等. 地磁导航发展与关键技术[J]. 宇航学报，2008(5)：1467 - 1472.

[8] 施桂国，周军，葛致磊. 一种多地球物理特征匹配自主导航方法[J]. 西北工业大学学报，2010，28(1)：18 - 22.

[9] 施桂国，周军，葛致磊. 巡航飞行器惯性/地磁组合导航方法的误差[J]. 中国惯性技术学报，2010，18(1)：70 - 75.

[10] 董昆，周军，葛致磊. 基于地磁场的新型导航方法研究[J]. 火力与指挥控制，2009，34(3)：153 - 155.

[11] 葛致磊. 地磁场线图匹配自主导航方法[D]. 西安：西北工业大学，2009.

[12] 丁柏超，全伟，杨旭. 惯性/地磁组合导航智能分段融合方法[J]. 导航定位学报，2017，5(4)：1 - 5.

[13] 魏远明，罗亚中，朱海洋. 液体运载火箭线性自抗扰容错姿态控制方法[J]. 载人航天，2022，28(3)：330 - 337.

[14] XIONG K，WEI C L，LIU L D. The use of X-ray pulsars for aiding navigation of

satellites in constellations[J]. Acta Astronautica,2009,64(11):427 - 436.

[15] 张涛,郑建华,高东.一种利用磁强计和星敏感器的自主导航方法[J].宇航学报,2017,38(2):152 - 158.

[16] 宋凝芳,张俊敏,郑伊茜,等.基于脉冲星导航系统的X射线探测器[J].中国惯性技术学报,2008,16(6):682 - 686.

[17] SONG N F,ZHANG J M,ZHENG Y Q,et al. X-ray detectors in pulsars-based navigation system [J]. Journal of Chinese Inertial Technology,2008,16(6):682 - 686.

[18] QIAO L,LIU J Y,ZHENG G L,et al. Augmentation of the XNAV system to an ultraviolet sensor-based satellite navigation system[J]. IEEE Journal of Selected Topics in Signal Processing,2009,3(5):777 - 785.

[19] QIAO L,LIU J Y,ZHENG G L,et al. Integration of ultraviolet sensor and X-ray detector for navigation satellite orbit estimation[C]// IEEE/ION,Position,Location and Navigation Symposium. Monterey,CA:[s. n.],2008:696 - 703.

[20] 母方欣.远程轨道机动飞行器组合导航算法与仿真研究[D].西安:西北工业大学,2007.

[21] SHEIKH S I. The use of variable celestial X-ray sources for spacecraft navigation [D]. Maryland:University of Maryland,2005.

[22] IWAKI F,KAKIHARA M,SASAKI M. Recognition of vehicle's location for navigation[C]// Vehicle Navigation & Information Systems ConferenceVnis. [S. l. :s. n.],1989:15 - 30.

[23] 程华,马杰,龚俊斌,等.基于最小二乘支持向量机的三维地形匹配选择[J].华中科技大学学报(自然科学版),2008,36(1):34 - 37.

[24] 周贤高,李士心,杨建林,等.地磁匹配导航中的特征区域选取[J].中国惯性技术学报,2008,16(6):695 - 698.

[25] 黄晓荣,付强,梁川.投影寻踪分类模型在工程评价中的应用[J].哈尔滨工业大学学报,2004,36(1):69 - 72.

[26] 吴建伟,吴先敏.基于投影寻踪的模糊模式识别模型在水质评价中的应用[J].水资源与水工程学报,2008,19(3):93 - 97.

[27] 付强,赵小勇.投影寻踪模型原理及其应用[M].北京:科学出版社,2006.

[28] 郭锐,周军,葛致磊.基于PF的EKF算法及应用[J].测控技术,2010,29(7):84 - 86.

[29] 杨胜江,郭建国,葛致磊,等.基于自抗扰控制的拦截弹姿态控制系统设计[J].飞行力学,2010,28(3):78 - 81.

[30] 薛舜,周军,葛致磊.捷联导引头目标视线角速率重构方法研究[J].计算机仿真,2009,26(3):82 - 86.

[31] 蒋达福.带矢量喷管发动机建模与短距起飞控制研究[D].南京:南京航空航天大学,2009.

[32] 葛致磊,孙琦.交会角对制导性能的影响[J].宇航学报,2008(5):1492 - 1495.

[33] 施桂国,周军,葛致磊. 基于无迹卡尔曼滤波的巡航导弹地磁自主导航方法[J]. 兵工学报,2008(9):1088－1093.

[34] 葛致磊,周军. 远程地空导弹直接力/气动力复合控制技术研究[J]. 弹箭与制导学报,2005(2):42－44.

[35] 彭富清. 地磁模型与地磁导航[J]. 海洋测绘,2006,26(2):73－75.

[36] RICE H ,KELMENSON S,MENDELSOHN L. Geophysical navigation technologies and applications[C]// Plans Position Location & Navigation Symposium. [S. l.]: IEEE,2004:1－10.

[37] 王文. 地磁场模型研究[J]. 国际地震动态,2001(4):1－3.

[38] PSIAKI M L,HUANG L,FOX S M. Ground tests of magnetometer-based autonomous navigation (MAGNAV) for low-earth-orbiting spacecraft[J]. Journal of Guidance Control and Dynamics,1993,16(1):206－214.

[39] PSIAKI M L. Autonomous orbit and magnetic field determination using magnetometer and star sensor data[J]. Journal of Guidance Control and Dynamics,1995,18(3):584－592.

[40] PSIAKI M L. Autonomous low-earth orbit determination from magnetometer and sun sensor data[J]. Journal of Guidance Control and Dynamics,1999,22(2):296－304.

[41] HEE J,PSIAKI M L. Tests of magnetometer/sun-sensor orbit determination using flight data[C]// AIAA Guidance Navigation and Control Conference and Exhibit. Montreal CA:[s. n. ],2001:1－14.

[42] SHORSHI G,BAR-ITZHACK I Y. Satellite autonomous navigation based on magnetic field measurements[J]. Journal of Guidance Control and Dynamics,1995,18(4):843－850.

[43] DEUTSCHMANN J, BAR-ITZHACK I. Attitude and trajectory estimation using earth magnetic field data[C]// AIAA/AAS Astrodynamics Conf. San Diego,CA:[s. n. ],1996:1－10.

[44] DEUTSCHMANN J,BAR-ITZHACK I Y. Evaluation of attitude and orbit estimation using actual earth magnetic field data[J]. Journal of Guidance Control and Dynamics,2001,24(3):616－626.

[45] DEUTSCHMANN J,BAR-ITZHACK I. An innovative method for low－cost autonomous navigation for low earth orbit satellites[C]// Proc. of the 1998 AIAA/AAS Astrodynamics Specialist Conf. Boston Massachusetts:[s. n. ],1998:1－10.

[46] THIENEL J K,HARMA RR. Results of the magnetometer navigation (MAGNAV) in flight experiment[C]// AIAA/AAS Astrodynamics Specialist Conference and Exhibit Providence Rhode Island. [S. l. :s. n. ],2004:1－10.

[47] KIM S,CHUN J. Bayesian bootstrap filtering for the LEO satellite orbit determination [C]//Proceedings of IEEE 51st Vehicular Technology Conference. [S. l. :s. n. ],2000:

1611－1615.

[48] CHO S W,BAE J,CHUN J. A low-cost orbit determination method for mobile communication satellites[C]// AIAA International Communications Satellite Systems Conference and Exhibit 18th Oakland CA 2000 Collection of Technical Papers. Vol. 2 (A00-2500106－32) Reston VA American Institute of Aeronautics and Astronautics. [S. l. :s. n. ],2000:951－956.

[49] 左文辑,宋福香. 微小卫星磁测自主导航方法[J]. 宇航学报,2000,21(2):100－104.

[50] 赵敏华,石萌,曾雨莲,等. 基于磁强计的卫星自主定轨算法[J]. 系统工程与电子技术,2004,26(9):1236－123.

[51] 高长生,荆武兴,张燕. 基于 Unscented 卡尔曼滤波器的近地卫星磁测自主导航[J]. 中国空间科学技术,2006(2):27－32.

[52] 赵敏华,吴斌,石萌. 基于三轴磁强计与雷达高度计的融合导航算法[J]. 宇航学报,2004,25(4):411－415.

[53] 赵敏华,吴斌,石萌. 基于 GPS 与三轴磁强计的联合导航算法[J]. 天文学报,2006,47(1):93－99.

[54] 王淑一,杨旭,杨涤. 近地卫星磁测自主定轨及原型化[J]. 飞行力学,2004,22(2):89－93.

[55] GOLDENBERG F. Geomagnetic navigation beyond magnetic compass[C]// IEEE PLANS 2006. San Diego,California:[s. n. ],2006:684－694.

[56] 张金生,王仕成. 地磁异常匹配制导在巡航导弹中制导段应用的可行性分析[C]//2005 中国地球物理学会第二十一届学术年会. [出版地不详:出版者不详],2005:1－10.

[57] 乔玉坤,王仕成,张琪. 地磁异常匹配制导技术应用于导弹武器系统的制约因素分析[J]. 飞航导弹,2006(8):39－41.

[58] YU K, WANG S, CHENG Z Q. The restrictor of geomagnetic matching guidance technology applied in the midcourse guidance of cruise missile[J]. Winged Missiles Journal,2006(8):39－41.

[59] 乔玉坤,王仕成,张琪. 地磁异常匹配特征量的选择[J]. 地震地磁观测与研究,2007,28(1):42－47.

[60] 李素敏,张万清. 地磁场资源在匹配制导中的应用研究[J]. 制导与引信,2004,2(3):19－21.

[61] 刘颖,吴美平,胡小平. 基于等值线约束的地磁匹配方法[J]. 空间科学学报,2007,27(6):505－511.

[62] 吴美平,刘颖,胡小平. ICP 算法在地磁辅助导航中的应用[J]. 航天控制,2007,25(6):17－21.

[63] 穆华,任治新,胡小平. 船用惯性/地磁导航系统信息融合策略与性能[J]. 中国惯性技术学报,2007,15(3):322－326.

[64] 郝燕玲,赵亚凤,胡峻峰.地磁匹配用于水下载体导航的初步分析[J].地球物理学进展,2008,23(2):594-598.

[65] 杨云涛,石志勇,关贞珍.地磁场在导航定位系统中的应用[J].中国惯性技术学报,2007,15(6):686-692.

[66] 张策,滕云田,张涛,等.自动磁通门经纬仪多参量误差补偿算法[J].仪器仪表学报,2020,41(6):85-93.

[67] 张涛,张策,滕云田,等.地磁偏角倾角绝对测量技术发展现状综述[J].仪器仪表学报,2018,39(8):80-89.

[68] 戴中东,孟良,项伟,等.机场磁偏角测量和地磁场模型计算的比较研究[J].测绘通报,2021(增刊1):261-264.

[69] 杨晓东,王炜.地磁导航原理[M].北京:国防工业出版社,2009.

[70] 胡小平,吴美平.水下地磁导航技术[M].北京:国防工业出版社,2013.

[71] WARDINAKI I,SATURNINO D,AMIT H,et al. Geomagnetic core field models and secular variation forecasts for the 13th International Geomagnetic Reference Field (IGRF-13)[J]. Earth,Planets and Space,2020,22(10):155-161.

[72] 李冰,雷泷杰,陈超.基于椭圆拟合的双轴磁传感器标定方法[J].探测与控制学报,2020,42(3):20-23.

[73] 郭鹏飞,任章,邱海韬,等.一种十二位置不对北的磁罗盘标定方法[J].中国惯性技术学报,2007(10):598-601.

[74] 李忠,李扬,赵燕来.十二位置标定法在钻孔测斜仪校正中的应用[J].钻探工程,2021,5(48):76-82.

[75] 张德文,张琦,田武钢,等.三轴磁传感器分量误差两步校正方法[J].传感技术学报,2018,31(11):1707-1713.

[76] ALKEN P,THéBAULT E,BEGGAN C D,et al. Evaluation of candidate models for the 13th generation International Geomagnetic Reference Field[J]. Earth,Planets and Space,2020,73(1):1115-1121.

[77] 孟键,孙付平,朱新慧.地磁场模型与地磁匹配导航[J].测绘科学,2010,35(增刊1):20-25.

[78] 熊雄,吴太旗,黄贤源,等.地磁场模型及在海洋环境中的应用需求研究[J].海洋测绘,2021,41(6):6-12.

[79] 徐延万.弹道导弹、运载火箭控制系统设计与分析[M].北京:宇航出版社,1999.

[80] 李家文,李恩奇,李道奎,等.两种捆绑火箭弹性振动建模方法对比分析及其对姿控系统的影响[J].国防科技大学学报,2010,32(4):43-48.

[81] 杨云飞,李家文,陈宇,等.大型捆绑火箭姿态动力学模型研究[J].中国科学E辑(技术科学),2009,39(3):490-499.

[82] 王建民,荣克林,冯颖川,等.捆绑火箭全箭动力学特性研究[J].宇航学报,2009,

30(3):821－826.

[83] RODOLFO S,PRAVEEN S. Variable memory recurrent neural networks for launch vehicle attitude control[C]// AIAA Guidance,Navigation and Control Conference. [S. l. :s. n. ],2015:1－17.

[84] FLORENTIN－ALIN B,ROMULUS L,LUCIAN－FLORENTIN B. Adaptive flight control for a launch vehicle based on the concept of dynamic inversion[C]// 20th International Conference on System Theory,Control and Computing. [S. l. :s. n. ],2016:812－817.

[85] DIEGO N T,ANDRES M,SAMIR B,et al. Structured H-infinity control based on classical control parameters for the VEGA launch vehicle[C]// IEEE Conference on Control Applications. [S. l. :s. n. ],2016:33－38.

[86] 刘玉玺,张卫东,刘汉兵,等. 全向发射状态下运载火箭变结构自适应滑模控制[J]. 宇航学报,2015,36(9):1002－1008.

[87] 赵党军,李新民,王永骥,等. 基于微分代数方法的运载火箭自抗扰姿态控制[J]. 华中科技大学学报(自然科学版),2011,39(8):104－107.

[88] SONG J S,REN Z,SONG X. New integrated robust disturbance rejection control method for reusable launch vehicle attitude controller design[J]. Communications in Information Science and Management Engineering,2013,3(11):540－553.

[89] 程昊宇,董朝阳,王青. 运载火箭的抗干扰分数阶控制器设计[J]. 系统工程与电子技术,2015,37(9):2109－2114.

[90] WANG X H,CHEN Z Q,YUAN Z Z. Design and analysis for new discrete tracking-differentiators[J]. Applied Mathematics:a Journal of Chinese Universities (Series B),2003,18(2):214－222.

[91] 楚龙飞,吴志刚,杨超,等. 导弹自适应结构滤波器的设计与仿真[J]. 航空学报,2011,32(2):195－201.

[92] 胡良谋,曹克强,徐浩军,等. 支持向量机故障诊断及控制技术[M]. 北京:国防工业出版社,2011.

[93] 薛定宇. 控制系统计算机辅助设计:MATLAB 语言与应用[M]. 3 版. 北京:清华大学出版社,2012.

[94] GOLDENBERG F. Geomagnetic navigation beyond magnetic compass[C]// IEEE PLANS 2006. San Diego,CA,USA:[s. n. ],2006:684－694.

[95] LIU Y,WU M P. Research on geomagnetic matching method[C]// 2nd IEEE Conference on Industrial Electronics and Applications. Harbin,China:[s. n. ],2007:1－10.

[96] 徐树增. 势场延拓的积分-迭代法[J]. 地球物理学报,2006,49(4):1176－1182.

[97] XU S Z. The integral-iteration method for continuation of potential fields[J]. Chinese Journal of Geophysics,2006,49(4):1054－1060.

[98] 陈生昌,肖鹏飞.位场向下延拓的波数域广义逆算法[J].地球物理学报,2007,50(6):1816－1822.

[99] WANG X,SHI P,ZHU F. Regularization methods and spectral decomposition for the downward continuation of airborne gravity data[J]. ActaGeodaetica Et Cartographic Sinica,2004,33(1):33－38.

[100] COOPER G. The stable downward continuation of potential field data[J]. Exploration Geophysics,2004,35(4):260－265.

[101] FEDI M,FLORIO G. A stable downward continuation by using the ISVD method [J]. Geophysical Journal International,2002(1):151.

[102] LIU D J,HONG T Q,JIA Z H,et al. Wave number domain iteration method for downward continuation of potential fields and its convergence[J]. Chinese Journal of Geophysics (Chinese Edition),2009,52(6):1599－1605.

[103] XU S Z. The boundary element method in geophysics[M]. Houston: Society of Exploration Geophysicists,2001.

[104] 肖庭延,于慎根,王彦飞,等.反问题的数值解法[M].北京:科学出版社,2003.

[105] 宗志雄,高飞. Landweber 迭代正则化的加速[J].武汉理工大学学报,2008,189(10):178－180.

[106] 谭春泽,郭世英.磁法勘探课程[M].北京:地质出版社,1988.

[107] 赵军民,聂聪,常冠男,等.多约束条件下全捷联制导空地导弹弹道方案研究[J].西北工业大学学报,2021,39(1):141－147.

[108] IWAKI F,KAKIHARA M,SASAKI M. Recognition of vehicle's location for navigation [C]//Proceedings of the Vehicle Navigation and Information Systems Conference. Toronto,Ontario,Canada:[s. n. ],1989:11－13.

[109] TAISUKE H,TOSHIHIDE S,YOHEI O,et al. Study on underwater navigation system for long-range autonomous underwater vehicles using geomagnetic and bathymetric information[C]//Proceedings of the 27th International Offshore and Polar Engineering Conference. Lisbon,Portugal:[s. n. ],2007:1－6.

[110] 杨功流,李士心,姜朝宇.地磁辅助惯性导航系统的数据融合算法[J].中国惯性技术学报,2007,15(1):47－50.

[111] 穆华,任治新,胡小平,等.船用惯性/地磁导航系统信息融合策略与性能[J].中国惯性技术学报,2007,15(3):322－326.

[112] 刘颖,吴美平,胡小平,等.基于等值线约束的地磁匹配方法[J].空间科学学报,2007,27(6):505－511.

[113] 刘飞,周贤高,杨晔,等.相关地磁匹配定位技术[J].中国惯性技术学报,2007,15(1):59－62.

[114] BAR-SHALOM Y,JAFFER A G. Adaptive nonlinear filtering for tracking with

measurements of uncertain[C]//Proceedings of the 11th IEEE Conference on Decision and Control. [S. l. :s. n. ],1972:243 - 247.

[115] KIRUBARAJAN T,BAR-SHALOM Y. Probabilistic data association techniques for target tracking in clutter[J]. Proceedings of IEEE,2004,92(3):536 - 557.

[116] 康耀红. 数据融合理论与应用[M]. 2 版. 西安:西安电子科技大学出版社,2006.

[117] 冯庆堂. 地形匹配新方法及其环境适应性研究[D]. 长沙:国防科学技术大学,2004.

[118] 王檀文. 地磁场模型研究[J]. 国际地震动态,2001,15(4):37 - 39.

[119] 赵黎平,周军,周凤歧. 基于磁强计的卫星自主定轨[J]. 航天控制,2001,18(3):17 - 19.

[120] 杨旭,王淑一,曹喜滨. 基于地磁场模型修正的自主定轨[J]. 航天控制,2005,22(5):48 - 50.

[121] 杨旭,程杨,曹喜滨,等. 粒子滤波在卫星轨道确定中的应用[J]. 控制理论与应用,2005,23(8):62 - 64.

[122] 秦永元,张洪钺,汪叔华. 卡尔曼滤波与组合导航原理[M]. 西安:西北工业大学出版社,1998.